AF796424

SAMMLUNG KURZER LEHRBÜCHER

DER

ROMANISCHEN SPRACHEN UND LITERATUREN

BEGRÜNDET VON

KARL VORETZSCH

HERAUSGEGEBEN VON

GERHARD ROHLFS

I

KARL VORETZSCH, EINFÜHRUNG IN DAS STUDIUM DER ALTFRANZÖSISCHEN SPRACHE

MAX NIEMEYER VERLAG
TÜBINGEN
1955

EINFÜHRUNG IN DAS STUDIUM
DER
ALTFRANZÖSISCHEN SPRACHE

ZUM SELBSTUNTERRICHT FÜR DEN ANFÄNGER

VON

KARL VORETZSCH

ACHTE AUFLAGE

BEARBEITET VON

GERHARD ROHLFS

MAX NIEMEYER VERLAG
TÜBINGEN
1955

Alle Rechte,
auch das der Übersetzung in fremde Sprachen, vorbehalten
Copyright by Max Niemeyer Verlag, Tübingen, 1955
Printed in Germany

Photomechanischer Nachdruck
VERLAG ANTON HAIN K.-G. MEISENHEIM/GLAN

Vorwort zur siebenten Auflage.

Seit dem erscheinen der ersten auflage dieses lehrbuches (1901) ist ein halbes jahrhundert verstrichen. Tausenden von jungen romanisten hat Voretzschs einführung klare und solide wege zum altfranzösischen gewiesen. Zwischen der letzten noch von Voretzsch selbst bearbeiteten auflage im jahre 1931 und dem heutigen datum liegen neunzehn jahre. In diesen zwei jahrzehnten hat die wissenschaftliche forschung manche neue oder besser fundierte erkenntnis gebracht. Ökonomische gründe verbieten es im augenblick, den text völlig neu zu setzen. Im ganzen unverändert gegenüber der letzten Auflage, nur mit leichten Verbesserungen, wo es dringend erforderlich war, erscheint hier der große hauptteil s. 1—318. In den bibliographischen anhang wurden die wichtigsten ergänzungen eingefügt; anderes, was entbehrlich schien, wurde getilgt oder gekürzt. Die in dem glossar gegebenen etymologischen hinweise wurden sorgfältig überprüft. Die der letzten auflage beigegebenen mundartlichen texte sind gestrichen worden, da sie für den anfänger zunächst entbehrlich sind.

München, Januar 1950.

Gerhard Rohlfs.

Inhalt.

Einleitung.

Unter altfranzösisch versteht man im allgemeinen die französische sprache des mittelalters von der zeit an, wo sie uns zuerst in sichtbarer gestalt entgegentritt, bis zum ausgang des mittelalters. Das älteste zusammenhängende sprachdenkmal des französischen sind die Strassburger Eide aus dem jahre 842, das älteste literaturdenkmal die sequenz auf die heilige Eulalia aus den achtziger jahren desselben jahrhunderts. Die beiden folgenden jahrhunderte haben im wesentlichen nur einige denkmäler der geistlichen, besonders der erzählenden geistlichen literatur hinterlassen. Die blütezeit der altfranzösischen literatur fällt in das 12. und 13. jahrhundert. Die folgenden jahrhunderte, bis zur mitte des 16. jahrhunderts, bringen verfall und ausgang der altfranzösischen literatur, zugleich aber auch die keime der neuen entwicklung, welche zur französischen renaissance führt.

Die sprachlichen veränderungen, welche für das französische gegenüber den übrigen romanischen sprachen charakteristisch sind, waren mit beginn der literarischen periode bereits grossenteils vollzogen. Bis zur blütezeit und in deren verlaufe tritt eine reihe weiterer veränderungen ein, welche die sprache mehr und mehr dem modernen französisch nähern. Eine scharfe grenze zwischen alt- und neufranzösisch lässt sich überhaupt nicht ziehen, ebensowenig wie zwischen dem latein und den romanischen sprachen. Es handelt sich vielmehr um eine fortlaufende entwicklung von der umgangssprache der alten Römer, dem sog. vulgärlatein, bis herab auf das moderne französisch. In dieser entwicklung bildet das altfranzösische, vom sprachlichen wie vom literarischen standpunkt aus, eine wichtige stufe.

Wie das heutige französisch war bereits auch das altfranzösische in mundarten zerfallen, die man in der regel nach den alten landschaften bezeichnet: im zentrum das francische (nach der Isle de France), westlich davon das normannische, nördlich das pikardische und wallonische, östlich das champagnische und lothringische, im süden das burgundische, die mittelsüdfranzösischen mundarten (Orleans, Berry usw.), weiterhin die sog. südwestlichen (Poitou, Angoumois, Saintonge, Aunis) und nordwestlichen mundarten (Touraine, Anjou, Maine, franz. Bretagne). Eine grosse zahl von literaturdenkmälern sind in pikardischer, wallonischer, champagnischer mundart geschrieben, nicht wenige auch in der sog. anglonormannischen oder anglofranzösischen mundart, welche sich in England nach der eroberung durch die Normannen herausgebildet hatte.

Bis tief in die blütezeit hinein herrscht die mundartliche dichtung. Allmählich beginnt eine bewegung zu gunsten der mundart, welche sich in der herrschenden provinz und besonders in der hauptstadt entwickelt hatte: der francischen oder pariserischen. So bemüht sich Gautier von Arras schon in seinem bald nach 1164 verfassten roman vom kaiser Heraclius die heimatlichen pikardismen zu vermeiden und francisch zu schreiben. Der aus dem gebiet von Lyon stammende Aimon von Varennes dichtet 1188 seinen roman von Florimont (grossvater Alexanders des grossen) in francischer mundart, und dass um dieselbe zeit auch schon der hof gelegentlich seinen einfluss geltend macht, zeigt das beispiel des pikardischen lyrikers Conon de Béthune, welcher beim vortrag seiner lieder am königshof zu Paris, um 1180, von der königinmutter Alix wegen seiner nichtfrancischen aussprache getadelt wird. Im 13. und 14. jahrhundert gewinnt das francische in der literatur mehr und mehr die oberhand, und am ausgang des mittelalters ist diese mundart als allgemeine schrift- und literatursprache anerkannt.

Das moderne französisch hat sich also aus dem altfrancischen dialekt entwickelt. Dieser bildet demgemäss die historische mittelstufe zwischen latein und neufranzösisch, und somit ist das hier behandelte gedicht von der 'Karlsreise', das in oder bei Paris entstanden ist, zur einführung in die historische grammatik besonders geeignet. Seine sprache ist schriftfranzösisch auf einer älteren stufe. Überliefert ist es allerdings in einer in England geschriebenen, also anglonormannische sprachformen zeigenden handschrift, aber eine genaue untersuchung der sprache auf grund der durch reime und versmessung gesicherten formen ergibt als sprache des dichters das francische, das wie in der ausgabe von Koschwitz so auch hier wiederhergestellt und durchgeführt ist.

Das gedicht von der Karlsreise steht noch am eingang der literarischen blütezeit, es ist etwas jünger als das am anfang des 12. jahrhunderts verfasste Rolandslied, vermutlich erst nach 1108 (nach einführung des sog. *endit* von Saint-Denis und des damit verbundenen jahrmarkts) verfasst. Seiner dichterischen form nach gehört es zu den sog. *chansons de geste*, den helden- oder nationalepen, unter denen es freilich durch seine verbindung des religiösen und des profanen, des ernsten und des komischen eine besondere stellung einnimmt.

Das heldenepos oder volksepos, wie man es auch genannt hat, feiert die helden der nationalen vergangenheit, vor allem Karl den grossen und die helden seiner zeit, während der später auftretende höfische roman den bretonischen könig Artus und seinen sagenkreis verherrlicht. Von dieser und anderen erzählenden gattungen unterscheiden sich die *chansons de geste* auch durch ihre eigentümliche form und vortragsweise. Sie wurden nicht vorgelesen, sondern vorgesungen nach einer einfachen, etwa alle zwei verse sich wiederholenden melodie. Die strophe war demgemäss an eine bestimmte verszahl nicht gebunden, ihr umfang wechselt von 3 bis zu 20, 30, 40, ja in späteren dichtungen bis zu 100 und mehreren hundert versen. Man pflegt diese art strophen als laissen oder, mit einem neueren wort, als tiraden (*laisses, tirades monorimes*) zu bezeichnen. Der reim beschränkt sich in der älteren zeit, wie auch in unserem epos, auf den gleichklang der vokale (assonanz), erst in späteren dichtungen tritt dafür der vollreim, die übereinstimmung der betonten vokale und der darauf folgenden laute, ein. Der vers des heldenepos ist in älterer zeit in der regel der zehnsilbner, daneben, und in späterer zeit sogar überwiegend, der zwölfsilbner (alexandriner), nur in zwei epen der achtsilbner. Unser epos ist das älteste, welches den alexandriner verwendet.

Der inhalt des gedichtes setzt sich aus zwei verschiedenen stoffen zusammen. Der erste teil, bis etwa vers 258, erzählt die pilgerfahrt Karls des grossen nach Jerusalem. eine auf historischen elementen beruhende legende. Karl hatte mannigfache beziehungen zum orient, nicht nur zu den kaisern von Konstantinopel, sondern auch zu Harun al Raschid, welcher das heilige grab unter Karls gewalt stellte, und zum patriarchen von Jerusalem, von dem der kaiser im jahre 800 den schlüssel zum heiligen grabe sowie eine anzahl reliquien erhielt. Diese reliquien wurden später in St. Denis aufbewahrt und dem volke an der alljährlich stattfindenden grossen messe ausgestellt. So konnte sich leicht eine tradition herausbilden — und schon im jahre 1000 ist diese in der chronik Benedicts vom berg Soracte niedergelegt — dass Karl der grosse selbst in Jerusalem gewesen wäre und von dort die reliquien mitgebracht hätte.

Der zweite teil des gedichtes, von den prahlereien der Frankenhelden am hofe zu Konstantinopel und von Karls friedlichem sieg über seinen rivalen Hugo, geht wohl auf eine alte fränkische sage zurück. Dass ein könig mit seinen helden auszieht, um sich mit einem weithin gerühmten fremden könig zu messen, begegnet in der deutschen dichtung im 'Grossen Rosengarten' wie in 'Biterolf und Dietleib' wieder. Auch für die prahlereien, welche für die handlung an und für sich ein nebenmoment bilden, lassen sich parallelen aus deutscher sage und dichtung sowie aus märchen verschiedener völker anführen. Hinter der gestalt kaiser Hugos des starken von Konstantinopel verbirgt sich vielleicht der Merowingerkönig Chlodovech, der in der späteren sage Huga heisst und im deutschen epos als Hugdietrich von Konstantinopel bekannt ist. Ein streit zwischen könig und königin über den besten ritter findet sich, mit ähnlichen begleitumständen wie hier, später in einem roman des 13. jahrhunderts, 'Rigomer', wider, wo Artus mit seiner gattin Ganievre streitet, ob Gauvain oder Lancelot der beste ritter sei, sich zu drohungen gegen die königin hinreissen lässt, aber die entscheidung bis zu seiner rückkehr aufschiebt.

Eine ausführliche anspielung auf die Karlsreise findet sich in dem epos Mort Aimeri de Narbonne v. 3065—73. Als ganzes wurde die Karlsreise nebst dem Rolandslied in dem epos Galiens li restorés verarbeitet.

Erster Teil.

Text:

Erklärung der I. Laisse (Vers 1—31).

1. Vers.

Un jorn fut li reis Charles al saint Denis mostier.

Eines tages war der könig Karl in der kirche des heiligen Dionysius.

Un: lies *ŭ̃* (nicht *ŏ̃* wie neufranzösisch *un*), aus lat. *ūnum*.

I. Regel: **Auslautendes *m* und *n* in unbetonten endsilben und wörtern fällt ab.**

Dies ist einer der ältesten lautwandel, er fällt noch in altlateinische zeit und wirkt demgemäss in allen romanischen sprachen. Schon die ältesten lateinischen inschriften (3. jahrh. v. Chr.) lassen das auslautende *m* häufig ganz weg. Auf schwache artikulation, wenn nicht auf vollständiges verstummen des *m* deutet auch die lateinische prosodie: in dem hexameter *Et breviter Trojae suprem*(*um*) *audire laborem* erfährt die endung *-um* dieselbe behandlung wie rein vokalischer ausgang, z. b. in *desert*(*o*) *in litore.* Nach den angaben der lateinischen grammatiker (Quintilian, ende des 1. jahrhs. n. Chr., u. a.) scheint dem völligen verstummen eine nasalierung des vokals — *multum ille* = *multũ ille, quantum erat* = *quantũ erat* — vorausgegangen zu sein.

In der schriftsprache (so in den amtlichen inschriften) wird seit 2. jahrh. v. Chr. das *-m*, wenigstens in der schreibung, allmählich wieder fest, um erst später wieder ins schwanken zu kommen. Die volkssprache hat augenscheinlich das *-m* nicht wieder fest werden lassen, wie das fehlen des *-m* in plebejischen inschriften und die übereinstimmung sämtlicher romanischen sprachen lehrt.

Weitere beispiele:

v. 1 *jorn* ← *diurnum*[1])	3 *ceinte* ← *cinctam*
mostier ← *monasterium*	*(e)spee* ← *spatham*
2 *prise* ← *prehensam*	*or* ← *aurum*
sa ← *suam*	*mier* ← *merum*
corone ← *coronam*	5 *moillier* ← *mulierem*
croiz ← *crucem*	33 *ja* ← *jam.*

Desgleichen *-n*:

12 *ne* ← *non*
106 *flum* ← *flumen*
151 *nom* ← *nomen.*

II. Wandel des *ū*. Lateinisch lang *u* hat geschlossenen klang, während lat. *ŭ* dem *o* ähnlich klingt (offenes *u*). Dieser unterschied zwischen geschlossener und offener aussprache findet sich fast bei allen vokalen wieder und wird im druck mit punkt und offenem häkchen bezeichnet, also:

ụ = geschlossen *u* (lat. *ū*) — vgl. deutsch *mụt*
ų = offen *u* (lat. *ŭ*) — vgl. deutsch *mųtter*.

Ebenso:

ẹ = geschlossen *e* (lat. *habẹ̄re*, frz. *aimẹ́*, deutsch *gẹ̄hn*, *sẹ̄le*, kurz in südd. *bẹtt*, *bẹste*);

ę = offen *e* (lat. *tęrra*, frz. *tę̄rre*, deutsch *wäre*, *tęller*, *wählen*).

Ähnlich unterscheidet man ọ (lat. *ō*) und ǫ (lat. *ŏ*), ị (lat. *ī*) und į (lat. *ĭ*). In der regel ist, hier im latein wie im neu-

---

[1]) Es bedeutet *jorn* ← *diurnum*: *jorn* entstanden aus *diurnum*; umgekehrt *diurnum* → *jorn*: *diurnum* geworden zu *jorn*.

hochdeutschen, geschlossene aussprache mit länge des vokals, offene mit kürze verbunden. Nur bei *a* entspricht im latein dem unterschied in der quantität (dauer) kein unterschied der qualität (klangfarbe): lat. *ā* und *ă* werden gleich behandelt.

Regel: Geschlossen *u* (lat. *ū*) wird zu *ü* (frz. *u* geschrieben).

Vgl. lat. *plūs* → *plus* v. 6	*jūdicium* → *juïse* 35
nūllum → *nul* 9	*mūtare* → *muër* 44
jūrare → *jurer* 35	*Jūdaeus* → *Juïeus* 129;

ebenso *ū* in germanischen wörtern:

drût → *drut* 21
Hûgo -un → *Hue, Huon — Hugon* 46
bûk → *buc* 55.

Vgl. ferner *irascut, perdut, vëut, vertut* v. 53 ff., entsprechend den lat. endungen *-ūtum, -ūtem*.

Dieses lautgesetz ist jedenfalls jünger als das vorige, gemeinromanische gesetz (vgl. ital. *uno*, span. *uno un* gegen franz. und prov. *ün*). Es darf im wesentlichen als ein galloromanisches bezeichnet werden, sein gebiet beschränkt sich — von vereinzelt liegenden teilen abgesehen — auf französisch, provenzalisch, die benachbarten mundarten des italienischen (die sog. gallo-italischen mundarten) und die westlichen rätoromanischen mundarten. Man hat diesen wandel daher auf den einfluss der Kelten zurückgeführt, welche den laut des *ū* nicht gekannt und durch das ihnen geläufigere *ü* ersetzt hätten. Allerdings ist das *ü* für *ū* allem anschein nach erst in nachkeltischer zeit (nach Gamillscheg im 7. jahrh., in manchen gebieten noch später) eingetreten. Was aber diesen vokalwandel von anderen ähnlichen (wie betontes *a* in freier silbe → *e*: *mare* → *mer*, betontes *ę* vor folgendem *į* oder *j* → *i*: *pręsį* → *pris*) unterscheidet, ist, dass er nicht nur in betonter, sondern auch in unbetonter silbe eintritt (*jurér, müér, juíse, Hugon*), und von den meisten dieser erscheinungen (ausser *i*-umlaut) unterscheidet er sich noch dadurch, dass er nicht nur in freier, mit vokal schliessender, sondern auch in gedeckter, mit konsonant schliessender silbe wirkt (nicht nur *ū-num → ün* wie *ma-re → mer,* sondern auch *nŭl-lum → nŭl* gegen *Charles, reguardet, tant, quant*). Der *i*-umlaut selbst kann hier nicht wirksam sein, da er für die meisten wörter — *plus, jurer, juïse, muër* usw. — überhaupt nicht in betracht kommt und bei wörtern wie *ūnus, mūrus* es wenig wahrscheinlich ist, dass die einzige in betracht kommende form mit *i* — nom. plur. *ūni, mūri* — als die zweifellos seltener gebrauchte alle übrigen formen — *ūnus, ūnum, ūna* usw. — beeinflusst hätte. Für die annahme eines keltischen einflusses wäre es nicht unbedingt notwendig, dass die Kelten bei der übernahme des latein schon ein reines *ü* gesprochen hätten, sondern es genügte ein vom lateinischen *ū* in seiner lautgebung abweichendes *u,* das in seiner weiteren entwicklung im munde der romanisierten Kelten zu *ü* wurde. Bemerkenswert ist auch, dass in Oberitalien das venezianische gebiet, welches *ū* bewahrt, von einem nichtkeltischen stamm, den *Veneti,* besiedelt war. Auch Wallensköld entscheidet sich noch neuerdings nach abwägung alles für und wider für die keltische theorie

III. Der endvokal: das auslautende *u* fällt ab, nachdem es in vorhistorischer zeit zu *o* geworden war.

Vgl. noch:

diurnum → jorn 1	*aurum → or* 3
monasterium → mostier	*merum → mier*
caput → chief 2	*bellum, melius → bel, mielz.*

Ebenso finden wir aber auch für:

lat. *i*: v. 4 *out* (*habuit*), 7 *prist* (**prensit*[1]) für *prehendit*),
lat. *e*: v. 2 *croiz* (*crucem*), 3 *dont* (*de unde*), 4 *barons* (*barones*),
lat. *o*: v. 4 *chevaliers* (*caballarios*);

hingegen für lat. *a*: v. 2 *prise* (*prehensam*), *corone* (*coronam*), 3 *ceinte* (*cinctam*), *spee* (*spatham*).

---

[1]) Mit * pflegt man die erschlossenen, in der schriftlichen überlieferung nicht belegten wörter und formen zu bezeichnen.

Daraus ergibt sich die regel:

Die vokale der unbetonten endsilben verstummen ausser *a* das als *e* erhalten bleibt.

Wie die beispiele lehren, ist es gleichgültig, ob der vokal im auslaut steht oder ob noch ein konsonant folgt. Die voraussetzung des verstummens ist die schwache betonung der endsilbe (hervorgerufen vielleicht durch eine verstärkte betonung der tonsilbe oder durch rasches sprechtempo). Der vokal *a* ist voller, schallstärker als die übrigen, daher er keinen vollständigen ausfall, sondern nur eine verdumpfung erfährt.

Das gesetz wirkt, ähnlich wie das vorhergehende, im französischen, provenzalischen und in den gallo-italischen und rätoromanischen mundarten. Verstummen von endvokalen unter bestimmten bedingungen (nach gewissen konsonanten) ist in verschiedenen romanischen sprachen und mundarten zu beobachten.

IV. **Die nasalierung und die entwicklung der aussprache im neufranzösischen.** Es ist unsicher, wann die vokale vor nasal (*n* oder *m*) nasalen klang bekamen, doch ist es vom lautphysiologischen standpunkt aus wahrscheinlich, dass die nasalierung bei allen vokalen gleichzeitig eintrat. Die nasale aussprache hatte teilweise auch eine veränderung der klangfarbe (wie *en* → *ã*) zur folge, jedoch ist diese veränderung bei den einzelnen nasalvokalen zu sehr verschiedenen zeiten eingetreten. Jedenfalls wurde in der lautgruppe *un* zur zeit unseres gedichtes wirklich *ü* und nicht *ö* gesprochen, wie die assonanzen v. 744 ff. (*lui–bruns–jus*) mit sicherheit lehren. Doch schliesst dies nicht aus, dass der vokal schon eine nasalierte färbung hatte und etwa wie *ü̃* (oder noch mit nachfolgendem nasalkonsonant *ü̃ng*, wie noch in neuprovenzalischem *un*) lautete. Erst nachdem die nasalierung eingetreten war und eben unter der wirkung dieser hat der vokal die neigung zur offneren (helleren) aussprache angenommen. Die heutige aussprache *ö̃* ist erst im 16. jahrhundert durchgedrungen.

Regel: **Vokal vor nasal** (*n, m*) **wird nasaliert.**

Darnach in lat. geschlossener silbe:

sanctum → *saint* = *saĩt* (*saĩngt*) 1
unquam + *s* → *onques* = *õkes* (*õngkes*) 9;

in lat. offener, franz. geschlossener silbe:

unum → *un* = *ũ* (*ũng*)
bonos → *bons* = *bõs* (*bõngs*) 22;

in lat. und franz. offener silbe:

coronam → *corone* = *corõne* (*corõngne*) 2
plenam → *pleine* = *pleĩne* (*pleĩngne*) 8.

Die daraus folgenden veränderungen der klangfarbe jedoch gehören meist (ausser *en* → *ã*) erst der neufranzösischen periode an. Die nasalierung an und für sich wurde nach Suchier bereits im 9. jahrhundert durchgeführt.

jorn: lies *džorn* (*d* + stimmhaftes *sch*, wie in nfr. *jour*). Aus lat. *diurnum* (ursprünglich adjektiv, aber schon lateinisch in bestimmter bedeutung substantiviert) an stelle von *dies*, das noch neufranzösisch in *midi* und in den namen der wochentage, altfranzösisch auch noch als simplex (kasus rektus *dis*, obliquus *di*) erhalten ist.

I. **Abfall des** *-m* in lat. zeit wie *un* I.

II. **Der tonvokal:** lat. *ŭ*, der klangfarbe nach offener als das *ū* in *unum*, dem tiefen *ō* ähnlich klingend. Vergleiche etwa:

	ụnum	*diụrnum*	*hǫra*
mit deutsch	*mut*	*mutter*	*tǫn.*

Regel: **Lat. kurzes** (offenes) *u* **wird zu geschlossenem** *o*.

Beispiele:

crŭcem → *croiz* 2	*sŭpra* → *sor*(*e*) 16
de ŭnde → *dont* 3	*mŭltum* → *molt* 17
de sŭbtus → *desoz* 7, 9	*ṭŭrrem* → *tor* 36.
ŭnquam → *onques* 9	

Infolgedessen fällt lat. *ŭ* qualitativ mit lat. *ǭ* zusammen (beide = *ọ*).

Dieser wandel reicht, nach der übereinstimmung der meisten romanischen sprachen und nach den zeugnissen von inschriften (3. jahrh. n. Chr.) und grammatikern (Appendix Probi, 3. jahrh. n. Chr.: *puella, non poella*; *turma, non torma*) in vulgärlateinische zeit zurück. Er trifft nicht nur die betonten silben, sondern auch die nebentonigen (*mulierem* → *moillier* 9) und unbetonten (vgl. ital. *uno, giorno* — franz. verstummt wie in *un, jorn,* oder, wenn erhalten, zu *e* geschwächt wie in *Charles, demeines*). Dementsprechend wird auch *ĭ* zu *ẹ* (*in* → *en*, *cincta* → *ceinte*), vermutlich etwas früher, da das rumänische an diesem wandel noch teilnimmt, aber den unterschied zwischen *ŭ* und *ō* bewahrt. Das sardische unterscheidet sowohl *ĭ* und *ē* als auch *ŭ* und *ō*.

III. Der anlaut. Das vor dem tonvokal stehende *i* wird halbvokal (*i̯*: etwa wie süddeutsches *j*), und aus der so entstandenen lautgruppe *di̯* wird altfranzösisch *dž* (geschr. *j*).

Regel a): Unbetontes *i* (oder *e*) vor vokal (sogen. hiatus-*i*, -*e*) wird zum halbvokal *i̯* (*j*).

Hierdurch wird das dreisilbige *di-ur-nu* auf zwei silben reduziert: *di̯ur-nu*. Dieser vorgang ist für eine reihe von altfranzösischen oder besser schon romanischen formen vorauszusetzen. So folgen aufeinander:

**adrati-onare* → **adrati̯onare* — *araisnier* 8
**preti-are* → **preti̯are* — *preisier* 13
sapi-o → **sapi̯o* (daraus **sai̯o* — *sai* 14)
consili-ari-os → **consili̯ari̯os* — *conseilliers* 21
**aci-ari-um* → **aci̯ari̯u* — *acier* 25.

Hiatus-*e* wird zuerst zu *i* und dann mit ursprünglichem *i* zu *i̯*:

habeo → **habio* → *habi̯o* (daraus **ai̯o* — *ai* 46)
habeas → **habias* → **habi̯as* (daraus **ai̯as* — *aies* 158)
deorsum → **diorsum* → **di̯ūsu* — *jus* (746).[1]

[1] Eingeklammerte verszahlen bezeichnen verse, die den hier bearbeiteten stücken der Karlsreise nicht angehören.

Die so entstandenen *j*-verbindungen erleiden je nach der natur der vorausgehenden konsonanten verschiedene veränderungen.

Regel b): **Anlautendes *di̯* (*dj*) wird ebenso wie einfaches *j* im anlaut zu *dž*.**

Beispiele: *jam* → *ja* 33 (altfrz. *dža* — nfr. *ža*)
jocari(-e) → *joër* 33
jurare → *jurer* 35
judicium → *juïse* 35
deusque → **diusque* → *josque* (269)
deorsum → **diorsum* → *jus* (746).

IV. **Abfall des vokals der endsilbe** wie in *unum* — *uno* — *un*: siehe *un* III.

V. **Zu neufranzösisch** *jour* aus *jorn*: der wandel des in gedeckter stellung befindlichen kurzen geschlossenen *o* zu *u* (geschr. *ou*) fällt noch in die altfranzösische periode, ebenso die vereinfachung von *dž* zu *ž* (altfr. u. nfr. geschr. *j*).

Auslautendes *rn* ist durchgängig zu *r* geworden (vgl. noch *ivern* — *iver*), wobei jedenfalls die *n*-losen nominativformen (*jors* ← *jorz* ← **jornz*, *ivers* ← *iverz* ← **ivernz* infolge vereinfachung der schweren konsonanz) mitgewirkt haben: zum kasus rektus *jors* bildete man den obliquus *jor*, wie man zum rektus *ans* den obliquus *an* hatte. Das altfranzösische besass noch das sog. **zweikasus-system**, d. h. besondere formen für nominativ und akkusativ (die übrigen kasus sind schon gemeinromanisch untergegangen, d. h. meist durch präpositionale umschreibungen ersetzt worden).

fut: *füt* — lat. *fŭit*.

Das altfranz. paradigma dieses perfekts zeigt bereits, wie das neufranz., in allen formen *ü* (geschr. *u*):

fui 218, *fus*, *fut*, *fumes*, *fustes*, *furent* 99.

Das *ü* scheint nicht in allen formen ursprünglich, d. h. auf lautgesetzlichem wege entstanden zu sein. Die einen nehmen an, die erste person habe **fūi* mit *ụ* gelautet, sich regelrecht zu *füi* entwickelt und dann ihr *ü* auf die übrigen personen übertragen. Die annahme einer form **fūi* ruht jedoch auf unsicherer grundlage.

Nach anderen wird *ŭ* + *i* zum diphthongen *ui* verschmolzen, bevor die auslautsgesetze eintreten, und von da aus weiter zu *ü* entwickelt, so dass in allen formen (auch **fúerunt* für *fuérunt* kann man einschliessen) *ü* lautgesetzlich entstanden wäre. Aber es ist zu bedenken, dass *ŭ* schon früh zu *ọ* und ebenso *ĭ* zu *ẹ* (vgl. *jorn* II) geworden ist, und die provenzalische form *fo* ←**fọẹt* ← *fuit* zeigt statt der angenommenen verschmelzung regelrecht verlust des endvokals und übergang zu *ọ*.

So bleibt kaum etwas anderes übrig als das *ü* durch umlaut, durch den einfluss des folgenden *ī*, zu erklären, das der ersten und zweiten person eigen ist: *fŭī* → *füi*, **fú(i)stī* (für *fuísti*, nach *fúi*, *fúit*) → *füst*. Das lat. *ŭ* = romanisch *ọ* erhält zur lippenwölbung des labialvokals die zungenstellung des *i* und wird so zum mittellaut *ü*.

Vgl. noch:

cŭi → *cui* (672)
**illui* (für dativ *illī*) → *lui* 77
**tōttī* (für *tōtī*) → *tuit* 194, 208.

Regel: Betontes lat. *ŭ* (*ọ*) vor folgendem *ī* wird zu *ü* (*i*-umlaut).

Da nur geschlossenes *ị* (lat. *ī*), nicht aber (zu *e* werdendes) offenes *ĭ* umlaut bewirkt, muss in den übrigen 4 formen von *fui* das *ŭ* lautgerecht zu *o* werden, wie es durch die altprovenzalischen formen bestätigt wird und auch für die vorliterarischen formen des französischen vorausgesetzt werden muss:

Prov.	*fui,*	*fust,*	*fo,*	*fom,*	*fotz,*	*foron*
Vorlit. Franz.	*fui,*	*fus,*	**fot,*	**fomes,*	**fostes,*	**forent*
Altfranz.	*fui,*	*fus,*	*fut,*	*fumes,*	*fustes,*	*furent.*

Sein auslautendes *t* hat *fut* schon im 12. jahrhundert, in einzelnen dialekten sogar schon im 11. jahrhundert verloren.

li: lat. *ille* (*illī*).

I. Das latein kennt von haus aus keinen artikel (vgl. dagegen das griechische und deutsche). Dieser findet sich zuerst bei konkreten im nom., erst später im akk. und bei abstrakten. Ursache ist das bestreben, bestimmte und unbestimmte form auseinanderzuhalten (lat. *rex* sowohl der könig als ein könig). Hierzu bietet sich von selbst das demonstrativpronomen dar (vgl. deutsch *der, die, das*): *ille rex, illa corona.* Von der ursprünglich demonstrativen bedeutung (*ílle réx* jéner kö'nig) zum blossen artikel herabgesunken (*ille réx* der kö'nig), verliert das pronomen seinen selbständigen akzent, es wird proklitisch: daher die verkürzung durch verlust der ersten silbe.

II. Der vokal der erhaltenen silbe sollte *e* zeigen (*le*), *li* setzt daher (ebenso wie die haupttonige form, das pronomen *il* für **el*) ein *į* in der endung voraus: *illī*. Dieses *i* wird auf verschiedene weise erklärt, am einfachsten vielleicht auf analogischem wege durch umbildung nach dem relativpronomen (franz. auch fragepronomen) *quī*. Vgl. dazu auch oben **illui* (frz. *lui*), das als analogiebildung nach dem fragepronomen *cui?* (nach anderen aus *illi huic*) erklärt wird.

III. Neufranzösisch *le* geht nicht auf den kasus rektus *li*, sondern auf den obliquus *le* (*lo*) zurück, der aus lat. *illum* in der proklise entstanden ist, wie *li* aus *illī*, und für die nominativform eintritt, wie beim unbestimmten artikel *un* (*unum*) für *uns* (*unus*) und beim substantiv *jour* (←*diurnum*) für *jours* (←*diurnus*).

reis: lat. *rẹ̄x*.

1. Lat. *x* bezeichnet einen zusammengesetzten laut: *c* + *s*.

Regel: Lat. *x* (= *cs*) wird zu *is* (vor vokal *iss* geschr. zur bezeichnung des stimmlosen *s*-lautes).

Weitere beispiele:

fraxinum → *fraisne* 80
**exiverunt* (für *exivērunt*) → *eissirent* 100

**axalem* (von *axem*) → *aissiel* (285)
uxorem → *oissor* (330).

Ebenso entwickeln sich ähnliche konsonantengruppen (*ct*, *nct*, *cr*):

ct → *it*: *facta* → *faite* 59
octoginta → *oitante* 96
lacte (zu *lac*) → *lait*, dazu *alaitat* 187
noctem → *nuit* 237, 246
contractus-os → *contraiz* 193, 258

nct → *int*: *sanctum* → *saint* 1
cinctam → *ceinte* 3
pinctum → *peint* 113

cr → *ir*: *sacramentum* → *sairement* 35
fac(e)re → *faire* 198.

II. Der tonvokal: *ẹ̄*, von natur lang (vgl. *rēgem*) und dementsprechend geschlossen. Vgl. *un* II.

Der vokal befindet sich in gedeckter stellung, d. i. in geschlossener silbe, und erfährt in dieser keine veränderung seiner qualität. Mit dem folgenden *i* verbindet er sich zum diphthongen *ẹi*, also: *rẹis*.

III. Neufranzösisch *roi*: gesprochen *roá*, *ruá* mit konsonantischer aussprache des ersten bestandteils des diphthongen, daher neuerdings vielfach durch *rwa* bezeichnet. Die form entspricht sprachgeschichtlich nicht dem rektus *reis*, sondern dem obliquus *rei*: wie beim artikel hat auch beim substantiv, wie überhaupt in der ganzen deklination, die akkusativform die funktion des nominativs übernommen.

Lautlich zeigt *roi* die entwicklung des diphthongen *ẹi* zu *oi* (12. jahrh.) und weiter durch *óe* — *oẹ́* hindurch zu *oá* (*uá*, *wa*). Die aussprache *oá* für *oẹ́* ist in der gebildeten gesellschaft erst seit der grossen revolution herrschend geworden, in der Pariser volkssprache (vereinzelt auch in der höflingssprache) ist sie schon seit dem 16. jahrhundert belegt. Die schreibung ist seit dem 12. jahrhundert gleich geblieben.

Charles: lies *tšarles* (mit *tš* = *tsch*), aus dem deutschen namen Karl mit latein-romanischer endung *-us* oder *-os*: *Karlos, Carlos.* Das mittelalterliche *Carŏlus* ist gelehrte form (ganz verkehrt ist die modern häufige betonung *Carólus, Caróla*).

I. Der tonvokal: das *a* steht hier in einer silbe, die auf konsonant ausgeht, in sog. geschlossener silbe oder in gedeckter stellung (in der regel durch *a*] bezeichnet).

Regel: **Betontes *a* in geschlossener silbe bleibt als *a* erhalten.**

Beispiele:

sanctum→*saint* 1	*quando*→*quant* 15–17
zu germ. *wardên*—*reguardet* 5	*alta*→*halte* 36
tantum→*tant* 10	*contra vallem*→*contreval* 37.

Anders entwickelt sich *a* in offener silbe oder freier stellung (worüber unter *spee* in vers 3). Diese unterscheidung ist für die entwicklung der meisten vokale sehr wesentlich: in freier stellung unterliegen die vokale stärkeren veränderungen als in gedeckter. Man spricht auch kurz von freien und gedeckten vokalen (frz. libre — entravé, engl. free — checked).

II. Der anlautende konsonant: germ. k_1 das vor *a* mit lat. *c* vor *a* gleich klang und demgemäss wie dieses behandelt wurde.

Regel: *c* vor *a* wird zu *tš* (geschrieben *ch*).

Die aussprache *tš* (*tsch*) legt sich nicht nur durch sprachgeschichtliche erwägungen nahe, sondern sie wird auch bewiesen durch die wiedergabe altfranzösischer lehnwörter im deutschen (mhd. *tschastel, tschastellan* = *chastel, chastelain*; alemannisch *tschappel* = *chapel*) und englischen (*chief, chant* u. a.).

Weitere beispiele:

caput→*chief* 2	*carum*→*chier* 24
caballarios→*chevaliers* 4	**incalciare*→*enchalcier* 29

*cadere-*cadire* → *cheïr* 31
camelos → *chameilz* 73
cantavit → *chantat* 115
capillos → *chevels* 181
camisia → *chemise* 189.

III. Der vokal der endsilbe: dieser sollte nach der regel zu *un* III fallen, bleibt aber wegen der vorausgehenden konsonantengruppe erhalten.

Regel: **Der endsilbenvokal bleibt zu *e* geschwächt als sogenannter stützvokal nach einigen ohne vokal schwer sprechbaren konsonantengruppen erhalten.**

Nach zwei ungleichen liquiden:
rl: *Karlum* → *Charle* 130
lr: *melior* → *mieldre* 198

nasal + liquida:
ml: *insemel* → *ensemble* 20
mr: *marmor* → *marbre* 113
nr: *tener* → *tendre*

l + nasal:
lm: d. *helm* → *helme* (456)
d. *Wilihelm* → *Guillelme* 62
ln: *alnum* → *alne* (erle)
germ. *alina* → *alne* (elle 606)

nach zwei ungleichen nasalen:
mn: *dammun* → *damno* (Eide), daneben *dam*
somnum → *somne*

dental + *r*:
tr: *vostrum* → *vostre* 50
Petrum → *Piere* 181

labial + *r*:
pr: *piper* → *peivre* 211
br: *febrem* → *fievre*

labial + *l*:
pl: *duplum* → *doble*
fl: *inflo* → *enfle*

konsonant + zischlaut:

bi̯: **sabium*→ *sage* 12
mni̯: *somnium*→ *songe*
ki̯: **rikium*→ *riche* 27.

IV. Neufranzösisch *Charles* hat die aussprache *šarl*. Der *t*-vorschlag ist schon um die wende des 12. und 13. jahrhunderts verstummt, nicht viel später das auslautende *s*, erst in neufranz. zeit das *e* der endsilbe.

In nfr. *Charles* ist nicht wie in *roi* (vgl. oben) die form des obliquus (*Charle* 130), sondern die des rektus bewahrt. Bei personennamen und überhaupt bei persönlichen begriffen trägt häufig die rektusform den sieg über die des obliquus davon, weil jene bei solchen worten im allgemeinen häufiger gebraucht wird als diese und altfranzösisch namentlich auch in der anrede steht (vgl. nfr. *fils* = *filius*, *sœur* = *soror*).

al: die präposition *a* (lat. *ad*) mit der enklitischen akkusativform des artikels, also = *a le*. d. i. *ad illu*(*m*) oder *ad illu*(*d*).

I. *ad*→ *a*.

Regel: Lateinisch auslautendes *d* verstummt.

Auslautendes *d* ist schon im lateinischen selten und zum teil bereits vor dem eintritt des lautgesetzes auf analogischem wege beseitigt worden. So wurden die pronominalbildungen *illud, aliud* durch angleichung an die regelmässigen neutra der II. deklination zu *illu*(*m*), *aliu*(*m*) oder **alu* (afr. *el*), so auch das mit seiner endung vereinzelt stehende substantiv *caput* zu *capu*(*m*) umgestaltet.

Lautlich regelrechten abfall des *-d* zeigen ausser *ad*→ *a*:

konj. *quod* — *quid*→ *que* 30, 38, 43 u. ö.
pronomen *quid*→ *quei* (305).

Das *d* fällt vor folgendem konsonantischen anlaut früher als vor vokalischem: *a grant honestét* neben *ad une spede*, *que por nos* neben *qued ele* (Eulaliasequenz, ende 9. jahrhs.).

II. Die artikelform. Die unverkürzte form lautet *le* (neben *lo* in ältester zeit), die sich unter der wirkung der proklise regelrecht aus *illum* (*illud*) entwickelt hat wie *li* aus *illi* (vgl. oben *li*). Der endvokal muss im einsilbigen wort als silbenträger notwendig erhalten bleiben.

Beispiele für die volle obliquusform siehe 7 *le poin*, 39 *le rei*.

In verbindung mit gewissen präpositionen wird die so entstandene artikelform enklitisch, d. h. sie gibt ihren akzent an die vorausgehende präposition ab, verschmilzt mit dieser zu einem wort (vgl. deutsch *am, im, zum*) und verliert dann wie andere mehrsilbige worte nach der regel *un* III den endvokal. So entwickeln sich:

ad illo → *a le* → *al*, vgl. noch v. 6, 134, 135
de illo → *de le* → *del*, vgl. *del rei* 46, 165, 187
in illo → *en le* → *el*, vgl. *el chief* 10, 96, 99.

In ähnlicher weise verschmelzen mit denselben präpositionen auch die pluralformen des artikels:

a les → *als* → *as*: *as piez* 31, *as mulz* 89
de les → *dels* → *des*: *des clous* 175, *des chevels* 181
en les → *els* → *es*: *es chies* 20.

Ausser *en* sind es also die vokalisch auslautenden einsilbigen präpositionen, welche eine leichte verschmelzung gestatten. Präpositionen hingegen, welche mehrsilbig sind oder auf *r*, *s* usw. ausgehen, wirken nicht enklitisch:

par le poin 7, *sor le buc* 55.

Der weibliche artikel *la* behält auch in der zusammensetzung mit den genannten präpositionen seine volle form, die sich in der enklise, weil unbetont stehend, eigentlich zu *le* entwickeln sollte (vgl. *un* III). Die mit dem masculinum gleichlautende pluralform *les* unterliegt natürlich denselben veränderungen wie dieses:

de la plus halte tor 36, 90 — *de les* → *des* (*haltes tors*)
a la sale 60, 107 — *a les* → *as* (*herberges*) 111
en la terre 74 — *en les* → *es* (*chaieres*) 121.

III. Neufranzösisch *au*. Altfrz. *al* entwickelte sich vor konsonant unter vokalisierung des *l* zu *au* (wie *caballos*→ *chevals*→ *chevaus* — *chevaux*, *alterum*→ *altre*→ *autre*). Vor folgendem vokal blieb *al* (wie in *chevaliers*, *devaler*, so auch in *à l'autre*, *à l'homme* u. ä.).

mostier: lat. **monisterium* für *monasterium*←griech. *μοναστήριον*. Die wortbildungsendung *-asterium* wurde durch die weit häufigere endung *-isterium* ersetzt nach dem muster von *baptisterium*, *ministerium* u. ä. *Monasterium* hätte den unbetonten vortonvokal *a* nicht verlieren dürfen.

I. Das genus. Das lat. neutrum hat sich französisch nur in pronomen und adjektiv erhalten. Die substantivneutra sind in der regel maskulina geworden, mit denen sie, zumal in der II. deklination, in vielen formen übereinstimmten. Vgl. im folgenden: *chief*←*caput* 2, *ponz*← *pomum*+*s* 3, *or*←*aurum* 3.

II. Die endung *ẹrium*. Diese wird über *-eriu* (siehe *un* I) *-erį̣o* (*jorn* II, III a) zu *-ier* (vgl. zum endvokal *un* III). Die diphthongierung des *ę* zu *ie* erklärt sich wahrscheinlich durch die einwirkung des folgenden *į̣*. Das zu erwartende *ier'* (mit jotaziertem *r*) *-ieir* wurde zu *-ier* reduziert, weil von zwei benachbarten gleichen lauten leicht der eine differenziert wird (wie *r* in *peregrinum*→ *pelerin*) oder völlig beseitigt wie hier *i* (dissimilation).

III. Der ausfall des unbetonten vortonvokals *i*. Gehen wir von dem grundwort **monisterium* oder **monisterį̣o* aus, so liegt der hauptakzent oder hochton auf der silbe *-ste*(*r*)-: **monistérį̣o*. Die beiden silben *mo-ni* stehen vor der tonsilbe und können als vortonsilben bezeichnet werden, die vokale dieser silben als vortonvokale. Geht der tonsilbe nur eine vortonsilbe voraus, so trägt diese den nebenakzent und bleibt unverkürzt: *còrónam* — *corone*, *signávit* — *seignat* (typus ∸ ⊥ ×). Wir können solche silben als nebentonige vortonsilben bezeichnen. — Gehen dem hauptton zwei silben voraus, so hat notwendigerweise nur die eine, und zwar die von der tonsilbe am weitesten entfernte silbe den nebenakzent, sie ist **n e b e n t o n i g** wie in unserem falle die silbe *mo-*: **mònistério*. Die zwischen nebenton und hauptton eingeschlossene silbe *-ni-* ist infolgedessen die schwächst betonte: sie läßt sich als **u n b e t o n t e v o r t o n s i l b e** bezeichnen (typus ̀×́×). Der vokal dieser silbe steht also unter ähnlichen verhältnissen wie der vokal der unbetonten endsilbe und wird dementsprechend behandelt: **monisterio→*monstier*. Dem unbetonten vortonvokal folgende oder vorausgehende schwere konsonantengruppen hindern naturgemäss den ausfall des vokals.[1])

Regel: **D i e u n b e t o n t e n v o r t o n v o k a l e v o r l e i c h t e r k o n s o n a n z f a l l e n a u s s e r** *a*, **d a s a l s** *e* **e r h a l t e n b l e i b t.**

Beispiele:

**adrationare→*adràtionáre→ araisnier* 8
civitátes→ citez 11
fòrtiménte→ forment 31
**bàronátus→ barnez* 50
*sapere habeo→*sàperáio→ savrai* 51
*prendere habeo→ *prènderáio→ prendrai* 57
òfferénda→ ofrende 59.

Beispiele für **a**:

bella mente→ bèllaménte→ belement 16
*portare habemus→ *pòrtarémus→ porterons* 20
*mandare habeo→ *màndaráio→ manderai* 22
sàcramentum→ sairement 35.

Das gesetz ist speziell galloromanisch, ist jedoch schon vor den Strassburger Eiden eingetreten (*prindrai*). Man nennt es häufig nach Arsène Darmesteter, der es zuerst formuliert hat, das Darmesteterische gesetz. Unter engeren bedingungen (besonders bei *l, r, n,* aber auch sonst) gilt es auch für das italienische: vergleiche *città*, *barnagio* (← **baronaticum*), *saprò*, *amistà* mit den entsprechenden formen oben.

---

1) Über den 'Nebenton', s. den Nachtrag auf S. 341.

IV. Das verstummen des *n*: **monstier → mostier*.

Regel: **Lat. *n* vor *s* verstummt unter dehnung des vorausgehenden vokals.**

Vgl. noch:

prehensam → prensam → prise 2
perf. *prehendit → *prensit → prist* 7, 8
Constantinopolim → Costantinoble 47
trans → tres 102 (*detrés* 81)
menses → meis 204
insula → isle (*île*), *monstrare → mostrer* usw.

Das gesetz tritt bereits in gemeinromanischer (lateinischer) zeit ein (vgl. ital. *preso, mese, isola*), ist also an sich älter als das vorige, hat aber, wie die beispiele zeigen, auch in späterer, französischer zeit noch gewirkt.

V. Neufranzösisch ist *mostier* regelrecht zu *moutier* geworden: *s* vor stimmlosem konsonant verstummt am ende des 12. jahrhunderts (wie *espee* 3 → *épée, prist* 7 → *prit, veïstes* 9 → *vîtes, respondiet* 12 → *répondit, dist* 13 → *dit*), während es vor stimmhaften konsonanten (vgl. *fraisne* 80, *meïsmes* 139, *hisdos* [384], *isle*), stimmhaft geworden, schon vor der eroberung Englands 1066 durch die Normannen verstummt ist, wie die englischen lehnwörter *isle, hideous, dine, blame* gegenüber *estate, feast, tempest* lehren. (Ein ähnlicher vorgang begegnet schon im altlatein, wo *comes ← cosmis, nix ← snix* entstanden ist, vgl. ahd. *snêo* schnee.)

Freies *o* (*ọ* oder *ǫ*) in nebentoniger vortonsilbe wird im 13. jahrhundert zu *u* (= nfr. *ou* wie *corone* 2 → *couronne, coronee* 6 → *couronnée, poëz* 13 → *pouvez*).

Die form *moutier* ist heutzutage veraltet, aber noch in ortsnamen — *Marmoutier ← Mauri monasterium* — vorhanden. Das dafür eingetretene *monastère* ist wieder aus dem lateinischen entlehnt, es findet sich zuerst in texten des 14. jahrhunderts.

saint Denis: *sanctum(-o) Dionysium(-o)* für *sancti Dionysii* = des heiligen Dionysius.

I. Der akkusativ für den genetiv. Diese konstruktion ist in der ältesten zeit (bis ende des 12. jahrhs.) bei eigen- und personennamen durchaus üblich und jedenfalls weitaus häufiger als die umschreibung mit *de*. Historisch erklärt sie sich am wahrscheinlichsten aus dem lat. dativ, der in dieser verwendung zunächst als dativus finalis erscheint — vgl. *pabulum ovibus, subsidia dominationi, custos saluti, seditioni duces, rector juveni* —, bei personennamen aber leicht in den possessiven sinn übergeht: *administer dis magnis, legatus fratri, adjutores triumviris, Sejano fautores, Druso proavus*. Im franz. wird die konstruktion meist im sinne des lat. genetivus subjectivus gebraucht, kann aber auch im sinne des gen. objectivus gebraucht werden, wie die beispiele zeigen:

por amor Deu 32 — um der liebe Gottes (zu Gott) willen
la terre Damne-Deu 69 — das land Gottes
a Damne-Deu comant 91 } auf befehl Gottes
al comant Damne-Deu 252 }
del tresor l'amiral (432) — vom schatze des emirs
par le comant Charlon (494) — auf befehl Karls
la gent le rei Hugon (559) — das volk des königs Hugo
lez la fille le rei (714) — neben der tochter des königs
fil le conte Aimeri (739) — sohn des grafen Aimeri
Dieus i fist grant vertut por amor Charlemaigne (791) — aus liebe zu Karl d. gr.

Saint Denis könnte freilich ebensogut *sancti Dionysii* wie *sancto Dionysio* sein, aber die namensformen *Dieu, Charlon, Hugon*, auch *le rei, le conte* lassen sich nicht auf genetivformen wie *Dei, Hugonis, regis* zurückführen. Rein formell könnte freilich auch der akkusativ in betracht kommen, den man früher in dieser konstruktion verborgen glaubte, der aber syntaktisch unmöglich ist. Reine akkusativformen, wie die des artikels *le* = *illum* (nicht *illī*) in *le rei, le conte* sprechen nicht dagegen, sie sind einfach nach dem muster der eigennamen gebildet, deren ursprüngliche dativform mit der akkusativform zusammenfiel und kurzweg als obliquus empfunden wurde. Spuren dieses gebrauchs im nfr. sind bildungen wie: *Hôtel-Dieu, Fête-Dieu, la* (sc. *fête*) *Saint-Jean, église Saint Pierre*, auch *de par* (← *de parte*) *le roi* u. ä.

Meist folgt dieser obliquus dem regierenden wort. Er kann jedoch auch, wie hier in unserem falle, v o r das regierende nomen treten (vgl. noch *pro deo amur* in den Strassburger Eiden mit dem oben aus v. 32 zitiertem beispiel). Hierbei kann das regierende nomen den artikel verlieren: *a Damne-Deu comant* 91, seltener der abhängige obliquus (*en la rei prison* = *en la prison le rei*).

Der gebrauch dieses genetivs beschränkt sich schon im altfranzösischen auf solche fälle, wo der als genetiv dienende obliquus eine person oder auch ein persönlich gedachtes abstraktum bezeichnet. Mit sächlichen begriffen findet sich eine ähnliche konstruktion meist nur nach einigen akkusativen, welche in wirklichkeit die bedeutung einer präposition oder eines präpositionalen ausdrucks haben: *destre part la citet* (264) = rechter hand von der stadt, *par som* (d. i. *per summum*) *l'albe* (239, 248 etc.) = bei beginn der morgenröte.

II. *s a i n t*: lies *saĩ(n)t*, aus lat. *sanctum*.

A b f a l l d e s *-m* wie *un* I.
A b f a l l d e s e n d v o k a l s w i e *un* III.
n c t → i n t siehe *reis* I.

Neufranzösisch *saint* = *sẽ̜*. Das auslautende *-t* war hier, in verbindung mit vorausgehendem nasal, gestützt, also fester als z. b. das isolierte *t* in *fut*, und hat sich allgemein bis ins 13. jahrhundert, vor vokal und in pausa (am satzende) bis ins 16. jahrhundert gehalten; in liaison ist es noch heute hörbar (*le saint homme*). Der nasale diphthong *ain* fällt seit der mitte des 12. jahrhunderts mit *ein* zusammen, wird aber erst im 17. jahrhundert zum monophthongen *ẽ̜*.

III. *D e n i s*. Der name *Dionÿsius* ist ein heiligenname, ist als solcher erst in späterer zeit in die volkssprache aufgenommen worden und entzieht sich daher der regelmässigen entwicklung. Der anlaut müsste sich unter normalen verhältnissen wie in *diurnum* — *jorn* entwickeln. Wahrscheinlich wurde der name über *Deonysius* (vgl. prov. *Daunis*) zu *Denysius,* woraus dann durch abfall der endung regelrecht *Denis* wurde.

Griech. *υ* wird in älteren lehnworten des latein zu *ŭ* — *ọ*: *θύρσος* → *torsus* vgl. *trossez* 73, in jüngeren zu *ĭ*—*ẹ*: *πρεσβύτερον* → *presbĭterum* → *preveire,* in der jüngsten schicht zu *i*: *μαρτύριον* → *martirie* 107.

Wortstellung: Beachte die i n v e r s i o n d e s s u b j e k t s: *Un jorn fut lis reis Charles* . . . Diese tritt im selbständigen aussagesatz regelmässig ein, wenn dieser durch ein adverb oder sonst eine nähere bestimmung eingeleitet wird. Vgl. noch:

Ore entent la reïne 43
Ne fut itels barnez 50
Et si prist il la soë 88
Des or s'en irat Charles 91
Tant chevalchet li reis 93
As herberges repairent les fieres compaignies 111.

Desgleichen in eingeschobenen sätzen (auch bei substantivischem subjekt):

'Emperere' dist ele 26
'Par ma feit' dist li reis 53
'Seignor' dist l'emperere 67.

In nicht eingeleiteten sätzen ist die stellung des subjekts vor dem verbum die regel:

Charles li emperere reguardet sa moillier 5
Ele fut coronee 6.

Jedoch findet sich auch in diesem fall inversion häufig bei intransitiven oder objektlosen transitiven verben (namentlich bei den verben des sagens):

Chevalchet l'emperere 102, 254
Respont li patriarche 162.

2. Vers.

Rout prise sa corone, en croiz seignat son chief.

Wiederum hatte er seine krone genommen, im kreuzeszeichen bezeichnete er sein haupt.

Rout: aus *re* + *habuit*. Die simplexform *out* ← *habuit* findet sich z. b. in v. 4, sie bedarf zunächst der erklärung.

I. Der anlaut.

Regel: Anlautendes lat. *h* verstummt.

Dies verstummen ist allen romanischen sprachen gemeinsam, lässt sich auch durch zeugnisse schon für die vorchristliche zeit erhärten und wird (wie das verstummen des auslautenden *m*) durch die lateinische prosodie bestätigt (vgl. den hexameter: *Quamquam animus meminisse horret luctuque refugit*).

Beispiele:

habet → *at* 3, *habetis* → *avez* 54
hostem → *ost* 29
**ha hora* (für *hac hora*) → *ore* 43, 137 und oft
hospitale → *ostel* 237.

Hier und da wird das *h* zwar geschrieben, z. b. *huem* 122 (*homo*), *herbe* 212 (*herba*), *honor* (367, *honorem*), in anlehnung an die entsprechenden latein. worte. Einen lautwert hat aber dieses *h* nicht, wie die elision des artikels zeigt: *l'huem, l'honor, l'herbe*. Die üblichen schreibungen übrigens sind *l'uem, l'onor, l'erbe.*

Wie im anfang des wortes fällt *h* auch im inlaut zwischen vokalen, wie *prehendere* → *prendere* lehrt (vgl. *prise*); ebenso auch in verbindung mit konsonanten (*ch, ph, th*: *c, p, t*) wie *colaphum* → *colp* (*colper* 42).

II. Regel: Das unbetonte *u* vor vokal (hiatus-*u*) wird konsonantisch (halbvokal *u̯*).

Es ist dieselbe regel, die wir früher bereits für das hiatus-*i* festgestellt haben (vgl. *diurnum* III a). Das *u* verliert also seinen silbenwert, das wort wird um eine silbe verkürzt:

a-bu-it → *ab-u̯it*. Derartige formen werden in einer reihe von worten vorausgesezt, wo das *u* entweder nicht mehr als silbenbildender vokal erscheint oder, wie in der regel nach mehrfacher konsonanz, ganz ausgefallen ist.

Beispiele:

mortua → *mortu̯a* → *morte* 52
annuales → *annu̯ales* → *anvels* 126
tenuit → *tenu̯it* → *tint* 180
quattuor → *quattu̯or* → *quatre* 204
battuo → *battu̯o* → *bat*(*s*), wonach *batre* (668).

III. Die lautgruppe *b* + hiatus-*u*.

Regel: Einfacher verschlusslaut vor folgendem hiatus-*u* assimiliert sich zu *u̯*.

Es entsteht demnach überall *u̯u̯* (*w*), gleichgültig ob stimmhafter oder stimmloser, labialer, velarer oder dentaler verschlusslaut vorausgeht

b: *debui* → **deu̯u̯i* → *dui*, vgl. *deüsseiz* 56
p: **recipuit* → **recęu̯u̯it* → *reçut* 107
sapuit → **sau̯u̯it* → *sout* (386)
c: *placui* → **plau̯u̯i* → *ploi*, vgl. *ploüst* (405)
q: *aqua* → **aŭŭa* → *ewe* 106, 256
t: *potuit* → **pou̯u̯it* → *pout* (387)
d: *vidua* → **veu̯u̯a* → *veve-veuve*.

IV. Der stammvokal.

Regel: Betontes *a* vor silbenschliessendem labial wird zu *o* und verschmilzt mit *u* zum diphthongen *ou* (*ǫ* + *u*).

Beispiele: vgl. die eben zitierten beispiele **sau̯u̯it* → *sout* (386), *placŭit* → **plau̯u̯it* → *plout*, wonach *plàcuisset* → *ploüst* (405), auch *clavum* (*clau*) → *clou* 175 (gegen *clavem* — *clef*).

V. Der unbetonte vokal der endsilbe fällt nach *un* III.

VI. *re-habuit* → *rout*.

Regel: **In zusammengesetzten wörtern fällt ein auslautendes *e* des ersten wortes vor vokalischem anlaut des zweiten aus.**

Beispiele: *de unde* → *dont* 3
conquaerere (h)abeo → *conquerrai* 11
portare (h)abemus → *porterons* 20
mandare (h)abeo → *manderai* 22
re-intrare → *rentrer* (793).

In einfachen wörtern (sowie in alten ableitungen) entsteht in diesem falle *i* und weiterhin hiatus-*i̯*. Vgl. *jorn* III a.

VII. Neufranzösisch *eut* für *out*. Dieser wandel erklärt sich nicht durch lautliche entwicklung, sondern durch analogische übertragung. Das altfranz. paradigma des perfektums lautete nach den entsprechenden lateinischen formen:

	hábui	*habuísti*	*hábuit*	*habúimus*	*habuístis*	**hábuerunt*
	oi	*oüs*	*out*	*oümes*	*oüstes*	*ourent*
später	*oi*	*eüs*	*out*	*eümes*	*eüstes*	*ourent*
16. jh.	*(e)ü(s)*	*(e)ü(s)*	*(e)ü(t)*	*(e)üme(s)*	*(e)ü(s)te(s)*	*(e)üre(nt)*.

Man sieht leicht, dass die formen mit betontem stammvokal (die stammbetonten formen) nach denen mit unbetontem und nachher geschwächtem stammvokal (nach den endungsbetonten formen) umgebildet sind, neben welchen noch das partizipium *eü* (**habūtum*) und die konjunktivformen *eüsse* (*habuissem*), *eüsses* usw. mitgewirkt haben mögen. Das unmittelbar vor dem tonvokal stehende *e* war schon im 15. jahrhundert verstummt (*e-ü* → *ü*, wie *ve-ü* → *vü*, *meür* → *mür*), ist aber zur deutlicheren bezeichnung der form in der schrift beibehalten worden.

Das kompositum *ravoir* ist neufranzösisch nur noch als defektivum üblich in den formen *ravoir* und *raurai* mit der bedeutung 'wieder haben, wieder bekommen', nicht mehr als hilfsverbum wie hier, wo *rout prise* = *out reprise* ist. Die im anfang der erzählung befremdlich erscheinende wiederholung der handlung erklärt sich in ähnlichem sinn wie

Florissent bois, cil pré sont raverdi (es blühen die bäume, die wiesen sind wieder begrünt — wie jedes jahr): Karl hatte wieder (wie schon öfter) seine krone genommen.

Vgl. im neufranzösischen noch *raler, ramasser, rappeler, rhabiller, rouvrir* u. a.

prise: lat. *prensam.* Schon lateinisch finden sich neben den vollen formen *prehendo, prehendi, prehensum, prehendere* die formen mit ausfall des intervokalen *h* und kontraktion der beiden *ĕ* zu *ẹ̄* (vgl. *rout* I). Wir dürfen daher ohne weiteres von der form *prēnsam* ausgehen.

I. Auslautendes *m* fällt nach *un* I (*prẹ̄nsa*).

II. Lat. *n* vor *s* fällt nach *mostier* IV (*prẹ̄sa*).

III. Unbetontes *a* der endsilbe zu *e* nach *un* III (*prẹ̄se*).

IV. Der tonvokal. Dieser zeigt keine regelmässige entwicklung. Das geschlossene (lange) *e* in offener silbe sollte zu *ei* diphthongiert werden wie in *plẹ̄na* zu *pleine* (siehe v. 8), *mensem-mēse* zu *meis*. Das *i* ist übertragen aus anderen formen, wo es sich regelrecht, durch umlaut vor folgendem *ī*, entwickelt hatte, wie in *pris* ←**presī*.

V. Das intervokale *s*. Lat. *s* ist in jeder stellung stimmlos (hart). Diese aussprache behält es in verbindung mit konsonanten, im anlaut und im auslaut. Zwischen vokalen hingegen nimmt es die stimmhaftigkeit der umgebenden laute an. Dieser wandel gelangt in der orthographie nicht zum ausdruck. In der wissenschaftlichen transkription pflegt man das stimmhafte *s* mit *z*, das stimmlose mit *s* zu bezeichnen, daher auch das stimmhafte frz. *j* mit *ž* (altfrz. *dž*), das stimmlose *ch* mit *š* (altfr. *tš*).

Regel: Lat. *s* zwischen vokalen wird stimmhaft.

Beispiele:

44 *oset* (*oser*) ←**ausat* (zu *audeo-ausum*)

112 *presenz* zu *presenter* ←*praesentare*

171 *posez* (*poser*) ← *pausatus* (*pausare*)
220 *pose* ← *pausa.*

Wie das beispiel *prise* ← *pre(n)sam* zeigt, ist die erweichung des intervokalen *s* erst nach verstummen des *n* vor *s* eingetreten. Das spanische z. b. hat das intervokale *s* bis heute als stimmlos bewahrt (*presentar, posar* usw.).

sa: lat. *suam.*

I. Fall des auslautenden *m* wie *un* I.

II. Mit dem substantivum verbunden wird das possessivpronomen wie der artikel (siehe vers 1 *li*) proklitisch, d. h. es verliert seinen akzent an das folgende substantiv und wird selbst tonlos (*suam corónam*). Alsdann erhalten wir in *suam* und ebenso in *suum, tuum* ein unbetontes *u* vor vokal, ein hiatus-*u*, das der regel nach (siehe *rout* II) zu *u̯* wird: *su̯am, su̯um, tu̯am, tu̯um,* und unter einwirkung der proklise völlig schwindet: *sa, son, ta, ton.*

Ferner verstummt *u̯* nach mehrfacher konsonanz:

mortua → *mortu̯a* → *morte* 52
quattuor → *quattu̯or* → *quatre* 204
battu̯o → *bat(s)* (dazu *batre* 668);

zwischen konsonanten:

tenu̯it → **tenvt* → *tint* 180, *voluit* → *volt*;

sowie im auslaut nach konsonant:

sangu̯em → *sangu̯(e)* → *sanc* 165.

Regel: Hiatus-*u̯* schwindet nach mehrfacher konsonanz, zwischen zwei konsonanten oder im auslaut nach konsonant, sowie in der proklise.

III. Unbetontes oder nebentoniges *a* bleibt in einsilbigen wörtern erhalten. Es handelt sich dabei naturgemäss nur um proclitica und etwa adverbia, die im satze unbetont oder nebentonig werden können.

Beispiele:

präp. *ad* → *a* (siehe v. 1 *al* I)

der weibliche artikel *illa(m)* → *la*: *la corone* 10 u. o.

das unbetonte pronomen *illam* → *la*: *Il la prist par le poin* 7

la prist a araisnier 8

jam → *ja* 33.

Soweit diese wörter im zusammenhange des satzes auch betont vorkommen, entwickeln sie daneben eine zweite form nach den regeln der betonten wörter. So wird *illa* als demonstratives oder absolutes pronomen zu *ele* (v. 6), mit regel rechter schwächung des unbetonten *a* zu *e*.

corone: lies *corǭne* — lat. *coronam*.

I. Der älteste wandel in diesem wort ist der abfall des auslautenden *m*. Dadurch fielen in der lateinischen ersten deklination im singular nominativ und akkusativ, also die beiden einzigen im französischen erhaltenen kasus, vollständig zusammen. So ist:

reïne = *regina* und = *reginam*

femme = *femina* und = *feminam*.

II. Das unbetonte *a* der endsilbe zu *e*, siehe *un* III.

III. Der tonvokal: Lateinisches langes, d. h. seiner qualität nach geschlossenes *o*.

Regel: Betontes *ǭ* in offener silbe bleibt *ǭ* (vor nasal *ǫ̃*).

Beispiele: *pomum* + *s* → *ponz* 3

**prodis* → *proz* 28

amorem → *amor* 32

illorum → *lor* 78

dolorosam → *dolorose* 92

colores → *colors* 124.

Vor nasal (*corone*, *ponz*) entwickelt sich *ǫ̃*, das weiterhin zu *ǭ* wird, während orales *ǭ* im 12. jahrhundert über *ou* zu *eu*, neufranzösisch *ö*, wird (*preu*, *leur*, *-eus-eux*).

IV. Der anlautende konsonant: lat. *c* (=*k*).

Regel: Anlautendes *c* vor dunkeln vokalen (*o* und *u*) bleibt als *c* (*k*) erhalten.

Beispiele: *colaphum* → *colp*, dazu *colper* 42
cor → *cuer* 118
colores → *colors* 124
**cuminitiare* → *comencier*, *començat* 130
cultellum → *coltel* 180.

Das gleiche gilt von *c* vor konsonant: *croiz* 2 (*crucem*), *crigne* 823 (*crinea*), *croissir* 194 (germ. **krostjan*). Vgl. dagegen *c* vor *a* zu *tš* unter *Charles* II.

V. Der vortonvokal. Wir haben einen einzigen, also nebentonigen vortonvokal (s. *mostier* III), der an und für sich erhalten bleiben muss. In diesem falle handelt es sich um ein lateinisch kurzes *ŏ*, also offenes *o*, in offener vortonsilbe.

Regel: Vortoniges *ǫ* in offener silbe wird *ọ*.

Diese veränderung ergibt sich nicht aus der altfranzösischen schreibung selbst, wo *ǫ* und *ọ* in der regel beide durch *o* bezeichnet werden (anglonormannisch *ọ* durch *u*), wird aber durch die weitere entwicklung zu *u* (geschr. *ou*) vorausgesetzt und durch dialektische (normannische und anglonormannische) schreibungen bestätigt.

Beispiele: *cǫrona* → *cọrone* → *couronne*
**pǫtētis* (für *potestis*) → *pọëz* 13 → *pouvez*
dǫlorosam → *dọlorose* 92 → *douloureuse*
wie *dǫlorem* → *dọlorem* → *douleur*.

Es fällt also in dieser stellung *ō* und *ŏ* zusammen. Vgl. 1 *mostier* V.

VI. Neufranzösisch *couronne* aus altfrz. *cọrōne* erklärt sich im wesentlichen aus dem vorhergehenden. Der tonvokal ọ entwickelt sich vor nasalen konsonanten (*n*, *m*) nicht wie in *lor*, *dolor*, *proz* zu *eu*, sondern ist selbst nasal und geht als solcher allmählich in die offene aussprache über:

corǫ̃ne → courǫ̃ne. Während aber am schlusse des wortes oder vor konsonant der nasalvokal geblieben ist (nfr. *barons = barõ, bon = bõ, enfant = ãfã*), ist die nasalierung des vokals in offener silbe wieder verloren gegangen, hat jedoch ihre nachwirkung in der offenen qualität des *o* sowie in der doppelschreibung des nasalkonsonanten zurückgelassen: nfr. *couronne = curǫn, bonne = bǫn* mit offenem *ǫ*.

en: lies *ã* (*ãn*), aus lat. *in.*

Es sind in diesem worte voneinander zu scheiden die veränderung des lat. *ĭ* überhaupt und die behandlung desselben vor nasal im besonderen. Es handelt sich um das kurze, offene (dem *e* ähnliche) *ĭ*.

I. Regel: **Lateinisch kurzes *ĭ* wird zu geschlossenem *ẹ*.**

Dieser übergang vollzieht sich ganz allgemein, ob nun *ĭ* in offener oder geschlossener, in betonter oder unbetonter silbe steht. Er ist gemeinromanisch, insofern nur ein vereinzeltes, kleineres gebiet (das sardische) sich diesem wandel entzieht, und ist daher noch in ziemlich frühe zeit (etwa in das 3. jahrh. n. Chr.) zu setzen. Die verschiebung des *ĭ* zu *ẹ* entspricht derjenigen des *ŭ* zu *ọ* (siehe *jorn* II), muss aber früher eingetreten sein als diese, da das rumänische das *ŭ* noch bewahrt, das *ĭ* hingegen zu *ẹ* werden lässt.

Beispiele: *signavit → seignat* s. unten
cinctam → ceinte 3
dominium + s → demeines 4
illa → ele 6
ecce illa → cele 12
mittit → met 16
consiliarios → conseilliers 21.

Durch dieses lautgesetz fällt lateinisch *ĭ* der qualität nach mit lateinisch *ẹ̄* zusammen und bleibt nur durch den unterschied in der quantität von diesem geschieden.

Man vergleiche:

mĭttere → mẹ̆tre mit *habẹ̄re*
fĭde(m) → fẹ̄de mit *plẹ̄nam.*

II. Regel: *en* oder *em* wird infolge der nasalierung des vokals zu *ã*.

Es ist die allgemeine regel von der nasalierung der vokale vor *n* oder *m*, die bereits oben s. 9 f. unter *un* IV erwähnt worden ist. Aber während dort der vokal in seiner qualität zunächst unverändert bleibt, nimmt er hier schon im altfranzösischen eine breitere, hellere aussprache an: *ẽn* wird zu *ẹ̃n* und dieses zu *ãn*. In der schrift kommt diese qualitative veränderung nur teilweise zum ausdruck (*en* und *an* werden noch in der heutigen orthographie voneinander geschieden), auch ist sie in den verschiedenen mundarten zu verschiedenen zeiten eingetreten (in einigen, wie besonders in der pikardischen, gar nicht). Für unser gedicht wird die gleichheit der aussprache von *en* und *an* bewiesen durch die assonanzen, in welchen wir (wie z. b. v. 76 ff.) *gent, argent,* mit *devant, blans* u. ä. gebunden finden: also *džãt, ardžãt, devãt, blãs.*

Die regel gilt für betonte wie für nebentonige und unbetonte silbe. Wie *ẹn, ẹm* wird natürlich auch das dem *a* weit näherliegende *ęn, ęm* zu *ã*: *mente → mãt, *folla mente → folemãt.*

Weitere beispiele:

imperator → emperere 5 = *ãperere*
inde → en 14 = *ã*
intra → entre 15 = *ãtre*
intendit → entent 17 = *ãtãt*
insĕmel → ensemble 20 = *ãsãble*
fĕmina → femme 33 = *fãme.*

croiz: lies *crọits,* lat. *crŭcem* (= *krŭkem*). In lateinischer zeit wurde *c* überall, vor konsonant und vokal, vor *e* und *i* ebenso wie vor *a, o, u* als *k* gesprochen.

I. *-m* fällt nach *un* I: *crŭce.*

II. Latein. *ŭ → ọ* nach *jorn* II: *crọce.*

III. Der inlautende konsonant.

Regel: **Lat. *c* (*k*) zwischen vokalen wird vor den palatalen vokalen (*e* und *i*) assibiliert (*tsį*) und stimmhaft (*dzį*), hieraus vor erhaltenem vokal zu *iz* (*i* + stimmhaft *s*), vor konsonant und im auslaut zu *its* (geschr. *iz*).**

Beispiele: *vicem* → *feiz* 71
placet → **plaitst* → *plaist* 68, 160.

Vgl. noch: *nucem* → *noiz*, *vocem* → *voiz*,
dagegen *placere* → *plaisir* (592), *licere* → *leisir* (445), *vicinum* → *veisin*.

IV. **Der stammvokal** *ǫ* verbindet sich mit dem folgenden *i* aus *c* zum diphthongen *ǫi*.

V. **Neufranzösisch** *croix*: der diphthong *ǫi* hat sich über *ǫ́e* — *oẹ̀* zu *oá* (*wa*) entwickelt, genau so wie das aus *ẹi* entstandene *oi* (siehe *reis* III), hat aber wie dieses die alte schreibung beibehalten.

Das auslautende *ts* (*z*) wurde ende des 12. jahrhunderts zu *s* vereinfacht, also *croiz* → *crois*, *foiz* → *fois*, *voiz* → *vois* (**plaitst* wurde schon früher zu *plaist* vereinfacht wegen der schwierigen aussprache der konsonantengruppe *tst*). Auslaut-*s* verstummt.

Die schreibung *croix* für *crois* hat mit einer veränderung der aussprache nichts zu tun und erklärt sich lediglich als eine schreibergewohnheit, vgl. nfr. *cheveux*, *chevaux* für älteres *cheveus* (← *chevels*), *chevaus* (← *chevals*). Bei worten wie *croix*, *voix*, *noix*, *paix* mochte dabei das vorbild der lateinischen formen *crux*, *vox* usw. mitwirken.

seignat: lies *señát*, lat. *sĭgnavit* (neben klass.-lat. *sīgnare*, *sīgnum* bestand *sĭgnare*, *sĭgnum*, vgl. ital. *segno*, *segnare*, prov. *senh*, *senhar*).

I. Der stammvokal *ĭ* → *ẹ*, siehe *en* I.

II. **Die inlautende konsonantengruppe** *gn* (= *g* + *n*).

Regel: *gn* zwischen vokalen wird zu mouilliertem (jotaziertem) *n* (*ñ*, geschrieben *gn*, *ign*).

Beispiele: *insignatis* → *enseigniez* 19
magnus → *maignes* 158
agnellum → *agnel* — *agneau*.

III. Die endung: *avit* → *aut* → *at*. Schon für das vulgärlatein haben wir teilweise verkürzte perfektendungen in der I. konjugation anzunehmen, welche den ausgangspunkt der romanischen und somit auch der französischen formen gebildet haben:

klass.-lat.	vulg.-lat.	franz.
-avi	*-ai*	*-ai*
-avisti, -asti	*-asti*	*-as*
-avit	*-aut, -āt*	*-at*
-avimus	*-ammus*	*-ames*
-avistis, -astis	*-astis*	*-astes*
-averunt, -arunt	*-arunt*	*-erent*.

Zum teil bestehen, wie die vergleichung zeigt, die kurzen formen schon im klassischen latein neben den vollen formen. Aus den vulgärlateinischen formen entwickeln sich die französischen meist regelmässig. Die endung *-aut* sollte *-ot* ergeben (vgl. ital. *amò*, span. *amó*), hat aber ihren vokal sichtlich den beiden ersten formen *-ai* und *-as*, vielleicht unter mitwirkung von *ai*, *as*, *at* (= *habeo* usw.), angeglichen. Das im gallischen latein durchgedrungene *-āt* ist schon bei Lukrez belegt.

IV. Neufranzösisch (*en*)*seigna* (das simplex *seigner* ist nicht mehr gebräuchlich) zeigt gegen die hier gebrauchte form verstummen des auslautenden *t*, was hier schon im 12. jahrhundert vor sich ging, übergang des *ę* vor palatalem *n* zu *ę* und verlust der nasalierung in offener silbe (vgl. 3 *corone* VI).

son: lies *sō*(*n*), aus lat. *suum*.

I. Wir haben hier die neutrale, d. h. maskuline form des possessivpronomens vor uns, welche im wesentlichen so wie das vorhin besprochene *suam* — *sa* behandelt wird. Das wort steht **p r o k l i t i s c h**, gibt seinen akzent an das folgende substantiv ab und wird somit selbst tonlos. In dieser stellung entwickelt sich das unbetonte hiatus-*u* zu *u̯* und fällt schliesslich aus. Vgl. *rout* II und *sa* II.

II. Das zweite, s i l b e b i l d e n d e *u* wird *ọ* nach *jorn* II.

III. D a s a u s l a u t e n d e *m*. Nach *un* I fällt das in unbetonten endsilben und wörtern stehende auslautende *m* frühzeitig ab. Darnach verlieren die im satz unbetont stehenden einsilbigen worte ihr *-m*:

jam → *ja* 33, 34, 42 u. ö.
quem → *que* 112, 180, 189 u. ö.

Ebenso die ursprünglich zweisilbigen, auf eine silbe reduzierten proklitika (vgl. oben *sua*):

suam → *sa* 2, 5, 16 u. ö.
meam → *ma* 22, 53, 56 u. ö.
illam → *la* 7, 8 (verbundenes pronomen),
ebenso 25, 36 (artikel)
illum → *lo* — *le*, siehe v. 1 *al*.

H i n g e g e n b e h a l t e n e i n s i l b i g e w ö r t e r , w e l c h e i m z u s a m m e n h a n g d e s s a t z e s d e n h a u p t t o n t r a g e n , i h r *-m* a l s *-n*:

rém → *rien* 247 u. ö.
méum → *mi͡en* 139, 185 (als absolutes oder sonst betontes pronomen).

Ebenso *súum* → *su͡en* 50, *túum* → *tu͡en* (während die feminina *mé-am, tú-am, sú-am* zweisilbig bleiben und regelrecht das in unbetonter endsilbe stehende *-m* verlieren: *méie, tóe, sóe* 88).

Die verbundenen, vor dem substantiv stehenden possessivpronomina stehen proklitisch, also unbetont, und sollten darnach sämtlich das *-m* verlieren: so regelrecht *suam* — *sa*, desgl. *ta, ma*. Die entsprechenden maskulinformen sollten also **mo*, **to*, **so* lauten, heissen jedoch immer, *mon, ton, son*. Vermutlich standen ursprünglich antevokalische *n*-formen (*mon*, **man*) und antekonsonantische *n*-lose formen (**mo, ma*) nebeneinander, wie z. b. in der tonlosen negationspartikel *nen — ne* (*nen est*, aber *ne fut*). Den ausschlag zugunsten von *mon* einerseits und *ma* andererseits gaben dann die betonten formen, wo sich regelrecht männliche formen mit *n* und weibliche ohne *n* entwickelt hatten: *mien, tuen, suen* gegen *meie, toe, soe.*

IV. Die neufranzösische aussprache *sõ* zeigt nasalierung des vokals mit verlust des nasalkonsonanten (wie *un* v. 1) und im zusammenhang damit offene qualität des *o* (vgl. oben *corone*).

chief: lies *tšief*, aus lat. *căput*.

I. Endung und geschlecht. Die in der substantivdeklination vereinzelt dastehende endung *-ut* wurde in der vulgärsprache beseitigt und durch *-um*, richtiger *-u* (*un* I), ersetzt, indem man das unregelmässig erscheinende neutrum *caput* an die zahlreichen neutra der lateinischen II. und IV. deklination anglich (vgl. oben s. 18 *al* I). Wir haben also für das weitere von **capu* (vgl. ital. *capo*, span. *cabo*) auszugehen. Wie fast alle lateinischen neutra singularis erscheint auch dieses im französischen als maskulin (vgl. *mostier*).

II. Der inlautende konsonant. Das in dem französischen wort auslautende *f* ist aus dem inlautenden labial erst entstanden, als dieser in den auslaut trat. Vorher hatte der labial aber noch eine zwischen vokalen eintretende erweichung durchgemacht. Es ist daher zweierlei zu scheiden:

a) Regel: Lateinisch *p* zwischen vokalen (oder zwischen vokal und *r*) wird durch *b* hindurch zu *v*.

D. h. der stimmlose verschlusslaut wird zwischen den an und für sich stimmhaften vokalen zum stimmhaften verschlusslaut und dann zum stimmhaften reibelaut. Es findet also eine assimilation des konsonanten an die umgebenden laute statt.

Beispiele:

capillos → *chevels* 181	*recipere* → *receivre* 220
piper → *peivre* 211	*sapitis* → *savez* 226

**deseperati* → *desevrét* 253	*capra* → *chievre*.
supinum → *sovin* (389)	

b) Regel: Ein im altfranzösischen in den auslaut tretendes *v* wird zu *f*.

D. h. es verliert den stimmton, die stimmhafte aussprache. Dieser vorgang erklärt sich leicht dadurch, dass im auslaut (ohne darauffolgenden vokal) ein stimmloser konsonant bequemer zu sprechen ist als ein stimmhafter (vgl. auch im deutschen *brav* = *braf*, *kind* = *kint*, *kalb* = *kalp*).

Beispiele:

nervi → *nerf* 194	*nivem* → *neif* (378)
suave → *soëf* (371, 377)	*cervum* → *cerf*.
vivi → *vif* (374)	

III. Anlautend *c* vor *a* wird *ch* (= *tš*) nach v. 1 *Charles* II.

IV. Der tonvokal: lateinisch kurzes *a* in offener silbe. Dieses hat nacheinander zwei lautveränderungen erfahren, eine quantitative in gemeinromanischer zeit, eine qualitative in französischer zeit. Der wandel von *a* zu *ie* setzt länge des vokals voraus.

a) Regel: Betonter kurzer vokal in offener silbe wird lang.

Infolgedessen fällt in offener silbe *ă* mit *ā* zusammen und nimmt dieselbe entwicklung wie dieses:

că[pu[1]) → *cāpu* → *chief*
wie *cāru(m)* → *chier* 24
spă[tham → *spātham* → *(e)spee* 3
wie *coronātam* → *coronee* 6.

Dieses gesetz gilt auch von allen anderen vokalen, welche untereinander gleiche qualität haben. So wird kurz ę in offener silbe zu ę̄ und fällt mit ę̄ ← *ae* zusammen, freies kurzes ẹ (ĭ) mit ẹ̄, freies kurzes ọ (ŭ) mit ọ̄. Auf der dehnung und

[1]) Das zeichen [wird zur bezeichnung der freien stellung des vorausgehenden vokals verwendet wie entsprechend] zur bezeichnung der gedeckten (vgl. oben s. 16).

dadurch bewirkten länge des betonten vokals beruht im wesentlichen die eigentümliche entwicklung der betonten vokale in offener silbe, besonders die diphthongierung.

Umgekehrt ist es mit langem vokal in gedeckter stellung:

Regel: **Betonter langer vokal in geschlossener silbe wird kurz.**

Hierdurch erklärt es sich, dass selbst ursprünglich langer vokal in geschlossener silbe nicht diphthongiert, überhaupt nicht dieselben veränderungen erleidet wie in offener silbe.

Vgl. z. b. *quaerere* → *quę̄rere* → *quę̄r-re* → *quĕrre* 72 gegen *caelum* → *cę̄lu* → *ciel* 9, *quaero* → *quier* (719).

Man nennt dieses gesetz von der dehnung der kurzen vokale in freier stellung und der kürzung langer vokale in gedeckter stellung nach Bernhard ten Brink, der es zuerst aufgestellt, häufig das ten Brinksche gesetz.

b) Regel: **Betontes *a* in offener silbe wird nach *c* wie nach den übrigen palatalen konsonanten und konsonantengruppen zum diphthongen *ie*.**

Beispiele: *cārum* → *chier* 24
cădit → **cādet* → *chiet* 132
cădant → *cādant* → *chieent* (537)
collocatus → *colchiez* 171
predicatum → *preechiét* 173
manducare → *mangier* 180
precatum → *preiiét* 865
pacare → *paiier*

nach *g*: *paganos* → *paiiens* 224
cį: **incalciare* → *enchalcier* 29
tį: **pretiare* → *preisier* 13
**exlaetitiare* → *esleecier* 174
**adratį(o)nare* → *araisnier* 8
ptį: **corruptiatus* → *correciez* 17
mmį: *commeatum* → *congiét* 216
mnį: *somniatum* → *songiét* 71

gn—*ñ*:	***insignatis*** → ***enseigniez*** 19
ḷi:	***taliare*** (zu ***talea***) → ***taillier***, ***entailliee*** 179
ct:	****explic*(*i*)*tatum*** → ***espleitiét*** 167
	adlactare* → ***alaitier* (***alaitat*** 187).

Innerhalb dieses diphthongen liegt der akzent auf dem zweiten vokal: *iè*. Da dieses *ie* sowohl mit dem aus -*ęriu* entstandenen *ie* (v. 1 *mostier*) als auch mit dem aus *ę* hervorgegangenen *ie* (v. 3 *mier* ← *męrum*) reimt, so hatte das *e* wohl helle, offene aussprache: *ię*. Indes lassen sich auch gründe für geschlossene aussprache anführen (z. b. lässt das in England gesprochene französisch, das sog. anglonormannische, das *ie* in *ẹ* übergehen).

Wo intervokales *c* wegen vorausgehendem dunkeln vokal (*u*, *o*) spurlos ausfällt, unterbleibt auch die durch palatal bedingte diphthongierung: *jocare* → *joër* 32, *avocatum* → *avoét*.

V. Der unbetonte endvokal fällt nach *un* III. Dieser abfall trat erst ein, nachdem *ā* in offener silbe zu *ä* und nachdem intervokales *p* zu *v* erweicht worden war, aber ehe *v* zu *f* wurde. Der letzte wandel beruht eben darauf, dass der folgende endvokal abfiel.

VI. Neufranzösisch *chef* = *šef*. Der *t*-vorschlag ist seit ende des 12. jahrhunderts verstummt (siehe v. 1 *Charles* IV). — Der diphthong *ie* wurde ende des 15. jahrhunderts nach zischlauten (*ch* = *š* und *g* = *ž*) lautgesetzlich zu *e* (je nachdem *ę* oder *ẹ*) reduziert: *chef*, *cher*, *couché* (aber nicht vor nasal: *chien*), *manger*, *songer*, *congé*; nach anderen konsonanten auf analogischem wege, namentlich in den infinitiven und partizipien der I. lat. konj.: *chausser*, *priser*, *allaiter* usw.

3. Vers.

Et at ceinte sa spee dont li ponz fut d'or mier.

Und er hat umgegürtet sein schwert, dessen knauf von lauterem gold war.

E(t). Das auslautende *t* ist schon im lateinischen ausserhalb der konjugation wenig vertreten (über *caput* siehe oben).

Regel: Auslautendes isoliertes *t* in unbetonter silbe ist im laufe des 11. jahrhunderts verstummt (wie *-d*: siehe *al* I).

Beispiele: *aut* → *o* 35, 42, 150 (stets so geschrieben)
et → *e* (zuweilen noch mit *t* geschrieben).

Allem anschein nach ist das *-t* zuerst vor folgendem konsonant verstummt, daher sich einzelne beispiele für *e* = *et* schon aus früherer zeit nachweisen lassen.

Hiernach sollte auch das auslautende *-t* in der 3. pers. sing. präs. der lateinischen I. konjugation abfallen: *reguarde(t)* 5, *porte(t)* 15, *chevalche(t)* 93, *torne(t)* 94. Es wird in unserem text in der regel noch geschrieben, auch wird das dem *-t* vorausgehende *-e-* vor folgendem vokal in mehreren fällen nicht elidiert, aber an einigen anderen stellen ist elision des *-e-* möglich und daher verstummen des *-t* auch hier wahrscheinlich. Unser gedicht verhält sich ähnlich wie das Rolandslied.

Unter anderen als den in unserer regel angenommenen bedingungen fällt das im lateinischen auslaut stehende *t* erst im laufe des 12. jahrhunderts und später: im 12. jahrhundert nämlich, wenn es in der tonsilbe steht (*at* s. unten, *fut* 1, *repentit* 31, *conreat* 77, *irat* 91, *entrat* 113); erst ausgangs der altfranzösischen periode, wenn es nicht isoliert, sondern fest, d. h. mit anderen konsonanten verbunden oder aus einer verbindung mit anderen konsonanten hervorgegangen ist (vgl. oben s. 24 *saint*, ferner *out* 4 ← *habuit*, *prist* 7 ← **prensit*, *sëist* 10 ← *sedisset*, *respondiét* 12 ← **respondédit*, *dist* 13 ← *dixit*, *met* 16 ← *mittit*, *siet* 16 ← *sedet*, *entent* 17 ← *intendit*, *est* 18 = lat. *est*). In pausa (am versende oder vor stärkerer interpunktion) sind diese *t* bis ins 17. jahrhundert, in liaison (*saint homme, dit-il*) noch jetzt laut.

at: lat. *habet*.

Die französische form lässt sich nicht direkt auf *habet* oder *abet* (nach *rout* I) zurückführen, das **et* geben müsste. Vielmehr haben schon im vulgärlatein neben den vollen formen des in mehrfacher verwendung gebrauchten verbums sog. kurzformen (schwächer betonte, kürzer gesprochene formen) bestanden, welche sich namentlich bei dem gebrauch des wortes als hilfszeitwortes von selbst einstellen mussten und auf welchen die altfranzösischen beruhen. Die in betracht kommenden paradigmen lauten:

vulgärlat. vollformen	vulgärlat. kurzformen	altfranz.
abįo	*aįo*	*ai*
abes	*as*	*as*
abet	*at*	*at*
abemus	*abemus*	*avons*
abetis	*abetis*	*avez*
abent—**abunt*	**aunt*	*ont*.

Man vergleiche noch die italienischen formen *ho* und *ha* (aus *a(į)o* und *at*) mit den (poetischen) vollformen *aggio* und *ave* (aus *abįo* und *abet*). Bei dem gleichfalls als hilfszeitwort wie als selbständigem verbum (in der bedeutung 'da sein, existieren') gebräuchlichem *esse*—*estre* haben wir teilweise im französischen selbst noch voll- und kurzformen nebeneinander: präs. ind. 2. p. *ies*—*es,* impf. *iere*—*ere,* fut. *ier*—*er.*

Neufranzösisch *a*—*at.* Aus *at* entwickelt sich schon im altfranzösischen regelrecht *a* (siehe oben *et*). Dieses verstummen des *t* trat zuerst vor folgendem konsonant ein, während es vor vokal sich zunächst erhielt und hier erst auf analogischem wege beseitigt wurde: *at il, at ele*→ *a il, a ele* nach *il a dit, ele a vu* u. ä. Die neufranzösischen formen *a-t-il, a-t-elle* gehen daher allem anschein nach nicht direkt auf die altfranzösischen formen *at il, at ele* zurück, sondern auf das vorbild von *ont-ils, est-il, sont-ils* (mit 'festem' *t*) u. ä.

ceinte: lies *tseīnte,* aus lat. *cinctam.*

I. Aus der konstruktion *at ceinte sa spee*=*habet cinctam suam spatham* ergibt sich deutlich die art und weise, wie das französische parfait, zur bezeichnung einer in der gegenwart vollendeten handlung, entstanden ist. Man vergleiche dazu lateinische konstruktionen wie *habere civitates sibi obstrictus, hostem clausum habere, equitatum coactum habere, sibi spem victoriae propositam habere, persuasum sibi habere, cognitum habere.* Dem gebrauch von *habet — at* mit prädikativem partizip für die gegenwart entspricht für die dauer in der vergangenheit *habebat — aveit* mit partizip und für die einmal oder vorübergehend gedachte handlung in der vergangenheit *habuit — out* mit partizip (wie *rout prise* in v. 2).

Aus dieser entstehung ergibt sich auch ohne weiteres, dass von haus aus das partizip in übereinstimmung mit dem objekt gewesen sein muss, wie in unseren beiden fällen. Vgl. noch v. 52 *se mençonge avez dite*; v. 59 *out faite s'ofrende*; ebenso v. 61 usw. Doch finden sich daneben auch in unserem gedicht bereits entgegenstehende fälle, wie v. 59 *ai molt oït parole*; v. 142 *out mandét ses clers* usw. Aus diesem schwanken hat sich der in der neufranzösischen schriftsprache übliche gebrauch herausgebildet, bei vorausgehendem objekt (pronomen, fragesatz) rektion des partizips eintreten, sonst aber das partizip unverändert zu lassen. Die — seither wieder aufgehobene — bestimmung der 'Simplification de l'enseignement de la syntaxe française' von 1900, welche auch nach vorausgehendem feminin- oder plural-objekt unverändertes partizip gestattete, war ein zugeständnis an die gesprochene rede.

II. *-m* fällt: *cincta.*

III. *ĭ* wird *ẹ: cẹncta.*

IV. Der anlautende konsonant: lat. *c=k* (wie vor *a, o, u*).

Regel: Anlautendes *c vor e* und *i* wird zu *ts* (geschrieben *c*).

Es ist im wesentlichen dieselbe entwicklung (assibilierung) wie die des intervokalischen *c* in *crucem,* nur dass sich naturgemäss im anlaut kein *i* entwickeln kann. Mit ausnahme des sardischen, das noch heute *kelu* hat, zeigen alle romanischen sprachen eine assibilierung irgendwelcher art: ital. *cièlo = tšelo,* prov. *cel = tsel,* neuprov. *cèu = sẹu,* span. *cielo = þielo.* Der beginn der assibilierung ist also gemeinromanisch, er fällt in das 3., spätestens 4. jahrhundert.

Beispiele: *caelum* → *ciel* 9
civitates → *citez* 11 (sing. *citét* 36)
ecc(e) illa → *cele* 12
ecc(e) ille → *cil* 19
ecce hoc → *ço* 39
ecc(e) (h)ic → *ci* 49
centum + *s* → *cenz* 73.

Dasselbe gilt auch für inlautenden silbenanfang nach konsonant:
mercedem → *mercit* 32
principale(m) → *principel* 59
dulcem, dulces → *dolz* (425).

Der vergleich mit *Charles* v. 1, *corone* und *croiz* v. 2 lässt nunmehr die verschiedene behandlung des anlautenden *c* je nach dem folgenden laut deutlich erkennen:

1. *c* vor *o, u,* kons. bleibt: *corone, croiz.*
2. *c* vor *a* wird *tš*: *Charles, chief, trencherai.*
3. *c* vor *e, i* wird *ts*: *ceinte, mercit.*

V. *nct*: *int,* siehe v. 1 *reis* I. Der tonvokal *ẹ* bildet mit dem folgenden *i* den diphthongen *ẹi* (vgl. ebenda II), der vor dem folgenden nasal zu *ẹĩ* wird.

VI. Der unbetonte endvokal *a* zu *e*: siehe v. 1 *un* III.

VII. Neufranzösisch *ceinte* = *sę̃t*: der *t*-vorschlag geht wie bei *tš* (*Charles* IV) am ende des 12. jahrhunderts verloren; der nasal-diphthong *ẹĩ* wird über *ę̃ĩ* zu *ę̃* kontrahiert; das auslautende *e* verstummt im 17. jahrhundert.

sa: *sa* ← *suam* siehe v. 2 *sa.*

spee: lat. *spatham* von griech. *σπάθη.*

I. *-m* fällt ab.

II. Der inlautende konsonant: dentaler verschlusslaut mit aspiration = *t'* (etwa wie deutsches *t* vor vokal). Derselbe wird im lateinischen zu einfachem *t* und wird dann behandelt wie dieses. Es ergeben sich darnach zwei regeln:

a) **Die aspirierten konsonanten verlieren ihre aspiration und werden zu den entsprechenden einfachen konsonanten.**

Oder: die mit *h* zusammengesetzten konsonanten verlieren ihr *h*, ebenso wie dieses im anlaut der silbe oder zwischen vokalen verloren geht (*habuit* → *out* siehe *rout* v. 2, *prehensam* → *prensam* siehe *prise* ebenda). Es handelt sich bei diesen lautverbindungen (*th*, *ph*, *ch*) meist um worte griechischer herkunft.

θησαυρός → *thesaurus* → **tesauros* → *tresors* 222
κόλαφος → *colaphus* → **colapos* → *colp(s)*, dazu *colper* 42
ἀρχιεπίσκοπος → *archiepiscopus* → **arcepiscopos* → *arcevesque(s)* 64
bracchium → **braccium* → *braz* 163
Χριστός → *Christus* → *Cristos* → *Criz*, *Crist*, dazu *crestïentét* 225.

Erst in später entlehnten wörtern erscheint griechisch φ = *ph* als *f*, gemäss der veränderten aussprache des φ (*orphelin* ← **orphaninum* ← *ὀρφανός*, *phiole* ← *φιάλη*).

b) **Intervokales *t* wird erweicht zu *d* und verstummt ende des 11. jahrhunderts völlig.**

Das heisst, der stimmlose dental assimiliert sich den umgebenden vokalen und erhält den stimmton wie diese: er wird zu dem entsprechenden stimmhaften dental *d*. Vermutlich hat er sich dann vom stimmhaften verschlusslaut zum stimmhaften reibelaut (etwa englisches stimmhaftes *th*) entwickelt, worauf er ganz ausgefallen ist.

Beispiele: *coronata* → *coronee* 6
**potetis* (für *potestis*) → *poëz* 13
mutare → *muër* 44
seta → *seie* 85.

Ebenso wie zwischen vokalen wird *t* zwischen vokal und *r* behandelt:

imperator → **imperatro* → *emperere* 5
πέτρα → *petra* → *piere* 179
patrem → *pere* 826.

III. Die anlautende konsonantengruppe. Ähnliche formen finden sich noch öfter:

od ma spee d'acier 25
Li reis me prest sa spee (458)
od ma spee furbie (633, 647)
a ma spee furbie (698);

daneben formen mit anlautendem *e* (nach vorausgehendem konsonant):

Tant bien seïst espee 10
. . . *as espees d'acier* 172
Prenget li reis espees (542)
Et puis sor les espees (546)
. . . *et espees brisier* (547, ähnlich 636).

Ähnliche verhältnisse zeigen auch andere alte denkmäler: so das Alexiuslied *la spose, ta spose* neben *ad espose,* das anglonormannische Adamsspiel *la steille* neben *qui est esteille, ma sperance* neben *tenir espeir.* Das italienische hat noch heute nebeneinander *la scuola* und *in iscuola, studio* und *con istudio, scappare* und *non iscappare.*

Die erscheinung reicht, wie die übereinstimmung der romanischen sprachen und vor allem die lateinischen inschriften lehren, in das gemeinromanische und zwar mit ihren anfängen bis in das 2. jahrh. n. Chr. zurück, wirkt aber auch noch zur zeit der aufnahme germanischer wörter und zum teil noch später. Die verbindungen von anlautendem *s* + konsonant (sog. *s* impurum: *sp, st, sc, sm, sn*) machten der aussprache schwierigkeiten, sobald das vorausgehende wort mit konsonant schloss und dadurch eine konsonantenhäufung eintrat. In diesem fall entwickelte das *s* einen vokalischen, silbebildenden laut aus sich, der entsprechend der zungenstellung des *s* zunächst *i* lautete, aber in verschiedenen gebieten zu *e* überging. Dass *i* der phonetisch nächstliegende laut war, zeigt auch das verhältnismässig spät aufgenommene germanische *snel,* das im französischen wieder *i* entwickelt und behält.

Schon die lateinischen beispiele zeigen, dass die nach konsonant entwickelten formen mit anlautvokal sehr bald auch nach vokalisch ausgehenden wörtern gebraucht wurden. Die romanischen sprachen haben allmählich einen ausgleich erfahren, indem in denjenigen sprachen, in welchen die konsonantisch auslautenden wörter und formen überwogen, die formen mit *i* (*e*) protheticum verallgemeinert wurden (franz., prov., span.), im italienischen, das nur noch vokalischen wortschluss kennt, die formen ohne prothetisches *i* (ausnahme nach *in, con, per, non*: siehe oben).

Regel: **Anlautendes *s impurum* (*sc, sp, st, sm, sn*) wird zu *esc-, esp-, est-, esm-, esn-*; nach vokalisch ausgehenden wörtern erscheinen in älteren denkmälern häufig noch die vokallosen formen.**

Beispiele:

sp: lat. *speciem* → *espice* 211
lat. *sponda* → *esponde* (429)
germ. *speot* → *espiét* 11
germ. *spiha* → *spie* — *espie* (651)

st: lat. *stare* → *ester* 74
griech.-lat. *Stephanum* → *Estiefne* 165
germ. *stakka* → *estache* (293 u. ö.)

sc: lat. *scutum* + *s* → *escuz* 79
lat. *scutella* → *scuële* — *escuële* 178
germ. *skerpa* → *screpe* — *escrepe* 80

sm: griech.-lat. *smaragdum* → *esmeralde*
zu germ. *smalt* (schmelz) → *esmail* (429)

sn: germ. *snel* → *isnel* (613)
germ (altnord.) *snehha* → *esneque.*

Nach einer anderen erklärung waren bei diesem vorgang vorbildlich die lateinischen mit vokal anlautenden wörter, die nach vokalischem ausgang des vorhergehenden wortes ihren eigenen anlautvokal im vulgärlatein verloren (*aestate, i(n)strumentu* — aber *illa 'state, illo 'strumento*) und so zu *illa stella* ein nachkonsonantisches *istella* hervorriefen. Man begreift aber bei dieser lautlichen analogie nicht recht, weshalb in den neugebildeten fällen überall derselbe vokal *i* (*e*) konsequent eintritt, während die vorbilder nicht nur *i* und *e*, sondern auch *ae, a* und *o* aufweisen: *istrumentu, isola* (*insula*) — *escusare, estinguere* (← *excusare, extinguere*) — *aestate, aestimare* — *aspectu, astrologia* — *ostendere, ostentare*. Dass es sich hier tatsächlich um die vermeidung der konsonantenhäufung und um einen sprossvokal *i* handelt, zeigen aus den lateinischen inschriften schlagend diejenigen beispiele, in welchen der vokal sich im inneren des wortes bildet: *instante* → *inistante, institui* → *inistitui, superstes* → *superistes*.

IV. Der tonvokal: *ă* in offener silbe. Nach dem ten Brinkschen gesetz (*chief* IV a) wird kurzer vokal in offener silbe lang, also *spătha* zu *spātha*, wie *căpu* zu *cāpu*.

Regel: Betontes *a* in freier silbe wird zu *e*, ausser nach palatalen (siehe *chief* ← *caput*) und vor nasalen (vgl. *lointain* 68 ← **longitanum*) oder vor palatalen (*plaie* ← *plaga*).

Beispiele:

imperator — **imperatro* → *emperere* 5, 13, 26 u. ö.
coronata → *coronee* 6
civitates → *citez* 11, sing. *citét* 36
jocare → *joër* 33
commandatis → *comandez* 34
jurare, portare → *jurer, porter* 35
pensatum → *pensét* 38
coronatus → *coronez* 58
principale → *principel* 59
nati → *net* 66.

Dieses lautgesetz trifft nicht nur eine grosse menge von einzelnen, häufig gebrauchten wörtern (*emperere, citét, pere* u. a.), sondern namentlich auch die endungen der ausgebreiteten I. lateinischen konjugation in der 2. plur. ind. präs., im infinitiv, im part. perf., dazu zahlreiche ableitungssilben (wie *-atum* → *et*, *-atem* → *et*, *-alem* → *el*). Es ist dies lautgesetz daher seiner materiellen ausdehnung nach als eines der wichtigsten in der französischen sprachgeschichte zu bezeichnen. Es scheidet eine reihe von wörtern und formen des französischen von den übrigen romanischen sprachen, welche hier *a* bewahrt haben. So pflegt man das französische namentlich gegen das provenzalische sprachgebiet auf grund dieses lautgesetzes sprachgeographisch abzugrenzen. Soweit *a* in freier silbe zu *e* und nach platal zu *ie* wird (*porter* — *chief*), reicht das französische sprachgebiet. Wo auf gallischem boden in beiden fällen das *a* erhalten bleibt (*portar* — *cap* oder *chap*), haben wir provenzalisches sprachgebiet; wo *a* bleibt, aber nach palatal zu *ie* wird (*portar* — *chief*), franco-provenzalisches gebiet (franz. Schweiz, Franche-Comté, Savoyen, Lyonnais, nördl. Dauphiné).

V. Der unbetonte endvokal *a* wird *e*, wie in *prise*, *corone*. Siehe *un* III.

VI. Neufranzösisch *épée* gegen altfrz. *espee* zeigt verstummen des *s* vor konsonant (12. jahrh., vgl. 1 *mostier* V) und in der endsilbe verstummen des unbetonten *e* (13. jahrh.).

dont: lies *dǫ̃(n)t*, lat. *de unde* = von woher.

I. Der begriff der richtung ist eigentlich zweimal ausgedrückt. Ähnliches findet sich auch sonst noch, teils weil die worte ihre bedeutung abschwächten und zur verdeutlichung des sinnes einer verstärkung bedurften, teils weil sich die formen zu stark abschliffen und verkürzten und dadurch undeutlich wurden. So sinkt einfaches *ille* vom demonstrativ zum personalpronomen oder artikel herab, das wirkliche demonstrativ wird durch eine verstärkung ausgedrückt: *ecce ille* → *icil* — *cil*, *ecce hoc* → *iço* — *ço* (*ce*) gegenüber einfachem *o* ← *hoc* oder *lo*, *le* ← *illu*(*d*). Rein formelle verstärkung zeigen namentlich viele adverbia und präpositionen, wie *intus* → *enz*, mit *de* zu *denz* und mit einem weiteren *de* zu *dedenz* — *dedans*

(*dans*). Einfaches *unde* begegnet im provenzalischen als *on*, im altfranzösischen als *ont* in der bedeutung 'wo' (auch 'wohin'). Diese verschobene bedeutung wird wohl die mittelstufe zwischen lateinisch *unde* und der neuen komposition *de unde* gebildet haben.

II. In zusammensetzungen verstummt auslautendes *e* des ersten wortes vor anlautendem vokal des zweiten: siehe v. 2 *rout* VI.

III. *ŭ* → *ọ*: siehe v. 1 *jorn* II. Betreffs der nasalierung vgl. v. 1 *un* IV.

IV. Der endvokal fällt: *un* III.

V. Das in den auslaut tretende *d* verliert seinen stimmton und wird *t*.

Beispiele: *quando* → *quant* 15 u. o.
rigidum → *reit* (593)
viridem → *vert*.

Dasselbe gilt unter gleichen bedingungen auch von andern konsonanten:

g → *c*: *sanguem* → *sanc* 165
longum → *lonc* 860
v → *f*: *suave* → *soëf* (371 u. ö.)
**chievo* → *chief* (siehe v. 2 *chief* II b).

Daraus ergibt sich die allgemeine regel:

> Die im altfranzösischen in den auslaut tretenden stimmhaften konsonanten, mit ausnahme der liquiden, werden stimmlos.

VI. Neufranzösisch *dont* = *dõ* (*dõt*) zeigt noch verstummen des auslautenden konsonanten (ausser in der liaison) sowie völlige nasalierung des vokals und aufgabe des nasalkonsonanten; der vokal ist unter wirkung der nasalierung offen geworden. Vgl. noch v. 2 *corone* VI.

li: siehe v. 1 *li*.

ponz: lies *pǫ̃ts* (*pǫ̃nts*), lat. *pomum* + *s*, baumfrucht — apfel, schwertknauf.

I. D a s g e n u s: 1 *mostier* I. — Die form *pomus* begegnet im lateinischen als feminin im sinne von fruchtbaum, übertragen auch baumobst.

II. D e r s t a m m v o k a l: betontes *ǭ* in offener silbe vor nasal zu *ǭ̃*, siehe 2 *corone* III.

III. D i e e n d u n g: *pomum* wird durch abfall des *m* und nachher des endvokals zu *pom*, mit *s* zu *poms* → *pons* → *ponz*.

a) Regel: *m* v o r d e n t a l (*s*, *t*) w i r d z u m d e n t a l e n n a s a l *n*.

Beispiele: *somniatum* → **somgiét* → *sǫ̃ngiét* 71
com(*i*)*tes* → *cǫ̃ntes* 137.

b) Der übergangslaut:

Regel: N a c h *n* u n d *l* w i r d a u s l a u t e n d e s *s* z u *ts* (*z*),

d. h. es wird ein die aussprache erleichternder übergangslaut eingeschoben (wie in deutsch *Hans* = *Hants*, *Hals* = *Halts*).

Beispiele für *n*: *sine* + *s* → *senz* 50
annos → *anz* 74
für *l*: *melius* → *mielz* 6
camelos → *chameilz* 73
**faldastolium* + *s* → *faldestuelz* 85
oculos → *uelz* (504).

Da in der deklination die mehrzahl der übrigen wörter regelrecht *s* hat (*chevaliers* 4, *corones* 20, *chies* 20 u. a.), wird das *z* auch bei *n* und *l* nicht streng durchgeführt (daher *barons* 4, *itels* 50, anderwärts auch *ans*, *chameils*).

Lautlich fällt *ponz* = schwertknauf mit *ponz* (lat. *pontem* + *s*) = brücke zusammen, daher als obliquus statt *pom* zuweilen auch *pont* erscheint.

IV. N e u f r a n z ö s i s c h nur als diminutiv *pommeau* (← **pomellum*) erhalten. *Pomme* apfel kommt vom kollektivischen plural *poma.* — *Pommeau* bezeichnet wie afrz. *pom* das abgerundete ende des schwertgriffes (vgl. auch *pommeau de canne*), während dieser selbst *poignée* oder mit dem grundwort *poing* (afrz. *poign poin*, rektus *poinz*) heisst.

fut: siehe v. 1 *fut.*

d' = *de*: die lateinische präposition *dē*, mit verkürzung des vokals infolge der unbetonten verwendung des wortes im satze. *De* 'über, in bezug auf' hat sein anwendungsgebiet im französischen, überhaupt im romanischen, erweitert. Vor allem wird es zum ersatz des lateinischen genetivs verwendet, dann wie hier zur bezeichnung der masse, aus der etwas gefertigt ist, oder des ganzen, wovon ein teil genommen ist.

Sämtliche präpositionen regieren im französischen den einfachen obliquus (akkusativ). In zahlreichen fällen ergab sich auch hier rein formell ein zusammenfall: da auslautendes *-m* schon in frühlateinischer zeit abfällt und fernerhin *ŭ* fast noch gemeinromanisch zu *ọ* wird, so war *de auro mero* schon längst mit einem etwaigen **de aurum merum* gleichlautend geworden, d. h. der ursprüngliche ablativ wurde als einfacher obliquus empfunden.

Vor folgendem vokalischen anlaut wird das unbetonte *e* wie in allen ähnlichen (proklitischen) worten (*le*, *me* usw.) elidiert.

or: lat. *aurum* (*auro*).

I. Der tonvokal.

Regel: Lateinisch *au* wird in betonter und unbetonter stellung kontrahiert zu *ọ*.

Beispiele:

**au(c)toricare habeo* → *otreierai* 23
**ausat* (zu *ausus sum*) → *oset* 44
pausatus → *posez* 171
pausa → *pose* 218

laudatum → *loét* 235
auricula → *oreille* (davon *oreillier* 426)
causa → *chose* (666)
laus → *los* 807;

auch durch frühe kontraktion entstandenes *au*:

pàrabola — *paraula* → *parole* 8, 46
habunt* (für *habent*) -aunt* → *ont* 79.

Die offene klangfarbe des *ǫ* ergibt sich aus dem hellen *a*-laut. Demgemäss assoniert und reimt dies *o* auch mit dem lateinischen (kurzen, offenen) *ǫ*, wie v. 43 ff. mit *estǫrtre* (**extórquere*), *vǫstre*, *mǫrte*.

Vor unmittelbar folgendem vokal wird das aus *au* entstandene *ǫ* haupttonig und nebentonig zu *ọ* (nfrz. *ou*):

audiverunt → *oïrent* 18
auditum → *oït* 46
alauda → *aloë*, dazu *aloëte*.

Trotzdem schon im latein *au* häufig mit *o* wechselt (*cauda* — *coda*; *plaustrum* — *plostrum* u. a.) und nur wenige gebiete des romanischen sich diesem wandel entziehen (rumänisch, rätoromanisch, süditalienisch, provenzalisch), kann dieser vorgang nicht mehr in gemeinromanische zeit fallen, da sonst mindestens das provenzalische davon hätte ergriffen werden müssen. Im französischen kann *o* erst eingetreten sein, nachdem *c* vor *a* palatalisiert worden war (s. 1 *Charles* II), sonst hätte *causa* nicht zu *chose* werden können (*cosa* hätte sein *c* = *k* bewahren müssen wie *corona* → *corone* 2).

II. Der endvokal fällt: 1 *un* III.

III. Neufranzösisch *or* zeigt keinerlei veränderung gegen die altfranzösische form und aussprache. Der vokal hat seine offene aussprache bewahrt vor liquiden (*ǫr*, *parǫle* — nebentonig *ǫreille*), vor dentalen wird er zu geschlossenem *ọ* (*chọse*, *pọse* — *pọser*, *ọser*), vor vokalen zu *ou* (*louer*, *ouïr*, *alouette*, desgleichen haupttonig *aloue*, *il loue* usw.).

mier: lies *mier*, von lat. *meru(m)*.

I. Der tonvokal: kurzes offenes *e* in freier stellung. Nach dem ten Brinkschen gesetz (2 *chief* IV a) wird der kurze vokal in dieser stellung lang, und das lange *ē* diphthongiert alsdann zu *ie*. Daraus ergibt sich die regel:

Lateinisches kurzes offenes *e* in freier stellung wird lang und diphthongiert zu *ie*.

Beispiele:

**respondĕdit* (für *respóndit*) → *respondiét* 12

sędet → *siet* 16

bęne → *bien* 23

pędes → *piez* 31

tęnet → *tient* 48

fęras → *fieres* 111.

Da der lateinische diphthong *ae* (*ai*) zu *ē* kontrahiert wird, entsteht hier derselbe vokal, wie dort nach dem ten Brinkschen gesetz aus dem kurzen *ę*, und es tritt daher auch hier die gleiche entwicklung ein wie dort:

caelum → *ciel* 9

quaero → *quier* (724).

II. Der endvokal fällt.

III. Neufranzösisch ist *mier* untergegangen (dafür in diesem sinne *pur*).

Bemerkung: Von hier ab werden die allerhäufigsten lautveränderungen bei den einzelnen wörtern nicht mehr erwähnt, ausser wo eine abweichende entwicklung eine erklärung notwendig macht. Diese lautveränderungen sind:

1. Abfall des auslautenden *m* und *n* in unbetonter endsilbe.
2. Wandel von *ĭ* zu *ę*, *ŭ* zu *ǫ*.
3. Verstummen des unbetonten vokals in der endsilbe.

4. Vers.

Dus i out et demeines, barons et chevaliers.

Herzöge gab es da und vasallen, barone und ritter.

Wortstellung: das objekt *dus* ist vorangestellt, weil das unbetonte pronomen *i* den aussagesatz nicht einleiten darf.

Regel: **Der aussagesatz darf nicht durch unbetonte pronomina oder durch formen der hilfsverba** *aveir* **und** *estre* **eingeleitet werden.**

Dies wird vermieden

a) durch voranstellung eines tonkräftigen wortes: eines nominalen objekts wie hier:

Faldestuelz d'or i portent e tres de seie blans 85
Lohereigne traversent, Baiviere et Honguerie 101,

eines betonten objektpronomens:

... *mei i covient aler* 71
... *nos en covient aler* 844,

des regierenden verbums:

Trencherai vos la teste od ma spee d'acier 62,

des prädikatsnomens:

Sages fut et membrez et pleins de maleviz (438),

eines adverbs:

S'i seront vostre drut et vostre conseillier 21
Plus est riches d'aveir et d'or et de deniers 27
Forment s'en repentit, vuelt li cheïr as piez 31
Ja sui je vostre femme, si me cuidai joër 33;

b) durch aussetzung des subjektpronomens (das damals noch betonte form war):

Ele fut coronee al plus bel et al mielz 6
Il la prist par le poign desoz un olivier 7
Je m'escondirai ja, se vos le comandez 34
Je l'ai treis feiz songiét ... 71.

Bei mehrteiligem objekt oder prädikatsnomen wird in der regel nur das erste vorangestellt, während die anderen dem verbum folgen (siehe oben die beispiele v. 85, 101, 438). Stilistisch bemerkenswert ist bei vier gleichgeordneten satzteilen die gliederung in zwei gruppen:

Dus i out et demeines, — barons et chevaliers,
Teinz fut et pers, — descolorez et pales (Roland 1980).

Dus: lies *dūs*, aus lat. *dŭces*.

Das wort zeigt nicht die regelmässige lautentwicklung. Wie *crŭcem* zu *croiz* (siehe v. 2), sollte *dŭcem* zu **doiz*, ebenso *dŭces* zu **doiz* werden. Der wandel von *ŭ* → *o* tritt aber nicht ein, weil das wort erst in späterer zeit aus der lateinischen schriftsprache in die volkssprache übernommen wurde, nicht in der allgemeinen bedeutung des lateinischen wortes, sondern in der technischen bedeutung als bezeichnung des ranges oder amtes. Das *ŭ* erhielt in solchen lehn- oder fremdworten die aussprache *ü*, weil, wie heute, schon damals das einzige im französischen vorhandene *u* wie *ü* gesprochen wurde (vgl. 1 *un* II); noch heute spricht der Franzose das *u* im latein und in fremden wörtern als *ü* aus (*omnibus, sinus, hiatus*). — Gegenüber den lehnwörtern zeigen die sog. erbwörter die lautgesetzliche entwicklung.

Regel: In lehnwörtern erscheint lateinisches *ŭ* als *ü* (geschrieben *u*).

Es ergeben sich demnach für das französische *ü* drei quellen:

ū (1 *un* II),
betontes *ŭ* vor folgendem *ī* (1 *fut*),
ŭ in lehnwörtern.

i: lat. *hīc* oder *ĭbī*.

Aus lat. *hīc* ergibt sich *i* regelrecht wie *si* (20) aus *sic*. Das anlautende *h* verstummt nach 2 *rout* I. Auch *ici, ci* geht nach allgemeiner annahme auf *ecce hic* zurück.

Lat. *ĭbī* ist zunächst zu *ivi* geworden (vgl. italienisch *ivi, vi*), mit erweichung des intervokalen *b* zu *v* wie *chevaliers* (s. u.). Die verkürzung des wortes und namentlich der ausfall des *v* müsste sich durch die unbetontheit und daher raschere aussprache des wortes im satzzusammenhang erklären.

Neufranzösisch *y* unterscheidet sich von dem alten *i* nur durch die schreibung, die übrigens auch schon altfranzösisch neben *i* üblich ist.

out: lat *habuit.*

I. Die erklärung der form siehe unter *rout* in v. 2.

II. Das unpersönliche verbum bedarf ebensowenig wie das persönliche (siehe 2 *rout prise*) eines pronomens zur bezeichnung des subjekts, dieses ist wie im latein in verbum mitenthalten.

et: siehe v. 3.

demeines: lies *dēmeīnes,* lat. *dominicus.*

I. In den früheren auflagen dieses übungsbuches wurde das wort auf *dominium* zurückgeführt. Aber *dominium* bedeutet herrschaft, gewalt. Das von hier aus sich die Bedeutung herrscher, lehnsherr entwickeln konnte, ist nicht wahrscheinlich. Es liegt vielmehr *dominicus* zu grunde in der bedeutung 'zum herrn gehörig', 'gefolgsmann des herrn', 'vasall' (s. Wartburg, FEW. III, S. 129).

II. Auch dies wort ist wie *dus* aus der lateinischen b u c h s p r a c h e in die französische volkssprache übernommen. Zwar ist das betonte *ĭ* regelrecht zu *e* gewandelt, aber die entwicklung von *-icus* steht im widerspruch zu *manicus* → *manche, dominicus* → *diemenche* 'sonntag', *silvaticus* → *selvage.* Sie steht in übereinstimmung mit *canonicus* → *chanoine, monichus* → *moine.* Es handelt sich in den letzten fällen um nicht ganz volkstümliche entwicklung (vorstufe **canoniu*), vgl. im Rolandslied v. 1881 *monie* = *moine.*

III. D e r v o r t o n v o k a l (im nebenton): dieser zeigt eine schwächung von *o* zu *e,* die aber nur vor folgendem *n* oder *m* eintritt.

Regel: V o r t o n i g e s (n e b e n t o n i g e s) *o* v o r n a s a l w i r d z u *e.*

Beispiele:

truncare — *troncare* → *trenchier*; dazu *trencherai* 25
Runcias valles — *Roncesvals* → *Rencesvals*
**dominiarium* → *dengier* — *dangier.*

Vgl. auch (mit unbetontem vortonvokal):

voluntarie + s → volentiers 44

**calumniari(-re)* → *chalengier*.

Trenchier = *trãtšier* wie *en* → *ã* nach 2 *en* II.

Die regel wird häufig gekreuzt durch analogische beeinflussungen, so in der wortbildung *bonté* wegen *bon*, im verbum *embronchiéz* (v. 18) nach den stammbetonten formen *embrónchet* usw., *songiét* (71) nach *sónget, sónge* usw. Namentlich behält auch die als selbständiger teil empfundene vorsilbe *con* stets ihr *o*: *conquerrai* 11, *conseillier* 21, *comparrez* 24. *Demeine* ← *domeine* analogisch, durch sog. scheinbaren präfixtausch, zu erklären, geht nicht an, da *do-* sonst nicht präfix ist und eine begriffliche beziehung des wortes zu *de* fehlt.

IV. Neufranzösisch *domaine* (= *domẹn*) ist, wie bedeutung und form zeigen, nicht die direkte fortsetzung dieses afrz. *demeine* 'gefolgsmann des herrn', sondern kommt von *dominium* 'herrschaft', 'besitz', das sein *o* wohl der angleichung an das lateinische grundwort verdankt. Die kontraktion des diphthongen *ei* vor nasal zu *ę* ist regelrecht, wie auch *pleine* (v. 8) nfrz. *plęn*.

barons: lies *barõs* (*barõns*), vulgärlat. **barones*.

I. Herkunft und bedeutungsentwicklung. Lat. *baro* bedeutet einen einfältigen menschen, tölpel, bauernlümmel, ungeschlachten menschen, daher gelegentlich auch einen starken mann oder athleten. Von hier aus wäre ein bedeutungsübergang zu 'kriegsmann, held, baron' denkbar. Jedoch liegt das deutsche *baro* (vgl. mhd. *bar* = mann, freier mann) seiner bedeutung nach näher. Möglicherweise haben deutsches und lateinisches wort sich miteinander gekreuzt.

II. Der tonvokal: lat. *o* in offener silbe bleibt erhalten, siehe 2 *corone* III, wird aber nach 1 *un* IV nasaliert.

III. Der vortonvokal. Dieser ist, da es sich nur um eine vortonsilbe handelt, nebentonig.

Regel: **Vortoniges *a* unter dem nebenton bleibt, in freier wie gedeckter stellung, erhalten.**

Beispiele:

parabola — paraula → parole 8
mandare habeo → manderai 22
habetis → avez 24, *habere → aveir* 27
**aciarium → acier* 25
battualia → bataille 29
**incalciare → enchalcier* 29.

IV. **Der anlautende konsonant.**

Regel: **Anlautend *b* bleibt erhalten.**

Beispiele: *bellum → bel* 6, dazu *belement* 16
bonos → bons 22, ebenso *bene → bien* 23
battualia → bataille 29
**baronatus → barnez* 50
germ. *bûc* (nhd. *bauch*) → *buc* 55.

Im anlaut sind die konsonanten überhaupt am festesten. Wie *b* bleiben auch die meisten übrigen konsonanten in anlautstellung bewahrt.

Beispiele:

p: *prehensam — prise* 2, *pomum — pom* 3, *plus — plus* 6.
f: *fuit — fut* 1, 3 u. ö., **follamente — folement* 12, *facit — fait* 14.
v: *vidistis — veïstes* 9, *vos = vos* 26, *vidit — vit* 30, *vostrum — vostre* 50.
t: *tantum — tant* 10, *tenetis — tenez* 45, **totta — tote* 48.
d: *de = de* 3, *de unde — dont* 3, *duces — dus* 4, *domina — dame* 9.
s: *sanctum — saint* 1, *suam — sa* 2, *signavit — seignat* 3.
m: *monasterium — mostier* 1, *merum — mier* 3, *mulierem — moillier* 5.
n: *nullum — nul* 9, *nec — ne* 10, *non — ne* 26, *nominatis — nomez* 39.

l: **leviarius — legiers* 14, *laxavisset — laissast* 44, **longitanum — lointain* 68.

r: *rex — reis* 1, *rehabuit — rout* 2, **respondédit — respondiét* 12.

Dasselbe gilt auch von den velarlauten (*c* und *g* vor konsonanten und dunkeln vokalen, sowie *q*):

corone 2, *croiz* 2; *q* → *k* siehe *quant* 15.

Hingegen die palatale (*c* und *g* vor hellen vokalen, *j*, *di̯*) werden assibiliert:

Charles 1, *ceinte* 3; *jorn* 1.

Ebenso wie im wortanlaut werden die konsonanten im allgemeinen auch im innern des wortes im silbenanlaut behandelt, wenn ein konsonant die vorhergehende silbe schliesst:

emperere 5, *portet* 15, *manderai* 22, *mentit* 24, *trencherai* 25, *pensét* 38 usw. Vgl. noch 3 *ceinte* IV.

V. Neufranzösisch *barons* = *barõ* zeigt verstummen des auslautenden *s* und in zusammenhang mit der nasalierung offene qualität des tonvokals.

et: siehe v. 3.

chevaliers: lies *tševaliers*, lat. *caballarios*, zu *caballus* pferd.

I. Regel: Die endung *-arius*, *-arium* wird zu *-iers*, *-ier*.

Über die ursache dieses wandels sind die meinungen geteilt. Man sollte zunächst *-airs*, *-air* erwarten, da worte mit stammhaftem *a* wie *varius -a*, *paria*, *area* regelrecht *vairs vaire*, *paire*, *aire* ergeben. Das suffix *-arius* muss, um *-ier* werden zu können, im französischen und provenzalischen auf irgendeine weise zu *-ęrius* geworden sein. Die hypothese, dass die weit seltenere lateinisch-griechische endung *-erium* (vgl. oben *mostier*) hierbei von einfluss gewesen sei, ist heutzutage von den meisten gelehrten aufgegeben. Eine andere erklärung geht von denjenigen wörtern aus, welche vor der endung *-arius* ein *i*, *c* oder sonst einen palatal hatten (*consiliarius*, **aciarium*, **vaccarius*) und nach 2 *chief* IV b ihr *a* zu *ie* hätten wandeln müssen, und nimmt dann eine analogische übertragung dieses lautlich bedingten *-ier* auf alle übrigen mit *-arius* endenden wörter an: diese erklärung reicht aber nicht für das provenzalische aus, wo vorausgehender palatal keine veränderung des folgenden *a* hervorruft (*caput* → *cap chap*, **pretiare* → *prezar*) und neben *-ier* (mit bedingter diphthongierung oder aus dem französischen entlehnt) die formen *-er* und *-eir* erscheinen, die unbedingt auf *eriu* zurückweisen.

Daher denkt A. Thomas, dem sich auch Suchier anschliesst, an beeinflussung des galloromanischen suffixes *-arius* durch das germanische (vielleicht selbst auf lat. *-arius* zurückgehende), mit hellem *a* gesprochene suffix *-âri* — *æri*. Aus diesem *-erius* wäre dann ebenso *-iers* entstanden wie aus dem lateinischen suffix *-ęrium* (siehe 1 *mostier* II) *-ier*.

Beispiele: *olivarium* → *olivier* 7
**leviarius* → *legiers* 14
consiliarios → *conseilliers* 21
**aciarium* → *acier* 25
denarios → *deniers* 27.

II. Der inlautende labial.

Regel: Stimmhafter labialer verschlusslaut (*b*) zwischen vokalen wird zu dem entsprechenden stimmhaften reibelaut (*v*).

Beispiele: *habetis* → *avez* 24, *habere* → *aveir* 27
ab ante → *avant* (261), hierzu *devant* 81
caballicat → *chevalchet* 93
gubernat → *governet* 97.

Da auch intervokales *p* zu *v* wird (siehe v. 2 *chief* II a), so fallen demnach *p* und *b* zwischen vokalen miteinander sowie mit ursprünglichem *v* zusammen (*capillos* → *chevels*, *habere* → *aveir*, *levare* → *lever*). Wie bei *p* tritt die erweichung auch hier zwischen vokal und *r* in gleicher weise ein: *ebrium* (*-ii*) → *ivre* (650, 685), *labra* → *levre*.

III. Die doppelkonsonanz.

Regel: *ll* wird im inlaut und auslaut vereinfacht zu *l*.

Beispiele: *illa* → *ele* 6, *ecce illa* → *cele* 12
nullum → *nul* 9
**follamente* → *folement* 12
bellamente → *belement* 16
mille → *mil* 66.

Dasselbe gilt auch von den meisten übrigen konsonanten, soweit diese überhaupt verdoppelt vorkommen:

pp: *appellat* — *apelet* 94
tt: *mittit* — *met* 16, *septem* — *sette* — *set* 74
dd: *adduratum* — *adurét* 62, *ad dentes* — *adenz* (389)
mm: *nom*(*i*)*natis* — *nommez* — *nomez* 39, *hom*(*i*)*nes* — *homme*(*s*) — *home*(*s*) 208
nn: *annuales* — *anvels* 126;
rr nur am ende des wortes vereinfacht: *ferrum* — *fer* (552 u. ö.); im inneren erhalten: *ferratos* — *ferrez* 80, *terra* — *terre* 69;
ss bleibt meist in der schrift zur bezeichnung des stimmlosen *s*: *debuissetis* — *deüsseiz* 56.

Regel: Doppelkonsonanten werden im in- und auslaut vereinfacht ausser inlautendem *rr*.

Die neufranzösische orthographie zeigt hier vielfach wieder doppelten buchstaben in anlehnung an die lateinischen etyma (*mettre* nach lat. *mittere* für afrz. *metre*) oder, bei den nasalen, als äusseren rest phonetischer vorgänge (*nomer* → *nomer* → *nommer* wie *couronne* ← *corōne* 2).

IV. Der anlautende konsonant: *c* vor *a* wird *tš*, v. 1 *Charles* II.

V. Die vokale der vortonsilben. Nach 1 *mostier* III ist von den beiden silben die erste, *ca-*, nebentonig, die zweite, *-bal-*, schwachbetont.

a) Regel: Nebentoniges, in offener silbe stehendes *a* wird nach vorausgehendem *c* oder *g* zu *e*.

Wir haben es hier also nicht mit einer schwächung wie bei dem *a* der endsilbe (1 *un* III) oder der unbetonten vortonsilbe (2 *mostier* III) zu tun, sondern mit einer qualitativen veränderung unter einfluss des vorausgehenden palatals.

Beispiele:

**cadire* (für *cádere*) → *cheïr* 31
caballicat → *chevalchet* 93
capillos → *chevels* 181
camisia → *chemise* 189
caminum → *chemin* 241
gal(l)ina → *geline*.

In geschlossener silbe hingegen ist *a* fest: *cantavit* — *chantat* 115, *cappellum* — *chapel* 146, **carricare* — *chargier* (315), *carnalem* — *charnel* (463). Ein ähnlicher unterschied zwischen offener und geschlossener silbe besteht auch für das betonte *a*, vgl. die beispiele 1 *Charles*, 2 *chief* und 3 *spee*.

Nebentoniges *a*, dem kein *c* vorausgeht, bleibt in offener und geschlossener silbe unverändert: vgl. *barones* — *barons* 4, *parabola* — *parole* 8, *mandare habeo* — *manderai* 22 (vgl. *barons* III).

b) Das *a* der unbetonten vortonsilbe (*-bal-*): dieses wird nur in freier stellung zu *e* geschwächt (beispiele siehe 1 *mostier* III), in gedeckter stellung bleibt es fest (ebenso wie unter dem hauptton, siehe 1 *Charles* I, und unter dem nebenton).

VI. Neufranzösisch *chevaliers* (*chevalier*) zeigt wie *Charles* v. 1 verstummen des *t*-vorschlags und des auslautenden *s*, ausserdem verstummen des auslautenden *r*, das nur in den infinitiven auf *-ir* und *-oir* und einer anzahl anderer formen laut bleibt, und endlich übergang des *e* der ersten silbe in dumpfes *e*.

5. Vers.

Charles li emperere reguardet sa moillier.

Karl der kaiser blickt seine frau an.

Charles: siehe v. 1.

li: ebenda.

emperere: lies *ãperére,* lat. *imperator*, woraus vulgärlat. **imperatro.*

I. Die metathesis *tor—tro* wird für das romanische von allen auf diese endung ausgehenden wörtern vorausgesetzt. So wird **tropator*→ *trovere,* **incantator*→ *enchantere* (733), vgl. prov. *trobaire, emperaire* usw. (mit übergang von *tr* : *ir*). So erklärt sich auch frz. *quatre* (v. 204) aus lat. *quattuor,* das nach 2 *rout* II und *sa* II zu *quattu̯or*—**quattor* werden musste und dann dieselbe metathesis erfuhr. Auch sonst sind solche umstellungen von vokal und konsonant, namentlich in unbetonten silben, häufig und in endungen mit *r* oder *l* sogar die regel (*insemel*—*ensemble* 20, *pro*—*por* 29, 32, *semper*—*sempre*).

Zur erklärung des vorgangs könnte man auch daran denken, dass zuerst der unbetonte endvokal gefallen und infolgedessen das ursprünglich konsonantische *r* zum silbebildenden *r* geworden wäre, das dann seinerseits wieder einen sog. stützvokal entwickelt hätte: *sem-per*→**sem-pr̥* (*r̥* wie in deutsch *vatr̥*, *negr̥*=*vater*, *neger*)→ *sempre.* Das ist aber darum wenig wahrscheinlich, weil auch solche sprachen, welche das gesetz über den fall der endsilbenvokale nicht kennen, dasselbe ergebnis aufweisen und sogar die alten vokalunterschiede bewahren: vgl. ital. *sempre,* span. *siempre*; ital. *quattro,* span. *cuatro* usw.

II. Intervokales oder zwischen vokal und *r* stehendes *t* wird zu *đ* und fällt ganz aus: siehe v. 3 *spee* II b.

III. Der tonvokal: betontes *a* in freier stellung wird *e*, siehe 3 *spee* IV.

IV. Der vokal der unbetonten vortonsilbe (*ìmperátro*) sollte nach 1 *mostier* III fallen. Wahrscheinlich haben wir es mit einem lehnwort zu tun, das erst in verhältnismässig später zeit (etwa aus anlass von Karls d. gr. kaiserkrönung) aus der lateinischen buchsprache in das volk gedrungen ist, als das gesetz vom ausfall der unbetonten vortonvokale nicht mehr wirkte. Möglicherweise ist auch an einfluss des *r* zu denken, das als sonant einerseits selbst silbenträger sein, d. h. den vokal aufsaugen, andererseits aber auch einen neuen vokal aus sich entwickeln kann (vgl. oben I).

V. Die anlautende silbe: lat. *ĭm* — vulgärlat. *ẹm* wird wie *in* — *ẹn* zu *ã*. Vgl. 2 *en*

VI. Neufranzösisch *empereur* = *ãprọ̈r* geht nicht auf den rektus, sondern auf den obliquus (*imperatorem* — *empereör*) zurück.

reguardet: vulgärlat. **reguardat,* kompositum zu **guardare,* vom germanischen stamm *ward-* (vgl. ahd. *wartên* = spähen, nhd. *warten*).

I. Regel: Anlautendes germanisches *w* wird im romanischen zu *gu* (das im französischen im 12. jahrhundert zu *g* vereinfacht wird).

Beispiele:

germ. *wërpan* (nhd. *werfen*) → *guerpir,* dazu *guerpirent* 100
germ. *warnjan* → *guarnir,* dazu *guarnit* 240, *guarnement* 84
germ. *wītan* (nhd. *weisen*) → *guier* 245
germ. *wad-* → *guet* 256
germ. *wërra* → *guerre, wīsa* → *guise.*

Das germanische *w* war bilabial-velarer halbvokal, d. h. mit beiden lippen und mit hebung der zunge gegen das gaumensegel gesprochen (vgl. englisch *w*), das romanische *v* zur zeit der übernahme dieser germanischen worte bereits ein mit der unteren lippe und der oberen zahnreihe hervorgebrachter reibelaut (labiodental, wie das moderne französische *v*). Hingegen besassen die Romanen einen dem germanischen *w* ähnlichen laut in dem labialen halbvokal, welcher in verbindung mit *g* und *q* erscheint (*linguam, sanguem* — *quantum, quod*). Der gutturale verschlusslaut konnte sich bei der nachahmung des germanischen *w* leicht einstellen, wenn zwischen zungenrücken und gaumensegel nicht eine blosse annäherung (engebildung), sondern völlige berührung (verschluss) stattfand.

II. Der tonvokal: *a* in geschlossener silbe bleibt, siehe 1 *Charles* I.

III. Neufranzösisch *regarde, garder* zeigt wie die übrigen mit *gu* oder *qu* beginnenden wörter nur noch den anlautenden guttural ohne den ursprünglich folgenden halbvokal. Dieser schwund ist bei *qu* noch vor der entstehung unseres gedichtes, bei *gu* erst im 12. jahrhundert eingetreten. In der schrift wird jedoch das *u* vor den hellen vokalen beibehalten, um die gutturale aussprache des *g* zu bezeichnen (*guerre, guise* gegen *gent, gilet*).

sa: siehe v. 2.

moillier: lies *molier* (*l* = jotaziertem *l*), von lat. *mulierem.*

I. Der akzent. Die entwicklung von lat. *mulierem* → afrz. *moillier* setzt eine akzentverschiebung voraus.

a) Soweit die bisher behandelten wörter erkennen lassen, zeigt der französische akzent im allgemeinen keine veränderung der akzentstelle gegenüber dem lateinischen. Vgl.:

Dionýsium → *Denís*
monastérium → *mostiér*

coróna → *coróne*
caballários → *chevaliérs*
imperátor → *emperére* usw.

Ebenso im folgenden:

coronáta → *coronée* 6
desúbtus → *desóz* 7 (nfr. *dessous*)
olivárium → *oliviér*
parábola → *paráula* → *paróle* 8 usw.

Daraus die regel:

Der lateinische akzent bleibt im französischen auf derselben silbe, welche ihn schon im lateinischen trug.

b) Abweichungen von dieser regel bedürfen einer besonderen erklärung. In unserem falle ist schon im vulgärlatein eine verschmelzung der beiden unmittelbar aufeinander folgenden vokale zum diphthongen und dann innerhalb desselben eine verlegung des akzents von dem *i* auf das vollere, schallstärkere *e* erfolgt (ebenso wie die ursprünglich fallenden altfranzösischen diphthongen *íe, úo, úe* sich zu den steigenden diphthongen *ié, ué* entwickeln: *bíen, úom-úem* → *bién, uém*):

mulí-erem → *mulíerem* → *mulièrem*.

Ähnlich noch:

paríetem → *pariétem* (*paretem*) → *parei* → *paroi*
avíolum → *aviólum* → *aiuel* → *aïeul*
fílíolum → *filiólum* → *filluel* → *filleul*
capréolum → *capreólum* → *chevruel* → *chevreuil* (599).

Ebenso erklärt sich ital. *paréte, figluólo,* span. *mujér, pared* usw.

Regel: **Beim unmittelbaren zusammentreffen von betontem *i* mit folgendem *e* oder *o* sowie von betontem *e* mit *o* geht der akzent auf den zweiten vokal über.**

II. Infolge der akzentverschiebung wird das *i*, unmittelbar vor betontem vokal stehend, zum hiatus-*i* (vgl. v. 1 *jorn* III a).

Regel: *l* + hiatus-*i* wird zu mouilliertem *l* (jotaziertes *l* : *l*, im altfranzösischen durch *ill*, *il*, *ll* bezeichnet).

Ebenso: *consiliarios* → *conseilliers* 21
**voleo* (für *volo*) → *vueil* 70
filia → *fille* 823.

III. Der tonvokal *e* in freier silbe wird lang und diphthongiert zu *ie*, siehe v. 3 *mier* I.

IV. Neufranzösisch ist *moillier* nicht mehr gebräuchlich, sondern durch *femme* und *épouse* ersetzt (hingegen ital. *moglie*, prov. *mouié*, span. *mujer*, port. *mulher*). — Das mouillierte *l* (*l*) hat im neufranzösischen den *l*-laut ganz verloren und nur den *j*-laut noch bewahrt (*fille* = *fi*).

6. Vers.

Ele fut coronee al plus bel et al mielz.

Sie war gekrönt aufs schönste und aufs beste.

Ele: lat. *illa*.

I. Das wort entwickelt sich nach bekannten regeln:

a) tonvokal *ĭ* zu *ẹ*, siehe v. 2 *en*.
b) *ll* : *l*, siehe v. 4 *chevaliers* III.
c) unbetontes *a* der endsilbe zu *e*, siehe 1 *un* III.

II. Neufranzösisch *elle* zeigt *ll* nur in der schrift; *e* ist verstummt. Wandel von *ẹ̆* zu *ę̆* schon im 12. jahrhundert.

III. Aussetzung des subjektspronomens: das verbum, welches kein substantivisches subjekt hat, bedarf keines subjektspronomens (*Dus i out et demeines* 4, *Dame, veïstes onques rei nul* 9). Grund der besonderen bezeichnung (aussetzung) des subjektspronomens ist hier die unbetonte form *fut*: vgl. 4, wortstellung.

fut: siehe v. 1.

coronee: lat. *coronata.*

I. Die entwicklung des wortes deckt sich in mehreren punkten mit der des stammwortes *corona*→*corone*→ nfr. *couronne* (v. 2): siehe dort über die bewahrung des anlautenden konsonanten, über die behandlung des nebentonigen *ǫ* in der ersten silbe, über die neufranzösische gestaltung. Eine wesentliche verschiedenheit aber, abgesehen von der endung, besteht in der betonung: *còróna* zeigt die zweite silbe als haupttonig, *còronáta* diese silbe zwischen nebenton und hauptton, also als unbetonte vortonsilbe.

II. Der vokal der unbetonten vortonsilbe sollte nach dem gesetz über die unbetonten vortonvokale (v. 1 *mostier* III) fallen, bleibt aber durch die macht der analogie erhalten. Je nachdem der akzent auf dem stamme oder der endung liegt, sollten wir in diesem verbum verschiedene formen bekommen:

stammbetont:	endungsbetont:
coróno→*coron*	
corónas→*corones*	
corónat→*coronet*	
	coronámus→**cornons*
	coronátis→**cornez*
corónant→*coronent*	
corónem→*coron* usw.	
	coronáre→**corner* usw.

Die stammbetonten formen haben die endungsbetonten verdrängt oder überhaupt in ihrer rein lautlichen entwicklung gar nicht aufkommen lassen (stammausgleich). Zum überwiegen der stammbetonten formen mag auch das gleichfalls stammbetonte grundwort *corone* mit beigetragen haben.

III. Das intervokale *t*→*d*, siehe v. 3 *spee* II b.

IV. Tonvokal *a*→*e*, siehe ebenda IV.

al: lat. *ad illu* (*illud*), siehe v. 1 *al.*

Die verbindung der präposition *a* mit dem superlativ dient zur umschreibung des adverbs. (Neufranzösisch *le mieux,* doch vgl. mit *à* ausdrücke wie *au moins, au surplus* usw.)

plus: lat. *plūs.* Lateinisch *ū* wird in jeder stellung, in offener und geschlossener silbe, unter dem hauptton oder nebenton, zu *ü.* Vgl. v. 1 *un* II.

bel: von lat. *bellus, -a, -um,* welches das schriftlateinische wort *pulcher* in der volkssprache ganz verdrängt hat.

I. Der tonvokal: lat. *ĕ* = ę.

Regel: Betontes kurzes offenes *e* in geschlossener silbe bleibt (ausser vor nasal) als ę erhalten.

Beispiele: *testa* → *teste* 16, 25
est = *est* 19, *estis* → *estes* 52
terra → *terre* 69
auch germ. ę: *heriberga* → *herberge*(*s*) 109, 111.

Vor nasalen wird ę wie die übrigen vokale (vgl. 1 *un* IV) nasaliert und dadurch auch in seiner klangfarbe verändert (*en* zu *ã*). In offener silbe wird das ę gedehnt und zu *ie* diphthongiert, vgl. *merum* → *mier* v. 3.

II. Neufranzösisch *bel* als adverb noch in den redensarten *bel et beau, bel et bien,* als adjektiv nebenform (vor vokal) zu *beau.* Diese zweite form entsteht durch die im 12. jh. vor sich gehende auflösung des *l* vor konsonant (vgl. 1 *al* III) und die bei vorausgehendem ę eintretende entwicklung eines übergangslautes *a*: *bellos* → *bels* → *beaus, novellos* → *novels* → *noveaus,* woraus nfrz. *beaux* = *bǫ, nouveaux* → *nuvǫ.* Vor vokal tritt die vokalisierung nicht ein; daher feminin stets *bele* (nfrz. *belle*) und im maskulin *bel homme,* hingegen *beau monde* usw. Ähnliche doppelformen sind noch: *nouveau* — *nouvel, fou* — *fol, mou* — *mol, vieux* — *vieil.*

et: siehe v. 3.

al: siehe oben.

mielz: lat. *męlius*.

I. Die mittelsilbe. Das unbetonte, vor vokal stehende hiatus-*i* wird konsonantisch (*i̯*, siehe v. 1 *jorn* III a) und verbindet sich mit vorausgehendem *l* zu mouilliertem *l* (*l*, vgl. v. 5 *moillier* II): **mẹlos* (vgl. ital. *meglio = melo*).

II. Der tonvokal. Betontes offenes *ę* vor folgendem mouilliertem *l* (*li̯—l*) diphthongiert zu *ie*, indem der *i*-laut bereits für die tonsilbe vorausgenommen, diese also teilweise an den folgenden *i*-laut angeglichen wird.

Beispiele:

melior → *mieldre* 198 (hingegen mit nebentonigem *ę*: *melióres* → *meillors* 169).

Ebenso vor *ri̯*, namentlich in der endung *-eriu* (und demgemäss auch *-ariu*; vgl. 4 *chevaliers* I):

**monisterium* → *mostier* 1;
vor *rti̯*: *tertium* → *tierz* 173;
vor *di̯*: *medium* → **miei* → *mi* (*parmi* 102, *enmi* 117);
vor *ti̯*: **pretiat* → **prieiset* → *priset* (363), wo der diphthong *ie* mit dem darauffolgenden *i* (aus *ti̯*-*dzi̯*) zum triphthongen *iei* verschmilzt und dieser zu *i* kontrahiert wird.

Ebenso vor palatalgruppen, welche sich zu mouillierten konsonanten entwickeln (vgl. 1 *reis* I):

despectum → **despieit* → *despit* 227
lectum → **lieit* → *lit* (425).

Es ist also gleichgültig, ob der vokal in offener oder geschlossener silbe steht. Diese diphthongierung ist bedingt durch die natur der folgenden laute, also eine bedingte diphthongierung, während die diphthongierung des freien (langen) *ę* in *mier* ohne rücksicht auf die folgenden laute eintritt und sich jener gegenüber als spontane diphthongierung bezeichnen lässt.

Wie ę wird unter gleichen bedingungen auch ǫ behandelt, das zu *uo—ue* diphthongiert:

**faldastolium*→ *faldestueil* (mit plural-*s faldestuelz* 85)
**voleo* (für volo)→ *vueil* (= *vueł*) 70, 161
oc(u)lum→ *ueil* (= *ueł*).

Mit folgendem *i* entsteht der triphthong *uoi* (*uei*) und daraus *ui*:

podium→**puoi*→ *pui* (*puis* 104)
noctem→**nuoit*→ *nuit* 237.

Regel: Betontes offenes *e* wird vor mouillierten lauten zu *ie* diphthongiert, ebenso offenes ǫ zu *uo*, woraus *ue*; mit folgendem *i* entsteht *iei*→*i* und *uoi*→ *ui*.

III. Beim fall des endvokals tritt das mouillierte *l* unmittelbar vor das endungs-*s*, was weitere veränderungen bedingt.

a) Mouilliertes *l* wird im laufe der entwicklung verschieden behandelt, je nachdem es intervokal bleibt oder vor konsonant tritt oder in den auslaut kommt.

Regel: Mouilliertes *l* verliert vor konsonant die mouillierung.

Vgl. noch:

**faldastolium*→ *faldestueil*, dazu *faldestuelz* 85
filia→ *fille* (= *fiłe*), aber *filius*→ *filz*.

b) Der übergangslaut: nach *l* und *n* wird auslautendes *s* zu *ts* (*z*), siehe 3 *ponz* III b.

IV. Neufranzösisch *mieux* = *miǫ̈*. Inlautendes *l* vor konsonant wird im 12. jahrhundert zu *u* aufgelöst (vgl. oben *bel* II), *eu* (*ieu*) wird sodann zu *ö* (*iö*) kontrahiert. Auslautendes *z* ist noch im altfranzösischen (ende des 12. jahrhs.) zu *s* geworden (vgl. 2 *croiz* VI). Die auslautenden konsonanten verstummen im allgemeinen gegen ende der altfranzösischen periode; das neufranzösische *x* für *s* ist lediglich eine orthographische eigentümlichkeit (vgl. 2 *croiz* V).

7. Vers.

Il la prist par le poin desoz un olivier.

Er nahm sie bei der hand unter einem olivenbaum.

Il: lat. *ille* (*illī*).

I. Wir haben es hier mit demselben lateinischen wort zu tun, das den ausgangspunkt für die artikelform *li* (v. 1) gebildet hat. Dort stand *ille* in proklitischer, tonloser stellung und wurde darum verkürzt. Hier steht es als subjekt des satzes, in betonter stellung, und entwickelt sich daher nach den allgemeinen, für die betonten worte geltenden regeln. Das lateinische *ille* hat in dieser verwendung seine ursprüngliche demonstrative bedeutung viel getreuer bewahrt als dort, es ist auch noch nicht wie im neufranzösischen zum reinen personalpronomen herabgesunken: das altfranzösische verbum enthält in sich das pronominale subjekt wie noch heute das provenzalische, italienische, spanische und andere romanische sprachen (vgl. 6 *Ele* III). Das ausgesetzte subjektspronomen dient zunächst zur hervorhebung oder näheren bezeichnung des subjekts (wie vers 13 *dist ele* für einfaches *dist* zur unterscheidung von *dist il*) oder zur einleitung des aussagesatzes mit einem tonwort (s. 4 wortstellung, 6 *Ele* III). Unser gedicht zeigt das subjektspronomen schon in manchen fällen, in denen ein besonderer grund zur ausdrücklichen bezeichnung des subjekts nicht ersichtlich ist.

II. Wie die artikelform *li* setzt auch das personalpronomen *il* eine grundform mit *ī* in der endung voraus. Dies angenommen, ergibt sich folgendes paradigma für die betonten formen des männlichen pronomens:

sing. rektus:	*illī* → *il*	plur. rektus:	*illī* → *il*
obliquus:	*illum* → **el*	obliquus:	*illos* → *els*.

Die obliquusform des singulars selbst ist im französischen nicht erhalten, sie wurde durch *lui* (← *illui*) ersetzt. — Die entsprechenden weiblichen formen lauten:

sing. rektus: *illa* → *ele* 6	plur. rektus:	*illas* → *eles.*
obliquus: **illaei* → *li*	obliquus:	

III. Der *i*-umlaut. Es gilt noch die lautliche entwicklung der form *illi* → *il* zu erklären, welche im paradigma dem rektus singularis wie pluralis eignet. Das lateinische kurze *ĭ* wird zunächst zu *ẹ*, wie auch in *illos* — *els* — nfrz. *eux*. Betontes geschlossenes *e* aber (aus lat. *ē* oder *ĭ*) wird zu *i*, wenn darauf ein *i*-laut folgt. Da lat. *ĭ* auch in den endungen überall zu *e* geworden war, handelt es sich hier zunächst nur um lat. *ī*, das als *i* erhalten blieb. Wieweit auch hiatus-*i*, das zu *i̯* wurde und vielfach mit dem vorausgehenden konsonanten verschmolz, umlaut bewirken kann, ist nicht ganz klar, zumal hier der vorausgehende konsonant je nach seiner beschaffenheit sehr verschiedenartige entwicklung des *i̯* zur folge hat. Sicher scheint aber der umlaut vor liquida + *i̯*, wo der konsonant selbst jothaltig wurde und die jotazierung länger als andere konsonanten bewahrte.

Der vorgang beruht also auf einer vollständigen assimilation des tonvokals an einen folgenden *i*-laut (während der umlaut des *ŭ* vor *ī* zu *ü*, oben s. 13 f., oder der deutsche umlaut des *ɑ* vor *i*, z. b. *lambir* → *lembir*, wegen der allzu starken verschiedenheit in der klangfarbe, nur teilweise assimilation zeigt).

Regel: Betontes geschlossenes *e* (lat. *ē* und *ĭ*) wird vor folgendem *i* (teilweise auch vor *i̯*) zu *i* (der sogenannte *i*-umlaut).

Beispiele:

vẹ̄ni (dafür **vẹ̄nui*) → *vin* 154
ebenso **tẹ̄nui* (für *tẹ̆nui*) → *tin*, *feci* → *fis*, **pre(n)si* → *pris*
cĭlium, *mĭlium*, *tĭlium* → *cil* (*sourcil*), *mil*, *til* (*tilleul*)
ēbrii (ebenso *ēbrium*) → *ivre* (650).

Vielleicht gehört hierher auch *camīsia* → *chemise* 189, wenn es nicht schon vorher auf analogischem weg zu *camīsia* geworden war (das wort stammt durch keltische vermittlung aus dem germanischen **hamidi*, nhd. *hemd*).

Wie im deutschen (vgl. pluralformen wie *wägen, krägen* u. ä.) wird der *i*-umlaut auch im französischen auf analogischem weg weiter verbreitet. Nach *vin* (←**venuī* ← *venī*) bildet man auch die 3. person *vint* (für *vent* ←**venuĭt*) v. 93 u. ö., nach *fis* (*fecī*) auch *fist* 191 für **feist* (*fecĭt*) und *firent* 115 für **feirent* (aus *fécerunt* für *fecērunt*), nach der 1. person *pris* auch die dritte *prist* für **preist* (aus **presĭt*) und schliesslich auch das partizipium *pris* — *prise* (aus *prensum* — *prensam*); vgl. 2 *prise* IV, 109 *porprises*.

la: lat. *illam.*

Die in verbindung mit dem verbum gebrauchte proklitische form des ursprünglichen demonstrativpronomens entwickelt sich unter den gleichen bedingungen wie als artikel vor dem substantiv. Proklitisch geworden gibt sie ihren akzent an das folgende verbum ab, wird selbst schwachtonig und verliert so die erste silbe. Vgl. noch *li* v. 1 und *sa* v. 2.

prist: lat. **prensit.*

Das mit dem präsens zum teil gleichlautende lateinische perfektum *prehendit* — *prẹndit* (vgl. v. 2 *prise* und *rout* I) ist schon früh zu **prensit* umgestaltet worden, nach dem vorbild der sehr zahlreichen *s*-perfekta und zugleich unter einwirkung von partizipium und supinum, die von haus aus *s* hatten. Man bildete **prensi* zu *prensum, prendo,* wie man *laesi* zu *laesum, laedo, divisi* zu *divisum, divido* u. a. hatte. Das *n* vor *s* fällt nach v. 1 *mostier* IV. Die 1. person **prẹsi* gibt mit *i*-umlaut regelrecht *pris,* die 3. person **prẹsit,* vulgärlat. **prẹset,* übernimmt den stammvokal *i* aus der 1. person. Siehe oben *il* III.

Nfrz. *prit* = *pri*: *s* vor stimmlosem konsonant verstummt ende des 12. jahrhunderts (vgl. 1 *mostier* V, 3 *spee* IV) unter dehnung des vorausgehenden tonvokals, auslautendes (festes) *t* ausgangs der altfranzösischen periode (vgl. v. 1 *saint*, s. 24). Der vokal ist jetzt, wie im allgemeinen die vokale im unmittelbaren auslaut, halblang.

par: das wort *per* ist zu *par* geworden, sowohl als selbständige präposition als auch in zusammensetzungen:

per medium — *parmi* 102, **perfunde* (für *profunde*) — *parfont* 146, *perdonare* — *pardoner* 869, *pardon, parterre, parsemer* usw.

Dieser wandel setzt unbetonte (oder nebentonige) silbe voraus und findet sich am häufigsten vor liquiden und nasalen. Vgl. noch *dame* v. 9, *mercatum* → *marchiet*, dazu *marcheant* usw. (aber *mercedem* → *mercit* 32, vermutlich lehnwort aus der kirchensprache). — Mundartlich begegnet auch *per-*. In neufranzösischen wörtern wie *perfide, permanence, péroraison* ist *per-* lehnwörtlich.

le: lat. *illum* (*illud*).

Le ist die obliquusform des männlichen artikels. Wie *ille* (*illī*) verliert auch *illum* in der proklitischen stellung als artikel den ton an das folgende substantiv, wird schwachtonig und so um die erste silbe verkürzt (vgl. oben *il, la* und v. 1 *li*). So wird aus *illum* regelrecht *lo*, die in den ältesten literaturdenkmälern übliche, ursprünglich nebentonig gebrauchte form (*lò nóm*), und *le*, die gewöhnliche, ursprünglich unbetonte form (*pàr le nóm* — enklitisch *l*, siehe 1 *al*); ebenso aus *illos* die formen *los* und *les*. Die formen des männlichen artikels lauten also:

sing. rektus: *li* (für *le*)	plur. rektus: *li*
obliquus: *lo* — *le*	obliquus: *los* — *les*.

poin: lies *pōĩn* (mit *o-i* als diphthong), aus lat. *pŭgnum*, zu *pŭgnus* (für klass.-lat. *pūgnus*).

I. Inlautendes *gn* wird zu mouilliertem *n* (*ñ*), vgl. v. 2 *seignat*. Während aber *ñ* hier intervokal bleibt und sich in dieser stellung als *ñ* erhält, tritt es in *pugnum* infolge abfalls des endvokals in den auslaut und wird zu *in*: *pugnum* → **poño* → *poiñ* → *poin*, d. h. der jothaltige und im auslaut schwer sprechbare teil des *ñ* tritt als *i* in den stamm. Dasselbe tritt auch vor folgendem konsonanten ein:

cognita → **coñ(i)ta* → *cointe* (716)
insignet → **enseñet* → *enseint*;

desgleichen bei *ñ*, das aus intervokalem *ng* (vor *e* oder *i*) oder aus *n* + hiatus-*i* entstanden ist:

disjungit → **desjoñet* → *desjoint* (317)
longe → **loñe* → *loin* (386)
**longitanum* → *lointain* 58
testimonium → **testemoño* → *tesmoin.*

Regel: Mouilliertes *n* (aus lat. *gn*, *ni* oder aus *ng* vor *e*, *i*) wird im auslaut oder vor konsonant zu *in*.

II. Neufranzösisch *poing* = *pọę̃* zeigt die (schon altfranzösische) verschiebung des diphthongen *oi* (*ọ* + *i*) zu *oę* und reinen nasaldiphthongen unter aufgabe des nasalkonsonanten. Die nasalierung des vokals war schon in altfranzösischer zeit eingetreten (s. 1 *un* IV).

desoz: lies *desọts*, aus lat. *de* + *sŭbtus.*

I. Lat. *subtus* gibt regelrecht afrz. *sọz* — nfrz. *sous.*

Regel: *bt* und *pt* wird assimiliert zu *tt* und dann (wie sonst die doppelkonsonanten) zu *t* vereinfacht.

Dasselbe gilt auch von den durch vokalausfall entstandenen konsonantengruppen gleicher art.

Beispiele:

septem → *sette* (vgl. ital. *sette*) → *set* 73
sapit → *set* 219
corruptiatus → **corrottịatos* → *correciez* 17
**adcaptare* → *accattare* (so ital.) → *acheter.*

Tonvokal *ŭ* → *ọ*, ausfall des unbetonten vokals der endsilbe nach den bekannten regeln. Infolgedessen tritt *t* und *s* zusammen und gibt *z*. Das im kompositum inlautende, im simplex aber anlautende *s* ist stimmlos, dieses wird aber im altfranzösischen nicht immer ausdrücklich bezeichnet, zumal nicht in kompositis.

II. Neufranzösisch *sous* und *dessous* entwickelt sich regelrecht aus den altfranzösischen formen: *z* wird zu *s*, auslautend *s* verstummt; *ǫ* wird *ou*, wie in *moutier* (v. 1) und *couronne* (v. 2), nach dem gesetz über die nebentonigen silben, da präpositionen den hauptton nicht zu tragen pflegen; als adverb ist *dessous* stark betont, das ergebnis muss aber auch hier der vokal *ou* sein, vgl. *jorn* → *jour* (v. 1). Die schreibung *ss* bezeichnet keine verdopplung, sondern nur das stimmlose *s* (vgl. noch *ressembler*, *ressauter*, aber auch mit einfachem *s* bezeichnet: *resonner*, *vraisemblable*).

un: siehe v. 1.

olivier[1]: lat. *olivarium* vom adjektiv *olivarius*, mit derselben bedeutung wie das grundwort *oliva*.

Die endung *-arium* wird *-ier*, siehe v. 4 *chevaliers* I. Durch die erhaltung des unbetonten vortonvokals kennzeichnet sich das wort als fremdwort: *òliváriu* sollte nach *mostier* III den vokal der zwischen nebenton und hauptton stehenden silbe, das *i*, verlieren (**olvier* → **ouvier*).

Metrische Bemerkung.

Der vers unserer dichtung ist der aus dem klassischen drama der Franzosen bekannte zwölfsilbner oder alexandriner. Wie die übrigen französischen verse, ist er bestimmt durch die zahl der silben, und zwar ist sein normalmass zwölf silben, wie in dem eben gelesenen beispiel. Genau in der mitte, nach der sechsten silbe, findet sich eine zäsur:

1 2 3 4 5 6 7 8 9 10 11 12
Il la prist par le poin desoz un olivier.

[1]) Solche situationen 'unter einer pinie, unter einem heckenrosenstrauch' u. ä. sind typisch in den chansons de geste. Die wahl der baumart wird häufig durch das vers- und reimbedürfnis bestimmt. Der ölbaum findet sich, wenigstens heutzutage, nur im südöstlichen teile von Südfrankreich (dép. Ariège bis dép. Isère), aber nicht in Paris und Saint-Denis.

Diese zäsur endigt hier auf betonte silbe, auf sog. stumpfen oder männlichen ausgang. Sie kann aber auch klingend oder weiblich[1]) enden, wie in den versen 1—6:

Un jorn fut li reis Chárles al saint Denis mostier,
Rout prise sa coróne en croiz seignat son chief ...

Der vers hat dann dreizehn silben, im übrigen wird an dem bau des verses nichts geändert; die zäsur steht immer nach der sechsten betonten oder siebenten unbetonten silbe.

Ebenso kann der endausgang des verses weiblich sein, wie in der dritten strophe (v. 43 ff.):

44 *Volentiers le laissast, mais que muër nen óset.*

Endlich kann sowohl die zäsur als auch der endreim weiblich sein:

43 *Ore entent la reìne que ne se puet estórtre.*

Der alexandriner bewegt sich also tatsächlich innerhalb der grenzen von 12 bis 14 silben: in strophen, die auf männliche assonanz ausgehen, zählt er 12 oder 13 silben, in solchen mit weiblicher assonanz 13 oder 14 silben. Das schema des alexandriners wäre demnach:

– – – – – –́ (×) ‖ – – – – – –́ (×).

Die gliederung innerhalb der beiden vershälften wechselt. Auf der letzten vollen silbe vor der zäsur und auf derselben vor dem versende ruht immer ein starker akzent. Ausserdem hat jede vershälfte wenigstens noch einen, zuweilen auch zwei akzente, oft einen starken akzent (′) und einen nebenakzent (–̀). Die stellung dieser akzente wird nach gewöhnlicher annahme durch den grammatischen akzent bestimmt. Die bisher besprochenen verse wären dann etwa so zu lesen:

Un jórn fut li reìs Chárles al saìnt Denís mostiér,
Rout príse sà coróne, en cróiz seignát son chiéf

---

[1]) Die bezeichnungen männlich und weiblich für reime auf betonte und auf betonte + unbetonte silbe sind von dem typus der männlichen und weiblichen flexionsendung hergenommen: *bon — bonne.*

Et at ceínte s'espée dont li pónẓ fut d'òr miér.
Dús i òut et demeínes, baróns et chèvaliérs.
Chárles li èmperére reguárdet sà moilliér:
Éle fut còronée al plus bél et al miélz.
Il la príst par le póin desòz un òliviér.

Eine auf dem prinzip des regelmässigen wechsels von unbetonten und betonten silben (– –́ – –́ – –́ || – –́ – –́ – –́) beruhende rhythmische gliederung des alexandriners, die in der tat in zahlreichen versen vorhanden ist, sucht Saran in seinem 'Rhythmus des französischen Verses' (Halle 1904) s. 338 ff. gerade an der Karlsreise durchzuführen. Im übrigen ist nicht zu vergessen, dass diese epen gesungen und der versrhythmus durch die melodie bestimmt wurde.

Die einzelnen verse innerhalb der strophe sind durch blosse assonanz (gleichklang des betonten vokals) miteinander verbunden, erst in späteren epen tritt an stelle der assonanz der vollreim (gleichklang des betonten vokals und der darauffolgenden laute). Die assonanz *ié* reicht bis vers 31, diese 31 verse bilden also die erste strophe (frz. *laisse* — nfrz. auch *tirade* — *monorime*). Mit vers 32 beginnt ein neuer assonanzvokal (ẹ) und damit eine neue strophe. Die epische strophe oder laisse konnte unbeschadet der melodie (vgl. oben s. 3) beliebig lang gemacht werden, während in der lyrischen poesie die melodie die ganze strophe umfasste und demnach in einem und demselben gedicht jede strophe gleich der andern gebaut sein musste. Die kürzeste laisse in unserem epos (v. 226 ff.) hat 3 verse, die längste (v. 123 ff.) 44, der durchschnitt beträgt 16 verse (ähnlich auch im Rolandslied). In den späteren epen werden die strophen erheblich länger.

8. Vers.

De sa pleine parole la prist a araisnier.

Mit seiner vollen stimme begann er sie anzureden.

De: siehe v. 3 *dont*.

sa: siehe v. 2.

pleine: lies *pleīne.* lat. *plēna(m).*

I. **Der tonvokal.**

Regel: **Betontes geschlossenes *e* (lat. *ē* und *ĭ*) in offener silbe diphthongiert zu *ei*.**

Beispiele für *ē*: *habere* → *aveir* 27
***se* → *sei* 61**
***me* → *mei* 71**
***camelos* → *chameilz* 73**
***seta* → *seie* 85.**

Ebenso *ĭ*, das nach 2 *en* I zu *ẹ* und in offener silbe nach dem ten Brinkschen gesetz (vgl. v. 2 *chief* IV a) lang wird (*ẹ̄*), also mit ursprünglichem *ē* zusammenfällt:

***fĭdem* → *feit* 53**
***vĭdent* → *veient* 108.**

II. Neufranzösisch *pleine* = *plęn* zeigt ausser verstummen des auslautenden *e* kontraktion des diphthongen *ei* zu *ę* und entnasalierung des vokals (wie 2 *corone*). Die altfranzösische nasalierung war die ursache, dass *ẹi* zu dem offeneren *ęi* verschoben und dann zu *ę* kontrahiert werden konnte (*plẹīn* — *plęīn* — *plę̄*, ebenso *plẹīne* — *plęīne* — *plę̄ne*, woraus wieder *plęn*), während *ẹi* sich sonst weiter zu *oi* — *oę* — *ua* entwickelte (vgl. nfrz. *avoir*, *foi*).

parole: lat. *parábola(m)* aus griech. *παραβολή*.

I. Das wort erscheint als *parabole* schon bei lateinischen autoren des 1. jahrhunderts n. Chr., später wurde es ganz an die lateinische erste deklination angeglichen: *parabola*. Die betonung griechischer lehnwörter wird dem lateinischen akzentsystem angepasst, vor allem werden die im lateinischen keine parallelen findenden oxytona beseitigt: *παραβολη* wird dementsprechend zu *parábole*. Aus der ursprünglichen bedeutung 'gleichnis' hat sich im romanischen die allgemeinere bedeutung 'rede — wort' entwickelt. — Die griechischen lehnwörter des altfranzösischen sind diesem zumeist durch das

latein vermittelt worden, d. h. sie waren bereits in das latein übergegangen, ehe dieses sich in die einzelnen romanischen sprachen gespalten hatte.

II. Die endung *-abula* ist schon vulgärlateinisch zu *-aula* geworden, vermutlich durch die zwischenformen *-avula* — *avla* hindurch, mit erweichung des intervokalen *b* vor dem labialvokal *u* (*o*) zu *v* und verkürzung des proparoxytonons um den vokal der unbetonten mittelsilbe (×××× → ×××, vgl. *domina* → *domna* — *dame* v. 9). So wird auch *tabula* in der vulgärsprache regelrecht zu *taula* (nfrz. *tôle* eisenblech), *fabula* zu *faula* (prov. *faula*) entwickelt; *table* und *fable* sind als fortsetzung der in der hochsprache daneben gebliebenen vollformen *tabula, fabula* oder direkt als fremdworte zu betrachten. Für das romanische ist also von *paraula* auszugehen. Vgl. noch **habunt* (analogisch für *habent*) → **aunt* — *ont*.

Ebenso wird im latein die gruppe *avi-* mit ausfall des unbetonten *i* und auflösung des *v* zu *au*, wie *avica* → *auca* — frz. *oie* und *oue*, *avicellum* → *aucellum* — *oisel* (v. 346) — nfrz. *oiseau*. Vielleicht hängt damit auch die gestaltung der dritten person sing. perf. der I. konjugation zusammen: *signavit* — *aut* — *at* (vgl. v. 2 *seignat*. III).

III. Der tonvokal: *au* wird *ǫ*, siehe v. 3 *or* I.

IV. Neufranzösisch *parole* = *parǒl* zeigt verstummen des aus dem lateinischen endungs-*a* entstandenen dumpfen *e* und kürzung des ursprünglich langen tonvokals vor dem folgenden *l*.

la prist a araisnier:

I. Die einzelnen worte siehe: *la* v. 7, *prist* ebenda, *a* v. 1 *al*.

II. Konstruktion und bedeutung. Wörtlich bedeutet der satz nach Toblers erklärung: „er nahm sie vor, nahm sie zum ziele der anrede." Ebenso v. 134: *prist l'en a aparler*. Vgl. dazu v. 215: *Le patriarche prist, si l'en at apelét*. *La* ist also direktes objekt zu *prist*, der infinitiv mit *a* bezeichnet den zweck. Dem sinne nach entspricht diese redewendung dem deutschen 'beginnen etwas zu tun', daher **wir übersetzen** dürfen: „er begann sie anzureden".

Neufranzösisch ist die konstruktion nicht mehr üblich, jedoch vergleiche *se prendre à faire qch.*

araisnier: lat. **adrationare,* zu *ratio* berechnung, belehrung, denkweise, rede, vgl. afrz. *metre alcun a raison* = anreden.

I. Hiatus-*i* zu *i̯* (*j*), siehe v. 1 *jorn* III a, also *adrati̯onare.*

II. Der unbetonte vortonvokal. Das zwischen nebenton und hauptton stehende *o* fällt: ×ẋ××́×→×ẋ×́×· Siehe v. 1 *mostier* III.

III. Der jotazierte konsonant. Dieser entwickelt sich wahrscheinlich über *ti̯*—*dzi̯*—*zi̯* zu *iz*, das zwischen vokalen (und wahrscheinlich auch, wie hier, vor stimmhaftem konsonant) mit stimmhaftem *s* (*z*), vor anderen konsonanten und im auslaut mit stimmlosem *s* erscheint.

a)	*rationem* → *raison* *orationes* → *oraisons* 864 **pretiare* → *preisier*	vgl. hierzu die nfrz. formen mit stimmhaftem *s*.
	**pretiat* → **prieiset* — *priset* (363).	
b)	**pretio* → **prieis* → *pris* (696) — nfrz. *prise* mit analogischem *e* (daher *s*=*z*)	
	subst. *pretium* → **prieis* → *pris* — nfrz. *prix* *palatium* → *palais* 830.	

Regel: Lateinisch intervokales *ti̯* (*tj*) wird zu *i͡s,* mit stimmhaftem *s* vor vokal oder stimmhaftem konsonant, stimmlos vor anderen konsonanten oder im auslaut.

Falls *s* vor *n* tatsächlich stimmhaft war, musste es nach 1 *mostier* V um diese zeit bereits verstummt sein.

IV. Der tonvokal: es handelt sich hier um *a* in freier stellung, dem eine jotazierte oder palatale konsonanz (*tjn*—*sjn*) vorausgeht. In diesem fall wird *a* nicht zu *e* (wie *spatham* → *spee* v. 3), sondern *ie*: siehe v. 2 *chief* IV b.

V. Die anlautende silbe: das wort *ad* (vgl. 1 *al* I), das sich in zusammensetzungen ebenso wie als selbständiges wort zu *a* entwickeln muss: dental zwischen vokal und *r* wird behandelt wie zwischen zwei vokalen und fällt demgemäss aus. Vgl. v. 3 *spee* II b, v. 5 *emperere* II, v. 9 *veïstes* III.

VI. Neufranzösisch ist *araisnier* nicht erhalten, wohl aber das simplex *raisonner*. Dieses ist eine unmittelbare ableitung von dem substantiv *raison*, wodurch sich die lautliche gestaltung des wortes (statt **raisnier*) erklärt.

9. und 10. Vers.

'Dame, veïstes onques rei nul dedesoz ciel,

'Herrin, habt ihr jemals irgendeinen könig unter dem himmel gesehen,

Tant bien seïst espee ne la corone el chief?

Dem so gut gestanden hätte ein schwert oder die krone auf dem haupt?

Satzverbindung. Vor *tant* ist das relativpronomen (*cui*) zu ergänzen. Dasselbe kann fehlen nach regierenden sätzen verneinenden inhalts (auch, wie hier, in der form der frage); sofern der inhalt des abhängigen satzes nur als angenommen hingestellt werden soll, steht das verbum in diesem im konjunktiv. Zuweilen ist in solchen sätzen statt des relativums die konjunktion *que* zu ergänzen: so, wenn es in unserem beispiele etwa hiesse '*tant bien lui seïst espee*'. Vgl. noch:

169 *Donrai vos tels reliques, meillors n'en at soz ciel.*
(vgl. 186 *Donrai vos tels reliques qui feront granz vertuz.*)
256 *Qu'il ne vienent a ewe, n'en partissent li guet,*
Ne n'encontrent avuegle, ne seit renluminez.
812 *Franceis les esguarderent, n'i out un, n'en parolt.*
815 *Ja ne vendrons en terre, nostre ne seit li los.*

Die erscheinung erklärt sich, wie auch die beispiele zeigen, aus ursprünglich parataktischem satzgefüge. Dasselbe liegt zugrunde auch in den übrigen fällen, wo die konjunktion *que* fehlen kann:

nach den verben sentiendi und declarandi:

196 *Or veit li patriarche, Dieus i fait granz vertuz*;

in sätzen mit konsekutivem sinn:

131 *Tant out fier le visage, ne l'osat esguarder*;

in sätzen, die einen wunsch oder einen befehl ausdrücken:

806 *prez sui, la meie* (sc. *corone*) *port.*

(683) *ne puis laissier, nel* (= *ne le*) *die.*

Dame: lies *dăme*, lat. *dŏmina.*

I. Der vokal der pänultima. Wir haben es in *domĭna* mit einem proparaxytonon oder sogenannten gleitewort (ital. *parola sdrucciola*) zu tun, bei welchem auf die tonsilbe noch zwei nachtonsilben folgen: typus ×́××. Wie bei den vortonsilben hat auch hier im allgemeinen die am weitesten vom hauptakzent entfernte nachtonsilbe den stärkeren ton von beiden, die zwischen haupt- und nebenton stehende pänultima den schwächeren, d. h. sie trägt gar keinen akzent. Sie ist unbetont wie die zwischen nebenton und hauptton stehende unbetonte vortonsilbe und wird behandelt wie diese: der vokal fällt aus (vgl. oben s. 82 *parole*). Es hängt aber von den umgebenden konsonanten ab, ob der ausfall früher oder später eintritt (am frühesten neben liquiden und nasalen).

Die ältesten beispiele finden wir schon im klassischen latein: *valde* (←**valide*) neben *validus*, *caldus* neben *calidus*, *domnus* neben *dominus*, *postus* neben *positus*. Augenscheinlich handelt es sich zunächst um kurzformen (in rasch gesprochener rede), neben denen die alten vollformen weiter bestehen bleiben. In vereinzelten fällen ist die form mit vokal die jüngere (*periculum* gegenüber älterem *periclum*, *femina* gegenüber etymologischem **femna*), doch ist es zweifelhaft, ob man die romanischen formen direkt auf die altlateinischen zurückführen darf. Jedenfalls brauchte das vulgärlatein die synkopierten formen in verbindungen wie:

l oder *r* + konsonant (*calidu — caldu — chaut, calamu — calmu — chaume, viride — verde — vert, horridu — ordu — ort*),

m + *n* (*dominu — domnu, domina — domna, femina — femna*),

dental + dental u. ä. (*nĭtidu — nittu — net, pūtida — putta — pute, frĭgidu-frĭgidu — frigdu — freit — froid*),

guttural, dental, labial oder *r* + *l* (*oculu — oclu — ueil, vetulu — *veclu — vieil, populu — poplu, merula — merla*).

Eine jüngere schicht ist nur dem provenzalischen und französischen eigen (**ridere→ rire, facere — faire*), eine anzahl nur diesem (*tepidum→* frz. *tiède* gegen prov. *tebe, jungere→ joindre* prov. *jonher, vincere→ veintre vaincre* prov. *vencer*). Auch innerhalb des französischen ist eine ältere schicht, vor erweichung der intervokalen explosivlaute (*debita→ dete — dette*), von einer jüngeren, nach der erweichung (*rapidu — *rabidu — rade, cubitu — *cubidu — coude*) zu unterscheiden.

Beispiele aus unserem text:

femina→ femme 33
germ.: **haunipa→ honte* 38
**extórquere→ estortre* 43
**regalimen→ reialme* 68
**requaerere→ requerre* 69
quaerere→ querre 72
**essere* (für *esse*)→ *estre* 97
endung *-aticum→ age*: *visage* 131, *lenguage* 209
feretrum→ fiertre 198
facere→ faire 198, ebenso *dire, lire, ceindre.*

In dieser stellung fällt auch *a*, das in endsilben und unbetonten vortonsilben verschont bleibt (vgl. v. 1 *un* III, *mostier* III):

colaphum→ colp (586) — *coup, calamu→ calmu — chaume, Sequana→ Seine, Rhodanu→ Rosne, Lazarum→ lazre.*

Regel: In der unbetonten nachtonsilbe (pänultima) fallen sämtliche vokale aus.

III. Die nasalgruppe: *mn* wird assimiliert zu *mm* und dann zum einfachen laut reduziert (*mn* → *mm* → *m*, aber wegen des nasalvokals häufig *mm* geschrieben).

Vgl. *femina* → *femme* (= *fãme*) 33
nominatis → *nomez* 39
homines → *home*(*s*) 208.

IV. Der tonvokal. Das nach dem ausfall des vorletzten vokals in geschlossener silbe stehende *ǫ* sollte vor dem folgenden nasal zu *ọ* werden wie in *ponz* (siehe v. 3).

Der wandel von *ǫ* zu *a* in dieser stellung ist nur diesem wort (sowie auch dem zugehörigen maskulin: rektus *danz* — obl. *dan, damne* und den ableitungen) eigen und ist ursprünglich wohl da eingetreten, wo das wort nebentonig, proklitisch stand, was vor eigennamen der fall war: *domina María* → *dame Marie* (*dominus Aléxius* → *danz Alexis*). In solcher stellung und betonung werden die worte stärker verkürzt und namentlich die vokale anders behandelt (in der regel geschwächt) als unter dem hauptton (vgl. noch provenzalisch *en Bertrans* = *dominus Bertrandus, na Guiscarda* = *domina Guiscarda*). Einmal vorhanden, ist die form dann auch in anderen fällen verwandt worden, wo der volle ton darauf fiel; die hier eigentlich zu erwartende form *dome* (daneben *done*) erscheint nur in wenigen texten. Möglicherweise trat erst eine schwächung von *o* zu *e* (nach 4 *demeines* III) und darnach eine verschiebung von *e* zu *a* ein (wie *per* → *par*, siehe v. 7). — Die nasalierung ist im neufranzösischen wieder verloren gegangen (siehe 2 *corone* VI).

Dame zur bezeichnung der vornehmen frau in der anrede entspricht in bedeutung und verwendung genau dem mittelhochdeutschen *frouwe*. Wie dieses wird es auch gegenüber unverheirateten angewendet, wie z. b. nachher Olivier die tochter des kaisers Hugo mit *Dame* anredet.

veïstes: lat. *vīdĭstĭs.*

I. Der tonvokal: lat. *ĭ*. Dieses sollte der allgemeinen regel nach (v. 2 *en* I) zu *ẹ* werden. Das *i* der endung *-stis* ist kurz, also gleichfalls zu *e* geworden und kann keinen umlaut bewirken. Hingegen tritt in der 2. sing. vor dem langen *i* der endung regelrecht *i*-umlaut ein: **vidẹstī*→ *veïs*(*t*), und hiernach ist auch die entsprechende form des plurals **vidẹstes* zu **vidistes* — *veïstes* umgestaltet worden. Ebenso in sämtlichen hierhergehörigen perfektbildungen:

**prensisti*→ *presis,* darnach *presistes*
fecisti→ *fesis,* darnach *fesistes*
misisti→ *mesis,* darnach *mesistes.*

II. Der vokal der stammsilbe: *ī* = *ị* (lat. perfektbildung mit stammdehnung: *vĭdeo* — *vīdi*). Der vokal trägt hier nur einen nebenton, während der hauptton auf der endung liegt, wie in *vīdísti* (gegenüber *vídi, vídit*).

a) Nebentoniges *ī* bleibt als *i* erhalten:

cīvitates→ *citez* 11
īratus→ *irez* — *iriez* 30
dīcere habetis→ *direz* 41
fīdantia→ *fiance* 52.

b) Dasselbe wird zu *e* vor einem folgenden hochbetonten *i*:

**dīmedium-am*→ *demi-e* (264)
dīxistis→ *desistes* (675), *deïstes* (646)
vīcinu→ *veisin.*

Man pflegt einen solchen vorgang, bei dem (zunächst wohl infolge eines versprechens) von zwei gleichen nachbarlauten sich der eine von dem anderen eben wegen des lautlichen gleichklangs entfernt, als dissimilation zu bezeichnen (ähnlich auch bei anderen vokalen: *honorem* — *onor* — *enor*, *augustum* — **agustu* — *aost*; ebenso auch bei konsonanten, besonders liquiden und nasalen: *peregrinum* — *pelerin* 95, *paraveredum* — *palefroi*).

III. Der intervokale konsonant.

Regel: Lateinisches *d* zwischen vokalen fällt aus.

Beispiele: *sedisset* → *seist* 10
audiverunt → *oïrent* 18
cadere — **cadire* → *cheïr* 31
judicium → *juïse* 35.

Ebenso ursprüngliches *t*, das zunächst zu *d* erweicht wird und dann die gleiche entwicklung nimmt wie das lat. *d* (vgl. v. 3 *spee*). Wahrscheinlich wurde der stimmhafte dentale verschlusslaut *d* zuerst zum stimmhaften dentalen reibelaut *đ*, ehe er vollständig ausfiel. Noch das Alexiuslied (mitte des 11. jahrhs.) hat den intervokalen dental nicht verstummen lassen.

IV. Die endung. Die erhaltung des endvokals in der 2. plur. perf. ist allen konjugationen gemein: *chantąstes*, *partistes*, *oüstes* usw. Dasselbe ist auch in der 1. plur. der fall: *chantames*, *partimes*, *veïmes* usw. Das provenzalische hingegen hat in allen diesen fällen die lautgesetzlichen formen: *partim partitz* usw. Die erhaltung des vokals in den französischen formen steht mit dem gesetz von dem fall der endsilbenvokale (v. 1 *un* III; vgl. auch noch, wegen der lautgruppe *-stes*, v. 80 *fuz* ← *fūstes*) nicht in einklang und muss sich sonach aus irgendeiner analogischen einwirkung erklären. Eine völlig befriedigende erklärung ist noch nicht gefunden.

V. Das vollständige paradigma lautet altfranzösisch nebst den entsprechenden lateinischen und neufranzösischen formen:

lat.	afrz.	nfrz.
vidi	*vi* 137	*vi(s)*
vidisti	*veïs*	*vi(s)*
vidit	*vit* 30	*vi(t)*
**vidimus*	*veïmes*	*vîm(es)*
vidistis	*veïstes*	*vît(es)*
**viderunt* (für klass. *vidērunt*)	*virent* 104	*vir(ent)*

Das *s* vor konsonant (*veïstes* : *vëïtes*) verstummt noch in altfranzösischer zeit nach v. 1 *mostier* V. — Unbetontes *e* vor folgendem tonvokal ist noch vor ausgang der altfranzösischen periode geschwunden: *veis — vis, vei(s)tes — vi(s)tes.* — Die endkonsonanten sowie auslautendes dumpfes *e* verstummen wie in früher besprochenen fällen.

onques: lies *õkes* (*õŋkes*), aus lat. *unquam*.

I. Abfall des *-m*, wandel von *ŭ* zu *ọ*, schwächung des unbetonten *a* zu *e*, nasalierung nach den bekannten regeln: *ọ̃(n)que* (vor guttural wohl mit gutturalnasal: *ŋ*).

II. Das silbenanlautende *qu* wird nach konsonant behandelt wie im anlaut (vgl. 4 *barons* IV).

Regel: Anlautendes *qu* wird unter verlust des halbvokals *u̯* zu *k* (geschrieben *qu*, seltener *q*, *c* oder *k*, vereinzelt *ch*).

Der vorgang entspricht der späteren vereinfachung von *gu-* (← germ. *w*) zu *g-* (5 *reguardet*). In der schrift kommt die veränderung nicht immer zum ausdruck, da hier wie in vielen anderen fällen (vgl. 1 *un*, 3 *ceinte* usw.) die alten zeichen auch für den veränderten laut beibehalten oder längst verstummte laute noch geschrieben werden. Aber die handschrift unseres textes schreibt z. b. *kant* (*kaunt*) neben *quant* für lat. *quando* und so auch gerade an unserer stelle *unkes*. *Chi* für lat. *qui* findet sich schon im Eulalialied (ende 9. jahrhs.), so dass also für den wallonischen dialekt in jener zeit der übergang feststeht. In anderen dialekten kann der übergang früher oder später stattgefunden haben. Möglicherweise war für das frühere oder spätere verstummen des *u̯* auch die natur des folgenden vokals massgebend. Vgl. noch:

**conquaerere habeo* → *conquerrai* 11 = *conkerrai*
qui → *qui* 14 = *ki*
quando → *quant* 15 = *kant*
quare → *car* 19
quomodo → *come, com* 50, 58, 95 u. ö.
quem → *que* 112 = *ke*
qualem → *quel* 219 = *kel*.

III. Das auslautende *s* ist analogischer natur, nach dem muster solcher adverbia, welche ein solches *s* (oder *z*) besassen oder regelrecht entwickelten:

plus — *plus* 6, *magis* — *mais* 28, *ja mais* 57, *foris* — *fuers* (*fors* 594, präpos. *defors* 334), **postius* — *puis* 231; *melius* — *mielz* 6, **adsátis* — *assez* 78, *intus* — *enz* (415), *laenz* 114, *çaenz* (756), *dedenz* 808.

Das *s* war also für eine reihe von adverbien (auch präpositionen), zumal zeitlicher oder örtlicher oder auch allgemeiner bedeutung, charakteristisch, und so glich man auch andere bildungen diesem typus an:

voluntarie — *volentier* → *volentiers* 44, wo das *s* zugleich zur unterscheidung des adverbs vom adjektiv dienen konnte; *sine* + *s* → *senz* 50; **ha hora* — *ore* 43 (*or* 98) → *ores*. Zum teil kommen die formen mit und ohne *s* noch nebeneinander vor wie gerade bei *onque, ore,* zum teil ist die neugebildete form die einzige vorhandene wie bei *senz,* das schon alt ist und auch im provenzalischen als *sens, ses* erscheint.

IV. Neufranzösisch wird *onc onques* (mit verstummtem endkonsonanten) nur selten gebraucht, es ist ersetzt durch *jamais* (das ursprünglich nur von der zukunft gilt).

rei: lat. *rēgem.* Vgl. v. 1 *reis* ← *rẹx.*

I. Der intervokale konsonant.

Regel: Lateinisches *g* zwischen hellen vokalen (*a, e, i*) wird zum halbvokal (*i̯*) oder reibelaut (*j*) und bleibt als solcher in der regel erhalten.

Beispiele: *regalem* → *reial* (415)
**regalimen* → *reialme* 68
ligare → *leiier* 201
paganos → *paiiens* 224.

Ebenso: nach hellen vokalen *c* vor *a*:
precatum → *preiiét* 865
pacare → *paiier*.

Mit benachbartem *i* verschmilzt *i̯*, d. h. es fällt aus:

regina → *reïne* 30
mica → *mïe* 28.

II. Z u r d e k l i n a t i o n. Nominativ und akkusativ sind im allgemeinen die beiden einzigen lateinischen kasus, welche im französischen erhalten bleiben, daher wir im altfranzösischen das sog. z w e i k a s u s - s y s t e m finden. Die formen des altfranzösischen nominativs (rektus) und akkusativs (obliquus) entwickeln sich im allgemeinen regelrecht aus den entsprechenden lateinischen (vgl. 1 *reis* III, dazu 5 *emperere* VI). Jedoch verlieren im rektus pluralis die maskulina der lateinischen III. deklination nach dem muster der II. (*domini*, *servi*, *anni*) ihr *-s*, so dass die flexion von *rex* sich altfranzösisch wie folgt gestaltet:

	sing.	plur.
rektus:	*reis* 1	*rei*
obliquus:	*rei* 9	*reis* 152.

Im neufranzösischen gibt es für jeden numerus nur noch e i n e kasusform und zwar hat in der regel die des obliquus den sieg über den rektus davongetragen: *li rois* wurde durch *le roi* verdrängt, die form mit *s* am ende durch die *s*-lose form (vgl. 1 *jorn*, aber auch *Charles*). Im plural siegte gleichfalls der obliquus, der hier überall *s*-formen zeigt: *illos reges* → *les rois*, *duces* → *dus* (neubildung *ducs*), *caballarios* → *chevaliers*, *barones* → *barons* (v. 4). So erklärt es sich, dass sich im neufranzösischen der plural vom singular in der regel durch ein *s* (auch *x* geschrieben) unterscheidet.

III. Wegen *rei* → *roi* vgl. v. 1 *reis* III und v. 8 *pleine* II.

nul: lies *nül*, aus lat. *nūllum* (dieses aus *ne-ūllum* ← *ne* **ūnelom*, dim. zu *unum*).

I. Lat. *ū* wird in jeder stellung zu *ü*, siehe v. 1 *un* II, 6 *plus*.

II. Das wort bedarf, im gegensatz zur lateinischen bedeutung, der negation *ne*, um die ursprüngliche bedeutung 'kein' auszudrücken, ohne diese ist es indefinitum: 'irgendeiner'.

III. Die gewöhnliche stellung von *nul* ist diejenige **vor** dem substantiv.

dedesoz: *de* + *desoz*, dieses aus *de* + *subtus*, siehe v. 7. Das wort ist eine blosse erweiterung oder verstärkung von *desoz*, vgl. ebenso *dedenz* = *de* + *denz*, *denz* = *de* + *intus*.

ciel: lies *tsiẹl*, aus lat. *caelum* = *kailum*.

I. Der anlaut: lat. *c* (= *k*) vor *e* und *i* zu *ts*, siehe 3 *ceinte* IV.

II. Der tonvokal. Im lateinischen war *ae* wirklich ein diphthong, etwa wie unser *ai* (*ei*) gesprochen: man vergleiche in der 1. deklination die lateinischen formen mit den entsprechenden griechischen (*deae* mit *θεαί*), auch schreibungen der ältesten inschriften (*aidilis* u. a.). Auch althochdeutsch *keisar* (nhd. *kaiser*) aus lateinisch *caesar* setzt diese diphthongische aussprache voraus.

a) Lateinisch *ae* wird zu offenem langen *e* (*ē̜*) kontrahiert (etwa im 2. jahrh. n. Chr., jedenfalls erst nach übernahme des wortes *caesar* = *kaisar* durch die Germanen).

b) Betontes *ē̜* (in freier stellung) wird zu *ie* diphthongiert:

caelu → *cē̜lu* → *ciel*
laetus → *lē̜tus* → *liez* 123, 203
quaero → *quē̜ro* → *quier* (724).

Durch die kontraktion von *ae* zu *ē̜* einerseits und durch die dehnung von freiem *ĕ* andrerseits fallen altes *ae* und *ĕ* in offener silbe in dem laut *ē̜* zusammen und nehmen die gleiche entwicklung:

mĕrum → *mē̜ru* → *mier* 3.

Man kann also die regel ganz allgemein fassen:

Betontes offenes *e* (lat. *ae* oder *ĕ*) wird in freier stellung zu *ie* diphthongiert.

III. **N e u f r a n z ö s i s c h** *ciel* = *sięl* nach 3 *ceinte* VII.

IV. **F e h l e n d e s a r t i k e l s.** Wörter wie *ciel, enfern, terre, mer* werden im altfranzösischen als eigennamen empfunden und daher meist ohne artikel gebraucht.

Tant: lies *tāt* (*tānt*), lat. *tantum*, aus dem adjektivpronomen neu abgeleitet (nicht aus lat. *tantum* = nur).

I. **A b f a l l** des *m* und des endvokals nach den bekannten regeln. Der stammvokal hatte zur zeit unseres denkmals jedenfalls schon nasalen klang (etwa *tānt*).

II. **N e u f r a n z ö s i s c h** *tant* = *tā* mit verlust des nasalkonsonanten und des auslautenden *t*, in *liaison* = *tāt*.

bien: lies *biē* (*biēŋ*), lat. *bĕne*.

I. **D e r t o n v o k a l** *ĕ* in freier silbe zu *ie* nach v. 3 *mier*, mit nasalierung wie v. 1 *un*. Der noch hörbare nasalkonsonant war hier, im auslaut, vermutlich guttural (*ŋ* = *ng*, vgl. s. 91) [1].

II. **N e u f r a n z ö s i s c h** *bien* = *biē* mit verlust des nasalkonsonanten wie *tant*.

seïst: lat. *sēdisset*.

I. Der lateinische **k o n j u n k t i v i m p e r f e c t i** ist in den romanischen sprachen allmählich, seit dem 8. jahrhundert von Nordfrankreich aus, durch den konjunktiv plusquamperfecti ersetzt worden:

deüsseiz 56 = *debuissetis*
tenisse (327) = *tenuissem*
fussent (374) = *fuissent*
ploüst (450) = *placuisset*
oüst (451) = *habuisset*.

Zuweilen haben die formen noch im altfranzösischen plusquamperfektische bedeutung wie hier oder v. 56.

---

[1]) Im folgenden wird der nasalkonsonant in der ausspracheangabe nicht mehr ausdrücklich bezeichnet: also *biē, ācore, cōkerrai* usw.

II. Der tonvokal sollte *ę* lauten, wie in *ęle* ← *illa* v. 6. Der betonte vokal der lateinischen konjunktive plusquamperfecti auf *-ĭssem* (II. und III. lat. konjugation) ist auf analogischem wege allgemein zu *i* geworden, teils nach dem muster der dazugehörigen perfektformen mit *i*-umlaut (*sedisti* — *seïs*, *vidisti* — *veïs*, wonach *seïstes*, *veïstes* 9), teils unter einfluss der lateinischen IV. konjugation, welche aus *-īssem* (kontrahiert aus *-īvissem*) regelrecht *i*-formen entwickelt.

III. Nebentonig *ẹ̄* (*ĭ*) bleibt als *e*:

regina → *reïne* 30
debuissetis → *deüsseiz* 56
de + *morari*(*-re*) → *demorer* 74
sĭgnavit → *seignat* 2

IV. Die endung. Das vollständige paradigma lautet:

sing.	plur.
1. *seïsse*	1. *seïssons*
2. *seïsses*	2. *seïsseiz*
3. *seïst*	3. *seïssent.*

Hier fällt besonders das *-e* der 1. und 2. sg. gegenüber *seïst* auf. Lautgesetzlich sollten alle drei formen das *e* verlieren: also **seïs, *seïs, seïst.* Nach dem muster der präsentischen konjunktive auf *-am* (II.—IV. konj.) aber wird schon in alter zeit (die ältesten beispiele aus der Eulaliasequenz: *perdesse, awisset* neben *amast*) in allen drei personen das *-e* eingeführt, daher die endungen: 1. *-e,* 2. *-es,* 3. *-et.* In der 3. person wird das *-e* wieder beseitigt unter einfluss der vielgebrauchten konjunktivformen des hilfsverbums *esse*: 1. *seie,* 2. *seies,* 3. *seit.* Bei diesem verbum erklärt sich die verschiedenheit regelrecht durch mischung zweier verschiedener vulgärlateinischer paradigmen: *sim, sis, sit,* davon 3. p. *seit,* und **siam, *sias, *siat,* davon 1. p. *seie,* 2. p. *seies.*

V. Neufranzösisch wird *seoir* als simplex nur noch in einzelnen formen gebraucht. Unsere form hier ist im kompositum erhalten: *qu'il s'assît,* mit verstummen des *s* vor konsonant (v. 1 *mostier*), des auslautenden konsonanten und des *e* vor betontem vokal (*veïstes* 9). *Séance* und *séant* mit bewahrtem *e* sind erstarrte formen des gerichtsstils.

espee: *spatha,* siehe v. 3.

Die nachkonsonantische form: vgl. 3 *spee* III.

Das wort erscheint hier als subjekt mit derselben endung wie in v. 3 als objekt: durch den abfall des auslautenden *m* waren nominativ und akkusativ singularis in der ersten lateinischen deklination schon früh gleichlautend geworden. Vgl. 2 *corone* I.

ne: lat. *nec.*

Das unbetont verwendete *nec* verliert sein auslautendes *c* (gegen betontes *ab hóc*—*avuec* 138) und wird *ne*, unter weiterer wirkung der unbetontheit *ni*. Es steht hier für *et* oder *o* (= *aut*), weil der satz von einem hauptsatz mit negativem sinn abhängig ist und selbst negativ gedacht ist.

la: lat. *illa.*

Die femininform des artikels, aus proklitischem *illa* –́, wie 1 *li* ← *illi* –́, 7 *le* ← *illum* –́; dasselbe aus dem akkusativ *illa(m)*: *la teste* 25 ← *illam téstam* Es ergibt sich also hier die gleiche form wie unter denselben verhältnissen aus *illam* als verbundenem, daher proklitischem und schwach betontem personalpronomen: *la prist* 7 = *illam *prénsit.*

corone: lat. *corona,* wie v. 2 *corone* = *coronam.* Vgl. *espee.*

el: aus *en le* = *in illu(m)*, siehe v. 1 *al.*

chief: siehe v. 3.

11. Vers.

Encore conquerrai citez od mon espiet'.

Noch werde ich erobern städte mit meinem speer'.

Encore: lies *ãcore,* eine zusammensetzung mit lat. *hora*.

I. Die tonsilbe. Altfrz. *encore* hat ebenso wie einfaches *ore, or* offenes *o* (*ǫ*), während *hōra* regelrecht *ọre* gibt. Das *ǫ* würde sich durch kontraktion aus *a* + *o* erklären, und so ist *ore* wohl auf **aora* ← **ha hora* (für *hac hora*) zurückzuführen. Leitet man *encore* aus einer kreuzung von *hac hora* mit *in horam* ab, so bleibt das offene *o* des französischen *encore* und gar das *a* des provenzalischen *ancara* unerklärt (ebenso einfaches französisches *ore* und provenzalisches *aora — ara*).

II. Im ersten teil des wortes steckt lat. ***hinc***, das auch in altfrz. ***encui*** 'noch heute', ***encoan*** 'noch in diesem jahr enthalten ist. Prov. ***ancara*** und ital. ***ancora*** scheinen aus dem französischen entlehnt zu sein, als hier ***en*** vor konsonant bereits zu ***an*** weitergegangen war (vgl. 2. ***en*** II). Ein hanc horam kommt nicht in frage, da die nördlichen mundarten noch heute ***ẽkor*** haben und ein hanc-hodie nicht denkbar ist.

III. Neufranzösisch *encore* = ***ãcor*** zeigt nur verstummen des auslautenden *e*.

conquerrai: lies *cõkerrai*, lat. *con* + *quaerere* + *habeo*.

I. Das kompositum **conquaerere.* Lat. *conquīro* würde *conquir, conquīrere* würde *conquirre* ergeben. Altfrz. *conquerre*, neufrz. *conquérir* kann nur von **conquaerere* ausgegangen sein: man hat das kompositum *conquiro* wieder in übereinstimmung mit dem simplex *quaero* gebracht oder aus *con* und *quaero* ein neues kompositum **conquaero* für das ursprüngliche *conquiro* gebildet. Daher der ausdruck rekomposition (weniger treffend dekomposition, zerlegung des kompositums in seine bestandteile). Dieser vorgang spielt eine grosse rolle in der entwicklung des romanischen verbums (weniger des nomens). So erklären sich:

requirere → **requaerere* → *requerre* 69
rémanet → **remánet* → *remaint* 92
véndĭdit → **vendĕdit* → *vendiét*, wonach *respondiét* 12
deficere → **defacere* → *defaire*
perfectum → **perfactum* → *parfait*
dimidium → **dimedium* → *demi* (264).

II. Die futurbildung. Die lateinischen futurbildungen sind (mit ausnahme von *ĕro*, das als *ier, iert, ierent* [463 u. ö.] neben dem neugebildeten *serai* [325] noch vorkommt) untergegangen und durch eine zusammensetzung des infinitivs mit *habeo* ersetzt worden. Man vergleiche zur bedeutungsentwicklung neufranzösische wendungen wie *j'ai une course à faire, avoir une lettre à écrire*, wo der begriff des müssens die zukunft der handlung einschliesst.

Beispiele: *portare habemus* → *porterons* 20
mandare habeo → *manderai* 22
**auctoricare habeo* → *otreierai* 23
truncare habeo → *trencherai* 25
**excondicere habeo* → *escondirai* 34.

Das vollständige paradigma würde lauten:

porterai	*porterons* (f. **porteravons*)
porteras	*portereiz-ez* (f. **porteravez*)
porterat	*porteront*.

Die verkürzung in den zwei ersten personen des plurals erklärt sich durch angleichung an die übrigen einsilbigen endungen. Dasselbe tritt auch ein im imperfectum futuri (conditionalis), das mit *habebam* — *aveie* zusammengesetzt wird: **porteraveie* → *portereie* (nfrz. *porterais*).

III. Lautlich entwickelt sich das wort regelmässig. Durch verstummen des *h* sowie des unbetonten antevokalischen *e* in zusammensetzungen (nach v. 2 *rout*) entsteht **conquaererabeo* oder unter entwicklung der kurzform von *habeo* (siehe v. 3 *at*) **conquaererajo*. Der stammvokal, der diphthong *ae*, wird zu *ę* kontrahiert (v. 9 *ciel* I), das hier aber nicht diphthongiert, da es hier nicht, wie in *ciel* oder *mier* (v. 3), unter dem hauptton steht. Der unbetonte vortonvokal in der silbe *-rer-* fällt nach v. 1 *mostier* III aus. **Ajo* entwickelt sich durch abfall des endvokals zu *ai*. Silbenanlautendes *qu* wird zu *k* (9 *onques* II).

IV. Neufranzösisch *conquerrai* zeigt noch die gleiche schreibung, aber teilweise veränderte aussprache: auslautendes *ai* ist im laufe des 13. jahrhunderts zu ę kontrahiert und weiterhin zu ẹ entwickelt worden.

citez: lies *tsitéts*, lat. *cīvĭtátes.*

I. Das wort entwickelt sich zumeist nach bekannten regeln:

a) Anlautendes *c* vor *e*, *i* zu *ts* nach v. 3 *ceinte* IV.
b) Nebentoniges ī in der anlautenden silbe bleibt als *i*, siehe v. 9 *veïstes* IIa.
c) Unbetonter vortonvokal (*cìvitátes*) fällt nach v. 1 *mostier* III: also **civtates.*
d) Betontes *a* in freier silbe zu *e*, siehe v. 3 *spee* IV.
e) Der endvokal fällt (1 *un* III) und *t* + *s* wird *z*.

II. Die zu erwartende form **civtez* wird zu *citez*. Vgl. v. 7 *soz*. Die dort gegebene regel lässt sich erweitern:

> Labialer konsonant (*p*, *b*, *v*) vor folgendem dental (*d*, *t*, *s*) schwindet (vermutlich durch die mittelstufe einer assimilation).

Beispiele: *subtus* → **sottos* → *soz* 7
septem → *sette* → *set* 72
capu + *s* → **chievos* → *chiés* 20.

Ein solcher dental wird ebensowenig wie ursprünglicher doppeldental (siehe v. 6 *ele*) erweicht, da die erweichung nur intervokale konsonanten betrifft (vgl. v. 3 *spee* IIb).

III. Neufranzösisch *cités* (= *sitę*), mit wandel von *ts* im anlaut und auslaut zu *s* und darauffolgendem verstummen des auslautenden konsonanten.

od: lat. *apud.*

I. Die wahrscheinlichen zwischenstufen in der entwicklung waren: **abod*—**avod* (*p* : *b* : *v* nach *capu* —*chief* v. 2; vgl. noch 138 *avuec*=*ab hoc*) — **aud* — *od* (vgl. oben v. 8 *parole* II, auch v. 2 *seignat* III). Die präpositionen sind gegenüber dem folgenden wort nebentonig, daher haupttonige entwicklung des *a* (v. 3 *spee* IV, v. 2 *rout* IV) nicht in betracht kommt.

Der auslautende dental wird regelmässig geschrieben und wurde damals wohl auch noch gesprochen, da es sog. gestütztes, aus einer konsonantenverbindung (*vd*) hervorgegangenes *d* ist und dieses sich länger hält als isoliertes *t* (vgl. v. 3 *et*). Gesprochen wurde *d* aber wohl nur vor vokal und stimmhaften konsonanten, sonst *t*, entsprechend der stimmlosigkeit der auslautenden konsonanten (v. 2 *chief* IIb—3 *dont* V). In der folgezeit verstummt auch dies *d* und *od* wird *o*, was mit *au*←*al* nicht zu verwechseln ist (*la dame o le cler vis*=*od*=*apud*). — Die bedeutungsentwicklung von 'bei' zu 'mit' ist leicht verständlich.

II. Neufranzösisch nur noch mundartlich erhalten; in der schriftsprache seit dem 15. jahrhundert in abgang gekommen und meist durch *avec* (←*ab hoc*), z. t. durch *à* ersetzt.

mon: lat. *meum.*

Die schwach betonte (verbundene) form des possessivpronomens: aus *meum* $\underset{-}{\prime}$ wie *son* ←*suum* $\underset{-}{\prime}$ (siehe v. 2). *Meum* wird in dieser verbindung proklitisch und unbetont; das hiatus-*e* verstummt wie dort das hiatus-*u*; *m* sollte fallen wie in unbetontem *suam* $\underset{-}{\prime}$→ *sa*, statt des zu erwartenden **mo* haben wir aber *mon*, wie statt **so* ein *son*, worüber v. 2 *son* zu vergleichen.

espiet: lies *espiét*, zu germanisch *spęot* (deutsch *spiess*), etwa **speutu.*

I. Prothetischer vokal: siehe 3 *spee* III.

II. Der tonvokal.

a) In dem germanischen diphthong ***eo — eu*** **wird** ***ę*** **zu** ***ie*** wie in offener silbe (***me-ru*** → ***mier*** v. 3). **Vgl. noch:**

feh(u)ôd → ***fieu*** — ***fief*** (13. **jahrh.**).

Aber ebenso wird auch der romanische diphthong ***eu*** **aus lateinisch zweisilbig** ***ĕ + u*** **behandelt:**

me-um → ***meum*** → ***mien*** 139, 185

de-um → ***deum*** → ***dieu*** 69, daneben ***dęu*** 32 und ***dę.***

Eine dehnung des ę, wie sie in ***mĕrum, bĕne*** usw. vorausgesetzt wird, kann hier kaum in betracht kommen, von einem freien, d. h. eine silbe schliessenden ę ist hier nicht die rede. Wir haben hier eine bedingte diphthongierung wie in ***mielz*** v. 6.

Regel: ę (lat. und germ.) diphthongiert vor folgendem *u* zu ***ie***. **Es entsteht also** der triphthong ***ieu.***

b) Die zu erwartende form ****espieut*** (vgl. prov. ***espieut***, *espiaut*) wurde zu ***espiét*** umgestaltet, wohl durch vereinfachung des triphthongen in geschlossener silbe (vgl. ****mieun*** → ***mien,*** auch ***fied*** neben ***fieu***).

12. Vers.

Cele ne fut pas sage, folement respondiet.

Diese war nicht klug, törich antwortete sie.

Cele: lies *tsęle*, **aus lat.** *ecce illa.*

I. Das wort ist aus dem ursprünglichen lateinischen demonstrativ gebildet mit einer verstärkenden, den demonstrativen begriff hervorhebenden partikel. Lautlich entwickelt sich das wort regelmässig: *ecce illa* → *eccilla* nach v. 2 *rout* VI; *c* vor *e*, *i* → *ts* nach v. 3 *ceinte* IV; das übrige nach bekannten regeln. Zu erwarten wäre demnach **ecele*, das mit schwächung des vortonvocals als *icele* erscheint:

icele part 119, dazu das maskulin *icil* (← *ecce illi* für *ecce ille*), obliquus *icel* (← *ecce illum*).

Daneben steht die (ursprünglich unter dem nebenton, als kurzform, entstandene) form *cil* (v. 19), obliquus *cel* (v. 137), feminin *cele*, wie hier, und die nach *lui* — *li* gebildeten dativformen *celui* und fem. *celi*; dazu plural mask. rektus *cil* (← *ecce illi*), obl. *cels* (← *ecce illos*), fem. *celes* (← *ecce illas*) für beide kasus. Diese kürzeren formen sind von anfang an die häufigeren: die formen mit anlautendem *i*- verschwinden im laufe des 14. jahrhunderts.

II. Neufranzösisch ***celle*** (= *sę̆l*) zeigt die üblichen veränderungen; das doppel-*l* für altfranzösisches einfaches *l* hat keinen lautwert. Im maskulinum ist für *cel* die vollere und nachdrücklichere form *celui* (ursprünglich dativ, aber bald auch als akkusativ verwendet) eingetreten, während das fem. *celi* untergegangen ist. — Im plural ist *ceux* (= *sǿ̣*) die regelrechte fortsetzung von altfranzösisch *cels* — *ceus*, wie *celles* von altfranzösisch *celes*.

ne — pas: lat. *non passum*.

I. Lateinisch ***non*** entwickelt sich je nach dem ton im satz verschieden:

a) Starkbetont (in isolierter stellung, vor einem nomen oder an hervorragender satzstelle) nach den gesetzen der tonsilben: mit bewahrung des *ǫ* wie in *corone* v. 3, *barons* 4 und mit erhaltung des auslautenden nasals wie in *mien, rien* (siehe v. 2 *son* III). So in v. 39: *Non ferez*; so noch neufranzösisch.

b) Schwachbetont (als gewöhnliche negation beim verbum): mit schwächung des vokals zu *e* (wie in den endsilben *Charles* v. 1, *demeines* 4, oder in den schwachtonigen *les mes ses* usw.) und mit verlust des auslautenden *n*, das in unbetonter silbe behandelt wird wie auslautendes *m*. Vgl. dazu noch *nomen* → *nom* 151, 158.

Daneben erscheint vor vokalen noch die form *nen*:

nen oset 44 — *meillors nen at* 169.

Das auslautende *n* fiel demnach ursprünglich nur vor konsonant, vor vokal blieb es erhalten. Später wurde diese zweite form von der antekonsonantischen ganz verdrängt (vgl. v. 28 *n'est mie,* 49 *n'at,* 57, 79 usw.). Vgl. noch 2 *son* III.

II. Lateinisch *passum* entwickelt sich regelrecht zu *pas*: betontes *a* in geschlossener silbe bleibt (v. 1 *Charles*).

III. **Die zusammengesetzte negation**: der negative begriff steckt in dem *ne,* und dieses allein genügt in alter zeit zum ausdruck der negation, vgl. noch:

ne vos en correciez 26
ja nel (= *ne le*) *puis je trover* 40
ne se puet estortre 43.

Noch neufranzösisch genügt in bestimmten verbindungen das einfache *ne*: *je ne sais que faire, je ne puis l'aider* usw.

Pas zu *ne* bedeutet von haus aus nur eine verstärkung der negation: *non passum* = nicht einen schritt. Ähnliche verbindungen sind: *non mica(m)* = nicht ein krümchen — *ne mie* 28, *non punctum* — *ne point.* Auch die sog. ausdrucksweise der übertriebenen verkleinerung (*ne — un gant, ne — un vent, ne — un uef* u. a.) gehört hierher.

sage: lies *sadže,* aus vulgärlateinisch **sapia* — **sabia* zu **sapius* (für *sapidus*) — **sabius* von *sapere.*

I. **Sapia* mit stimmlosem labial müsste sich genau so entwickeln wie der konjunktiv *sapiam,* der zu *sache* wird, mit stimmlosem zischlaut. Es ist daher für das vulgärlatein eine form **sabius* — **sabia* vorauszusetzen, welche auch durch ital. *saggio* und die anderen romanischen sprachen gefordert wird, an und für sich aber noch der erklärung bedarf (vgl. noch lat. *pipionem* — ital. *piccione* mit frz. *pigeon,* das auf **pibionem* deutet). — Durch die entwicklung des unbetonten *i* vor vokal zu hiatus-*i* (*j*) wird die stammsilbe geschlossen, *a* daher nicht gedehnt und nicht zu *e* verschoben.

II. **Der konsonant**: das *b* steht nun nicht mehr intervokal, sondern bildet mit *i̯* eine konsonantische gruppe, in welcher sich *j* zunächst entwickelt wie im wortanlaut, d. h.

zu *dž* (vgl. v. 1 *jorn* II). Der vorausgehende labial assimiliert sich dem folgenden dental (**saddže*), woraus durch vereinfachung des doppellautes die hier vorhandene form entsteht. Vgl. noch:

rabiem (→**rabiam*) → *rage*
rubeum → *roge* — *rouge*
Eusebium → *Osege.*

Ebenso wird *v* + *i̯* zu *dž* (*g*):

**leviarius* → *legiers* 14
cavea → *cage.*

Hingegen entsteht aus stimmlosem labial + *i̯* (*pj*) stimmloser zischlaut (*tš* = *ch*):

**adpropiat* → *aprochet* 119
sapiat → *sachet* (491).

Regel: Stimmhafter labial + hiatus-*i* (*bj*, *vj*) wird zu *dž* (*g*), stimmloser (*pj*) zu *tš* (*ch*).

III. Neufranzösisch *sage* = *saž*. Wie die ähnlichen verbindungen *tš* (*ch*) und *ts* (*c*, *z*) hat auch *dž* (*g*, *j*) am ende des 12. jahrhunderts den dentalen vorschlag verloren, im inneren des wortes sowohl wie im anlaut (vgl. v. 1 *jorn* V).

folement: lies *folemãt*, aus **folla mente*. Das zugrunde liegende vulgärlateinische adjektiv **follis* (vgl. ital. *folle*) — galloroman. **follus* — pflegt man von lat. *follis* schlauch, blasebalg herzuleiten, das im spätlatein in den bedeutungen 'körper — körper ohne geist — einfältiger mensch, narr' erscheint.

I. Die lateinische adverbialbildung auf *-ter* ist vollständig, die auf *-ĕ* bis auf einige wenige reste (*bien* 10, *mal* [390], *loin* [386], *volentiers* 44 usw.) untergegangen. Die neubildung geschieht durch umschreibung mit dem ablativus modi: *impia mente, sana mente, bella mente* (*belement* 16), *forti mente* (*forment* 31). Die verbindung von adjektiv und substantiv ist so eng, dass sie im französischen als ein wort empfunden und gebraucht wird (anders als im provenzalischen).

Aus dem geschlecht von *mente* erklärt sich die moderne bildung des adverbs aus der femininform durch anfügung von *-ment*. Das neufranzösische hat aber häufig neubildungen auf grund sekundärer femininbildungen vorgenommen. So ist *fort* ← lat. *fortem* ursprünglich in maskulin und feminin gleich und bildet daher regelrecht *fòrtiménte* — *fortment* — *forment* mit ausfall des unbetonten vortonvokals, später wird nach dem muster der adjektiva auf *-us*, *-a*, *-um* ein neues feminin *forte* (wie *bele* = *bella* zu *bel* = *bellum*) und dazu ein neues adverb *fortement* gebildet. So sind auch die anscheinend unregelmässigen adverbia *prudemment* (= *prudenti mente*), *constamment* (*constanti mente*) u. a. durchaus regelmässig gebildet, hingegen formen wie *présentement*, *loyalement* sind neubildungen.

II. Die tonsilbe: *ẹn*, *ẹm* vor konsonant oder im auslaut wird wie *ęn*, *ęm* zu *ã*. Vgl. 2 *en*.

III. Die vortonsilben. Das *a* der unbetonten vortonsilbe wird zu *e* geschwächt nach 1 *mostier* III. Das nebentonige *ǫ* bleibt.

Regel: Nebentoniges *ǫ* in geschlossener silbe bleibt als *ǫ* erhalten.

Beispiele:

**portaremus* → *porterons* 20
fortimente → *forment* 31
**col(a)phare* → *colper* 42.

In offener silbe hingegen wird es zu *ọ*, nfrz. *ou* (vgl. 1 *mostier* VI und 2 *corone* V).

IV. Doppel-*l* wird vereinfacht zu *l* (4 *chevaliers* III).

V. Neufranzösisch *follement* = *folmã* zeigt nur noch verstummen des auslautenden *-t* sowie des aus *a* entstandenen unbetonten vorton-*e*. Die doppelschreibung des *l* ist bedeutungslos.

respondiet: lies *respōdiét.*

I. Die formbildung. Die lateinische perfektform *respondit* würde auf rein lautlichem wege dasselbe wie das präsens *respondet* ergeben: *respont* (*répond*). Die statt dessen gebräuchliche form *respondiet* ist nach dem muster von *dedit* und dessen kompositis gebildet. Das simplex selbst ist im französischen nicht erhalten (vgl. aber prov. *dar*, perf. 3 *det*, ital. *dare*, perf. 3 *diede* usw.). Die komposita wurden schon in vulgärlateinischer zeit auf dem wege der rekomposition (siehe v. 11 *conquerrai* I) umgestaltet: *véndidit* nach *dĕdit* zu **vendĕdit*, ebenso **perdĕdit*, **re(n)dĕdit*. Diese formen entwickeln sich regelrecht (vgl. v. 3 *mier* ← *mĕrum*) zu *vendiet, perdiet, rendiet*, die dazu gehörigen übrigen personen mit einigen analogischen ausgleichungen (*vendẹ̄di* → **vendẹi* nach *amai*) zu dem folgenden altfranzösischen paradigma, das allmählich ganz in die *i*-konjugation übergeführt worden ist:

vulgärlat.	altfranzösisch	analogisch
**vendẹi*	**vendiei* — *vendi* } (vgl. 6 *mielz*)	*vendi*
**vendẹsti*	**vendies* }	*vendis*
**vendẹdit*	*vendiet*	*vendit*
**vendẹ(di)mus*	**vendiemes*	*vendimes*
**vendẹstis*	**vendestes* — **vendiestes* (nach [d. sing.)	*vendistes*
**vendẹ(de)runt*	*vendierent*	*vendirent.*

Die perfekta *vendiet, rendiet, perdiet* stellen somit einen ganz neuen typus dar, der für eine anzahl anderer verba vorbildlich geworden ist, zunächst für solche, die ähnlichen stammausgang wie die hier genannten hatten (*nd*: *defendiet, respondiet, entendiet*), dann auch für andere (*rompiet, vesquiet, beneïsquiet* 177 u. a.). Diese perfekta bilden eine besondere klasse, in welcher wie bei den *a*-perfekten (siehe v. 2 *seignat*) und *i*-perfekten (v. 18 *oïrent*) der akzent überall auf der endung liegt. Man bezeichnet diese klasse daher als die dritte schwache perfektbildung oder einfach als dritte schwache konjugation.

Immerhin waren diese perfekta nicht allzu zahlreich (etwa 20). Die erste person stimmte von haus aus mit jener der *i*-konjugation (*audivi* → *oī*) überein, und so wurden allmählich auch die übrigen personen an diese angeglichen. Einige formen sind uns schon aus dem altfranzösischen nur in der analogisch neugebildeten gestalt überliefert.

II. So wird auch ***respondiet*** durch ***respondit*** ersetzt, dem im neufranzösischen ***répondit*** = ***repõdi*** entspricht. Das wort wurde, trotz untergang des simplex, wegen seiner bedeutung wohl stets als kompositum mit *re-* empfunden, daher das unbetonte vorton-*o* nicht zu *e* geschwächt. Das *t* verstummt im laufe des 12. jahrhunderts, das *s* vor konsonant ende des 12. jahrhunderts.

13. Vers.

'Emperere' dist ele 'trop vos poëz preisier.

'Kaiser', sprach sie, 'allzusehr vermögt ihr euch zu schätzen (= ihr überschätzt euch gewaltig).

Emperere: lat. *imperator*, s. v. 5 *emperere*. Der vokativ ist im altfranzösischen der form nach gleichlautend mit dem nominativ, also nicht nur *dame* 9 = *domina*, *seignor*(*s*) 67 = *seniores*, *sire* 135, 148 ff. = *senior*, sondern auch *bels sire* 216, 251 = *bellus senior* für *belle senior*, *amis* (279) = *amicus*, *bels niés Rollanz* (469) = *bellus nepos Rotlandus*, *sire arcevesques* (493) = *senior archiepiscopus*.

dist: lat. *dīxit*.

I. Der tonvokal: von natur lang, weil schon *dīco*, *e-dīco*, also ī—ị.

Regel: Betontes geschlossenes (langes) *i* bleibt erhalten in geschlossener wie auch in offener silbe.

Beispiele für gedecktes *i*:

zu germ. *rīkj-* (ahd. *rîhhi*) — *riche(s)* 27
dĭctum (für klass. *dĭctum*) → *dit* 38, fem. *dite* 52
mīlle → *mil* 66
vīllam → *vile* 204
partīssent → *partissent* 256.

Beispiele für freies *ī*:

**audīverunt* → *oïrent* 18
dīcunt → *dīent* 23
mentītum → *mentit* 24
ferīre → *ferir* 29
vīdit → *vit* 30
regīna → *reīne* 30.

Auch nebentonig bleibt dieses *ī* bewahrt: vgl. *citez* ← *cīvitates* v. 11 und die weiteren unter *veīstes* v. 9 genannten beispiele.

II. *cs* (*x*): *is*. Vgl. v. 1 *reis* I.

Das aus *cs* sich entwickelnde *i* verschmilzt mit dem vorausgehenden tonvokal *i* zu einem einzigen *i*. Vgl. hierzu noch *dit* v. 38, *dite* v. 52. — Mit ausfall des endsilbenvokals also *dist*.

III. Die neufranzösische form *dit* zeigt gegenüber der hier entwickelten altfranzösischen schwund des *s* vor konsonant und verstummen des auslautenden konsonanten, ausser in liaison: *dit-il*, vgl. v. 3 *at*.

ele: s. v. 6.

trop: wird aus dem germ. *þorp* (unser *dorf*) hergeleitet, wofür die bedeutungen 'menge, trupp, herde' nachgewiesen sind. Aus dem begriff 'menge' würde sich die bedeutung 'viel' entwickelt haben. Bemerkenswert ist der wechsel von der substantivischen zur adverbialen verwendung (wie *bel cop* — *beau coup* zu adv. *beau-coup*).

I. Die lautliche entwicklung macht keine schwierigkeiten. Der den Romanen in dieser stellung unbekannte germanische reibelaut *th* (*þ*) wird von ihnen im anlaut der aus dem germanischen entlehnten worte regelmässig durch den am nächsten stehenden laut *t* ersetzt, vgl.:

þeodisk → *Tieis* (Niederfranke, Niederdeutscher)
Þeodrik → *Tierri*
þarrjan (dörren) → tarrir.

Regel: Germanisch *þ* wird im anlaut zu *t*.

II. Die umstellung **torpu*: **troppu* (vgl. noch prov. *trop*, ital. *troppo*) gehört einer auch aus den alten sprachen unter dem namen metathesis bekannten erscheinung an, die am häufigsten bei dem für die aussprache schwierigen *r*-laute vorkommt und sich demgemäss am einfachsten durch wiederholtes versprechen erklärt. Eine regel hierüber gibt es nicht, da die natur des vorganges ein regelmässiges eintreten nicht bedingt. Doch vgl. noch *por* 18 (neufrz. *pour*) für lat. *pro* sowie das zu v. 5 *emperere* I gesagte. Die metathesis in *þorp* selbst begegnet auch in germanischen, namentlich westgermanischen dialekten: vgl. angelsächsisch *þrop* neben *þorp*, ferner *troppus* 'herde' in den Leges Alamannorum und vor allem ortsnamen wie *Geldrop, Herrentrup, Ohrdruf, Wilsdruff*. Wahrscheinlich gehen also die romanischen formen bereits auf eine germanische form *þrop* zurück.

III. Die erhaltung des intervokalen *-p-* begegnet bei einem lehnwort keinem bedenken, zumal *troppus* belegt ist und ital. *troppo* ein *-pp-* voraussetzt, ebenso wie frz. *tropel* — *troupeau*.

vos: lat. *vōs*.

Die einzelnen laute des lateinischen wortes bleiben bis zum altfranzösischen unverändert. Das *o* des altfranzösischen wortes ist geschlossen (*ọ*), entsprechend der länge des vokals im latein. Im laufe der weiteren entwicklung wird es zu *u* (*ou*), wie das erste *ọ* in afrz. *corone* — nfrz. *couronne*. Es ist die nebentonige form des pronomens, die sich im altfranzösischen wie im neufranzösischen erhalten hat. Das *s* ist mit den übrigen auslautkonsonanten in späterer zeit verstummt.

poëz: lies *po-ẹz* (zweisilbig), aus vulgärlat. **potētis* für *potestis*.

I. Die stammumbildung. In der vorliegenden form erscheint das verbum an die regelmässige konjugation angeglichen, es ist nicht mehr als kompositum von *esse* — *estis* kenntlich. Auszugehen ist wohl von der 2. sing. *potes,* die dem typus der lateinischen II. konjugation ähnelte und ein **potet* (vgl. 43 *puet*) für *potest* hervorrief, wie neben *debes* ein *debet* stand, weiter **potemus* (*poons* — *pouvons*), **potent* (*pueent* — *peuvent*), **potēre* (*poeir* — *pouvoir*), **potebam* (*poeie* — *pouvais*) usw.

Die ersetzung der selteneren, als unregelmässig erscheinenden formen durch die regelmässigen flexionsformen beruht darauf, dass dem sprechenden in der vorstellung diese vorschweben und jene beeinflussen. Vermittelt wird diese übertragung durch solche formen, welche beiden typen angehören (wie *potes*) und sozusagen das *tertium comparationis* bilden. Dieser formenausgleich spielt in der flexion eine grosse rolle, häufig stört er die rein lautliche entwicklung. Man vergleiche hierzu die oben besprochenen formen *prise* 2. *prist* 7 für **preise*, **preist* nach *pris* ← **prensi*, *coronee* 6 für **cornee*, *seïst* 10 für **seęst* nach den konjunktiven auf *-ist* ← *īsset*, *veïstes* 9 nach 2. sg. *veïs* usw. Man bezeichnet diesen faktor der sprachlichen entwicklung kurz als analogie.

II. Die endung. Auf demselben vorgang beruht der ausgleich der personalendungen zwischen den verschiedenen konjugationen. Es sollte *-atis* → *ez*, *-ētis* → *eiz*, *ītis* → *iz* werden. Wir finden aber in allen konjugationen *-ez,* d. h. die endung der so zahlreich vertretenen *a*-konjugation hat auf dem wege der analogie schon frühzeitig, ausser in den östlichen mundarten, diejenige der übrigen konjugationen verdrängt: *amatis* → *amez,* danach *devez, vendez, partez, finissez.* So wird **potetis* zu *poëz* statt **poeiz.*

III. Das intervokale *t* fällt aus: 3 *spee* II b.

IV. Neufranzösisch *pouvez* zeigt den regelrechten wandel des nebentonigen *o* in offener silbe zu *ou* (2 *corone*), das verstummen des auslautenden konsonanten und schliesslich (vereinzelt schon seit dem 13. jahrhundert) den zwischenlaut *v*, der als übergangslaut zwischen den beiden hiatusbildenden vokalen eintritt und vielleicht durch vorbilder wie *mouvoir, prouver, trouver* mit bestimmt wurde.

preisier: vulgärlat. **prętiare*, zu *prętium*.

I. Der intervokale konsonant.

a) Hiatus-*i* wird *i̯* (*j*), **preti̯are* also dreisilbig. Vgl. 1 *jorn* III a.

b) *ti̯* zwischen vokalen wird *iz* (*is*). Vgl. 8 *araisnier*. Das *i* verbindet sich mit dem stammvokal *ę* zum diphthongen *ęi*.

II. Betontes *a* nach palataler konsonanz wird *ie*, siehe 2 *chief* IV b.

III. Neufranzösisch *priser* zeigt analogische reduktion des diphthongen *ie* zu *e* (vgl. 2 *chief* VI) in der betonten endsilbe und analogische übertragung des stammvokals aus den stammbetonten formen: **prętiat* → **prieiset* → *priset* (nach 6 *mielz* II), **prętio* → *pris*, ebenso das substantiv *prętium* → *pris*.

trop vos poëz preisier: stellung des objektpronomens. Dieses würde nach modernem sprachgebrauch vor dem infinitiv stehen, von dem es abhängt. Es steht altfranzösisch aber vor dem hilfsverbum, das mit dem infinitiv als einheit gedacht wird. Auch wo der infinitiv von dem hilfsverbum durch *de, a* oder ein fragwort getrennt ist, tritt diese wortfolge ein. Vgl. noch:

ja nel (= *ne le*) *puis je trover* 40
O je vos ferai ja cele teste colper 42
ne se puet estortre 43

Nel (= *ne le*) *dëusseiz penser* 56
ne l'osat esguarder 131
vos vienent visiter 140
si s'en vait conreer 141
Que vos en ai je mais lonc plait a aconter? 860
ne s'a de quei reconforter = *n'a de quei sei reconforter.*

Neufranzösisch nur noch bei einfachem infinitiv (ohne präposition u. ä.) nach *laisser, faire, entendre, voir* üblich: *Je le lui ai fait connaître* (für *je lui ai fait le connaître*) — *On vous l'a laissé ignorer* (für *on vous a laissé l'ignorer*) — *Je le lui ai entendu dire* (für *je lui ai entendu le dire*). Reste auch noch in wendungen wie *cela se peut* = *cela se peut faire, on le veut dire, je l'irai voir,* besonders häufig bei *en* und *y* (*il en pourra sortir, il y devrait apparaître*). — Im älteren neufranzösisch noch weitergehende spuren des altfranzösischen gebrauchs: *Vous l'est-on venu dire?* (Molière); *Votre amour le vient d'outrager* (Racine) u. ä.

14. und 15. Vers.

Encore en sai je un qui plus se fait legiers,
Noch weiss ich ihrer einen, der schmucker sich ausnimmt,
Quant il portet corone entre ses chevaliers.
Wann er krone trägt unter seinen rittern.

Encore: siehe v. 11.

en: lies *ã*, aus lat. *inde*.

I. Die verwendung dieses *en* an stelle eines pronominalen genetivs erklärt sich leicht aus seiner lokalen bedeutung. Vgl. lat. *filii duo, inde* (= *èx iis*) *hunc adoptavi* (Terenz).

II. Das durch den abfall des endvokals in den auslaut tretende *d* fällt in dem stets unbetont gebrauchten wort ab (vergleiche dagegen *de unde → dont* 3, *quando → quant* 15 ff., *grandem → grant* 106). Infolgedessen fällt dies *en* mit dem aus *in* entwickelten *en* lautlich völlig zusammen. Die ursprüngliche form *ent* begegnet noch in den ältesten sprachdenkmälern und auch später noch in pikardischer mundart.

sai: lat. *sapio.*

I. Wie *habeo* — **ajo* zu *ai* entwickelt sich auch *sapio* zu *sai*: also eine kurzform, die sich gerade bei der häufig in die rede eingeschobenen und daher dann nebentonig entwickelten 1. person dieses verbums leicht erklären würde (vgl. ital. *so*). Nach anderen ist **sajo* — *sai* einfach analogie nach **ajo* — *ai*; nach Neumann wiederum regelrecht volltonige entwicklung (in den auslaut tretendes *pį, bį* zu *i*, inlautend bleibendes zu *tš, dž,* daher *habeo, sapio* → *ai, sai,* aber *sapiam, rabiem-am* → *sache, rage*). — Durch abfall des endvokals entsteht regelrecht *sai* (mit diphthong *a-i*), das im laufe des 13. jahrhunderts zu *sę̄* kontrahiert wird. Die übrigen personen entwickeln sich im ganzen regelrecht: *sapis* → *ses, sapit* → *set, sapimus* → *savons, sapitis* → *savez,* **sapunt* (für *sapiunt*) → *sevent.*

II. Neufranzösisch *sais* zeigt das analogische, für die ersten personen charakteristische *s* (nach **possio* — *puis,* **nasco* — *nais* u. ä.), das aber bei *sais* erst seit dem 17. jahrhundert erscheint; ferner verengung des auslautenden *ę* zu *ẹ* (vgl. 11 *conquerrai* IV, *chantai* = *šãtẹ, chanterai* = *šãtərẹ*). Die 2. und 3. person haben sich in der schreibung der 1. angeglichen (*sais, sait*), die 3. plur. *savent* zeigt lautliche angleichung an *savons, savez, savoir.*

je: lies *dže*, aus lat. *ego.*

I. Lat. *ego* hat nach dem übereinstimmenden zeugnis der romanischen sprachen sein inlautendes *g* früh verloren und ist dann einsilbig geworden: *eo* — *eu,* vgl. ital. *io,* span. *yo* (mit verschobenem akzent), prov. *eu* — *ieu,* ferner *eo* — *io* in den Strassburger Eiden. Da das pronominale subjekt im lateinischen und altromanischen im verbum enthalten ist (s. 4 *out*) und nur bei ausdrücklicher hervorhebung gesetzt wird, muss sich *ego* — *eo* zunächst als haupttoniges wort entwickeln, also zu *ieu* werden wie *deus*→*dieus* (vgl. 11 *espiet*). Aus *ieu* entwickelt sich (nach Rydbergs annahme) einerseits *io*—*ió*—*jo*, das besonders im pikardischen und wallonischen sowie im anglonormannischen zu hause ist, andererseits *iéu*—*i̯éu*, mit übergang des anlautenden i̯ zu *dž* (vgl. 1 *jorn*) zu *jieu*, *gieu*, woraus durch vereinfachung des triphthongen (vgl. **mieun*→*mien*) das besonders champagnische und ostfranzösische *gię* (vgl. reime wie *gié* : *pié*, *congié*) und weiterhin das francische und westfranzösische *gę*, *ję*=*džę* (vgl. oben s. 102 *Dieu*→*Dę*) entsteht. Die ursprüngliche haupttonigkeit des wortes erklärt es auch, dass in der älteren zeit *ge*, *je* vor vokal im allgemeinen keine elision erfährt: vgl. noch v. 51 *ço savrai je encore*, 151 *Sire, je ai nom Charles.*

II. Im 12. jahrhundert erfährt das wort in vereinzelten stellungen, besonders unmittelbar nach dem verbum (*ṣai je* usw.), wo es enklitisch und daher schwachtonig wurde, eine schwächung von *ję* zu *je* = *džĕ* (mit kurzem, dumpfem *e*), worauf unter verlust des *d*-vorschlags die neufranzösische form *je*=*žə* zurückgeht, die tatsächlich nur noch in unbetonter stellung gebraucht wird. Haupttonig tritt dafür der obliquus *moi* ein (rest des alten gebrauchs noch in *je soussigné* neben *moi soussigné*).

un: *unum*, hier als zahlwort, in der form gleich dem unbestimmten artikel (siehe v. 1).

qui: lies *ki*, aus lat. *quī*.

Wegen *qu*→*k* vgl. v. 9 *onques* II. Der endvokal bleibt in einsilbigen wörtern erhalten, ausser in enklitisch und proklitisch gebrauchten wörtern. Lateinisches ī bleibt als *i* erhalten. siehe v. 13 *dist* I.

plus: siehe v. 6.

se: lat. *sē*.

Nach den gesetzen für die hauptonsilben muss sich *sę̄* zu *sei* entwickeln (vgl. v. 8 *pleine*). Diese form hat das wort tatsächlich, wenn es haupttonig steht, wie z. b. nach präpositionen (*Rollant et Olivier en at ot sei menez* v. 61) oder vor dem infinitiv (*Vont sei entrebaisier* 147, 253).

Vor dem verbum finitum aber steht es wie die übrigen pronomina (*la prist* 7, *la met* 16, *li siet* 16, *le m'enseigniez* 19 usw.) proklitisch und daher schwachtonig. Das *e* bleibt, wird aber aus *ē* zu *ĕ* (nfrz. dumpfem *e* = ə) geschwächt.

fait: lies *fait*, aus lat. *facit.*

I. Die form ist nicht regelmässig. Das *c* vor *i* (vulg.-lat. *e*) musste assibiliert werden (vgl. 3 *ceinte*), ehe der endvokal fiel. Wir sollten **faitst*, mit vereinfachung der schweren konsonanz *tst* **faist* erwarten, wie *plaist* ← *placet*, *taist* ← *tacet*. Hingegen entwickelt sich das gleitewort *facere* über **fag(e)re* (siehe 9 *dame* I) regelrecht zu *faire*, wie *factum* zu *fait* (siehe 1 *reis* I). Die 3. pers. ind. präs. ist demnach eine neubildung aus dem infinitiv *faire*, wie man in der regelmässigen konjugation zu *escrire*, *metre*, *rire* ein *escrit*, *met*, *rit* besass. Ebenso wird *dicit* — **dist* umgestaltet zu *dit*, *ducit* zu *duit*. Hingegen blieben *plaist* und *taist* erhalten, weil hier ursprünglich als infinitive nicht *plaire*, *taire*, sondern *plaisir* ← *placēre* (vgl. substantiv *plaisir*) und *taisir* ← *tacēre* daneben standen.

II. Die kontraktion des diphthongen *ai* zu *ę* vollzieht sich allmählich im laufe des 12. jahrhunderts, zuerst, schon im ersten drittel des jahrhunderts, vor schwerer konsonanz (*maistre* → *mestre*, *paistre* → *pestre* schon bei Philipp von Thaon, um 1120), bis zur mitte des jahrhunderts auch vor leichter konsonanz (*fait* → *fet*, *ait* → *et* bei Crestien von Troyes); endlich auch in offener silbe (*faite* — *feite* → *fete*, *faire* — *feire* → *fere*); zuletzt und wahrscheinlich erst im laufe des 13. jahrhunderts im auslaut, wo *ę* alsbald zu *ẹ* wird (*sai* → *sę* → *sẹ*, *conquerrai* → *conquerrẹ*, vgl. oben v. 11). — Unter verstummen des auslautenden *t* ausser in liaison (vgl 7 *prist*) wird *fet* zu nfrz. *fę̄* (geschr. *fait*).

legiers: *ledžiers*, vulgärlat. **leviarius* (zu *levis*).

I. **Leviarius* → *leviar̯ius* nach 1 *jorn* III a. — Die endung *-arius* zu *-iers*, vgl. 4 *chevaliers* I. — Inlautend *vj* zu *dž*, siehe 12 *sage* II.

II. Vortoniges ẹ unter dem nebenton bleibt:

bellaménte → *belement* 16
denarios → *deniers* 27
ferire → *ferir* 29
tenetis → *tenez* 45.

III. Neufranzösisch *légers* — *léger* = *ležẹ* zeigt verlust des *d*-vorschlags (1 *jorn* V), das mit gewissen ausnahmen regelrecht eintretende verstummen des auslautenden *r*, reduktion des diphthongen *ie* nach zischlauten zu *e* (wie 2 *chief*) und geschlossene aussprache des durch verstummen der endkonsonanten in den auslaut tretenden ẹ.

IV. Die rektion des prädikatsnomens. Wir sollten an stelle von *legiers* = **leviarius* vielmehr *legier* = **leviarium* erwarten, da das prädikatsnomen zweifellos auf das objekt zu beziehen ist (*se facit *leviarium*). Der nominativ erklärt sich durch einmischen solcher redensarten in die vorstellung des sprechenden, in welchen das prädikatsnomen im nominativ erschien: *paraistre, devenir, estre* usw. Gerade die reflexiven verben haben meist eine solche nebenbedeutung, romanisch *se facere* ersetzt ja ursprünglich das lateinische *fieri*. Die beziehung des prädikatsnomens bei den reflexiven auf den nominativ ist demnach im altfranzösischen ganz gewöhnlich (*plus se fait fiers* = *ferus*, *se senti navrez* = *-atus*), findet sich aber auch sonst bei ähnlichen verbindungen, wie z. b. *sei appeler, avoir nom*:

Sire, je ai nom Charles 151
Aies nom Charles Maignes 158.

Sogar nach präpositionen kann dieser auf das subjekt bezogene nominativ stehen: *il fut tenus a sages* (= **sabius*), *je m'en dui por fols* (= **follus*) *tenir*, *se tenoit chascuns a paiiés* (= *pacatus*) — vgl. provenzalisch *ieu mi tenc per pagutz*.

Quant: lies *cãt,* lat. *quando.*

Vgl. v. 1 *Charles* I, 3 *dont* V, 9 *onques* II, wegen des nasals 1 *un* IV. Das auf konsonant folgende auslaut-*t* verstummt, wie in *saint* 1, *prist* 7, vor konsonantischem anlaut seit dem 13. jahrhundert; vor vokal ist es bis ins 16. jahrhundert, und bei enger verbindung wie hier (*quand il, quand elle, quand on*) bis heute laut geblieben. Die neufranzösische schreibung mit *d* ist rein orthographisch (nach dem lateinischen etymon in der renaissancezeit wieder eingeführt), wie auch die moderne aussprache zeigt (*quand il porte = kã-til port*).

il: siehe v. 7.

portet: lies *porte(t)*, lat. *portat.*

I. Der tonvokal: Lateinisch kurzes, romanisch also offenes *o*.

Regel: Betontes offenes *o* in gedeckter stellung bleibt *ǫ* (ausser vor nasal, wo *ọ* eintritt, und vor *j*: 6 *mielz* II).

Beispiele:

hostem → *ost* 29
**extórquere* → *estortre* 43
**folla* → *fole* 45
vostrum (= *vestrum*) → *vostre* 50
mortua → *morte* 52.

II. Das auslautende *-t* in unbetonter silbe war damals bereits im verstummen (vgl. v. 3 *Et*). Das *e* der endsilbe verstummt erst im 17. jahrhundert.

corone: siehe v. 2.

entre: lies *ãtre,* lat. *intra.*

intra → *entra* → *entre* → *ẽntre* → *ãntre* nach bekannten gesetzen. Nfrz. *entre* = *ãtr(ə̄)*.

ses: lat. *suos.*

I. Das possessivpronomen in proklitischem gebrauch: wie 2 *sa* ← *suam, son* ← *suum.* Darnach entwickelt sich *suos* zunächst zu *sos.* Dieses wird unter wirkung der tonlosigkeit zu *ses* geschwächt, wie die artikelformen *lo* (← *illum*) und *los* (← *illos*) zu *le, les* (vgl. 7 *le poin,* 39 *le rei* — 81 *les destriers,* 82 *les mulz*), wie das personalpronomen *lo* (← *illum, illud*) zu *le* (vgl. 23 *Se Franceis le me dïent*), *los* (← *illos*) zu *les* (vgl. 143 *Il les fait revestir*). Ursprünglich sind die *o*-formen wohl die nebentonigen (*lò réi, sòs hómes*), die *e*-formen die schwachtonigen (*pàr le réi, avuèc ses hómes*) gewesen (vgl. 7 *le*).

Wie *suos* zu *sos* — *ses,* wird *tuos* zu *tos* — *tes, meos* zu *mos* — *mes.* Vgl. *de mes bons chevaliers* 22, *je manderai mes homes* 229.

II. Neufranzösisch *mes, tes, ses* = *mę, tę, sę* (*mę, tę, sę*), in liaison *mez-, tez-, sez-,* sind regelrecht entwickelt.

chevaliers: siehe v. 4.

16. Vers.

Quant la met sor sa teste, plus belement li siet'.

Wenn er sie auf sein haupt setzt, steht sie ihm viel besser'.

Quant: siehe den vorigen vers.

la: siehe v. 7.

met: *męt* ← lat. *mittit.*

Die schon im klassischen latein häufige bedeutung 'werfen, rasch wohin bringen, legen' führt zu der französischen bedeutung 'legen, setzen'.

I. Die entwicklung geht nach bekannten regeln (vgl. 2 *en* I, 4 *chevaliers* III). Lat. *mittere* gibt darnach *mętre.* Das auslautende doppel-*t* in dem zu erwartenden **mętt* wird naturgemäss zu *t* vereinfacht.

II. Neufranzösisch *mettre* = *mętr(ə)*. Die etymologisierende doppelschreibung des *t* ist ohne bedeutung für die aussprache. Wichtig hingegen ist, dass altfranzösisch geschlossenes *e* in gedeckter stellung zu offenem *e* übergeht: *litteras* → *lẹtres* → *lętres*, *firmat* → *fẹrmet* → *fęrme* usw. Dieser übergang vollzieht sich bereits im 12. jahrhundert. Somit fallen in geschlossener silbe ursprüngliches *ẹ* (= lat. *ĭ*) und *ę* (= lat. *ĕ*) zusammen.

sor: lat. *sŭpra* (ital. *sopra*, prov. *sobra*, span. *sobre*).

I. Nach den regeln (v. 1 *jorn* II, v. 2 *chief* II a) ergibt sich zunächst *sovre*, das in der proklise, als präposition, zu *sọre* und weiter zu *sọr* (anglonorm. schreibung *sur*) wird.

II. Neufranzösisch *sur* = *sür* erklärt sich am einfachsten als eine kreuzung von *sor*, seit 13. jahrhundert *seur*, mit dem ursprünglich nur als adverb üblichen, seit 13. jahrhundert aber auch als präposition gebrauchten *sus* ← *sursum* (v. 195).

sa: siehe v. 2.

teste: aus lat. *testam* (geschirr, scherbe, schale), das in der volkssprache die bedeutung 'hirnschale, kopf' angenommen hat. Im altfranzösischen erscheint daneben noch *chief* ← *caput* in seiner eigentlichen bedeutung (so v. 2, 10, 20 u. ö.), während es heutzutage fast nur noch in übertragener bedeutung üblich ist.

Kurzes offenes *e* in geschlossener tonsilbe bleibt: siehe v. 6 *bel*. — Nfrz. *tête* = *tẹ̄t* hat die qualität des tonvokals bewahrt, zeigt diesen aber infolge des verstummens von *s* vor konsonant gedehnt (vgl. 1 *mostier* V, 7 *prist*, 9 *veïstes* V).

plus: siehe v. 6.

belement: lies *bęlemāt*, vulgärlat. *bella mente*.

Vgl. v. 12 *folement*, wegen des nebentonigen *ę* v. 14 *legiers* II. — Nfrz. *bellement* = *belmā̃* (lautlich wie *follement*

=: *folmā*) nur noch selten gebraucht (in der bedeutung 'sachte, gemach').

li: aus lat *illī*.

Einer der wenigen reste des lateinischen dativs. Als proklitisches personalpronomen mit verlust der ersten silbe aus *illī* entstanden wie oben *la* aus *illam*. Das ī bleibt als ị erhalten, vgl. 13 *dist*, 14 *qui*. Ihrer herkunft gemäss wird die form als maskulin und als feminin gebraucht.

Neufranzösisch ist die unbetonte form *li* durch die ursprünglich nur in betonter stellung gebräuchliche form *lui* verdrängt worden.

siet: lat. *sĕdet*.

Vgl. v. 3 *mier*, wegen des auslautenden *t* oben *met*. — Nfrz. *sied* mit etymologisierender schreibung. Vgl. noch v. 10 *seïst* V.

17. Vers.

Quant l'entent li reis Charles, molt en est correciez.

Als der könig Karl es hört, ist er darüber sehr erzürnt.

Quant: siehe v. 15.

l' = *le*: lat. *illu*(*d*).

Das neutrum des vor dem verbum stehenden unbetonten pronomens (vgl. *li* im vorigen vers). Während das neutrum im substantivum völlig untergegangen ist, hat es sich im pronomen in zahlreichen formen, ebenso auch im adjektivum, bis aufs neufranzösische bewahrt.

entent: *ātāt*, aus lat. *intendit*.

Vgl. v. 2 *en*, 12 *folement*, 16 *met*. — Nfrz. *entend* (= *ātā*) mit *d* teils etymologische, teils analogische schreibung (nach *entendons*, *entendez*, *entendre*).

li reis Charles: siehe v. 1.

Quant l'entent li reis Charles: wortstellung.

Wie in eingeleiteten hauptsätzen (vgl. v. 1), kann auch in nebensätzen inversion des subjekts eintreten. Vgl. noch:

Quant ço vit la reïne 30
Quant l'ot li patriarche 141.

Indes ist hier die wortfolge subjekt — verbum die weitaus häufigere, im relativsatze (wo das neufranzösische mehr freiheit lässt) sogar die regel. Vgl.:

sa spee dont li ponz fut d'or mier 3
Quant il portet corone 15
Quant Franceis ont mangiét 849.

Im übrigen sind nebensätze in dem episch-einfachen stil der Karlsreise überhaupt nicht übermässig häufig, das parataktische satzgefüge wird durchaus vorgezogen (vgl. s. 85 f.).

molt: *mọlt*, aus lat. *multum*.

Lat. *multus*, *multi* als adjektiv ist im italienischen, provenzalischen und spanischen erhalten, im französischen nur bis ins 12. jahrhundert, sonst als adverb wie hier. Die lautliche entwicklung ist regelrecht. — Später, mit auflösung des *l* vor konsonant (6 *bel* II), *mout*, auch *moult* geschrieben. — Seit dem 17. jahrhundert nicht mehr gebräuchlich.

en: *ã*, lat. *inde*, 'von da, in bezug darauf, infolgedessen'. Vgl. v. 14.

est: lat. *est* ohne veränderungen. Verstummen des *s* vor konsonant und des auslautenden *t* erst später.

correciez: lies *corretsiéts* ←**corruptiatus* zu **corruptiare*, von *corruptum* (*corrumpere*), also eigentlich 'verderbt machen, schädigen', woraus dann 'ärgern, betrüben'. Dieser nicht unwahrscheinliche, aber doch auffällige bedeutungswandel hat Gaston Paris zur herleitung des wortes aus *cor* *ruptum* (ital. *corrotto*, afrz. prov. *corrot* schmerz, trauer) veranlasst

I. Nach 1 *jorn* IIIa und 7 *desoz* entsteht zunächst die form **corrǫttįatos*. Zwischen konsonant und der schweren konsonantengruppe *ttj* bleibt der unbetonte vortonvokal erhalten (1 *mostier* III), wird aber zu *e* geschwächt: vgl. dazu *suspectionem*→*sospettįone*→*sospeçon*, *soupeçor* (erst sekundär zu *soupçon* synkopiert).

II. Die palatale konsonantengruppe *ttį*.

Regel: *tį* nach konsonant (ausser *s*) wird zu *ts* (geschr. *c*, *z*), vorausgehende explosivlaute schwinden auf dem wege der assimilation.

Beispiele:

**fidantia*→*fiançe* 52	*tertium*→*tierz* 173
fortia→*force* 152	*nuntiare*→*noncier* 237
**ment(i)tionea*→*mençonge* 52	*nuptias*→*noces*
**directiare*→*drecier* (680)	**pettia*→*piece.*

Vergleiche dagegen die entwicklung des intervokalen *tį* (in *raison* und *araisnier* v. 8) zu *-iz-* und *-is*.

III. Neben *correciez* kommt *corrociez* vor, nach den stammbetonten formen gebildet: **corrúptiat*→*corrócet* usw. Ferner erscheint häufig einfaches *r* (*coreciez*, *corociez*), vielleicht unter einfluss der vortonigkeit und der daraus folgenden kürzeren aussprache (vgl. aber *ferrez* 80). Infolgedessen auch wandel des nunmehr freien *ǫ* zu *ọ*, nfrz. *ou* (wie 2 *corone* V→*couronne*). Endlich, mit sekundärem ausfall des *e* neben *r*: *corcier* (wie *sairement*—*serement*→*serment*, *latrocinium*→*larrecin*→*larcin*).

Nfrz. *courroucer* nebst dem verbalsubstantiv *courroux* nur noch in gehobener sprache. Die schreibung *rr* ist rein etymologisch und für die aussprache ohne bedeutung.

18. Vers.

Por Franceis qui l'oïrent, molt en est enbronchiez.

Um der Franken willen, die es hörten, ist er darüber sehr betrübt.

Por: lat. *pro.*

Die form *por* entsteht durch die gerade bei *r* häufige metathese (vgl. 5 *emperere*←**imperatro,* 13 *trop* II). Vortonig *o* wird neufranzösisch *u* (*ou*): siehe 1 *mostier* IV, 2 *corone* V.

Franceis: lies *frãtseis,* von deutsch *frankisk* (*Franciscos*).

I. Die behandlung von inlautendem *sc* geht im allgemeinen parallel der entwicklung des einfachen *c* im anlaut, da die konsonanten im inneren silbenanlaut nach vorausgehendem konsonant dieselbe entwicklung wie im wortanlaut zu nehmen pflegen (vgl. 4 *barons* IV). So wird *sc* vor *a* zu *stš,* **frisca* (von deutsch *frisk*)→*fresche* (*fraîche*), *francisca*→*francesche,* wie *Karlos*→*Charles* v. 1. Vor folgendem *e* und *i* tritt assibilierung ein (vgl. *crucem* →*croiz* 2, *cinctam*→*ceinte* 3), daher *cognoscit*→*conoist,* *francisci*→*franceis.* Vor *o* und *u* bleibt *c* (vgl. 2 *corone* IV), es wären also aus **friscum, franciscum, cognosco* die formen **fresc, *francesc, *conosc* zu erwarten, statt dessen erscheinen *freis, franceis, conois.*

Gehen wir von der hier vorauszusetzenden form *franciscos* aus, so entsteht durch den ausfall des endvokals die form **francescs,* aus dieser die vorliegende form *franceis.*

Regel: Die durch vokalausfall entstandene gruppe *scs* entwickelt sich zu *is.*

Vgl. noch: **boscos*→*bois* 103
**friscus -os*→*freis*
Þeodiscus -os→*Tieis.*

Über die natur des vorgangs sind die ansichten geteilt. Nach den einen wird *scs* — wie *sts*→*ts* (*hostis, tristis,*

Christus → *oz*, *triz*, *Criz*) — durch vereinfachung der tripelkonsonanz zu *cs*, das sich dann wie primäres, lateinisches *cs* (siehe v. 1 *reis* ← *rex*) zu *is* entwickelt hätte; aus nom. sing., akk. plur. und dem gleichfalls regelrecht auf *-eis* endigenden nom. plur. (*francisci* → *franceis* s. o.) wäre dann die endung *-eis* auf die isoliert stehende form des akk. sing. übertragen worden: *franceis* für **francesc*. Nach anderen hätte sich **francescs* zu **frances(s)* entwickeln müssen und *franceis* wäre auf *franciscum*, d. h. auf eine durch metathesis daraus entstandene form **francicsum* zurückzuführen; erst aus dem akk. sing. wäre die endung *-eis* dann auf nom. sing. und akk. plur. übertragen worden. Diese ausschliesslich französische (weder italienisch noch provenzalisch vorhandene) metathesis des *sc* zu *cs* speziell vor *u* (da *-sca* ja *scha* gibt und *sci* zu *is* der annahme einer metathesis nicht bedarf) ist nicht sehr wahrscheinlich. Aber auch die übrigen erklärungen (**boscos* schon vor dem fall der endvokale durch dissimilation zu **bocos* und weiter zu **bocs* — *bois*, oder **boscum* über *bośc̀u* — *bośću*, mit palatalisierten *s* und *c*, zu *boś* — *bois*) befriedigen nicht völlig.

Neben dem lautgesetzlichen feminin *francesche* erscheint schon früh die analogische neubildung *franceise* — *françoise* nach dem muster der adjektiva zweier endungen (*bon* — *bone*, *bel* — *bele*), wohl nach dem der adjektiva auf *eis* = lat. *ensem*, die zum teil schon in galloromanischer zeit im feminin die analogischen formen mit *a*, frz. *e*, zeigen (zu *cortem* — *cort* ein *cortensem* — prov. *cortes corteza* — frz. *corteis corteise*).

II. Das fehlen des artikels. Im altfranzösischen werden völkernamen (und in ähnlicher verwendung gebrauchte worte wie *paiiens*, *crestiiens*) im plural meist ohne artikel gebraucht. Vgl. noch 23 *Se Franceis le me dïent*, 224 *mais que de Sarazins et paiiens nos gardez*, 849 *Quant Franceis ont mangiét* — dagegen bei näher bestimmendem zusatz 237 *La nuit le fait noncier as Franceis as ostels*.

III. Neufranzösisch *français* = *frãsę* ist durch die übergangsstufen *françois* — *françóes* — *françoès* hindurchgegangen. Es ist, bis zu dieser letzten form, dieselbe entwicklung wie in *rei* — *roi* — *róe* — *roè* — *roa* (siehe oben 1 *reis*). Die aussprache *oę* für den diphthongen herrschte bis ins 18. jahrhundert. — Bevor aber die verschiebung des diphthongen *oę̀* zu *oa* — *ua* eintrat, d. h. schon im 16. jahrhundert, hatte ein teil der wörter (darunter namentlich alle imperfekta und konditionalia: *avois*, *aurois*) das *oę̀* zum monophthongen *ę* entwickelt (*avę*, *orę* = *avais*, *aurais*). *François* erscheint als *frāsua* im eigennamen *François*.

qui: lies *ki*, aus lat. nom. plur. *quī*. Die lautliche entwicklung wie in der singularform (siehe v. 14).

oïrent: lat. *audivērunt*, vulgärlat. **audīrunt*.

I. Der akzentwechsel. Die 3. plur. ind. perf. hat sich in allen konjugationstypen an die betonung der 1. und 3. sing. angeglichen: so *hábuerunt* — *ourent* (siehe v. 2 *rout*) nach *hábui*, *hábuit*; *fú(e)runt* — *furent* (siehe v. 1 *fut*) nach *fui*, *fuit*, *fuimus*; *víderunt* — *virent* (siehe v. 9), **vendéderunt* — *vendierent* (siehe v. 12 *respondiet*). Zum teil waren die für das romanische vorausgesetzten formen schon im klassischen latein vorhanden, so in der 1. konjugation *amarunt*, *signarunt* — *amerent*, *seignierent* (siehe v. 2 *seignat*).

II. Der stammvokal. Lat. *au* → *ǫ*, vor vokal zu *ǫ*: siehe 3 *or* I.

III. Der endsilbenvokal. Dieser bleibt in der endung *-unt* — *ent* stets erhalten wegen der folgenden schweren konsonantengruppe, die sonst mit dem vorausgehenden konsonanten zusammenstossen würde.

Vgl.: *dicunt* → *dīent* 23
**montarunt* → *monterent* 89
habuerunt → *ourent* 89.

Dazu die unter I aufgeführten beispiele.

III. Der konjugationstypus. Die verba auf *-ire* bilden die zweite klasse der sog. schwachen perfekta; auch hier steht im perfektum der akzent in allen formen auf der endung (vgl. *seignat* 2, *respondiét* 12). Die endungen selbst erscheinen schon im klassischen latein, teils infolge ausfalls des *v* (*audīsti, -īstis*), teils unter analogischer einwirkung (nach perf. *ĭi, ĭit, ĭerunt*) auch in verkürzter gestalt. Das vulgärlatein hat zum teil die alten kurzformen weiterentwickelt, zum teil die alten vollformen neu gekürzt (*audīvi, -īvit* → *audī, -īt*).

klass.-lat.	vulgärlat.	altfranz.
audīvi- dīi	*audī*	*oï*
audivisti -dīsti	*audīsti*	*oïs*
audīvit -dīit	*audīt*	*oït*
audīvimus	*audīmus*	*oïmes*
audivistis -dīstis	*audīstis*	*oïstes*
audīvērunt -dīērunt	*audīrunt*	*oïrent.*

Da in den vulgärlateinischen formen in der tonsilbe überall *ī* vorliegt, erhalten wir in dem französischen paradigma durchgehends *i* (vgl. 13 *dist*).

IV. Im neufranzösischen hat sich das paradigma der *i*-klasse regelrecht entwickelt, mit verstummen des *s* vor konsonant, der auslautenden konsonanten und der endsilben *-e*. Hierbei ist in der 3. plur. nicht nur das *t*, sondern auch das vorausgehende *n* verstummt, vermutlich infolge der auch in unbetonten endsilben eintretenden nasalierung des vokals. Die erste person hat nach dem muster der starken perfekta auf *-is* (*fis, pris, dis*) ein *s* bekommen (das aber erst im 16. jahrhundert allgemein wird, also nachdem das auslaut-*s* in der aussprache längst verstummt war).

Das verbum *oïr* — nfrz. *ouïr* wird nur noch defektiv gebraucht. Das vor vokal stehende *ọ* wird zu *ọ* (*ou*), vgl. 3 *or* I und III.

molt en est: siehe vorigen vers.

enbronchiez: lies *ãbrõtšiéts*, aus part. **inbroncatus*, von *enbronchier* ← **inbronicare*, zu **bruncus* (unsicherer herkunft) 'klotz'. Bedeutung intr. 'sich neigen', tr. 'neigen, senken', (*Sur le mentun li embrunchat sis helmes'* Archamp 1303 — *Et, enaprés, si'n embronchat son vis* Roland 3505, ebenso mit adjektiv *Li emperere en tint son chief embronc* Roland 214), aus der bedeutung 'das haupt, das antlitz senken' die bedeutung von partizip und adjektiv 'nachdenklich, bekümmert'. Auch simplex *bronchier* 'sich neigen' — 'neigen'.

I. Die lautliche entwicklung ist regelrecht. Zur tonsilbe vgl. 2 *chief* III—IV und 4 *barons* IV schluss.

II. Neufranzösisch noch *broncher* 'straucheln' und, als technischer ausdruck, *embroncher* 'in bestimmter ordnung (balken, steine usw.) aufeinanderschichten'.

19. Vers.

'E, dame, ou est cil reis? Car tost le m'enseigniez!

'Ha, Herrin, wo ist dieser könig? Nennt mir ihn doch gleich.

E: auch *eh* oder *he* geschrieben — nfrz. *hé,* dasselbe auch in *hélas* (= *he, las!* ach, ich unglücklicher!).

dame: siehe v. 9.

ou: lies *u* (wie nfrz. *ou*), aus lat. *ŭbĭ*.

Die romanischen formen gehen nicht auf *ubī,* sondern auf *ubĭ* zurück: vgl. ital. *ove,* das als die gemeinromanische form betrachtet werden kann. Der intervokale konsonant schwindet unter der wirkung der schwachtonigkeit, die namentlich für die relativische verwendung des wortes in betracht kommt (auch das prov. *o* zeigt keine spur des lat. *b*). Neben dem so entstandenen *o* steht ziemlich früh schon *ou,* d. h. das geschlossene *o* hat sich unter dem einflusse der proklise (oder enklise) zu *u* vertieft (wie später allgemein vortoniges *ọ* und in offener silbe stehendes *ọ,* vgl. 1 *mostier* VI und 2 *corone* V).

est: siehe v. 17.

cil: lies *tsil* (verkürzt aus *icil*), aus *ecce illi* (für *ecce ille*, siehe 7 *il*) wie 12 *cele* aus *ecce illa*. — Das neufranzösische bewahrt die nominativform nicht, an die stelle der obliquusform *cel* ist jedoch *celui* getreten (vgl. 12 *cele* II). Neufranzösisch nur noch substantivisch gebraucht.

reis: siehe v. 1.

ou est cil reis: wortstellung im fragesatz.

Wie im eingeleiteten aussagesatz ist im fragesatz inversion des subjekts die regel, auch wenn dieses ein substantiv ist.

Vgl. noch:

Amis, ou est li reis? (279)
Sire . . . ne serat ja mais el [= *al(i)ud*]*?* (396)
que font Franceis et Charles al fier vis? (623)
Que vos en ai je mais lonc plait a aconter? (860)

Anders im abhängigen fragesatz:

Et ne set mes barnages quel part je sui tornez (219)
Kar me dites u vus alez (Bisclavret 49—AL)
Ne sai ou est li reis (277).

Die neufranzösische konstruktion, das substantivsubjekt nicht zu invertieren, sondern als pronomen hinter dem verbum zu wiederholen, findet sich vereinzelt schon in der älteren zeit, häufiger jedoch erst seit dem ende des 13. jahrhunderts. Die altfranzösische wortstellung kann auch heute noch angewandt werden nach interrogativen adverbien oder pronomina sowie im abhängigen fragesatz: *Où est le roi?* — *Je ne sais où est le roi.*

car: lat. *qua re.*

I. Das wort erscheint im altfranzösischen in zwei verschiedenen verwendungen: einmal — wie noch neufranzösisch — zur einleitung eines kausalsatzes (so unten v. 206, 209), dann aber auch bei imperativ, optativ, konditionalis im sinne des nfrz. *donc* (vgl. noch v. 327 *car la tenisse en France* = hätte ich sie doch in Frankreich!); nur vereinzelt im sinne von *que* (dass). Die zweite, auch an unserer stelle zutreffende bedeutung von *car* wird aus dem interrogativen gebrauch von *quare* hergeleitet: aus dem fragesatz '*car ne viens? (= quare non venis?)*' wurde dieses *car* in den sinnverwandten positiven ausruf übertragen: *car vien* = komme doch! Ähnlich wird das kausale *car* aus einem abgekürzten fragesatz erklärt. Ein satz wie 206 *Demeinent grant barnage, car l'emperere est riches* ist darnach ursprünglich gleichbedeutend mit dem folgenden: *Demeinent grant barnage. Car* (= *qua re* 'warum')? *L'emperere est riches.*

II. Die form *car* ist die regelrecht unter dem nebenton entwickelte, wo *a* als *a* erhalten bleibt (vgl. 4 *barons* III); anlautend *qu*→*c* nach 9 *onques* II. Daneben besteht im altfranzösischen eine zweite form *quer* = *ker* mit behandlung des freien *a* wie in *espee* (v. 3), die also haupttonig (*quáre* = warum?) entwickelt ist, aber in den überlieferten denkmälern syntaktisch von *car* nicht unterschieden wird. Das *qu* ist hier in der schreibung beibehalten worden, da die der schreibung *car* entsprechende form *cer* zu missdeutungen (*c* = *ts*) hätte verleiten müssen.

tost: lies *tọst,* aus lat. *tostum,* zu *torrere* dörren.

Die lautliche entwicklung ist regelrecht. — Aus der bedeutung 'gebacken, geröstet' entwickeln sich in verschiedenen romanischen mundarten die bedeutungen 'hart, fest, frisch, munter', daraus 'rasch, bald, sogleich'. — Nfrz. *tôt* = *tọ* (*bientôt, aussitôt, tantôt*) mit übergang des in den auslaut tretenden *ǫ* zu *ọ*.

le m'enseigniez: lies *le mãseñiéts.*

I. Die personalendung. Die 2. plur. imp. ist in allen konjugationen mit der entsprechenden form des ind. präs. identisch, hat daher *s* (mit *t* also *z*) am schluss: *chantez, tenez, vendez, partez.* Vgl. 13 *poëz* II.

II. Die lautform ist regelrecht. Vgl. 2 *en, seignat, chief.* Ebenso nfrz. *enseignez* = *ãseñé.*

III. Die pronomina: *le me* = *illud me* (für *mihi*).

Es sind die vor dem verbum stehenden vortonigen formen. Lat. *mē* erscheint demgemäss mit einfachem vokal, während es hochbetont *mei* (v. 71) ergibt (nach *plēna* → *pleine* 8). Dieses *me* steht für dativ und akkusativ, da lat. *mihi* — afrz. *mi* nur in einzelnen dialekten, so im pikardischen, erhalten bleibt.

IV. Die wortstellung. Im altfranzösischen können die pronomina wie im aussagesatz (siehe beispiele v. 7, 8, 13 ff.) so auch beim positiven imperativ vor dem verbum stehen, wenn er durch ein anderes wort eingeleitet ist. Vgl. noch:

39 *le rei me nomez*
67 *un petit m'entendez*
216 *vostre congiét . . . me donez*
855 *Car m'en portez en France.*

Vgl. noch neufranzösisch bei vorausgehen eines anderen imperativs: *Va, néglige mes pleurs, cours et te précipite — Au devant de la mort* (Corneille, Polyeucte); *Du moins contente-toi de l'avoir étonnée — Et me laisse achever cette grande journée* (Corneille, Horace); *Finissons et me dites* (Molière, l'Avare); *Courage, dit sa mère — Ouvre ton aile au vent — Ouvre-la toute entière — Et t'élance en avant* (Rambert, La petite hirondelle).

Der akkusativ des pronomens der 3. person pflegt vor dem dativpronomen der 1. oder 2. person zu stehen wie hier. Vgl. noch v. 23 *Se Franceis le me dīent*, v. 41 *orendreit lem direz*. Neufranzösisch ist die folge akkusativ — dativ nur noch bei *lui* und *leur* gestattet.

20. Vers.

Si porterons ensemble les corones es chies.

So werden wir zusammen die kronen auf den häuptern tragen.

Si: lat. *sic*.

I. Lat. *ī* bleibt als *i* nach 14 *qui* und 11 *citez*.

II. **Der auslaut.**

Regel: *c* **im lateinischen auslaut fällt in schwachtonigen silben und worten, unterm hauptton bleibt es nach** ***o, u*** **als** ***c,*** **nach hellen vokalen als** ***i*** **(das mit vorausgehendem** ***i*** **verschmilzt).**

Beispiele:

nec → ne 10	*apud* (*ab*) *hoc → avuec* 138
ecce hoc → ço 30	*pro* (*por*) *hoc → poruec*
ecce hic → ci 49	*sine hoc → senuec*
illac → la 232	*illac* (betont) → *lai*
ecce hac → ça (*çaenz* 756)	*fac → fai* (677)
	dic → di (623).

Hiervon zu scheiden sind diejenigen fälle, wo *c* erst nach abfall des vokals in den auslaut tritt und von nachbarlauten in seiner entwicklung beeinflusst wird (vgl. *crucem → croiz* 2).

Neumann erklärt die *c*-losen formen nicht aus schwachtoniger stellung, sondern aus gewissen stehenden verbindungen, in denen *c* lautgesetzlich schwinden musste (*hoc quod → o que, sic quod → si que, illac ubi → la ou*) und nach denen dann die formen ohne *c* verallgemeinert worden wären.

III. Ausser in seiner eigentlichen bedeutung wird *si* häufig zur einleitung eines nachsatzes (wie *so* im deutschen) oder überhaupt eines hauptsatzes verwendet, wobei ihm von haus aus eine hinzeigende, rückweisende bedeutung zukommt: *Si porterons* = so, unter diesen umständen, d. i. wenn ihr ihn mir genannt habt (*car tost me l'enseigniez*). Zuweilen wird es so zur blossen anknüpfungspartikel: 'und so, und dann, und' — wie gleich in der folgenden zeile. In demselben sinne wird auch *et si* gebraucht, vgl. z. b. v. 48.

porterons: lies *pǫrterõs,* aus *portare habemus.*

I. Wegen der lautlichen entwicklung vgl. 15 *portet,* 12 *folement* III, 1 *mostier* III, wegen der futurbildung 11 *conquerrai* II.

II. Die endung: *-ons*, für *avons* (siehe 11 *conquerrai*). Wie *-ez* für die zweite person (siehe 13 *poëz*), ist *-ons* die in allen konjugationen gültige form für die erste person pluralis geworden. Aber weder aus *-amus* noch aus *-ēmus, -ĭmus, -īmus* lässt sich *-ons* auf lautgesetzlichem wege entwickeln (jedoch nimmt Suchier lautlichen übergang von *-amus* → *ons* nach labial an, wie z. b. in *amabamus*, und von da aus analogische weiterverbreitung dieses *-ons*). Gewöhnlich erklärt man *-ons* als angleichung an die entsprechende form des hilfsverbums *estre*: aus lat. *sŭmus* entwickelt sich regelrecht *soms* — *sons*, neben welchem *som(m)es* zunächst nur eine nebenform ist, deren entstehung noch nicht genügend erklärt ist, die aber später die ursprüngliche form ganz verdrängt hat. Auffällig bleibt freilich die weite und früh schon vollzogene ausdehnung der zwar häufig gebrauchten, aber doch isoliert stehenden form *sons*, weshalb immer wieder neue lösungen gesucht werden.

ensemble: lies *ãsãble*, lat. *insĕmel* oder *insĭmul*.

I. Etymologie. Für das französische würde *insimul* sowohl als das gleichfalls belegte *insemel* genügen. Italienisch *insieme* mit dem diphthong *ie* und dem auslautenden *e* weist in erster linie auf *insęmel*.

II. Der endvokal erklärt sich entweder durch metathesis (vgl. 5 *emperere* I) oder dadurch, dass beim verstummen des endsilbenvokals für die sonst schwer sprechbare konsonantengruppe ein sog. stützvokal nötig wurde (vgl. noch 1 *Charles* III).

III. Der übergangslaut. Durch den ausfall von vokalen (oder auch durch metathesis) entstehen neue konsonantenverbindungen, welche dem romanischen oder dem galloromanischen munde ungewohnt waren und deren aussprache daher erleichtert oder vereinfacht wurde. Zum teil geschieht dies durch vereinfachung z. b. einer dreifachen konsonanz zu einer zweifachen (vgl. oben *Franceis*), zum teil durch assimilation, zum teil durch einschieben von übergangslauten, die sich übrigens auch sonst bei lauten, die einander nicht allzufern liegen, einstellen (vgl. 6 *mielz*, dazu *anz* u. a.). Hauptsächlich handelt es sich dabei um verbindungen von nasal, liquida oder dentaler spirans (*m, n* — *l* — *s*) mit *l* oder *r*. Hinsichtlich des letzten ist zu beachten, dass es ursprünglich dental (zungenspitzen-*r*) war, wie noch heute im italienischen, auch in französischen und vielen deutschen mundarten, nicht das heutzutage im schriftdeutschen und französischen meist gesprochene gutturale *r* (gaumen-*r*). Im einzelnen entwickelt sich:

m + *l* → *mbl* wie hier, vgl. noch *tremulare* → *trembler* 130
m + *r* → *mbr*: *camera* → *chambre* (421)
marmor → **marmbre* → *marbre* 113
numerum → *nombre*
n + *r* → *ndr*: *tenerum* → *tendre*
ven(*i*)*re habemus* → *vendrons* 815
ten(*e*)*re habeo* → *tendrai* (500)
vgl. griech. ἀνήρ-ανδρός, deutsch fähnrich — fähndrich
l + *r* → *ldr*: **vol*(*e*)*re habent* → *voldront* 223, 840
melior — **melro* → *mieldre* 198
molere → *moldre* — *moudre*
s + *r* → *str*: **ess*(*e*)*re* (für *esse*) → *estre* 97, 168
z + *r* → *zdr*: **cós*(*ue̯*)*re* (zu *cónsuo̯*) → *cosdre* — *coudre*.

Regel: **Beim zusammentreffen von nasalen mit liquiden oder von *l* und *s*-lauten mit *r* tritt als übergangslaut je nach den phonetischen verhältnissen *b*, *d* oder *t* ein** (zwischen *m* — *l, r* ein *b*, zwischen *n*, *l*, *z* — *r* ein *d*, zwischen *s* — *r* ein *t*).

IV. Entwicklung der nasale wie gewöhnlich.

les: lat. *illas*.

Bei dem proklitisch gebrauchten wort wäre *las* zu erwarten, wie im singular *illa* zu *la* wird (vgl. 10 *la corone*). Auch im maskulinum tritt eine schwächung des vokals ein, hier aber im singular wie im plural: *le, les* für *lo, los*. Im possessivpronomen masc. gen. stehen neben den singularformen *mon, ton, son* (vgl. 2 *son*) mit erhaltenem *o* die pluralformen *mes* (22), *tes, ses* (vgl. 15 *ses*) mit geschwächtem vokal; auch hier haben wir im feminin, wie beim artikel, im singular die vollen formen *ma* (22), *ta, sa* (2), im plural die geschwächten *mes tes ses*. Bei diesen verschiedenheiten spielt die wechselnde betonung dieser worte im satzzusammenhang mit (vgl. 7 *le*, 16 *ses*). Einzelne dialekte, wie z. b. der pikardische, wandeln folgerichtig auch das *a* des singulars zu *e*, also *le, me, te, se* für francisch *la, ma, ta, sa*.

corones: regelrecht aus lat. *coronas* (vgl. 2 *corone*). Die so entstandene obliquusform gilt auch für den kasus rektus. Schon im vulgärlatein wurde der nominativ pluralis der feminina der 1. deklination an den akkusativ angeglichen: *coronae* wurde ersetzt durch *coronas*. Mustergebend war dabei einerseits der singular der 1. deklination, wo durch das verstummen des auslautenden *m* nominativ und akkusativ zusammengefallen waren (vgl. 2 *corone*), andererseits die feminina der lateinischen 3. deklination, bei denen der plural von anfang an nur e i n e form (*civitates — citez*, vgl. v. 11) hatte. Den ausschlag zugunsten der akkusativform gab der bei diesen sachbegriffen häufigere gebrauch als objekt denn als subjekt. Die feminina der lateinischen 1. deklination haben demnach zuerst von allen substantiven die heute im französischen herrschende einkasusflexion durchgeführt (während die feminina der lateinischen 3. deklination, d. h. die konsonantisch ausgehenden feminina, sekundär, im 12. jahrhundert, ein *s* im rektus sing. annehmen: *citez, corz, tors* gegen obl. *citét, cort, tor*).

es: *en* (*in*) mit enklitischem artikel *les* (*los*), vgl. 1 *al* II, dazu die entsprechende singularform *el chief* 10. Neufranzösisch noch in erstarrten formeln wie *ès mains de qn., docteur ès lettres, ès sciences.*

chies: lies *tšiés*, aus lat. *capu* + *s*. Vgl. 2 *chief* und 11 *citez* II.

21. Vers.

Si i avrat voz druz et toz voz conseilliers.

Und dort wird es geben (werden sein) eure vertrauten und alle eure ratgeber[1]).

Si: siehe vorigen vers.

i: siehe v. 4.

avrat: *habere habet* — vulgärlat. **aberát*. Vgl. 2 *rout*, 3 *at*, 4 *chevaliers* II, 1 *mostier* III.

voz: *vostros*, zu *voster*, ursprünglich altlateinische form des possessivs, im 1. jahrhundert v. Chr. lautgesetzlich (wie *vortere, vorsus* → *vertere, versus*) zu *vester* geworden, im vulgärlatein nach *nos* — *noster* zu *vos* wieder neu gebildet.

Die formen *voster, vostrum, vostri* entwickeln sich nach 1 *Charles* regelrecht zu *vostre* mit auslautendem *e* wegen des vorausgehenden *tr*: vgl. 50 *vostre* ← *vostrum*. *Vostros* in haupttoniger stellung ergibt danach *vostres* (nfrz. *les vôtres*). Schwachtonig hingegen (vor dem substantiv) wird es verkürzt zu **vosts* — *vots* — *voz* (das sekundär auch als haupttonige form verwendet wird). Zu dieser reduktion vgl. noch:

fūstes → *fuz* 80
hostis → *oz* (vgl. *ost* 29)
Christus → *Criz*.

Regel: Die lautgruppe *sts* wird zu *ts* (*z*) vereinfacht.

Später, mit dem übergang von auslautendem *z* in *s*, wird *voz* zu *vos* (nfrz. *vos amis, vos conseilliers*), wozu dann dialektisch (besonders pikardisch) ein neuer nom. plur. und akk. sing. *vo* gebildet wird.

[1]) Kaiser Karl will einerseits die vertrauten der kaiserin (v. 21), andererseits die ritter seines eigenen hofstaats (v. 22) entbieten, um sie darüber entscheiden zu lassen, ob er oder der fremde könig sich mit der krone stattlicher ausnimmt.

druz: zu fränkisch *drût*, mhd. *trût*, nhd. *traut*. Germanisch *ū* wird wie lateinisch *ū* zu *ü*, vgl. 1 *un* II.

toz: lat. *tōttos* für *tōtos*.

Lat. *tọ̄tos* würde zwar afrz. regelrecht auch *tọz* geben, aber nfrz. *teus*, und das fem. *tota*, mit ausfall des intervokalen *t*, **tọe* — nfrz. **teue*. Es heisst indes *tote* (siehe v. 48) — nfrz. *toute*. Die erhaltung des intervokalen *t* weist auf gestütztes oder doppeltes *t* (vgl. 4 *chevaliers* III gegen 3 *spee* II b), die entwicklung des tonvokals zu nfrz. *ou* auf geschlossene silbe (vgl. *jorn* → *jour* 1), also auf *tōtta*, *tōttum*, das bei Cosentius (5. jahrh., Gallien) belegt ist und gewöhnlich aus einer verdopplung des wortes (**tottōtum*) erklärt wird. Solche nebenformen begegnen aber auch sonst (*pŭgnus* neben *pūgnus* oben v. 7 *poin*, *cuppa* — *coupe* neben *cūpa* — *cuve*, **glutto* — *glouton* neben *glūto*).

Aus *tōttum* erklärt sich afrz. *tot* (v. 54), nfrz. *tout*, regelmässig, ebenso *toz* ← *tōttos*, *tote* ← *tōtta*.

conseilliers: lies *cōseliers*, lat. *consiliarios*.

Vgl. 5 *moillier* II, 4 *chevaliers* I. Die erhaltung des *n* vor *s* scheint das wort als lehnwort zu kennzeichnen. Allerdings blieb die vorsilbe *con-* in zahlreichen anderen zusammensetzungen erhalten (*conduire*, *conquerre*, *compaigne*) und konnte darnach in einem erbwörtlichen **coseillier*, **coseil* (oder mit *i*-umlaut **cosil*, vgl. s. 75) analogisch wieder hergestellt werden, aber das fehlen eines simplex *seil* (*sil*), *seillier* neben **coseil* musste doch die ursprüngliche zusammensetzung mit der vorsilbe *con-* verdunkeln, und dazu wird uns die echt erbwörtliche form des wortes auch in keiner der übrigen romanischen sprachen überliefert.

Die aussprache des mouillierten *l* als *j* (*i̯*) ist erst neufranzösischen ursprungs: *cōsejẹ*, ebenso *fij* ← *file* ← *filia*, *bataj* ← *batale* 29 ← *battualia*.

22. Vers.

Je manderai ma cort de mes bons chevaliers.

Ich werde entbieten meinen hofstaat von meinen guten rittern.

manderai: lies *mãderai*, aus *mandare habeo*. Vgl. 1 *mostier* III, 3 *at*, 11 *conquerrai* II.

ma: lat. *meam*, in schwachtoniger (proklitischer) verwendung. Vgl. 2 *sa*, 11 *mon*, 20 *les*.

cort: vulgärlat. *cǫrtem* ← lat. *cŏhŏrtem* gehege, hof, gefolge. Das intervokale *h* fällt nach 3 *spee* II a, die beiden *o* werden zu *ǭ* kontrahiert, das *ǭ* in geschlossener silbe nach dem ten Brinkschen gesetz verkürzt, daher kurz *o* wie in *jǫ̆rn* ← *diurnum*: afrz. *cǫ̆rt* → nfrz. *cour* wie afrz. *jǫ̆rn* → nfrz. *jour*. Auffällig ist nur, dass die beiden kurzen (offenen) *ŏ* zu einem langen geschlossenen *o* werden. Es scheint, dass die wenigen in frühlateinischer zeit entstandenen *ǭ* (dies war wohl das nächste ergebnis aus *ŏ* + *ŏ*) sich mit *ǭ* vereinigt haben. So auch *ǭ* aus *o* + *a*: **coagito* → *cǫgito*, **coapula* → *cǫpula* (*couple*). Ähnlich *preheda* — *pręda* → *pręda* — *preie*.

mes: lat. *meos*.

Die proklitische (genauer enklitische) form des possessivpronomens der 1. person: vgl. oben *ma*, 15 *ses*, 20 *les*.

bons: lies *bõs*, aus lat. *bŏnos*.

Der tonvokal: lat. *ŏ* — vulgärlat. *ǫ* in offener silbe. Es muss also, nach dem ten Brinkschen gesetz, dehnung eintreten und schliesslich, entsprechend der behandlung des *ę* in derselben stellung (3 *mier*, 9 *ciel*), diphthongierung.

Regel: Lat. betontes kurzes (offenes) *o* in freier stellung wird lang und diphthongiert zu *uo*, das weiterhin zu *ue* wird.

Beispiele: **volet* (für *vult*) → *vuelt* 31, 213
volunt → *vuelent* 225

**potet* (vgl. 13 *poëz* I)→ *puet* 43
homo→ *huem* 122
**ab oc(u)lo*→ *avuegle* 257.

Darnach gibt auch *bonum* regelrecht *buen*. Daneben findet sich jedoch häufig die hier gebrauchte monophthongische form, die jedenfalls in proklitischer, schwachtoniger verwendung entstanden ist (vgl. *bonhómme* u. ä.). So gibt auch *homo* als schwachtoniges pronomen *om on* = man, neben dem hochbetonten *huem* (*huen*) = mensch. Während sich hier beide wörter in ihrer ursprünglichen verwendung und dementsprechender form (*huem* nfrz. als obliquus *homme* = *hominem*) erhalten haben, ist bei *buen* — *bon* die hauptvertonige form allmählich ganz durch die schwachtonige verdrängt worden.

chevaliers: siehe v. 4.

23. Vers.

Se Franceis le me dïent, donc l'otreierai bien.

Wenn die Franken mir es sagen, dann werde ich es gewiss zugeben.

Se: lat. *sī*.

Nach 11 *citez*, 14 *qui* wäre *si* zu erwarten. *Se* weist auf eine nebenform **sĭ*, wie auch ital. *se*, prov. *se* (neben *si*). Im französischen finden wir neben *se* auch *si*, das im neufranzösischen den sieg über *se* davongetragen hat.

Franceis: die Franken. Ebenso im Rolandslied *dïent Franceis* (v. 192), *Franceis se taisent* (263), *Dïent paiien* (450) usw. Vgl. oben v. 18.

le me: vgl. 19 *le m'enseigniez*

dïent: lies *di-ent* (zweisilbig), aus lat. *dīcunt*.

I. Der endvokal: dieser bleibt vor dem folgenden *nt* erhalten, vgl. 18 *oïrent* III.

II. Der intervokale velar (*c* vor dunkelm vokal).

Regel: Intervokales *c* und *g* vor dunkeln vokalen (*ū*, *ŭ*, *o*) fällt aus.

Beispiele:

amicum → *ami*	*securum* → *seür* (*sûr*)
**traucum* → *trou*	*augustum* → *aost* (*août*).

III. Neufranzösisch *disent* = *diz* ist analogiebildung nach *disoit* ← *dicebat*, *disant* ← *dicentem*, *disons* usw.

donc: lies *dõk*, aus lat. *dunc* (mehrfach auf inschriften).

Lat. *dunc* wird aus lat. *dum* (adv. 'unterdessen', 'noch', beim imperativ 'doch': *agedum* — konj. 'während') durch analogische neubildung nach dem muster der doppelformen *tum* — *tunc* erklärt, womit wohl auch der bedeutungsübergang zu 'dann' zusammenhängt. Ältere erklärungsversuche gehen von *donique* — *donec* oder *tunc* aus.

Die nebenform *donque*(*s*) hat ihr nächstes muster in den doppelformen *onc* — *onque*(*s*) (siehe v. 9), ist vermutlich aber schon in vulgärlateinischer zeit nach *unquam* gebildet, da auch das italienische und spanische solche formen kennen (altital. *donqua*, neuital. *dunque*, altspan. *doncas*).

l' = *le*, vgl. v. 17.

otreierai: lies *otreįerái*, aus **autoricare habeo*.

I. Wegen der futurbildung siehe 11 *conquerrai*.

II. Lautentwicklung: *auctor* erscheint schon im lateinischen auch als *autor*, dazu ein verbum *au*(*c*)*tōro* verbürgen, bekräftigen, bestätigen. Hiervon ist vulgärlateinisch **au*(*c*)*toricare* eine weiterbildung. Daraus, mit schwinden des einen der beiden unbetonten vortonvokale, **autreçare* — *otreiier* (vgl. prov. *autorgar* — *autreiar*, katal. *autorgar*, span. *otorgar*). Vgl. über *au* → *o* 3 *or*, intervokales *c* vor *a* 9 *rei*, betontes *a* nach palatal zu *ie* 2 *chief*. Im futurum **autrecarájo* steht das in der reinen infinitivform haupttonige *a* vortonig, wird also (nach 1 *mostier* III) zu *e* geschwächt: *otreierai*.

Wegen erhaltung des *-tr-* halbgelehrt.

III. Neufranzösisch *octroyer* = *octrṷajẹ́*. Das *ct* für das alte *t* ist etymologische schreibung (nach *auctorare*, *auctor*), die dann auch die aussprache beeinflusst hat. Die endung zeigt die regelrechte fortentwicklung von *ẹi* zu *oi* — *ṷa*, welche in vortoniger wie in haupttoniger silbe eintritt (vgl. 1 *reis* III).

bien: siehe v. 10.

24. Vers.

Se vos m'avez mentit, vos le comparrez chier.

Wenn ihr mich getäuscht habt, werdet ihr es teuer bezahlen.

Se: siehe vorigen vers.

vos: hier als betontes pronomen (gegen *vos* in 13). Die entwicklung ist in beiden fällen die gleiche, da *ǭ* altfranzösisch auch in der tonsilbe als *ọ* bewahrt bleibt.

Hingegen sollte später, d. h. vom 12. jahrhundert ab, wo betontes *ǭ* zu *ou* — *eu* wird (vgl. 2 *corone* III, oben s. 31), das bẹtonte pronomen **veus* (**neus*) und nur das unbetonte *vous* (*nous*) lauten. Diese letzte form ist verallgemeinert worden.

m'avez: lies *mavẹ́ts*, für *me* (vgl. 19) *avez* (vgl. 3 *at*, 12 *poëz* II, 21 *avrat*).

mentit: lies *mãtit*, regelrecht aus *mentitum*. Vgl. 13 *dist*, 12 *folement*.

comparrez: lies *cõparrẹ́ts*, aus *comparare habetis*.

Comparáre ergibt regelrecht *comperér* mit schwächung des unbetonten vorton-*a* zu *e*. Hingegen wird *comparare habetis* über **compararétis* zu *comparerez*. Daneben erscheint *comparrez* mit ausfall des zwischen den beiden *r* stehenden *e*. Diesen ausfall eines schwachtonigen aus *a* entstandenen *e* finden wir am häufigsten noch zwischen nasal und *r*, überhaupt neben *r*, das wegen seiner eigenschaft als sonorlaut den silbenvokal leicht aufsaugen, ja selbst als silbenträger, an stelle eines vokals, auftreten kann (vgl. deutsch *vater* = *fa-tr̥*, *bäcker* = *be-kr̥*, ähnlich *vogel* = *fogl̥*).

Weitere beispiele:

minari(-e) habetis → *menerez* → *menrez* 73
donare habeo → *donẹrai* → *donrai* 169, 186,

woraus weiterhin, mit assimilation des *n* an das *r*, die besonders in anglonormannischen handschriften gebräuchlichen formen *merrez, dorrai* (*durrai*) entstehen.

So erscheint auch schon im altfranzösischen nẹben dem regelrecht entwickelten *sairement* (35) ← *sacramentum* seit 13. jahrh. die synkopierte form *serment*. Vgl. 17 *correciez* III.

chier: lies *tšier*, aus dem lateinischen neutrum *cārum* (vgl. ital. *caro*) im sinne des adverbs.

Wegen der lautlichen entwicklung vgl. 1 *Charles* II· und 2 *chief* IV b. Das *a* von *carum* ist von natur lang und bedarf nicht erst der dehnung wie das *a* in *căpu* — *cāpu*.

25. Vers.

Trencherai vos la teste od ma spee d'acier'.

Abschneiden werde ich euch das haupt mit meinem schwert von stahl'.

Trencherai: lies *trãtšerai*, aus *truncare habeo*

Vgl. 11 *conquerrai* II, 1 *mostier* III; 1 *Charles* II, wegen nebentonigem vorton-*o* → *e* siehe 4 *demeines* III. Das so entstandene *en* wird wie ursprüngliches *en, em* (2 *en*, 5 *emperere*, 12 *folement*) zu *ã*. — Nach anderer erklärung **trīnicare* (= dritteln), wobei aber die entwicklung des stammvokals schwierigkeiten macht.

vos: lat. *vos*, dient im französischen zugleich als akkusativ und als dativ.

Trencherai vos: s t e l l u n g d e s p r o n o m e n s.

Die pronominalobjekte (nähere oder entferntere) können ebensowohl dem verbum finitum folgen (enklitisch) als ihm vorausgehen (proklitisch). Das letzte ist allerdings das häufigere. In unserem fall ist nachstellung notwendig, weil ein unbetontes pronomen den aussagesatz nicht einleiten darf: siehe 4 wortstellung. Vgl. noch:

> 169 (= 186) *Donrai vos tels reliques.*
> *Voldrent la veintre li Deo inimi* (Eulalia) —
> *Tant vos donrai aveir, or, argent et deniers* (314)
> *A lor ostels les meinent conreer gentement* (341).

la: siehe v. 10.

teste: siehe v. 16.

od: lat. *apud*, siehe v. 11.

ma spee: vgl. 3 *sa spee*.

dacier: lies *d'acier*, aus *de* **aciario*.

Wegen *de* siehe v. 3.

**Aciarium* ist eine weiterbildung von *acies*. Die endung *-arium* entwickelt sich zu *-ier*, vgl. 4 *chevaliers*. Das vortonige *a* unter dem nebenton bleibt *a*, vgl. 4 *barons*. Besondere besprechung verdient nur der inlautende konsonant, der sich mit dem folgenden hiatus-*i* zu *ci̯* verbindet: **aci̯ari̯o*.

Regel: *ci̯* wird, nach vokal wie nach konsonant, zu *ts* (geschrieben *c*, *z*).

Beispiele:

Graecia → *Grice* 47	**incalciare* → *enchalcier* 29
brac(h)ium → *braz* 163	*lancea* → *lance* 79.
faciat → *facet* (496)	*Francia* → *France* 58.

Neufranzösisch *acier* = *asie* zeigt die schon im altfranzösischen eintretende vereinfachung des *ts* zu *s* (vgl. 2 *croiz*, 3 *ceinte*) sowie das ins 16. jahrhundert fallende verstummen des auslautenden *r*.

26. Vers.

'Emperere' dist ele 'ne vos en correciez.

'Kaiser', sprach sie, 'erzürnet euch nicht darüber.

Emperere, dist ele: siehe v. 13.

ne: siehe v. 12.

vos: siehe v. 13.

en: siehe v. 14.

correciez: 2. plur. imp., aus **corruptiatis* für **corruptiate*. Vgl. 19 *enseigniez* und 17 *correciez*.

27. Vers.

Plus est riches d'aveir et d'or et de deniers.

Reicher ist er an habe und an gold und an geld.

Plus: siehe v. 6.

est: siehe v. 19.

riches: lies *ritšes*, zum deutschen stamm *rīkj-*, ahd. *rīhhi*, etwa gallorom. **rīkius*.

I. Der stammvokal ī bleibt als *į*. Vgl. 13 *dist*.

II. Die inlautende konsonanz: *kį*. Lateinisch *c* vor *e* und *i* war bereits assibiliert (vgl. *ceinte* 3, *acier* 25), als die hauptmasse der germanischen lehnwörter in die romanischen sprachen aufgenommen wurde. Das germanische *k* vor *e*, *i* war daher nicht mehr mit lateinisch *c* vor *e*, *i*, sondern mit lateinisch *c* vor *a* gleichlautend und wurde wie dieses behandelt. So wird **skirnjan* zu *eschernir escharnir* (626) spotten, *skëlla* → *eschiele* glöckchen (gegen lat. *cinctam* = *ceinte* 3 und in früher zeit übernommenes fränk. *Francisci* — *Franceis* 23). So wird auch *cį* (*kį*) nicht wie in *acier* 25, *enchalcier* 29 zu *ts*, sondern zu *tš*, d. h. das hiatus-*i* (*j*) wurde nach dem vorausgehenden *k* behandelt wie nach *p*, *b* (vgl. 12 *sage* II), es wurde zu *tš*, dem sich der vorausgehende explosivlaut assimilierte: also **rikjo*→**riktšo*→*ritšo*→*ritše* (*riche*). Man braucht also nicht mit H. Suchier angleichung einer maskulinform **ric* an die femininform *riche* anzunehmen. — Prov. *ric*, fem. *ricca*, ital. *ricco-a* gehen augenscheinlich auf eine jotlose form **rikku* zurück.

Regel: Germanisches *k* vor e_2 *i* sowie *kį* wird in der regel zu *tš*.

Nur in den ältesten germanischen lehnworten wird *k* vor *e, i* zu *ts* (*Franceis*), in noch später entlehnten bleibt es als *k* (*trinken* — *trinquer*).

III. Der endvokal bleibt nach konsonant + zischlaut erhalten. So auch:

sabium*→*sage* (daher = dem fem. *sage* 12←sabia*)
somnium→*songe*.

Andere fälle von erhaltung des endvokals nach bestimmten konsonanzen siehe 1 *Charles* III.

IV. Neufranzösisch *riche* = *riš*: *tš* zu *š* mit verlust des *t* wie im anlaut (1 *Charles* IV) oder wie *dž*→*ž* (siehe 1 *jorn* V, 12 *sage* III). — Auch beim adjektiv ist die nominativform *riches* durch die akkusativform *riche* verdrängt worden (vgl. *jorn* u. a.).

Plus est riches: stellung des adverbs.

Im altfranzösischen können adverbien oder adverbiale bestimmungen jeder art an die spitze des satzes treten, sei es zur anknüpfung an das vorhergehende (so namentlich bei temporalen und lokalen bestimmungen), sei es zur emphatischen hervorhebung (bei adverbien des modus, der intensität, auch des orts und der zeit). Vgl.:

trop vos poëz preisier 13
Volentiers le laissast 44
un petit m'entendez 67
En un lointain reialme, se Dieu plaist, en irez 68
De la citét eissirent 90.

Dies auch bei den zusammengesetzten zeiten, wo nach unserem empfinden das adverb zum partizip gehört:

molt en est correciez 17
molt en est embronchiez 18
molt m'avez irascut 53
Assez lor at donét entre or fin et argent 78.

So endlich auch in der verbindung von copula mit prädikatsnomen: auch hier werden beide teile des prädikats als zusammengehörig, als einheit aufgefasst. Vgl. noch:

Molt est genz li presenz 112
Molt ſut liez li reis Charles 123
Sire, molt estes ber 156
Molt ſut liez et joios Charlemaignes li ber 858
trop i out grant hontage (659).

Voranstellung des adverbs und ähnlicher bestimmungen hat inversion des subjekts zur folge, siehe v. 1:

Un jorn ſut li reis Charles ...

Sonst können adverbien noch zwischen subjekt und verbum finitum stehen (wie noch nfrz. *en* und *y*).

aveir: aus lat. *habere.*

Die regelrecht entwickelte form des infinitivs, hier in der verwendung als substantiv (das haben — die habe). Vgl. wegen *b → v* 4 *chevaliers* II, wegen *ẹ → ei* 8 *pleine* I, wegen nebentonigem *a* 4 *barons* III. Der diphthong *ei* wird im 12. jahrhundert zu *oi*, nfrz. *oa-ua*, vgl. 1 *reis* III (dazu 18 *Franceis* III), aber nicht vor nasal (vgl. 3 *ceinte* VII, 8 *pleine* II).

or: siehe v. 3.

deniers: aus lat. *denarios.*

Zur lautlichen entwicklung vgl. 4 *chevaliers* I, 14 *legiers*. Der denar war ursprünglich eine römische silbermünze zu 10, später zu 16 römischen as (etwa 6½ silbergroschen). In Frankreich ist daher der silberdenar eine der ältesten geprägten münzen („heller", „pfennig"), an wert 12 denare = 1 *sol* (*solidus*), 240 d. = 1 *livre* (*libra*), daher der judaslohn französisch *trente deniers* = dreissig silberlinge. Im rechtswesen beträgt der von den minderfreien zu entrichtende kopfzins 4 denare. Darnach zahlen in der dichtung unterworfene fremde könige einen tribut von 4 denaren als zeichen ihrer abhängigkeit an den kaiser. In diesem zusammenhang und auch sonst werden auch golddenare erwähnt. Die gewöhnlichen denare werden seit dem 13. jahrhundert aus einer legierung von silber und kupfer, aus *billon*, hergestellt, erst seit ende des 16. jahrhunderts ganz aus kupfer.

Das vorherrschen des denars als zahlungsmittels in älterer zeit erklärt den übergang des plurals *deniers* (und darnach auch des sing. *denier*) in die bedeutung 'geld', wie hier. Die hier gegebene zusammenstellung begegnet wörtlich auch im Rolandslied v. 1148 (von Ganelon gesagt): *Pris en at or et aveir et deniers.* In verbindung mit der negation dient *denier* zum ausdruck der übertriebenen verkleinerung (*ne te pris un denier* = ich achte dich nicht im geringsten).

28. und 29. Vers.

Mais n'est mïe si proz ne si bons chevaliers

Aber nicht ist er so tapfer oder ein so guter ritter

Por ferir en bataille ne por ost enchalcier'.

Zum schlagen in der schlacht oder zum verfolgen eines heeres'.

Mais: lat. *magis* 'mehr, in höherem grade', afrz. 'mehr', auch im sinne des lat. und nfrz. *plus* (z. b. *en as tu mais?* hast du mehr davon?). Die bedeutung 'aber' erhält *mais* zunächst nach negativen wendungen, um eine einschränkung des vorhergehenden auszudrücken (*il n'est point riche, mais sain*), dann auch nach positiven wendungen oder sätzen, wie hier. Vgl. noch im neueren französisch *je n'en peux mais.*

Die lautliche entwicklung würde sich völlig in einklang mit den französischen lautgesetzen erklären: intervokales *g* zwischen hellen vokalen zu *i* wie in *regem — rei* 9, ausfall des endsilbenvokals nach dem bekannten gesetz. Indessen lehrt ein vergleich mit denjenigen romanischen sprachen, welche das gesetz vom fall der endsilbenvokale nicht kennen, dass auch für diese eine einsilbige form vorausgesetzt werden muss: vgl. span. *mais — mas*, ital. *mai — ma*, rum. *mai — ma*. Wir haben also bereits von einer vulgärlateinischen einsilbigen form *mais* auszugehen, welche hier noch unverändert vorliegt und sich erst in der zweiten hälfte des 12. jahrhunderts zu *męs*, später zu *mę* entwickelt.

n'est mie: lat. *non est mica(m)*.

I. Zu *est* vgl. v. 17.

II. Zu *non — nen — ne* vgl. 12 *ne — pas*. Das apostrophierte *n'* ist die aus *ne* entstandene antevokalische form, die sich neben der ursprünglichen antevokalischen form *nen* entwickelt hat.

III. *Micam — mïe* dient zunächst zur verstärkung der verneinung: 'nicht ein krümchen', wie dort *passum — pas*, wie *punctum — point, denarium — denier* (s. o.) u. a. Lautlich entwickelt sich *mïe* regelrecht nach 13 *dist* I, 9 *rei* I.

si: siehe 20 *si*.

proz: lies *pr̨ots*, aus vulgärlat. **prōdis* (vgl. ital. *prode*), zum stamme *prod-*, wozu auch lat. *prodesse*.

I. Zur lautlichen entwicklung ist nichts zu bemerken (vgl. 2 *corone* III). Das nach ausfall des endvokals unmittelbar vor *s* tretende *d* wird hier in dieser verbindung natürlich stimmlos, also $t + s = z$.

II. Nfrz. *preux* = *prö*: altfranzösisch betontes *ǭ* (aus lateinisch *ō* oder *ŭ* in offener silbe) wird regelrecht zu *ou* und weiterhin zu *eu* (so schon im 12. jahrh.), daraus durch kontraktion *ö*, teils mehr offen (namentlich vor *r*), teils geschlossen (so vor dental oder im auslaut). Vgl. *illorum* → *lor* 78 → *leur* → *lör*, *dolorem* → *dolor* → *douleur* → *dulör*; *dolorosa* → *dolorose* 92 → *douloureuse* → *duluröz*. — Schreibung *-x* für *-s* (vgl. 2 *croiz* V, 6 *mielz* IV), namentlich nach *u*, erklärt sich durch eine verwechslung der mittelalterlichen abkürzung ⁹ für *us* mit *x* (*chevals* — *chevaus* = *cheva⁹* — *chevax* — durch kreuzung mit *chevaus* : *chevaux*).

ne: lat. *nec*, im negativen satz für 'und, oder'. Vgl. v. 10.

bons: lies *bõs*, aus *bonus*, wie aus *bonos* 22.

chevaliers: lies *tševaliers*, aus *caballarios*. Vgl. v. 4.

Por: siehe v. 18. Die verbindung mit dem infinitiv erklärt sich leicht aus der präpositionalen bedeutung: 'um des schlagens willen, zum schlagen'.

en: siehe v. 2.

bataille: lies *batale*, aus *battualia* (zu *battuo*).

Zur lautlichen entwicklung vgl. 2 *sa* II, 5 *mollier* II, 4 *barons* III.

Nfrz. *bataille* = *bataj* zeigt das übliche verstummen des *-e* und die neufranzösische aussprache des *l* (vgl. 21 *conseilliers*).

ost: aus lat. *hŏstem* 'feind' — romanisch 'heer' (vgl. ital. *oste* mask., prov. *ost* fem.).

I. Bedeutung und geschlecht. Schon spät- und mittellatein kennen *hostis* im sinne von *exercitus*, und gerade unsere stelle zeigt, wie leicht *ost* 'feind' in die bedeutung 'heer' übergehen konnte. Ebenso begegnet auch schon im spät- und mittellatein *hostis*, neben dem ursprünglichen maskulinen gebrauch, als feminin (wohl in anlehnung an begriffsverwandte worte wie *acies*, *congregatio*). Afrz. *ost* hat daher beide geschlechter, aber mit vorwiegen des feminins.

II. Betontes *ŏ* in geschlossener silbe bleibt, vgl. 15 *portet*.

III. Neufranzösisch ersetzt durch *armée*.

enchalcier: lies *ãtšaltsier*, aus *incalciare* (zu *calcem* ferse).

Vgl. 1 *Charles* II, 2 *en*, 2 *chief* IV b, 25 *acier*.

Neufranzösisch nicht mehr üblich (dafür *poursuivre* u. a.).

30. und 31. Vers.

Quant ço vit la reïne que Charles est iriez,
Als die königin sah, dass Karl erzürnt ist,

Forment s'en repentit, vuelt li cheïr as piez.
Bereute sie es gar sehr, zu füssen will sie ihm fallen.

Quant: siehe v. 15.

ço: lies *tsǫ*, aus *ecce hŏc* (für klassisch *hōc*).

Eine verstärkung des neutralen demonstrativs, aber auch (wie hier) nebentonig verwendet. Daher behandlung des *ǫ* wie in nebentoniger (vortoniger) silbe, d. h. ohne diphthongierung (vgl. 12 *folement* III) und mit abfall des *c* (vgl. *si* 20).

Später verlust des *t*-vorschlags wie in *ceinte* 3 und unter wirkung der schwachtonigkeit schwächung des *o* zu *e*: neufranzösisch *ce* = *sə* (mit dumpfem *ə*).

vit: aus *vīdit* (vgl. 13 *dist* I, 16 *met*, 17 *entent*, dazu 9 *veïstes*).

la: siehe v. 10.

reïne: lies *rēïne*, aus *rẹgīna*.

Vgl. 13 *dist* I, 9 *rei* I, 10 *seïst* II.

Ausgangs der altfranzösischen periode (14./15. jahrh.) wird dreisilbiges *reïne* zu zweisilbigem *r͡eine* (mit diphthong *ei*) kontrahiert (wie *haïne, traïtre* → *h͡eine, tr͡eitre, fuïr* → *f͡uir*), im 16. jahrhundert zu monophthongischem *reine* = *rẹ̃ne* (*haine, traître* = *ẹ̃ne, trẹtre*) und endlich, seit dem 17. jahrhundert, durch verlust der nasalierung (2 *corone* VI) und des endvokals (3 *ceinte* VII), zu *rẹn* (*reine*) entwickelt.

que: lies *ke* (vgl. ital. *che*, prov. span. *que* = *ke* usw.).

Im spätlatein übernimmt nach den verben *sentiendi, declarandi, volendi* u. ä. *quod* allmählich die funktion des lateinischen accusativus cum infinitivo (auch des lat. *ut* und *cum*), wobei die verba der gemütsbewegung, nach denen *quod* sowohl in kausalem als in aussagendem sinne verstanden werden konnte, das vorbild abgaben. Dieses *quod* wurde seinerseits wieder von dem gleichbedeutendem *quia* verdrängt, das im spätlatein teils als *qua* (vor konsonant), teils als *qui* (vor vokal) erscheint, darnach auf einem kleineren teil des romanischen sprachgebietes (in älterer zeit auch prov., span., ital.) *ca*, im allgemeinen aber *que*—*che* (lautlich mit *que* aus *quem* übereinstimmend) lautet. Die formen *quet* und *qued* (vor konsonant) neben *que* (vor vokal) erklären sich als analogie nach der konjunktion *et* (*ed*)—*e* (s. vers 3).

Charles: siehe v. 1.

iriez: lies *iriéts* (zweisilbig), aus lat. *iratus*.

Aus *iratus* wird zunächst regelrecht *irez* (vgl. 3 *spee* IV, 9 *veïstes* II a). Dieses wort erschien seiner form nach identisch mit dem partizip der lateinischen I. konjugation (*coronez*, *amez* usw.). Hier wechselt aber mit der endung *-ez* häufig die endung *-iez*, die sich regelrecht nach palatal einstellt (vgl. z. b. 17 *correciez*, 18 *embronchiez*) und gerade bei *r* (← *j* + *r*, *r* + *i̯*) häufig ist (*empeiriez*, *repairiez* ← *impejoratus*, *repatriatus*). So wurde nach solchen mustern, vielleicht nach dem begriffsverwandten *correciez* (v. 17), eine nebenform *iriez* gebildet.

Ein vom präsens aus völlig neugebildetes partizip *irascut* findet sich v. 53. Der zu diesen partizipien gehörige infinitiv lautet *iraistre* (von **irascere* statt *irasci*). — Im neufranzösischen ist das ganze verbum nicht mehr gebräuchlich, auch das substantiv *ire* ist veraltet (dafür *colère*, *se mettre en colère* usw.).

Forment: lies *formā̆t*, aus *fortimente*.

Lautlich regelrecht entwickelt (vgl. 12 *folement*): *fòrtiménte* → *fortment*, mit vereinfachung der schweren konsonanz *rtm* zu *rm* *forment*.

Nfrz. *fortement* ist eine neubildung zu dem analogisch (nach *bel — bele, bon — bone*) neugebildeten feminin *forte* (an stelle von *fort* = *fortem*). Vgl. 12 *folement* I.

s'en repentit: lies *sã repãtit*, zu lat. *paenitet*.

Den übergang vom impersonale zum persönlich gebrauchten verbum, sowie den von der *ē*- zur *ī*-konjugation zeigt auch italienisch *ripentirsi* und provenzalisch *se en repentir*. Desgleichen gehört auch der fall des vokals in der pänultima (*paenitet*→**pentet*) der gemeinromanischen periode an. Sonst bietet die lautliche entwicklung nichts bemerkenswertes. Wegen des auslautenden *t* vgl. 1 *fut* und 3 *Et*.

vuelt: lies *vuèlt* (einsilbig), aus vulgärlat. **vŏlet* für *vult*.

Die unregelmässigen, alleinstehenden formen sind am ehesten der ausgleichenden wirkung der analogie ausgesetzt: so sind *vis vult velim velle* sämtlich durch neubildungen nach der regelmässigen konjugation ersetzt worden. Hierbei bot sich als nächstliegendes muster die zweite lateinische konjugation: nach *habui habebam habere* bildete man zu *volui volebam* ein **volere*, dazu **voleo* (*vueil* = *vuel* 70), **voles*, **volet*, **voleam* (vgl. 13 *poëz*). In offener silbe stehendes *ǫ* wird lang und zu *uo* diphthongiert, das nur in den ältesten denkmälern erscheint und dann zu *ue* gewandelt wird (vgl. 22 *bons*). Also aus **vŏlet* regelrecht *vuelt*.

Mit auflösung des *l* vor konsonant wird daraus später **vueut* — *veut* = *vö*. Der diphthong *ue* wird wie *eu* (vgl. 28 *proz*) zu *ö* kontrahiert, daher neufranzösisch die schreibung *eu* für ursprüngliches *ue* (*peut* = *puet* 43, *neuf* = afrz. *nuef*). Wieweit die vereinfachung des triphthongen *ueu* zu *eu* (*ue*) auf rein lautlichen vorgängen, wieweit auf analogie (etwa nach *puet, muet* u. ä.) beruht, ist unsicher.

li: vgl. v. 16.

cheïr: lies *tšeīr* (zweisilbig), aus **cadīre* für *cadĕre.*

Lat. *cadere* bietet ein bemerkenswertes beispiel für den übergang von einer konjugation zur anderen (k o n j u g a - t i o n s t a u s c h). Als ein solcher kann schon die angleichung der sog. unregelmässigen verba an die regelmässigen konjugationstypen betrachtet werden (vgl. das bei *vuelt* gesagte, ferner 13 *poëz* = **potetis* für *postestis, estre* = *essere* für *esse*). Vermittelt wird dieser übergang durch einzelne formen, welche sowohl der einen wie der anderen klasse angehören können (*-ēbam* II. und III. konjugation, *-iebam* III. und IV., *-io* III. und IV.); dazu kommt, dass infolge der vulgärlateinischen vokalverschiebungen eine reihe endungen, die früher unterschieden waren, zusammenfallen oder einander ähnlich werden (*teneo* → *tenio* wie *fugio, audio*; *tenes cadis audis, tenet cadit audit*). So wurde *cadĕre* schon gemeinromanisch (vgl. ital. *cadére,* prov. *cazér*) nach dem imperfekt *cadēbam* und dem neugebildeten perfekt **cadui* (ital. *caddi*) umgebildet zu *cadēre,* daraus altfranzösisch *chëoir* (nfrz. *échoir, déchoir*). Daneben bildet sich ein neuer typus nach der *i*-konjugation aus: **cadīre — cheïr.*

Zur lautlichen entwicklung vgl. 13 *dist,* 4 *chevaliers* V a.

as: aus *a les* (*ad illos*), vgl. 1 *al.*

piez: lies *piéts,* aus *pĕdes.*

Vgl. 3 *mier* I, 28 *proz.*

Der singular *pedem* gibt zunächst *piet.* dann mit fall des *t* regelrecht *pié,* mit etymologischer schreibung *pied,* darnach auch der plural im nfrz. *pieds* geschrieben (aber gesprochen regelrecht *pię,* mit vertiefung des auslautenden *ę*).

Z u r k o n s t r u k t i o n: *vuelt li cheïr as piez* vgl. unser deutsches 'sie will ihm zu füssen fallen'. Dagegen neufranzösisch *elle veut tomber à ses pieds.*

Zweiter Teil.

Systematische Übersicht über die bisher behandelten Lautgesetze.

Die vorausgehende erläuterung der einzelnen worte nach ihrer etymologischen und lautgeschichtlichen seite hat eine reihe von lauterscheinungen zur sprache gebracht, die in den verschiedensten wörtern gleichmässig wirken, die regelmässig oder sozusagen gesetzmässig eintreten und darum als lautregeln oder lautgesetze bezeichnet zu werden pflegen. Über diese allgemeinen gesetze soll hier eine zusammenfassende übersicht gegeben werden. Sie beziehen sich zum teil auf die veränderungen der konsonanten, zum teil auf die der vokale; ausserdem kommt in einer solchen historischen lautlehre noch der akzent in betracht, sowohl an und für sich als auch wegen seiner bedeutung für die vokalische entwicklung.

Die vokale entwickeln sich zum teil unter dem einfluss des akzents (dehnung und diphthongierung unter dem hauptton, erhaltung unter dem nebenton, schwächung oder schwund unter dem schwachton); zum teil unter solchem von nachbarlauten, von vorausgehenden oder folgenden konsonanten (nasalierung der vokale vor *n*, *m* — freies betontes *a* zu *e*, vor *n* zu *ai*, nach *c* zu *ie*) oder auch von folgenden vokalen (umlaut, dissimilation); unter wirkung der freien oder gedeckten stellung (*spee* gegen *Charles*, *mier* gegen *teste*, *vuelt* gegen *portet*).

Die konsonanten ihrerseits unterliegen sowohl dem einfluss anderer konsonanten (assimilation, ausfall) als auch dem von vokalen (stimmhaftwerden von intervokalen konsonanten); der akzent spielt nur insofern eine rolle, als namentlich das verstummen gewisser konsonanten in tonlosen silben eher oder leichter einzutreten pflegt als in betonten. Auch ist es nicht unwesentlich, ob im zusammenhang des satzes ein vokalisch oder ein konsonantisch anlautendes wort folgt: gewisse erscheinungen, die im zweiten falle ohne weiteres eintreten, besonders verstummen auslautender konsonanten, begegnen im ersten weit später oder gar nicht.

Die hier behandelten lautgesetze verteilen sich ihrem eintritt nach auf den ganzen zeitraum vom latein bis zum altfranzösischen der Karlsreise, vom 3. jahrhundert v. Chr. bis zum 12. jahrhundert n. Chr. Die einen sind früher, die anderen später eingetreten, und es ist für das schicksal eines wortes sehr wesentlich, ob und welche älteren lautgesetze beim eintreten eines neuen lautgesetzes schon an ihm gewirkt haben, welche form es zur zeit, als ein neues lautgesetz in wirkung tritt, bereits angenommen hat.

Eine reihe von solchen veränderungen gehören noch der lateinischen oder gemeinromanischen periode an:

so noch dem 3. jahrhundert v. Chr.:

das verstummen von auslautendem *m* in unbetonter endsilbe (v. 1 *un*):

unum → *unu*;

das schwinden von *n* vor *s* (1 *mostier*):

mensem → *mēse*;

dem 1. jahrhundert v. Chr. etwa die folgenden:

das verstummen des *h* (2 *rout*):

habere → *abere*; *prehendere* → *prendere*; *colaphu* → *colapu*;

die akzentverlegung in *í-e* → *ié*, *í-o* → *ió*, *é-o* → *eó* (5 *moillier*):

mulíerem → *muliére*, *filíolum* → *filiólu*, *capréolum* → *capreólu*;

der wandel von hiatus-*i* und -*u* zu halbvokalen (1 *jorn*):

diurnum → *di̯urnu*, *habuit* → *abu̯it*, *habeo* — *abio* → *abi̯o*;

beginn der verkürzung der gleiteworte (besonders bei *l*, *r*, nasal, *s-t* — 9 *dame*):

valde, virdis, oclu, domnu, postu;

die vereinfachung von *x* vor konsonant zu *s* (43 *estortre*):

dexter → *dester*;

dem 2. jahrhundert n. Chr.:

die kontraktion der diphthongen *ae* (= *ai*) zu *ē*, *oe* (= *oi*) zu *ẹ̄* (9 *ciel*):

caelum → *cę̄lu*, *poena* → *pẹ̄na*;

die entstehung des *i* (*e*) protheticum (3 *spee*):

spatha → *ispata*, *statu* → *istatu*;

dem 3. jahrhundert n. Chr.:

der wandel von *ĭ* zu *ẹ* und von *ŭ* zu *o* (1 *jorn*):

di̯urnu → *di̯ọrno*, *in* → *ẹn*;

dem 3.—4. jahrhundert n. Chr.:

die assibilierung des *c* (*k*) vor *e*, *i* (3 *ceinte*):

cincta → *ćeinte*, *caelu* → *ćiel*;

dem 5.—6. jahrhundert n. Chr.:

die dehnung der betonten kurzen vokale in freier stellung und die kürzung der betonten langen vokale in gedeckter stellung (2 *chief*):

căput → *cāpo*, *fę̆de* → *fę̄de*, *gǫ̆la* → *gǭla*;
dī̩xi → *dĭ̩xi*, *scrīptu* → *iscrĭtto*;

dem 6. jahrhundert n. Chr.:

übergang der intervokalen stimmhaften explosivlaute, *ḅ d g*, zu stimmhaften reibelauten, *v đ j* (2 *chief*, 3 *spee*, 4 *veīstes*, 9 *rei*, 23 *dīent*):

caballarius → *cavallarios*, *vidistis* → *viđestes*, *paganu* → *pajano*;

erweichung der intervokalen stimmlosen explosivlaute, *p t c*, zu stimmhaften explosivlauten, *b d g* (2 *chief*, 3 *spee*, 23 *dīent*):

capo → *cabo*, *spatha* — *spata* → *(i)spada*, *pacare* → *pagare*;

stimmhaftwerden des intervokalen (stimmlosen) *s* (2 *prise*):

pre(n)sa → *prise* (= *prize*).

Die periode der gemeinromanischen entwicklung darf mit dem 6. jahrhundert im wesentlichen als abgeschlossen gelten. Andere jüngere erscheinungen erstrecken sich nur über das gebiet des französischen und provenzalischen und einzelne nachbargegenden (zum teil gallo-italische, zum teil räto-romanische mundarten):

der wandel von *ū* zu *ü* (1 *un*):

uno → *ün*, *nullo* → *nül*;

der *i*-umlaut (7 *il*):

**pre(n)si* → *pris*, *fūi* → *füi*;

die diphthongierung von *ę*, *ǫ* vor *ŭ* und *i̯* (6 *mielz*):

melius → *mielz*, *Deus* → *Dieus*, **voleo* — *voli̯o* → *vueil*;

der fall der endsilbenvokale und unbetonten vortonvokale (1 *un*, *mostier*):

uno → *un*, *cruce* → *croiz* (*corona* → *corone*);
civitates → *citez*;

die vereinfachung der doppelkonsonanten (4 *chevaliers*):

apellat → *apelet*, *annuales* → *anvels*;

das stimmloswerden der in den auslaut tretenden stimmhaften konsonanten (2 *chief*, 3 *dont*):

quando → *quant*, *vivu* → *vif*;

der übergang von *ca* (und germanisch *ke*, *ki*) zu *tša* (*tše*, *tši* — 1 *Charles*):

capu → *chief*, *Karlos* → *Charles*, *skirnjan* → *eschernir* (mit ausnahme der nördlichsten und südlichsten striche, pikardisch und südprovenzalisch).

Diese dem provenzalischen und französischen gemeinsamen veränderungen können zum teil noch in der vorhergehenden periode begonnen haben, reichen aber über das 10. jahrhundert nicht hinab.

Viele veränderungen endlich sind **nur dem französischen** eigen und demgemäss im allgemeinen als die jüngsten zu betrachten, wenn auch im einzelnen manche erscheinung noch in die vorhergehende periode fallen mag. Hierzu gehören:

die kontraktion des lateinischen diphthongen *au* zu *o* (3 *or*):

aurum → *or*;

die auf der romanischen vokaldehnung beruhende diphthongierung von *ẹ̄* (*ẹ́ẹ̀*) und *ọ̄* (*ọ́ọ̀*) zu *ie* und *uo* — *ue* (3 *mier*, 22 *bons*):

mẹ̄ro → *mier*, *bọ̄no* → *buon* — *buen*;

die diphthongierung von *ẹ̄* zu *ei* (und später auch *ọ̄* zu *ou* — 8 *pleine*, 28 *proz*):

plenam → *pleine* (*proz* → *prouz*);

der wandel von *ā* zu *ẹ̄* (nach palatal zu *ie* — 2 *chief*):

civitate → *citét* (*ćavo* → *chief*);

die reduktion der triphthongen *iei* und *uoi* (*uei*) zu *i* und *ui* (6 *mielz*):

despectu — *despieit* → *despit*. *nocte* — *nuoit*(-*eit*) → *nuit*;

die nasalierung der vokale vor *n*, *m* und der übergang von *ēn* zu *ān* (1 *un*, 2 *en*):

un → *ũn*, *corone* → *cõrõne*, [illegible]*erere* → *ãmperere*.

Die chronologie der lautgesetze ist daher für die entwicklung der wörter und deren verständnis von wesentlicher bedeutung. So setzt die entwicklung des *f* in *chief* ← *caput* die vorhergehende erweichung des *p* → *b* → *v* voraus, da aus einem in den auslaut tretenden *p* oder *b* kein *f* entsteht. Die erweichung des *p* → *b* → *v* muss ferner eingetreten sein, als der auslautvokal noch vorhanden war: nur in intervokaler stellung werden die labialen explosivlaute erweicht (vgl. *capillos* ↛ *chevels* 181 gegen **cappelum* → *chapel* 146 oder *septem* → *set* 73). Es ergibt sich also aus der inneren lautgeschichte selbst die folgende relative chronologie der betreffenden lautgesetze: *p* → *b* → *v* — darnach fall des endvokals — alsdann auslautendes *v* → *f*.

In anderen fällen kommen uns zeugnisse aus inschriften, handschriften, dichtwerken oder vergleiche mit den übrigen romanischen sprachen zu hilfe, um sogar eine absolute chronologie der lautgesetze zu ermöglichen. Auf diese weise lassen sich die alten vulgärlateinischen lautveränderungen zeitlich grossenteils bestimmen. So liefert uns innerhalb des französischen das ins ende des 9. jahrhunderts fallende Eulalialied mit den formen *buona, ruovet* den beweis, dass um jene zeit — wenigstens in dem dialektgebiet des Eulalialiedes — das betonte freie *ọ* schon zu *uo* diphthongiert, aber noch nicht bis zum diphthongen *ue* fortgeschritten war, den wir um 1100 bereits im Rolandslied und in der Karlsreise finden. So lässt sich durch verwertung der relativen und absoluten lautchronologie mit einiger wahrscheinlichkeit die reihenfolge der lautgesetze und die art ihrer wirkung auf die einzelnen wörter feststellen.

Die meisten lautgesetze wirken nur innerhalb eines bestimmten, mehr oder weniger beschränkten zeitraums. Einige erstrecken ihre wirksamkeit auf längere zeit oder wiederholen sich im laufe der entwicklung. So gehört die verkürzung der gleiteworte den verschiedensten schichten an (vgl. 9 *dame* I). So fällt *n* vor *s* in dem in christlicher zeit übernommenen *monasterium* — **mon(i)sterium* ebenso wie in den altlateinischen *consul* — *cosol, insula* — *isola*. Die abneigung gegen die häufung von konsonanten hat das französische von anfang an bis heute bewahrt.

Die wirkung der lautgesetze kann gehindert oder rückgängig gemacht werden durch die macht der analogie. Namentlich beeinflussen sich sehr leicht verschiedene formen desselben stammes (nach Hermann Paul „stoffliche analogiegruppen"), sei es innerhalb der deklination, sei es innerhalb der konjugation oder auch durch kreuzung beider. So wird **pre(n)sĭt* — **preist* unter dem einfluss der ersten person **pre(n)sī* — *pris* umgestaltet zu *prist*, die 2. pluralis *vidistĭs* = **videstes* nach der 2. singularis *vidistī* — **vidist* — *veïs* zu *vidistes* — *ve(d)ïstes*; nach den lautgesetzlich umgelauteten formen *füi, füst* (← *fŭī, fŭistī*) erhalten sämtliche formen des perfekts und des konj. imperf. den stammvokal *ü*. In der I. lat. deklination fallen durch verstummen des akkusativ-*m* nominativ und akkusativ zusammen (*corone* = *corona* und *coronam*), und nach diesem muster wird dann auch in den pluralformen übereinstimmung hergestellt und der nominativ *coronae* zu *coronas* umgebildet. Das partizip *coronata* sollte zu **cornee* werden, der unbetonte vortonvokal bleibt aber bewahrt (*coronee*) unter einwirkung der stammbetonten formen (*corónet* ← *coronat* usw.) sowie des substantivs *corone*.

Ebenso können sich aber auch gleiche oder ähnliche formen verschiedener stämme gegenseitig beeinflussen (Pauls „formale gruppen"). So werden die seltenen neutralendungen *-ut*, *-ud* (*caput*, *illud*) durch die endung der regelmässigen neutra auf *u(m)* ersetzt. So erhalten die zu maskulinen gewordenen neutra auf *-u(m)* im nom. sing. und akk. plur. ein *s* nach dem muster der maskulina der lat. II. deklination. Nach demselben muster verlieren die maskulina der lat. III. deklination im nom. plur. ihr *-s* (*homines* → *homine-ni* nach *domini*). Eine anzahl ursprünglich vokalisch oder auf verschiedene konsonanten auslautender adverbia erhält ein *s* angefügt nach *plus*, *mais* (*onques*, *sempres*, auch *sine* → *sens* — *senz* gehört hierher). Besonders stark sind diese beeinflussungen in der entwicklung des verbums zu beobachten. So haben unter den starken perfektbildungen die auf *-si* und *-ui* fast alle übrigen verdrängt (**prensi* für *prehendi*, **movui* und **cognovui* für *movi* und *cognovi*, **venui* für *veni*), unter den schwachen perfekten hat *dĕdit* mit seinen kompositis (*vendiet*, *perdiet*, *rendiet*) eine ganze klasse neu hervorgerufen (*respondiet*, *rompiet* usw.). Im ind. präs. haben die formen auf *-o*, *-io*, *-eo* sich gegenseitig beeinflusst, im infinitiv ist unter wirkung bestimmter muster *-ēre* zu *-ĕre* (*ridēre* → *ridĕre* → *rire*, *mordēre* → *mordĕre* → *mordre*) oder *-īre* (*tenēre* → *tenir*), umgekehrt *-ĕre* zu *ēre* (*sapĕre* → *sapēre* → *saveir*) oder auch zu *-ire* (*cadĕre* → *cadire* → *cheīr*, *fugĕre* → *fugire* → *fuīr*) geworden. In der regel wird die angleichung des einen typus an den anderen durch schon vorhandene übereinstimmende formen, durch gewisse *tertia comparationis*, unterstützt: wie zu *metre*, *escrire*, *lire* ein *met*, *escrit*, *lit* gehört, bildet man zu *dire* ein *dit*, zu *faire* ein *fait* (für lautgesetzliches **dist*, **faist*). Wie neben *debebam*, *debui* präs. *debeo*, *-es*, *et* und infinitiv *debēre* steht, bildet man zu *volebam*, *volui* ein **voleo*, *-es*, *-et*, *volēre*, zu *potes*, *potui* ein **potet*, **potetis*, *potēre*.

Eine scheinbare ausnahme von den lautgesetzen bilden auch solche wörter, welche erst in späterer zeit aus der kirchen- oder gelehrtensprache oder auch aus fremden idiomen übernommen sind. Sie lassen in der regel diejenigen lautveränderungen vermissen, deren wirkung bereits der vergangenheit angehört. So nimmt das lehnwort *ducem* — *duc̦* an dem gemeinromanischen wandel von *ŭ* zu *o*, sowie an der assibilierung des *c* nicht teil. *Dominium* — *demeine* bewahrt regelwidrig den unbetonten endsilbenvokal, *calíce* ← *cálicem* ausserdem den vokal der unbetonten pänultima unter verschiebung des akzents sowie das *c* vor *a* (statt *ch*). Man bezeichnet solche wörter gegenüber den erbwörtern als lehnwörter.

Ausser den lautgesetzen sind noch einige lautveränderungen hervorzuheben, die nicht mit derselben regelmässigkeit eintreten, weil sie nicht auf derselben ursache, der allgemeinen, durchgreifenden veränderung in der aussprache eines lautes an sich, sondern auf anderen ursachen, gelegentlichem versprechen und dergleichen beruhen. Hierher gehört vor allem die sogenannte metathesis, die umstellung von lauten, am häufigsten bei den liquiden, deren aussprache schon beim erlernen der sprache schwierigkeiten macht und auch später noch häufig störungen hervorruft. Man pflegt einfache und reziproke metathesis zu unterscheiden. Bei der einfachen metathesis handelt es sich um versetzung eines einzelnen lautes (wie z. b. des *r* in lat. *temperare* → frz. *tremper*), bei der reziproken um die wechselseitige vertauschung zweier laute. So kann zwischen vokal und konsonant metathesis eintreten, wie bei *pro* → *por*, *imperator* → **imperatro*, *þorp* → *trop*, ebenso aber auch zwischen zwei vokalen, wie in lat. *medulla* — *meole* → *moele* — *moëlle* = *mu̯al*, oder zwischen zwei konsonanten, wie in lat. *scintilla* → **stincilla* → *estincele* — *étincelle*. Auch gewisse assimilations- und dissimilationserscheinungen bei liquiden und nasalen gehören hierher, so die assimilation der vortonsilbe an die tonsilbe in *thesaurus* → *tresors* (222) mit *r*, so die dissimilation eines *r* neben einem zweiten *r* zu *l* in *peregrinum* → *pelerin* (95), *paraveredum* → *palefroi* usw. Im folgenden werden lautveränderungen solcher art nicht mit berücksichtigt[1]).

A.

Konsonantismus.

Für die entwicklung der konsonanten ist es wesentlich, ob sie im anlaut, inlaut oder auslaut stehen, ob sie isoliert oder mit anderen konsonanten, mit hiatus-*i* oder -*u* verbunden sind. Es ist daher nach anlaut, auslaut, inlaut zu scheiden und innerhalb des inlauts den zusammengesetzten konsonanzen sowie den hiatusverbindungen eine besondere betrachtung zu widmen.

I. Konsonanten im Wortanlaut.

Die regeln für den wortanlaut gelten auch für den silbenanlaut, wenn ein anderer konsonant vorausgeht und die vorhergehende silbe schliesst: das *p* in *imperator* — *emperere*

[1]) Hingegen sind der vollständigkeit wegen noch einige wenige lautgesetze, welche im text erst später erwähnung finden, mit verweisen auf die betreffenden beispiele herangezogen.

bleibt wie in *pugnus — poinz* als *p*, das *c* vor *a* in *truncare — trenchier* wird zu *tš* wie in *caput — chief*, das *c* vor palatalvokal in *mercedem — mercit* zu *ts* wie in *civitatem — citét.*

1. Im wortanlaut bleiben die meisten konsonanten unverändert (vgl. 4 *barons* IV).

So bleiben (teils isoliert, teils mit folgendem konsonant), die labiale *p b v f*, die dentale *t d s*, die gutturale *c* und *g* vor *o, u* oder konsonant, endlich die nasale und liquiden *m n l r*. Also: *pugnum — poin, plenam — pleine, bellum — bel, vidistis — veïstes, fuit — fut*; *tantum — tant, truncare — trenchier, de — de, sanctum — saint*; *coronam — corone, curam — cure, crucem — croiz, gubernat — governet, grandem — grant*; *merum — mier, nullum — nul, *leviarium — legier, regem — rei.*

2. Lateinisches *h* verstummt (vgl. 2 *Rout* I):

habuit → out.

In der schrift teilweise beibehalten: *homo → huem* 122.

Germanisches *h* (vor vokal) hingegen bleibt bewahrt:

**hauniþa → honte* 38.

Vor konsonant teilweise andere entwicklung (vgl. **Hluþawig → Loëis*, auch *Cloëvis*, dazu **Hluþawing → Floovent*). Die verschiedenheiten der formen wird durch die verschiedene zeit der aufnahme, z. t. durch buchwörtliche entlehnung bedingt.

3. Palatallaute werden assibiliert.

Lateinisch *c* vor *e, i* wird zu *ts* (geschrieben *c* — vgl. 3 *ceinte* IV):

cinctam → ceinte, caelum → ciel.

Germanisch *k* vor *e, i* wird zu *tš* (geschrieben *ch* — vgl. 27 *riches* II):

skirnjan → eschernir.

Frankisci → Franceis s. oben s. 144.

Lateinisch oder germanisch *c* vor *a* wird zu *tš* (*ch* — vgl. 1 *Charles* II):

caput → chief, Karlos → Charles.

Lateinisch oder germanisch *g* vor *e, i, a* wird zu *dž* (geschrieben *g, j*):

argentum→ *argent* 73, *gentem*→ *gent* 76, *Gerin*→ *Gerin* 63; *gaudia*→ *joie* 118, *gard-*→ *jardin.*

Lat. *j* oder *dj* (*di-* vor vokal) wird vor allen vokalen zu *dž* (geschrieben *j* — vgl. 1 *jorn* III b):

jam→ *ja, diurnum*→ *jorn.*

4. Lat. *qu* wird unter verlust des halbvokals zu *k* (geschrieben *qu,* seltener *q, c* oder *k,* vereinzelt *ch* — vgl. 9 *onques* II):

qui→ *ki* (*qui, chi*), *quant*→ *kant* (*quant*);
unquam→ *onque* — *onc.*

5. Die (ursprünglich griechischen) aspiraten werden zu den entsprechenden tenues (*th, ph, ch*→ *t, p, c* — vgl. 3 *spee* II a):

thesaurum→ *tresor, colaphum*→ *colp, Christum*→ *Crist.*

Ebenso im inneren des wortes, wo alsdann die gleiche behandlung wie bei den ursprünglichen tenues eintritt (vgl. 3 *spee* II b). — Erst in jüngeren lehnworten *ph*→ *f* (*orphelin, philosophie*).

6. Der germanische reibelaut *þ* wird zur entsprechenden tenuis (vgl. 13 *trop* I):

þeodisk→ *tieis.*

Germanisches *w* wird zu *gu* (später *g* — vgl. 5 *reguardet* I):

**wardên*→ *guarder, wîsa*→ *guise.*

7. Lateinisch oder germanisch *s* impurum entwickelt *i* (*e*) protheticum (vgl. 3 *spee* III):

spatham→ *espee, stare*→ *ester, schola*→ *escole;*
skirnjan→ *eschernir, smalt-*→ *esmail* (*snel*→ *isnel* oben s. 47 f.).

II. Konsonanten im Wortauslaut.

Es ist zu scheiden zwischen solchen konsonanten, die schon im lateinischen im auslaut standen, und solchen, die erst im galloromanischen oder französischen in den auslaut traten. Bei den zweiten sind die wandlungen zu berücksichtigen, welche sie bereits vor dem fall der endvokale erlitten haben.

1. Lateinischer auslaut.

Die zahl der im lateinischen auslaut vorhandenen konsonanten ist beschränkt. Einige, wie *b*, kommen in dieser stellung nur vereinzelt, andere, wie *p, g, q, f, v, z* überhaupt nicht vor.

Im lateinischen auslaut stehende ***r, l, s*** bleiben im altfranzösischen erhalten:

chevaliers, citez, vos, veïstes; *cor* → *cuer*, *mel* → *miel* (mit metathesis in *imperator* → *emperere*, *insemel* → *ensemble*).

Lateinisch ***m*** und ***n*** fallen in unbetonter endsilbe oder in unbetonten einsilbigen worten ab (vgl. 1 *un* I):

unum → *un*, *jam* → *ja*;
nomen → *nom* (*non*); *non* → *ne*.

In betonten einsilbigen bleibt *m* und *n* als *n* (vgl. 2 *son*):

rem → *rien*, *non* → *non*.

Vor vokal bleibt ursprünglich das *n* auch in tonlosen worten erhalten: daher *nen* neben *ne*. Ferner nur *en* ← *in*, wohl verallgemeinerung der antevokalischen form; ähnlich *mon, ton, son*, vermutlich analogisch (vgl. 2 *son* III).

Lateinisch ***c*** verstummt in unbetonten endsilben und worten; in haupttonigen bleibt es nach dunkeln vokalen als *c*, nach hellen als *i*, nach *i* schwindet dieses (vgl. 20 *si* II):

ecce hoc → *ço*	*apud hoc* → *avuec*
illac → *la*	*fac* → *fai*
nec → *ne*	*sic* → *si*.

Nach Neumann erklärt sich *la* aus *illac ubi*, *o* (*ço*) aus *hoc quod* usw., vgl. s. 132.

Lateinisch ***d*** und (isoliertes) ***t*** in unbetonten endsilben und worten verstummen (erst im laufe des 11. jahrhunderts — vgl. 1 *al* I, 3 *Et*):

ad → *a*; *et* → *e* (z. t. geschr. *et, ed*), *portat* → *porte*(*t*).

Eine anzahl *d* und *t* in der nominalflexion sind schon in gemeinromanischer zeit auf analogischem wege beseitigt worden (*illud*→**illu*, *caput*→**capu*, vgl. 1 *al* II, 2 *chief* I). — Vor konsonant hat das verstummen früher begonnen als vor vokal (*a cels dis*, aber *ad une spede* i. d. Eulalia). — Unmittelbar auf den tonvokal folgendes *t* (*fut*, *seignat*, *irat*, *partit*, *vendiét*) verstummt erst im 12. jahrhundert. — Gestütztes *t* (*prist*, *dist*, *dïent*) bleibt bis ins 13., in pausa bis ins 16. jahrhundert, in liaison bis heute (z. t. analogisch übertragen, siehe 3 *at*).

2. Französischer auslaut.

Bevor die galloromanischen vokalischen auslautgesetze wirkten, war intervokales *t* zu *d* (*đ*), ebenso *p* und *b* zu *v*, *c* und *g* (soweit nicht ausgefallen) zu *i* (*j*) geworden. Diese formen sind daher vorauszusetzen, nicht die lateinischen.

Die im altfranzösischen in den auslaut tretenden stimmhaften konsonanten werden stimmlos (vgl. 2 *chief* IIb, 3 *dont* V):

de unde→*dont*, *mercedem*→*mercit*,
pensatum—**pensado*→*pensét*;
vivum→*vif*, *caput*—**cabo*—**ćavo*→*chief*; *longum*→*lonc*.

Stimmlose konsonanten bleiben als solche erhalten:

sanctum→*saint*, *multum*→*molt*, *septem*→**sette*→*set*,
colap(h)um→*colp*, *versus*→*vers*.

Ebenso bleiben die liquiden unverändert:

aurum→*or*, *ferire*→*ferir*, *bellum*→*bel*, *talem*→*tel*.

n nach konsonant bleibt: *jorn*.

n nach vokal bewirkt dessen nasalierung und bleibt zunächst (wohl als *ŋ* = *ng*) erhalten:

unum→*ün*→*ũn*;

ebenso *m* nach vokal:

nomen→*nòm*→*nõm* (vgl. 1 *un* IV und sonst).

In der schrift erscheint neben *m* bald auch *n* (*nom*—*non*, *flum*—*flun*, *uem*—*uen*), vermutlich fielen -*m* und -*n* in *ŋ* zusammen.

III. Konsonanten in intervokaler Stellung.

1. Hauch- und reibelaute.

Lateinisches und germanisches ***h*** verstummt (vgl. 2 *Rout* I, 2 *prise,* 3 *spee* II a):

prehendere → *prendre, mihi* → *mi*; *spëhôn* → *espïer.*

Lateinisches ***s*** wird stimmhaft (*z*, geschrieben *s* — vgl. 2 *prise* V):

pre(n)sam → *prise, dolorosam* → *dolorose.*

Ebenso germanisches *s*, soweit dasselbe nicht schon stimmhaft war: *wisa* → *guise* usw.

2. Dentale.

Der stimmlose verschlusslaut ***t*** wird stimmhaft (*d*—*đ*) und fällt aus (vgl. 3 *spee* II b):

coronata → *coronee, spatha* — **spata* → *espee*;
**imperatro* → *emperere.*

Desgleichen fällt ursprüngliches ***d*** (vgl. 9 *veïstes* III):

vidistis → *veïstes*; *cathédra* → *chaiere.*

Das intervokale *d* (*t*) ist erst nach dem fall der auslautvokale verstummt, daher in den auslaut oder vor *s* tretendes *d* als *t* (oder als reibelaut *þ*) erhalten bleibt und mit *s* zu *ts* (*z*) verschmilzt: *pensatum* → **pensado* → *pensét* 28, *civitates* → *citez.*

Dem ausfall vor *r* scheint assimilation vorausgegangen zu sein: teilweise findet sich noch doppel-*r*: *petra* → *pierre* neben *piere* 179, *videre habeo* → **ved(e)rajo* → *verrai* (*verrez* 281) neben **vid(e)runt* → *virent* 104.

3. Labiale.

Der stimmlose verschlusslaut ***p*** wird stimmhaft (*b*) und alsdann zum reibelaut *v* (vgl. 2 *chief* II a):

sapitis → *savez, capillos* → *chevels*; *recipere* → *receivre.*

Der stimmhafte verschlusslaut ***b*** wird zum entsprechenden reibelaut *v* (vgl. 4 *chevaliers* II):

**caballarios* → *chevaliers, habere* → *aveir.*

Ausfall von *b* in dem proklitischen *ubi—o, ou* (wegen *ibi* siehe 4 *i*).

Da ursprüngliches *v* bleibt (*levatum→ levět* 128), so fallen *p, b, v* in intervokaler stellung zusammen.

In den auslaut tretendes *v* jeden ursprungs wird *f* (siehe oben): *clef, nef, vif, chief.*

Vor *u* war inlautendes *v* schon in lateinischer zeit verstummt: *clavu→ clau—clou* gegen *clavem—clef, vivu→ viu* gegen *viva→ vive, novu→ nou* gegen *nova*; *vif, nuef, uef* gehen auf analogisch wieder hergestellte formen — *vivu, novu, ovu* — zurück.

4. Palatale und velare (gutturale).

Die buchstaben *c* und *g* bezeichnen je nach der vokalischen umgebung mehr am vorderen, harten gaumen hervorgebrachte laute (palatale) oder am hinteren, weichen gaumen, am gaumensegel (velum) hervorgebrachte laute (velare, auch gutturale). Vor *o, u* sind *c* und *g* velar, vor *e, i* palatal (vgl. oben die entwicklung im anlaut), vor *a* mittelpalatal; hier ist der vorausgehende vokal für das schicksal des konsonanten mitbestimmend. *J* ist seiner aussprache nach stets palatal.

j bleibt vor allen vokalen als *i*:

Maium→ Mai (383), *pęjus* (für *pējus*)→**pieis→ pis.*

g zwischen hellen vokalen (*a, e, i*) wird zu *i* (vgl. 9 *ręi* I):

regem→ rei, paganum→ paiien.

g vor dunklen vokalen (*o, u*) fällt aus (vgl. 23 *dïent* II):

augustum→ aost.

c vor dunkeln vokalen fällt aus (vgl. 23 *dïent* II):

dicunt→ dïent; *securum→ seür.*

Ebenso wird nach gewöhnlicher annahme *c* auch zwischen dunkelm vokal und folgendem *a* behandelt: *jocare→ joër* 33. Doch zeigen einige wörter *i* (*auca→ oie* neben *oue* u. a.): vgl. die anmerkung zu *joër* 33.

c zwischen vorausgehendem hellen vokal (*a, e, i*) und folgendem *a* wird über *g* zu *i* (vgl. 9 *rei* I):

**au(c)toricare→ otreiier, pacare→ paiier.*

c vor *e, i* wird über *idz* zu *iz* (geschr. *is* = *i* + tönend *s*), im auslaut zu *its* (geschr. *iz* — vgl. 2 *croiz* II):

placere→ plaisir, vicinum→ veisin;
crucem→ croiz.

Unter umständen können also auch hier wie bei *p, b, v* (siehe oben) stimmloser verschlusslaut, stimmhafter verschlusslaut und reibelaut in ihrem endergebnis (*i*) zusammenfallen: *paiier, paiien, troja* → *truie.*

Aus *c* oder *g* entstandenes *i* wird von nebenstehendem vokalischen *i* oder *ü* aufgesogen (vgl. 9 *rei* I): *micam* → *mie, regina* → *reine, securum* → *seür.* In einigen nicht ganz klaren fällen verstummt es auch vor *e*: *sigillum* → *seel* (117 *seelee*).

Wegen *placet* → *plaist* und *facit* → *fait* vgl. 14 *fait.*

IV. Konsonanten mit Hiatus-*u* oder -*i*.

Im hiatus, d. h. unmittelbar vor einem anderen vokal stehende unbetonte vokale werden zum halbvokal (*i̯, u̯*), im weiteren laufe der entwicklung teilweise sogar ganz konsonantisch, zum labialen oder palatalen reibelaut (spirans): *v* — *j*. Nach mehrfacher konsonanz ist *v* früh verstummt. Gewisse konsonanten gehen mit diesen halbvokalen oder ihren produkten keine engere verbindung ein, alsdann entwickeln sich diese, da sie im silbenanlaut nach konsonant stehen, ebenso wie im wortanlaut: *v* bleibt *v, j* wird *dž*. Verschlusslaute pflegen sich an folgendes *v* oder *dž* zu assimilieren und dann, wie bei anderen doppelkonsonanten, auszufallen. Eine reihe konsonanten jedoch verschmelzen von anfang an mit dem folgenden halbvokal, besonders mit *i̯*, und ergeben dann jotazierte (mouillierte) konsonanten, die sich, je nach ihrer natur sowie nach ihrer stellung vor vokal, vor konsonant oder im auslaut, sehr verschieden entwickeln.

1. Konsonant + hiatus-*u*.

Hiatus-*u* verstummt nach mehrfacher konsonanz, zwischen konsonanten und im auslaut nach konsonant (vgl. 2 *sa* II):

mortua → *morte*; *tenuit* → **tenvt* → *tint*;
sanguem → *sanc.*

In der proklise schwindet *u̯* ähnlich wie *b* — *v* in *ubi* — *o, ou* (siehe oben): *su̯am* → *sa, su̯um* → *son.*

Einfacher verschlusslaut vor folgendem hiatus-*u* (soweit dieses nicht vorher verstummt) assimiliert sich zu *u̯* und fällt aus (vgl. 2 *rout* III):

habuit → **auuit* → *out*, **recipuit* → *reçut*;
placuit → **plauuit* → *plout*, *aqua* → *ewe* 106;
vidua → *veuve*, *potuit* → *pout*.

Nach *n* und *l* bleibt *u̯* als *v*, ausser wenn es vor konsonant oder in den auslaut zu stehen kommt (vgl. 2 *Rout* III):

annuales → *anvels* 126	*tenuit* → *tint* 180
januarium → *janvier*	*tenui* → *tin*.

2. Palatal und dental + hiatus-*i*.

c + *i̯* wird, nach vokal wie nach konsonant, zu *ts* (geschrieben *c*, *z* — vgl. 25 *acier*):

**aciarium* → *acier*, **incalciare* → *enchalcier*.

Germanisch *riki*- —**rikiu* → *riche* siehe unten 4.

t + *i̯* nach konsonant (ausser *s*) wird zu *ts* (*c*, *z*), vorausgehende explosivlaute schwinden auf dem wege der assimilation (vgl. 17 *correciez* II):

corruptiatus → **corrottiatos* → *correciez*, *fidantia* → *fiance*,
**redirectiant* → *redrecent* 258.

t + *i̯* zwischen vokalen wird zu *is* mit stimmhaftem *s* vor erhaltenem vokal oder stimmhaftem konsonant, mit stimmlosem *s* vor anderen konsonanten oder im auslaut (vgl. 8 *araisnier*):

rationem → *raison*, **adrationare* → *araisnier*;
palatium → *palais*.

s + *i̯* wird zu *is* (*s* vor vokal stimmhaft, vor konsonant und im auslaut stimmlos).

basiare → *baisier* (*entrebaisier* 147).

ss + *i̯*, *sti̯*, *sci̯* werden zu *iss*, im auslaut *is* (*s* stets stimmlos):

**adbassiare* → *abaissier* (615), **postius* → *puis* 122,
piscionem → *peisson* 127.

d + *i̯*, *g* + *i̯* wird zu *i* (wie einfaches *j*, siehe oben):

podium → *pui* 104, *medium* → **miei* → *mi* 102, 117,
fugiendo → *fuiant* 132.

3. Liquida und nasal + hiatus-*i*.

l + *i̯* wird zu mouilliertem *l* (*l̷* — vgl. 5 *moillier* II). Dieses bleibt vor vokal und im auslaut:

consiliarios → *conseilliers*, *consilium* → *conseil* (663) = *cõsel*.

Es verliert vor konsonant die mouillierung und wird zu *l* (vgl. 6 *mielz* III a):

melius → **miels* → *mielz*.

r + *i̯* wird zu mouilliertem *r* (*ŕ*) und hieraus zu *ir*:

repatriant → *repairent* 111, *gloria* → *gloire* (405),
çorium → *cuir* (550).

In einer reihe von wörtern und formen schwindet *i*, namentlich im verbum, auf analogischem wege, in der endung *-erium* (*-arium*) → *-ier* statt *-ieir* — *ir* durch dissimilation (vgl. s. 20 zu *mostier* II).

n + *i̯* wird zu mouilliertem *n* (*ñ* — vgl. 7 *poin* I, dazu 2 *seignat* II).

Dieses bleibt *ñ* zwischen vokalen:

seniores → *seignors*, **montanea* → *montaigne*;

es wird zu *in* im auslaut und vor konsonant:

testimonium → *tesmoin*, *testimonium* + *s* → *tesmoinz*.

Wie *ni̯* auch *ndi̯*: *Burgundia* → *Borgoigne* 100 wie *Hispania* → *Espaigne*, und *ngi̯*: **exlongiare* → *esloignier*. Vgl. auch unten V 4 über *gn* und *ng*.

4. Hiatus-*i* verschmilzt nicht mit dem vorausgehenden konsonant, sondern wird wie anlautendes *j* zu *dž*.

Das ist der fall nach sämtlichen labialen (*p*, *b*, *v*), auch nach dem nasalen labial (*m*), ferner nach *n* in lehnworten sowie nach *c* (*k*) in germanischen worten. Vorausgehender labial und palatal assimiliert sich und fällt aus; die nasale bleiben, *m* unter assimilation an den folgenden dental als *n*.

p + *i̯* wird zu *tš* (vgl. 12 *sage* II):

**adpropiat* → *aprochet.*

b + *i̯*, ***v*** + *i̯* wird zu *dž* (vgl. ebenda):

**sabia* → *sage*; **leviarium* → *legier.*

Habeo → *ai* erklärt sich als kurzform, danach auch *habeam* → *aie*, *sapio* → *sai* gleichfalls als kurzform oder als analogie nach *ai*. Hingegen betrachtet Neumann den übergang eines in den auslaut tretenden *pi̯*, *bi̯* zu *i* als lautgesetzlich (siehe oben s. 114 zu 14 *sai*).

m + *i̯* wird über *mdž* zu *ndž*:

somniatum → *songiét* 71, *commeatum* → *congiét* 216.

n + *i̯* in lehnwörtern wird zu *ndž*:

**mentitionea* → *mençonge* 52, *extraneum* → *estrange* 861.

Germanisches ***k*** + *i̯* wird über *ctš* zu *tš* (vgl. 27 *riches*):

rīki- — *rīki̯u* → *riche.*

V. Zusammengesetzte Konsonanzen.

Zwei oder mehr unmittelbar aufeinander folgende konsonanten sind je nach ihrer eigenart und komposition verschiedenen schicksalen ausgesetzt. Im allgemeinen sind die verbundenen konsonanten fester als die isoliert stehenden, gewisse konsonantengruppen (konsonanzen) wie *st*, *sp*, *rt*, *rd*, *rl* verändern sich, wenigstens bis zur zeit unseres gedichtes, überhaupt nicht. Soweit veränderungen eintreten, handelt es sich grossenteils um assimilation, vereinfachung, ausfall. Hierbei kommen sowohl lateinische als auch romanische und galloromanische (durch den ausfall von zwischenstehenden vokalen neuentstandene) konsonantengruppen in betracht. Einander verwandte laute pflegen sich zu assimilieren, bei grösserer differenz tritt ausfall des einen konsonanten oder zur erleichterung der aussprache ein übergangslaut ein. Verbindungen mit palatallauten (*c*, *g*) führen meist zu jotazierten lauten.

1. Ausfall von konsonanten.

n vor *s* fällt unter dehnung des vorausgehenden vokals (vgl. 1 *mostier* IV):

prensam → *prise*, **mon(i)sterium* → *mostier*.

Desgleichen **r** vor *s*:

sursum → *sus* 195, *dorsum* → *dos*.

s vor stimmhaften konsonanten wird selbst stimmhaft und verstummt (im 11. jahrh. — vgl. 1 *mostier* V):

**adrationare* → *arai(s)nier*, *fraxinum* → *frai(s)ne*.

Hingegen vor stimmlosen konsonanten erst im 12. jahrhundert: siehe 1 *mostier* V.

Schwere konsonantengruppen werden vereinfacht:

x vor konsonant wird schon vulgärlateinisch zu *s*:

**extórquere* → *estortre* 43, *dextrarium* → *destrier* 81.

sts zu *ts*:

fust(e)s → *fuz* (vgl. 9 *veīstes* IV, 21 *voz*).

rcs zu *rs*, **ncs** zu *ns*:

cler(i)cos → **clercs* → *clers* 142; **blankos* → *blans* 85.

rns zu *rs* (*rz*):

diurn(u)s → **jorns* → **jornz* → *jorz* (vgl. 1 *jorn* V).

rtm zu *rm*:

fort(i)mente → *forment* 31.

ptm → *ttm* zu *m*:

sept(i)mana → *semaine*.

2. Doppelkonsonanten werden im in- und auslaut vereinfacht ausser inlautendem *rr* (vgl. 4 *chevaliers* III):

caballarium → *chevalier*, *mittere* → *metre*; *terra* → *terre*.

Dies gilt auch für die durch vokalausfall und assimilation entstehenden doppelkonsonanten (siehe im folgenden).

3. Assimilation des vorhergehenden an den folgenden konsonanten oder umgekehrt:

p, b, v vor ***t, d, s*** assimiliert sich und fällt (vgl. 7 *desoz* I, 11 *citez* II):

septem → **sette* → *set*, *desubtus* → **desottos* → *desoz*, *civ(i)tates* → *citez*; *psalterium* → *saltier*.

c (*q*) zwischen zwei *r* wird zu ***t***, ***g*** zu ***d***:
**extórquere* → *estortre* 43, *surgere* → *sordre*.

m vor folgendem dental wird *n* (vgl. 3 *ponz* III a):

pomus → *pons* — *ponz*, *somniatum* → **somgiét* → *songiét*.

mn wird *mm* → *m* (vgl. 9 *dame* II):
dom(i)na → *dame*, *nom(i)natis* → *nomez*.

Hierher gehören auch eine reihe von oben besprochenen erscheinungen: *sti̯, sci̯* → *ssi̯* → *is(s)*; *pti̯, cti̯* → *tti̯* → *ts*; *pi̯* und germ. *ki̯* → *tš*; *bi̯, vi̯* → *dž* u. a.

4. Palatalverbindungen: *c* und *g* + dental oder liquida, *sc*, *gn*, *ng*.

Meist entstehen auch hier (wie bei denselben lauten mit hiatus-*i*) mouillierte laute, aber in weit späterer zeit und nur teilweise zu denselben ergebnissen führend wie jene. Ob *factum* übrigens durch allmähliche erweichung des *c* (ähnlich wie in intervokaler stellung) über *faχto* — *fajto* zu *fait* wird oder ob das palatale *c* das folgende *t* zu einem palatalen (jotazierten) *t* umgestaltet (*fact'o* — *fatt'o* — *fait*), ist noch eine umstrittene frage. Wenn man jedoch in betracht zieht, dass auf verschiedenen ausserfranzösischen gebieten *tš* (meist *ch* geschrieben) aus *ct* entsteht (*fach* auf einem breiten streifen des provenzalischen von Limousin nach südosten über die untere Rhône bis zu den Alpen, sowie in einem teil des piemontesischen, *hecho* im spanischen), so erscheint *fatt'o* als die gemeinsame grundlage für beide formen und somit als die natürliche zwischenstufe zwischen *factum* und *fait*. Im einzelnen entwickeln sich die lautverbindungen wie folgt:

ct wird zu *it* (vgl. 1 *reis* I):

facta → faite, octoginta → oitante.

Desgleichen ***gd*** zu *id* (im auslaut *-it*):

rig(i)da → reide, rig(i)dum → reit.

nct zu *int* (siehe ebenda):

sanctum → saint.

cs wird zu *iss — is* (siehe ebenda):

**exiverunt → eissirent, rex → reis.*

Vor konsonant ist *x* schon früher zu *s* vereinfacht worden (siehe oben unter nr. 1). — Vor stimmhaften konsonanten *s → z*, vgl. oben 1.

Desgleichen ***scs*** zu *iss — is* (vgl. 18 *Franceis*):

Franciscos → Franceis.

sc zu *iss — is*, vor *a* zu *stš*:

Franciscum → Franceis, Francisca → Francesche,
cognoscitis → conoissiez.

Wie weit bei *sc* vor *u, o* rein lautliche, wie weit analogische entwicklung vorliegt, ist unsicher (vgl. 18 *Franceis*).

cr, gr wird zu *ir* (vgl. 1 *reis* I):

sacramentum → sairement; *nigrum → neir.*

cl, gl wird zu mouilliertem *l* und weiter wie *l ← li̯* entwickelt:

mac(u)lam → maille, oc(u)lum → ueil — mit *s*: *uelz*;
vigilare → veillier.

So auch **veclum* (aus **vetlu ← vetulum*) zu *vieil = viel*, mit *s vielz*, **vecla → vieille.*

gn in intervokalischer stellung, sowie ***ng*** vor *e, i* wird zu mouilliertem *n* und weiter wie *ñ ← ni̯* entwickelt (vgl. 2 *seignat* II, 7 *poin* I):

signavit → se(i)gnat *pugnum → poin*
pungendo → po(i)gnant *longe → loin, lointain.*

ng vor *a* wird zu *ndž*:

longa → *longe.*

ng vor *o, u* bleibt (im auslaut *nc*):

angustia → *angoisse, longum* → *lonc.*

Ähnlich entwickelt sich *nc*: vor *a* zu *ntš*, vor *o, u* bewahrt als *nc*, aber vor *e, i* zu *nts*: *truncare — trenchier*; *truncum* → *tronc*; *ancilla* → *ancele.*

5. Übergangslaute. Solche entstehen zwischen zwei mehr oder weniger untereinander verschiedenen, unmittelbar aufeinander folgenden konsonanten (vgl. 3 *ponz* III b, 20 *ensemble*):

t zwischen *l* und *s, n* und *s, s* und *r*:

pomus → *ponz, melius* → **miels* → *mielz, ess(e)re* → *estre.*

Nur so erklären sich neubildungen wie *Normant* (*-and*), obl. zum rektus *Normanz* (← *Normannus*), *romant* zum rektus *romanz* (ursprünglich adverb. *romanice*).

d zwischen *z* und *r, n* und *r, l* und *r*:

*consuere — *cós(e)re* → *cosdre, ven(i)re habemus* → *vendrons, vol(e)re habent* → *voldront.*

Auch zwischen *ñ* und *r*, daher *cingere — *ceñere* → *ceindre, plangere* → *plaindre.*

b zwischen *m* und *l, m* und *r*:

*insemel — *ensemle* → *ensemble, cam(e)ra* → *chambre.*

6. Prothetischer vokal aus anlautendem s impurum: siehe oben I, 7.

B.

Akzent.

I. Die Art des Akzents.

Der lateinische wortakzent war in historischer zeit expiratorisch (dynamisch), d. h. er beruhte auf der tonstärke wie im deutschen, nicht auf der tonhöhe (musikalischer, chromatischer akzent, wie er bei uns z. b. in der frage, ausserdem mundartlich sehr viel begegnet). Die auf musikalischen akzent deutende terminologie des lateinischen ist einfach aus dem griechischen entlehnt (*accentus* — zu *canere* — ist = *προσῳδία*, *acutus* = *ὀξύς*, *gravis* = *βαρύς*).

Der expiratorische akzent scheint im laufe der entwicklung eine verstärkung (vielleicht durch keltischen oder germanischen einfluss) erfahren zu haben, worauf wenigstens der gerade im französischen und provenzalischen so ausgedehnte ausfall der unbetonten vokale deutet: die verstärkung der tonsilben hatte die schwächere betonung der nebensilben zur folge und trug dadurch, zumal bei raschem sprechen, zum ausfall jener vokale mit bei.

Neben dem wortakzent und zum teil unabhängig von ihm besteht in den modernen sprachen der satzakzent. Welcher art dieser in den alten und mittelalterlichen sprachen gewesen und welche rolle er in ihnen gespielt, wissen wir nicht. Im modernfranzösischen tritt im gesprochenen satz der wortakzent gegenüber dem satzakzent sehr in den hintergrund: da die unbetonten silben meist verstummt sind, bleibt eine reihe in der tonstärke nicht zu stark abgestufter silben übrig. Expiratorischer wortakzent und musikalischer satzakzent fallen durchaus nicht immer zusammen, sondern kreuzen einander häufig. So kann in dem satz *Je connais cette maison* die silbe *mai-* die höchste musikalische note, die silbe *-son* den stärksten expiratorischen akzent haben.

II. Die Akzentabstufung.

Im mehrsilbigen wort finden wir neben der tonsilbe, d. h. derjenigen, die den akzent im gewöhnlichen sinne des wortes, den hauptakzent, trägt, noch andere silben, welche schwächer betont sind als jene, untereinander aber sich noch durch verschiedene tonstärke unterscheiden können.

Im zweisilbigen wort gibt es eine haupt- und eine endsilbe: *cáput crúcem prénsam cínctam* usw. Die auf den tonvokal folgende endsilbe ist nur schwachbetont, ihr vokal wird geschwächt oder geht ganz verloren: *chief croiz Charles prise ceinte*. Dagegen trägt eine dem tonvokal vorausgehende einzelne silbe einen stärkeren ton als die schwachtonige nachtonsilbe: sie ist nebentonig. Ihr vokal bleibt daher meist in seiner ursprünglichen lautung erhalten, d. h. er wird weder gedehnt und diphthongiert wie unter dem hauptton noch geschwächt oder beseitigt wie unter dem schwachton (vgl. *coronam* → *corone, baronem* → *baron*).

Wenn dem hauptton zwei silben vorausgehen oder folgen, hat von den beiden vorton- oder nachtonsilben immer die am weitesten vom hauptton entfernte silbe den stärkeren akzent, die zwischen ihr und dem hauptton stehende silbe ist schwachtonig und wird ähnlich behandelt wie die unmittelbar auf den tonvokal folgende endsilbe (*fortimente* → *forment, femina* → **femna* → *femme*).

Auch bei diesen silben zeigt sich, dass bei sonst gleichen verhältnissen die nachtonsilben schwächer betont, vom hauptton stärker gedrückt sind als die silben vor dem ton. So fällt in der pänultima der gleiteworte auch das *a* aus (*colaphum* → *colp, calamum* → *chalme*), in der schwachtonigen vortonsilbe wird es nur zu *e* geschwächt (*bellamente* → *belement*) wie in der endsilbe. Die erste von zwei vortonsilben hat den vollen nebenakzent wie die einzige vortonsilbe (*còronáta* → *coronee* wie *còróna* → *corone*), die letzte von zwei nachtonsilben hat bloss einen schwachen nebenakzent, ihre vokale werden geschwächt.

Am schwächsten betont sind aber die pänultimasilben in gleiteworten (*colaphum* → *colp*), demnächst die endsilbenvokale unmittelbar nach dem hauptton (*unum* → *un*, *unam* → *une*) und die unbetonten (auf den nebenakzent folgenden) vortonvokale (**venirajo* → *vendrai*, **portarajo* → *porterai*). Dies sind die sog. schwundstufen, welche meist völligen verlust des vokals erleiden. Einen schwachen nebenakzent haben die endsilben in gleiteworten (*facere* → *faire* mit erhaltenem endvokal gegen *nigrum* → *neir*, aber mit schwächung von *u*, *o* zu *e*: *numerum* → *nombre*, auch *a*: *femina* — **femna* → *femme*); starken nebenakzent hat die einzige vortonsilbe (*còróna*) und die erste von zwei vortonsilben (*còronáta*). Stärker als alle ist die haupttonsilbe.

Ähnliche abstufungen finden sich auch innerhalb des satzes bei gewissen worten, die bald stark, bald schwächer betont im satzzusammenhang erscheinen oder sich teils an vorausgehende, teils an folgende worte anlehnen. So haben die pronomina meist eine starkbetonte und eine nebentonige oder schwachtonige form nebeneinander entwickelt: *mei, tei, sei* neben *me, te, se* (nebentonig) und enklitisch *m t s* (schwundstufe); *meie, toë, soë* neben *ma, ta sa*; *il, ele, els* neben *le, la, les*, dazu die artikelformen *li, le, la, les*, und enklitisch *l*, (*l*)*s* in *del, al, des, as, nel* = *ne le, nes* = *ne les, quis* = *qui les* usw. Ähnlich stehen bei den adverbien und konjunktionen nebeneinander *lai* — *la, quer* — *car, non* — *ne*(*n*).

Besonders der artikel steht im verhältnis zum folgenden substantiv an und für sich nebentonig, daher zunächst mask. *li, lo, los*, fem. *la, las* mit bewahrung des ursprünglichen vokals. Vorausgehende präposition zieht den nebenton an sich, daher *lo, los* zu *le, les* geschwächt werden, bei völliger verschmelzung mit der präposition unter verlust des vokals wie in unbetonter vortonsilbe; der rektus *li* behält naturgemäss sein *i* wie sonstige nebentonsilben (*citez* u. ä.) stets ohne schwächung. Die femininformen sollten nach präpositionen zu *le les* werden, aber wir finden diese schwachtonige form nur im plural, wo sie auch im nominativ und präpositionslosen akkusativ an stelle des nebentonigen *las* erscheint, während im singular die nebentonige form *la* die schwachtonige form *le* verdrängt hat (welche hingegen im pikardischen dialekt durchgedrungen ist). Auf ähnliche weise, durch entstehung von doppelformen und sekundäre ausgleichung zugunsten der einen von beiden, erklären sich vermutlich auch die verschiedenheiten in der entwicklung der possessivpronomina: nebentonig *mon, ton, son, ma, ta, sa* neben schwachtonig *mes, tes ses* (dialektisch auch *men, ten, sen, me, te, se*). Endlich finden sich solche vollentwickelte langformen und schwachbetonte kurzformen auch in substantiv und verb: in jenem *danz — dan* für *dom(n)es — dom(n)e* (vgl. 9 *domina*), *sieur* (*monsieur*) neben *seigneur* ← *seniorem*; in diesem *es* neben *ies* (lat. *ĕs*), *ai as at* (*habeo -es, -et*) für **age*, **es*, **et* (vgl. 2 *at*), *vat* neben *vet* (*vadit*).

Auf die konsonantische entwicklung wirkt die akzentabstufung insofern ein, als auslautende konsonanten, die unmittelbar nach dem hauptton erhalten bleiben, in unbetonter silbe fallen (wie *rem* → *rien* gegen *unum* → *un, apud hoc* → *avuec* gegen *nec* → *ne*) oder als solche konsonanten in unbetonter silbe früher fallen als in betonter (*portat* → *portet* = *porte* gegen *portavit* — **portaut* → *portát*). Durch den schwächeren akzent und die damit zusammenhängende kürzere aussprache erklärt sich auch der ausfall von sonst festen konsonanten in proklitischen worten: *b* in *ubi* → *o ou*, *l* in *dels* → *des, als* → *as*, *els* → *es, qui les* — *quils* → *quis* 97.

III. Der Hauptakzent und seine Stelle.

Im lateinischen herrscht das sogenannte dreisilbengesetz, d. h. der hauptakzent tritt nicht über die drittletzte silbe zurück. Er ruht in mehrsilbigen worten auf der pänultima, wenn sie lang ist, auf der antepänultima, wenn jene kurz ist. Zweisilbige worte haben den akzent auf der pänultima.

Diese verhältnisse haben im französischen nur scheinbar eine verschiebung erfahren. Durch den ausfall unbetonter vokale in der letzten und vorletzten silbe sind eine reihe von barytonischen worten zu oxytonischen geworden (*mo-*

nasterium → *mostier*, *rationem* → *raison*, *civitates* → *citez* usw.). In allen diesen fällen aber hat der lateinische akzent seine stelle nicht verändert.

Eine akzentverschiebung findet sich in verschiedenen fällen, die ihre erklärung teils in phonetischen ursachen, teils und zu allermeist in der analogie finden. Nachdem so infolge der regelmässigen entwicklung die oxytonierenden worte das übergewicht erlangt hatten, ist es erklärlich, dass neu in die sprache aufgenommene worte diesem betonungsprinzip angepasst wurden. Daraus erklärt sich, dass gerade die lehn- und fremdwörter häufig eine abweichung von dem ursprünglichen akzent zeigen.

1. Der lateinische akzent behält in erbwörtern seine stelle (vgl. 5 *moillier* I a):

diurnum → *jorn*, *monasterium* → *mostier*, *coronam* → *corone*.

2. Akzentverlegung infolge lautlicher vorgänge.

a) In den aus betontem *ĭ* (*ĕ*) und unmittelbar folgendem *e* oder *ǫ* entstehenden diphthongen *ie* und *io* (*e̯o*) rückt der akzent auf den zweiten, volleren vokal (vgl. 5 *moillier* I b).

mulíerem → **mulíèrem* → *moillier*
filíolum → *filíólum* → *filluel*
capréolum → *capreólum* → *chevruel*.

Diese rein phonetische akzentverschiebung innerhalb eines diphthongen ist im laufe der entwicklung noch öfter anzunehmen: so in *ę̄* → *íe* → *ié*, *ǭ* → *úo* → *úe* → *ué*, *úi* → *uí* u. a. Dasselbe wiederholt sich später: vgl. *réi* → *roi* → *róe* → *roè* — *roá*. — Nicht hinreichend erklärt ist, weshalb *parietem* geschlossenes *e* entwickelt: **parịete* → *parei* — *paroi* (gegen *mulięrem* — *moillier*).

b) In gleiteworten, deren letzte silbe mit muta + *r* anlautet, rückt der akzent auf die pänultima:

cáthedra → *cathédra* → *chaiere* 116
tónitru → *tonítru* → *toneire* (359)
íntegrum → *intégrum* → *entier*.

Nach Neumann liegt der grund darin, dass *r* silbisch wurde und einen vokal aus sich entwickelte (*integrum* → *integerum*) und die nunmehr auf der viertletzten silbe betonten wörter dem dreisilbengesetz angepasst wurden. Es scheint jedoch, dass die betonung auf der pänultima von haus aus die natürliche, volksmässige, die auf der antepänultima die auf der prosodischen messung beruhende betonung der gebildeten sprache war.

3. Akzentverlegung infolge analogischer vorgänge.

a) Die 3. plur. perf. wird an die 1. und 3. sing. angeglichen (vgl. 18 *oïrent*):

hábuerunt nach *hábui*, *hábuit*, daher *óurent*.

b) Angleichung an das simplex (rekomposition — vgl. 11 *conquerrai* I, 12 *respondiet*):

vendidit → *vendédit* nach *dedit*, daher *vendiet*.

c) Übergang in andere konjugationsklassen (konjugationstausch — vgl. 31 *cheïr*):

cadĕre → *cadēre* → *cheeir*
cadēre → **cadīre* → *cheïr*
extorquēre → **extórquere* → *estortre*.

Diese analogische akzentverlegung ist, wie die angeführten fälle zeigen, meist die folge anderer vorgänge, die mit dem akzent an und für sich nichts zu tun haben. Es ist in *habuerunt* nicht der akzent von dem *e* auf das *a* verlegt worden, sondern man hat zu *hábui*, *hábuit* eine neue 3. plur. *hábuerunt* gebildet, ebenso zu *fúi* ein *fú(i)sti*, *fú(i)stis*, zu *báttuo*, *cónsuo* neue infinitive *báttuere*, *cónsuere*, zu *cadis*, *cadit* — *cadẹs*, *cadẹt* ein *cadẹ̄re* (wie zu *habẹs*, *habet* ein *habẹ̄re* vorhanden war).

4. Akzentverlegung in lehn- und fremdwörtern:

μάρτυρ(α) — *mártyr* → *martirs* 165
cálicem → *calice* 177
rústicum → *rustique* (gegen *ruiste* 254)
vólucrem → *volúcre* 127.

C.

Vokalismus.

Die entwicklung der vokale hängt, wie schon aus dem vorigen abschnitt hervorgeht, im wesentlichen vom akzent ab. Dieser entscheidet in erster linie über schwinden oder verbleiben, dehnung oder kürzung eines vokals. Demnächst kommt silbenschluss und art der umgebenden laute in betracht. Unbetonte vortonvokale fallen leichter vor einfacher als vor zusammengesetzter konsonanz, desgleichen bleiben endsilbenvokale vor *-nt* sowie nach gewissen ohne vokal schwer sprechbaren konsonanzen bestehen. Nebentonige vortonvokale verändern sich an und für sich nicht, wohl aber unter einfluss eines vorausgehenden oder folgenden konsonanten oder auch eines folgenden tonvokals. Silbenschliessende haupttonvokale endlich behalten ihre länge oder werden lang, haupttonvokale in konsonantisch schliessender silbe bleiben kurz oder werden gekürzt. Die kurzen vokale behalten dabei meist ihre qualität, die langen werden zweigipflig (doppelteilig: *áà, óò, éè*) und differenzieren ihre beiden glieder meist zu diphthongen.

Neben den spontanen, nur von akzentstärke, silbenschluss und vokalquantität abhängigen lautwandel der vokale tritt, namentlich bei den tonvokalen, seltener bei den nebentonvokalen, der bedingte, von den umgebenden konsonanten oder vokalen beeinflusste lautwandel: freies *ẹ* zu *ei* (*plena* → *pleine*), vor *ī* infolge umlauts zu *i* (**prensi* → *pris*), nach *c, g* zu *i* (*mercedem* → *mercit*); *ei* in der späteren entwicklung zu *oi* → *u̯a*, vor nasal aber als *ẽ*—*ẹ* geblieben (*plein, pleine*); unterm nebenton freies *a* erhalten, nach *ć* palatalisiert zu *e* (*baron* — *chevaliers*).

Einige änderungen gehen die vokale verschiedenartig betonter silben an. Der nahezu gemeinromanische übergang von *ĭ* in den nächstverwandten laut *ẹ* und ebenso von *ŭ* zu *ọ* vollzieht sich allgemein, in haupttoniger wie in nebentoniger silbe, und so auch in der schwachtonigen, wo das französische jedoch den neuen laut entweder zu *e* verdumpft oder ganz beseitigt hat. Der galloromanische wandel von *ū* zu *ü* tritt in haupttoniger wie in nebentoniger silbe ein (schwachtonige kommt wegen untergangs der lat. IV. deklination nicht in betracht). Die französische (teilweise auch provenzalische) nasalierung der vokale vor nasal betrifft wiederum die silben aller akzentstärken.

I. Allgemeines über die haupttonigen Vokale.

1. Lateinisch *ĭ* und *ŭ*.

Lateinisch kurzes (offenes) *i* wird in freier wie in gedeckter stellung zu geschlossenem *e* (vgl. 2 *en*):

cinctam → *cẹncta* — *cẹinte*, *fidem* → *fẹde* — *feit*.

Lateinisch kurzes (offenes) *u* wird in freier wie in gedeckter stellung zu geschlossenem *o* (vgl. 1 *jorn* II):

diurnum → *jọrn*, *gula* → *gọle*.

2. Die quantität der tonvokale.

Kurzer vokal in offener silbe wird lang, langer vokal in geschlossener silbe wird kurz (ten Brinksches gesetz — vgl. 2 *chief* IV a):

căput → *cāpo* — *chief*	*quaerere* — *quę̄r(e)re* → *quę̆rre*
fĭdem → *fẹ̄de* — *feit*	*dę̄bita* — *dę̄b(i)ta* → *dę̆tte*.

Betonte einsilbige wörter haben stets langen vokal, auch vor konsonantischem silbenschluss: *trans* — *trās* → *tres*, *rĕm* — *rę̄m* → *rien*, *cŏr* — *cōr* → *cuer*.

3. Die spontane diphthongierung.

Die ursprünglich langen oder nach 2) gelängten vokale neigen zur zweigipfligen aussprache, deren ergebnis in den meisten fällen die diphthongierung oder sonst eine qualitative veränderung des vokals ist. So wird

vulgärlat. *ǭ* zu *uo* — *ue*: **vŏlet* — **vǭlet* → *vuolt* — *vuelt*
„ *ę̄* zu *ie*: *mĕrum* — *mę̄ro* → *mier*
„ *ẹ̄* zu *ei*: *plẹ̄nam* → *pleine*.

Die diphthongierung beruht auf der länge und der daraus hervorgehenden zweigipfligkeit des vokals. Dieser braucht also zur zeit, als die differenzierung des *óò* zu *uo*, *éè* zu *ie* eintritt, nicht mehr in freier silbe zu stehen: daraus erklärt sich, dass ǭ, welches in unserem text noch als ǭ erhalten ist (*proz*, *lor*, *color*), noch im 12. jahrhundert zu *ou* — *eu* diphthongieren kann. Die beim eintreten des galloromanischen endvokalgesetzes vorhandenen vokallängen bleiben erhalten, sie fallen nicht mehr unter das viel ältere, gemeinromanische gesetz von der kürzung der langen vokale in gedeckter stellung.

4. Der umlaut.

Vor folgendem ī wird geschlossenes *e* (lat. ē oder ĭ) zu *i*, geschlossenes *o* (lat. ŭ oder ō) zu *ü* (vgl. 1 *fut*, 7 *u*):

illi → *il*	*fŭi* → *füi*
**pre(n)si* → *pris*	*tōtti* → *tüit.*

Wie weit auch folgendes hiatus-*i* umlaut wirkt, ist noch strittig, doch scheint der umlaut gesichert bei *li̯*, *ri̯*: *cilium* → *cil*, *ẹbrium* → *ivre* (650), *augŭrium* → *eür*. In anderen fällen war das hiatus-*i* schon in dem vorangehenden konsonanten aufgegangen, ehe der *i*-umlaut eintrat.

5. Die bedingte diphthongierung.

Unter einfluss eines folgenden i̯ (ī, i̯, jothaltige konss.) oder u̯ werden die offenen vokale ę und ǫ zu *ie* und *uo* — *ue* diphthongiert (vgl. 6 *mielz* II, 11 *espiet* II):

melius → *mielz*	**voleo-io* → *vuoil* → *vueil*
speot → *espieut* — *espiet*	*corium* → **cuoir* → *cuir.*

Diese diphthongierung beruht nicht auf der länge des vokals, sie tritt daher auch in geschlossener silbe ein. Die aussprache des *u* in diesem diphthong *uo* — *ue* war vermutlich *ü*.

6. Die nasalierung.

Die nasalierung der vokale vor *n* oder *m* tritt altfranzösisch in offener wie geschlossener silbe ein, wenn sie auch in der letzten vermutlich älter ist. Sie betrifft alle vokale. Doch werden nur ẹ und ę zugleich auch in der klangfarbe verändert, die übrigen vokale behalten ihre vorherige qualität (gedecktes ǫ vor nasal ist schon früher zu ọ geworden).

Also:

unum — ün → ü̃, una → üne → ü̃ne;
deunde—dǫnt→dǭ̃t, corona→corǭ̃ne, mǫntat—mǫntet→mǭ̃tet;
tantum — tant → tãt, sanctum → saĩt, longitanum → loĩtaĩ;
plena → pleĩne, cĭncta → ceĩte; ſīnem → fĩ;

aber: ***-męnte — ment → mãt, in — ẹn → ã;***
fem(i)na → fẽme → fãme.

Die nasalierung ging von den folgenden nasalkonsonanten *n* und *m* aus: die zu deren aussprache notwendige lockerung des gaumensegels wurde bereits bei der aussprache des vorausgehenden vokals vorausgenommen. In der ältesten zeit wurde jedenfalls auch der nasalkonsonant noch gesprochen: *en* = *ãn* — *ãv* (mit *-ng* am ende), *plein* = *pleĩn* — *pleĩv*, ebenso wie auch in offener silbe (mit *n*) *pleine* = *pleĩne*, *corone* = *corõne*. Im laufe der zeit ist er in geschlossener silbe verlorengegangen, nur der nasalvokal ist übriggeblieben (*ã*), während in offener silbe die nasalierung des vokals seit dem 17. jahrhundert wieder verlorenging und nur der nasalkonsonant erhalten blieb (*pleine* = *plęn*). — Im folgenden ist die nasalierung nur bei denjenigen vokalen besonders berücksichtigt, welche zugleich qualitative veränderungen erlitten haben.

II. Die einzelnen haupttonigen Vokale.

ū wird in freier und gedeckter stellung zu *ü* (vgl. 1 *un*):
ūnum → un (ü̃), nūllum → nul, drût- → drut.

ŭ wird in gedeckter stellung zu kurzem *ǫ* (vgl. 1 *jorn* II):
diŭrnum → jǫ̃rn, unquam → ǭ̃nque (ǭ̃ke),

in freier stellung zu *ǭ* (wie ursprüngliches *ō*, vgl. 2 *corone* III):
gŭla → gǭle,

vor *ī* (*i̯*) in freier oder gedeckter stellung zu *ü* (vgl. 1 *fut*):
fŭi → füi, augŭrium → eür,

mit sekundärem (aus mouillierten konss. entstandenem) *i* zu *ǫi* (vgl. 2 *croiz*, 7 *poin*):
crucem → crǫiz, pugnum → pǫin,

in lehnwörtern zu *ü* (vgl. 4 *dus*):
ducem → duc, sepulcrum → sepulcre.

ō wird in gedeckter stellung zu kurzem *ọ* (vgl. 22 *cort*):

cohortem — *cọ̄rtem* → *cọ̆rt* (wie oben *jọ̆rn*),

bleibt in freier stellung als *ọ̄* (vgl. 2 *corone* III):

corona → *corọ̄ne* (*corọ̄ne*), **prodis* → *prọ̄z*,

wird vor *ī* (*i̯*) zu *ü* wie oben *ŭ*:

tōtti → *tuit*,

mit sekundärem *i* zu *ọi*:

cognoscit → *conọist*.

Vor folgendem labialkonsonant ist geschlossenes *o* (lat. *ŭ* und *ō*) zu offenem *o* geworden und entwickelt sich wie dieses: *ōvum* → *ǭvu* → *uef*, *jŭvenem* → *jǭvene* → *juevne*.

ŏ bleibt in gedeckter stellung als *ǫ* (vgl. 15 *portet* I):

portat → *portet*,

wird vor gedecktem oder auslautendem nasal zu *ọ* — *ọ̄*:

**mọntat* → *mọ̄(n)tet* 133, *com(i)tes* → *cọ̄(n)tes* 137,
hom(i)nes → *họmes* — *họ̄mes* 208,

diphthongiert in freier stellung über *uo* zu *ue* (vgl. 22 *bons*):

**volet* → *vuelt*, *bonum* → *buen*,

diphthongiert in freier oder gedeckter stellung vor mouillierten konsonanten zu *ụo* — *ue* (vgl. 6 *mielz* II):

**voleo* → *vueil*,

mit sekundärem *i* zu *uoi* — *ui*:

**postius* → **puois* — *puis*, *noctem* → **nuoit* — *nuit*.

Domina → *dame* 9 erklärt sich als nebentonige form. — *Deo(r)sum* (746, vgl. s. 12) wird unter einfluss von *su(r)sum* — *sus* zu *jus* (vgl. ital. *giù*).

oe (= *oi*) wird kontrahiert zu *ẹ̄*, daraus in freier stellung der diphthong *ei*:

poena → *pẹ̄na* → *peine*.

au wird zu offenem *o* (vgl. 3 *or*):

aurum → *or*,

mit folgendem *i* zu *ǫi*:

gaudia → *jǫie* 118.

So auch *-abula* → *-aula* → *-ǫle*: *parabola* → *parole* 8; *ha *hora* → *ǫre, ǫr.*

a in gedeckter stellung bleibt (vgl. 1 *Charles* I):

Karlo → *Charle, *sabįum* → *sage, tantum* → *tant,*

mit folgendem *i* zu *ai*:

facta → *faite, sanctum* → *saint,*

in freier stellung (ausser nach palatal oder vor palatal oder nasal) zu *ẹ̄* (vgl. 3 *spee* IV):

spatham → *espẹ̄e*; *tra(n)s* → *trẹ̄s,*

in freier stellung nach palatal zu *ie* (vgl. 2 *chief* IV b):

caput → *chief, *pretiare* → *preisier,*

in freier stellung vor palatal bleibt *a*:

pacat — *paiet, plaga* — *plaie,*

in freier stellung vor nasal zu *ai* — *aĩ*:

**longitanum* → *loĩntaĩn* 68, **remánet* → *remaĩnt* 92,

vor silbenschliessendem labial zu *ǫ* (vgl. 2 *Rout* IV):

habuit — *au̯u̯it* → *out, clavum* — *clau* → *clou.*

Der übergang von freiem *a* zu *e* beruht auf der länge oder dehnung des *a* in freier stellung (vgl. s. 184 f. unter I 2, 3) ebenso wie die diphthongierung von freiem *ę, ǫ, ẹ, ọ,* führt also möglicherweise durch eine diphthongische vorstufe hindurch (*áà* — *áè* — *ee* — *e*). — Die endung *-arium, -ariam* nimmt eine besondere entwicklung: vgl. 4 *chevaliers* I. — Wegen *ewe* ← *aqua* siehe v. 106.

ae (= *ai*) wird kontrahiert zu *ẹ̄* (vgl. 9 *ciel* II):

daraus in freier stellung der diphthong *ie*:

caelum → *cẹ̄lo* → *ciel,*

in gedeckter stellung kurz *ę*:

quaerere → *quẹ̄r(e)re* → *quę̆rre.*

ĕ in gedeckter stellung bleibt (vgl. 6 *bel* I):

bellum → *bel,*

wird vor auslautendem oder gedecktem nasal über *ẽ* zu *ã* (vgl. 2 *en* II, 12 *folement* II):

**follamente* → *folement* = *folemãt,*

diphthongiert in freier stellung zu *ie* (3 *mier* II):

merum → *mier, bene* → *bien* (*biẽ*),

diphthongiert, frei oder gedeckt, vor mouillierten konsonanten oder vor *u* zu *ie* (vgl. 6 *mielz* II, 11 *espiet* II):

melius → *mielz, monasterium* → *mostier,*

mit sekundärem *i* zu *iei,* reduziert zu *i*:

despectum → **despieit* → *despit,*

mit *u* zu *ieu,* vor konsonant in der regel zu *ie* reduziert:

deum → *dieu, speot* → *espieut* → *espiet,*
meum → **mieun* → *mien.*

Wegen *Dẹu* und *Dẹ* vgl. v. 32.

ē in gedeckter stellung wird gekürzt zu *ẹ̆*:

dēb(i)ta → *dẹ̆te,*

mit sekundärem *i* zu *ẹi* (vgl. 1 *reis* II):

rēx → *reis, dirēctum* → *dreit,*

vor gedecktem oder auslautendem nasal über *ẹ̃*—*ẽ* zu *ã* (vgl. 2 *en* II):

prēndit → *prent* = *prãt* 86, *prendent, prendre,*

diphthongiert in freier stellung zu *ei* (vgl. 8 *pleine*):

plenum → *plein, plenam* → *pleine*; *tres* → *treis,*

wird nach palatal in freier stellung zu *i*:

mercedem → *mercit* 32,

frei oder gedeckt, vor folgendem ī (*i̯*) umgelautet zu *i* (vgl. 7 *il*):

**pre(n)si* → *pris, ebrium* → *ivre.*

ĭ in gedeckter stellung wird zu *ę̆* (vgl. 2 *en* I):

mittit → *mę̆t,*

mit sekundärem *i* zu *ęi*:

nigrum → *nęir*; *cinctam* → *cęinte,*

vor gedecktem oder auslautendem nasal ebenso wie *ē* zu *ã* (vgl. 2 *en* II):

intra → *entra* → *entre* = *ãtre, in* → *en* = *ã,*

in freier stellung lang (*ę̄*) und diphthongiert zu *ęi* (wie lat. *ē*):

fĭdem → *fęit*; *quĭd* (betont) → *quęi,*

frei oder gedeckt, vor folgendem *ī* (*i̯*) umgelautet zu *i*:

illi → *il, cilium* → *cil.*

ī bleibt, frei oder gedeckt, als *į* erhalten (vgl. 13 *dist* I):

vidit → *vit, dixit* → *dist.*

III. Die nebentonigen Vokale.

(Vokale in nichthaupttonigen anlautsilben.)

ū wird wie unter dem hauptton zu *ü* (vgl. 1 *un* II):

jurare → *jurer, Hugonem* → *Hugon.*

ŭ, ō wird in freier wie in gedeckter stellung zu *ọ* (nfrz. *ou*):

**diurnata* → *jọ̇rnee,* **monisterium* → *mōstier* → *mọstier.*

ŏ bleibt in gedeckter stellung (nfrz. *o* — vgl. 12 *folement* II):

**follamente* → *fǫlement,*

wird in freier stellung zu *ọ* (nfrz. *ou* — vgl. 2 *corone* V):

corona → *cọrone.*

Vereinzelt *ọ* → nfrz. *ou* auch in gedeckter stellung: *porcellum* → *pourceau, tormentum* → *tourment.*

ŏ, ō, ŭ vor nasal, frei oder gedeckt, zu *e* (vgl. 4 *demeines* III):

dominium → *demeine, truncare* → *trenchier.*

au wird wie unter dem hauptton zu ǫ kontrahiert, vor vokal zu ọ (nfrz. *ou* — vgl. 3 *or* I, 18 *oïrent*):

**au(c)toricare* → *ǫtreiier*; *audiverunt* → *ọïrent.*

Vor folgendem betonten *u* wird *au* durch dissimilation zu *a*: *augustum* → **agustum* → *aost*, *augurium* → **agurium* → **aür* — *eür.*

a bleibt in gedeckter stellung stets erhalten (vgl. 4 *barons* III):

incalciare → *enchalcier*, *mandare* → *mander*,

in freier stellung (ausser nach *c* und *g*) erhalten:

**baronem* → *baron*,

wird in freier stellung nach *c*, *g* zu *e* (vgl. 4 *chevaliers* Va):

caballarios → *chevaliers*, *gal(l)ina* → *geline.*

Zu *ca-* vgl. noch 73 *chameilz*, 116 *chaieres.* — Älter, zum teil noch gemeinromanisch, ist der übergang des *a* nach *j* zu *e* (auch in gedeckter stellung, auch haupttonig): *jacere* → *jecere* → *gésir*, *jacet* → *jecet* → **jieist* → *jist* — *gît*, *jactare* → *jectare* → *jeter* (prov. *gitar*, ital. *gettare*), *januarium* → *jenuarium* → afrz. *jenvier* (prov. *genvier*, ital. *gennaio*, span. *enero*), während die form *janvier* (schon afrz.) lehnwörtlich ist. — Vor unmittelbar folgendem betonten *ü* (nach ausfall dazwischenstehender konsonanten) wird *a* zu *e*: *a(u)gurium* — **aür* → *eür*, *maturum* —**maür* → *meür.*

ae wird frei und gedeckt zu *e* kontrahiert (vgl. 11 *conquerrai* III):

conquaerere + *habeo* → *conquerrai*,
**exlaetitiare* → *esleecier* 174.

ĕ bleibt frei und gedeckt als *e* (14 *legiers* II):

**leviarium* → *legier.*

ē, ĭ bleibt frei und gedeckt als *e* (vgl. 2 *en* I, 10 *seïst* III):

sēdisset → *seïst*, *signavit* → *seignat.*

Die qualität dieser aus *ae*, *ĕ*, *ē*, *ĭ* entstandenen *e* ist nicht sicher, vielleicht war sie zunächst bei allen die gleiche. — Vor *r* (vereinzelt auch vor *l* oder nasal) wird *e* zu *a*: *mercatum* → *marchiét*, *per* → *par*, *parmi* usw. Vorsilbe *ra-* für *re-* ist auch sonst häufig (*raneiet* Eulalia), *ramuër*, *ratenir* usw.).

ī bleibt frei und gedeckt als *į* (vgl. 9 ***veīstes* II a**):

cīvitates→citez,

wird zu *ę* vor folgendem haupttonigen *į*:

vicīnum→veisin, vidīsti—*vedist→veīs.

Nasalvokale. Vor nasal entstehen bei sämtlichen vokalen die entsprechenden nasalvokale:

imperator→emperere = ãperere
repentit (zu *paenitere*) = *repãtit*
manderai = mãderai
truncare→trenchier = trãchier siehe oben
**respondédit→respõdiet, longitanum→loĩtaĩ.*

Diphthongen. Mit sekundärem *i* (aus mouillierten konsonanten) entstehen die entsprechenden diphthongischen verbindungen:

**adrationare→araisnier* 8
**pretiare→preisier* 13
gaudiosum→joios 858.

Eine eigentliche diphthongierung des vokals findet in nebentoniger silbe nicht statt, sie ist an die haupttonsilbe gebunden. Daher *esleecier* gegen *liet←laetum, volons voleir* gegen *vuelt, meillor* gegen *mieldre mielz, preisier* gegen **prieiset — priset.*

IV. Die schwachtonigen Vokale.

1. Hiatusvokale.

Unmittelbar vor vokal stehendes unbetontes *u* oder *i* (oder *e*) wird zum halbvokal (*u̯—i̯*), später teilweise ganz konsonantisch (*v — j*).

Wegen der einzelheiten vgl. oben den konsonantismus, abschnitt IV. Aus verschlusslaut + *u̯* entstandenes *u̯u̯* wird je nach den umgebenden lauten verschieden behandelt (wichtig namentlich die *ui*-perfekta, deren entwicklung freilich manche schwierigkeit bietet). — Hiatus-*i* fällt nur nach *qu* (*quietum→coit*) sowie in **pari̯étem* (vgl. 5 *moillier* I b)→*paroi*, sonst verschmilzt es mit den vorausgehenden konsonanten zu mouillierten verbindungen, worüber konsonantismus IV zu vergleichen.

2. Die pänultima in gleitewörtern.

In der unbetonten pänultima fallen sämtliche vokale, auch *a*, aus (vgl. 9 *dame* I):

domina → **domna* → *dame*, *colaphum* → *colp*.

Der vorgang beginnt bereits in lateinischer zeit und setzt sich bis in die französische sonderperiode fort. Formen wie *ceindre* = *cingere* (prov. *cenher*), *juevne* = *juvenem* (prov. *joven*) sind nur französisch.

3. Unbetonte vortonvokale.

Die vokale der zwischen nebenton und hauptton stehenden vortonsilben verstummen vor leichter konsonanz, ausgenommen *a*, das als *e* erhalten bleibt (vgl. 1 *mostier* IV):

**monisterium* → *mostier*, **baronatus* → *barnez*;
bellamente → *belement*.

Vor schwerer konsonanz werden die vokale ausser *a* zu *e* geschwächt (vgl. 17 *correciez* I):

**corruptiatus* → *correciez*; *caballarios* → *chevaliers*.

Sekundärer ausfall eines aus *a* entstandenen *e* neben *r*:
comparare habetis → *comparerez* → *comparrez* (siehe v. 24).

Erhaltung des vortonvokals unter analogischem einfluss:
coronee statt **cornee* nach *corónet coróne* (siehe v. 6).

Erhaltung des vortonvokals in lehnwörtern:
imperator → *emperere* (siehe v. 5), *peregrinum* → *pelerin*.

4. Die vokale der endsilben.

Die vokale der unbetonten endsilben fallen ausser *a*, das als *e* erhalten bleibt (vgl. 1 *un* III):

unum → *un*, *habuit* → *out*;
prensam → *prise*, *portat* → *portet*.

Die unbetonten endsilbenvokale bleiben, in der regel zu *e* geschwächt, in folgenden fällen erhalten:

a) vor mehrfacher konsonanz (*nt* — vgl. 18 *oïrent*):

audiverunt → *oïrent*.

b) nach gewissen ohne vokal schwer sprechbaren konsonantengruppen (zwei ungleichen liquiden oder nasalen, nasal + liquida, *l* + nasal, dental + *r*, labial + *r* oder *l*, konsonant + zischlaut, vgl. 1 *Charles* III, 27 *riches* III):

somnum → *somne*, *insemel* → *ensemble*,
d. *helm* — **helmum* → *helme*, *patrem* → *pere*, *febrem* → *fievre*,
**sabium* → *sage*.

Also nicht nach *r* + nasal (*diurnum* → *jorn*, *vermem* → *verm*), palatal + *r* (*nigrum* → *neir*), palatal + *l* (*periclum* → *peril*, *vigilo* → *veil*).

c) von den gleitewörtern verlieren die in alter zeit reduzierten auch den endvokal: *plac*(*i*)*tum* → *plait* 860; die später reduzierten behalten ihn (wohl wegen des darauf liegenden schwachen nebentons): *facere* — *fag*(*e*)*re* → *faire*.

d) auslautendes *u* oder *i* verschmilzt mit vorausgehendem tonvokal zum diphthongen: *de-um* → *deu* — *dieu*, *fu-i* → *fui* (etwa *déŭ*, *dĭéŭ*, *fúĭ* gesprochen);

so auch bei früher gefallenem zwischenlaut:

paucum → *pou*, *locum* → **lou* → *lieu*, *habui* → **ayųi* → *oi*.

e) in lehnwörtern (vgl. 4 *demeines*):

martyrium → *martirie*, *Charlemaignes*, *suaire*, *calice*.

Nur scheinbar ist die erhaltung des endvokals in fällen wie *adparmane* → *aparmeines* 163 (analogisch nach *or* — *ore* — *ores*, *onc* — *onque* — *onques*).

Dritter Teil.

Text:

Karls Pilgerfahrt nach Jerusalem
(Laisse II—XV, Vers 32—258)

und die Heimkehr von Konstantinopel
(Laisse L—LIV, Vers 802—870).

Der vorausgehende abschnitt gibt auf grund der im text sich bietenden beispiele und regeln eine zusammenhängende übersicht über die wichtigsten lautwandlungen des altfranzösischen. Es kann daher im folgenden auf eine systematische betrachtung der einzelnen wörter in der bisherigen art verzichtet werden. Jedoch wird überall da eine erläuterung gegeben, wo die bisher behandelten regeln zur erklärung des betreffenden wortes nicht ausreichen. Die wortbedeutung siehe im wörterbuch.

Zur bequemeren übersicht wird hier die I. laisse im zusammenhang wiederholt, mit der phonetischen umschrift, wie sie im einzelnen oben festgestellt worden ist. Stumme oder vermutlich stumme sowie zu elidierende laute sind in klammern ( ) gesetzt.

I. Laisse.

Vers 1—31.

(Assonanzvokal *ié.*)

Un jorn fut li reis Charles al saint Denis mostier,
Rout prise sa corone, en croiz seignat son chief,
Et at ceinte sa spee dont li ponz fut d'or mier.
Dus i out et demeines, barons et chevaliers.
Charles li emperere reguardet sa moillier,
Ele fut coronee al plus bel et al mielz.
Il la prist par le poin desoz un olivier,
De sa pleine parole la prist a araisnier:
'Dame, veïstes onques rei nul dedesoz ciel,
Tant bien seïst espee ne la corone el chief?
Encore conquerrai citez od mon espiét.'
Cele ne fut pas sage, folement respondiét:
'Emperere' dist ele 'trop vos poëz preisier.
Encore en sai je un qui plus se fait legiers,
Quant il portet corone entre ses chevaliers:
Quant la met sor sa teste, plus belement li siet'.
Quant l'entent li reis Charles, molt en est correciez,
Por Franceis qui l'oïrent, molt en est enbronchiez:
'E, dame, ou est cil reis? Car tost le m'enseigniez!
Si porterons ensemble les corones es chies,
Si i avrat voz druz et toz voz conseilliers,
Je manderai ma cort de mes bons chevaliers.
Se Franceis le me dïent, donc l'otreierai bien.
Se vos m'avez mentit, vos le comparrez chier:
Trencherai vos la teste od ma spee d'acier'.
'Emperere' dist ele 'ne vos en correciez!
Plus est riches d'aveir et d'or et de deniers,
Mais n'est mie si proz ne si bons chevaliers
Por ferir en bataille ne por ost enchalcier'.
Quant ço vit la reïne que Charles est iriez,
Forment s'en repentit, vuelt li cheïr as piez.

Ũŋ džǫ̆rn füt li rẹis tšarles al sạīnt denis mostier,
Rout prize sa corǭne, ãŋ crọits sẽñat sõŋ tšief,
E(t) at tsẹ̄īnte sa spẹ̄e dǭnt li pǭntṣ füt dọr mier.
Düs i out e demeīnes, barǭns e tševaliers.
Tšarles li ãmperẹ̄re reguarde(t) sa mołier,
Ẹle füt corõnẹ̄e al plüz bẹl e(t) al mielts.
Il la prist par le pọīŋ desǭ̆ts ũ̆n olivier,
De sa pleīne parǫle la prist a arai(z)nier:
'Dãme, veïstes ǭŋkes rẹi nül dedesǭ̆ts tsiel
Tãnt biẽŋ seïst espẹ̄e ne la corǭn(e) el tšief?
Ãŋcǫre cõŋkerrai tsitẹ̄ts od mõn espiét'.
Tsẹ̆le ne füt pas sadže, folemãnt respõndiét:
'Ãmperẹ̄re' dist ẹ̆le 'trǫp vọs poẹ̄ts preizier.
Ãŋcǫr(e) ã sai dže üŋ ki plüs se fait ledžiers,
Cãnt il pǫrte(t) corǭne ãntre ses tševaliers:
Cãnt la mẹ̆t sọr sa tẹste, plüz belemãnt li siet'.
Cãnt lãntãnt li rẹis tšarles, molt ãn est corretsiets,
Por frãntsẹis ki lọïrent, mǭ̆lt ãn est ãmbrǭntšiets:
'E, dãm(e), u est tsil rẹis? Car tọst le mãnseñiets!
Si porterǭns ãnsãmble les corǭnes es tšies,
Si i avrat vọts drüts e tọts vọts cǭsełiers,
Dže mãnderai ma cǭ̆rt de mes bǭns tševaliers.
Se frãntsẹis le me dïent, dǭŋc lotreierai biẽŋ.
Se vọs mavẹ̄tṣ mãntit, vọs le cõmparrẹ̄ts tšier:
Trãntšerai vọs la tẹste od ma spẹ̄e datsier'.
'Ãmperẹ̄re' dist ẹle 'ne vọs ãŋ corretsiets!
'Plüz est ritšes davẹir e dọr e de deniers,
Mais n'est mïe si prǭts ne si bǭns tševaliers
Por ferir ãŋ batałe ne por ǫst ãntšaltsier'.
Cãnt tsǫ vit la reīne ke tšarles est iriets,
Formãnt sãŋ repãntit, vuelt li tšeïr as piets.

II. Laisse.

Vers 32—42.

(Assonanzvokal $\c{e} = e \leftarrow \bar{a}$).

‘Emperere’ dist ele ‘mercit por amor Deu!
Ja sui je vostre femme, si me cuidai joër.
Je m’escondirai ja, se vos le comandez,
A jurer sairement o juïse a porter:
De la plus halte tor de Paris la citét
Me larrai contreval par creant devaler
Que por la vostre honte ne fut dit ne pensét’.
‘Non ferez’ ço dist Charles ‘mais le rei me nomez!’
‘Emperere’ dist ele ‘ja nel puis je trover’.
‘Par mon chief’ ço dist Charles ‘orendreit lem direz,
O je vos ferai ja cele teste colper’.

Erläuterungen.

32 mercit: lies *mertsit*, lat. *mercēdem*.

Nach der allgemeinen regel (9 *pleine* I) wird freies ę zu *ei*. Unter einfluss eines vorausgehenden palatals (*c*, *g* — *i*) wird es aber zu *i*. Vgl. noch:

Saracenos → *Sarazins* 224
licere → *leisir* (445)
placere → *plaisir* (592)
page(n)se → *païs* 861
cera → *cire*.

Regel: Freies ę nach palatal wird zu *i* (vgl. s. 189).

Mercit „gnade!“, hier, in ihrer gefährlichen lage, von der königin im eigentlichen sinn gebraucht, sonst meist in abgeschwächtem sinn zur einleitung der rede: „mit verlaub“.

por amor Deu:

I. Wegen der konstruktion vgl. v. 1 *al saint Denis mostier*.

II. *Amǫr* lautet neufranzösisch *amour*, nicht *ameur*, wie nach *douleur*, *honneur*, *leur*, *douloureux* *-euse* zu erwarten wäre (vgl. 2 *corone* III). Gaston Paris nahm an, dass das adjektiv *amoureux,* wo das vortonige *ǫ* regelrecht zu *ou* wurde, auf den tonvokal des stammwortes eingewirkt habe. Es bleibt aber auffällig, dass hier ein vielgebrauchtes substantiv durch ein keineswegs häufiger gebrauchtes adjektiv beeinflusst wird und dass in ähnlichen fällen, wie *douleur* — *douloureux,* die beeinflussung nicht wirksam ist. Daher vermutet Neumann hier provenzalischen einfluss. Schon altfranzösisch steht *amor* neben *doleur, grandeur* u. a., und *amor* gerade ist „das hauptwort, der hauptbegriff der altfranzösischen lyrischen dichtung. Und wie sich diese im wesentlichen an das provenzalische muster anlehnt, so übernimmt sie auch von daher das in frage stehende wort. Mit dem import der neuen sache, des neuen begriffs der höfischen minne, *amor,* ist zugleich das wort dafür nach dem norden gekommen". Man kann diese erklärung noch durch den hinweis stützen, dass auch zwei andere wörter, welche in dem begriffskreise des minnedienstes und der minnelyrik zu den häufigst gebrauchten wörtern gehören, dieselbe erscheinung zeigen: *jalos* — *jaloux, espos* — *époux* statt *jaleux, épeux* (mundartlich vorhanden, ebenso wie *ameur*). Schon bei Crestien von Troyes, dem ältesten vertreter der höfischen lyrik in Nordfrankreich, bilden diese wörter eine ausnahme (*jalos, espos* gegen *angoisseus, honteus, perilleus* u. a.), sind also wohl als provenzalische lehnwörter oder wenigstens als beeinflusst durch die entsprechenden provenzalischen formen anzusehen.

Amor, altfranzösisch feminin wie alle lateinischen abstrakta auf *-or* im französischen, ist unter einfluss des lateinischen etymons (besonders des eigennamens *Amor*) wieder mask. geworden (auch *honneur,* afrz. fem., nfrz. wieder mask.).

III. *Deu* ← *Deum.* Lateinisch *deum* erscheint im altfranzösischen als *dieu* (*diu*), *deu, De* (lies *di̧ẹŭ* — *dîŭ, dẹŭ, dẹ̑*). Alle drei formen gehen auf vulgärlateinisches einsilbiges *deu͡* zurück: auslautendes *u* verschmolz mit unmittelbar vorhergehendem tonvokal zum diphthongen, daher in dieser verbindung ursprüngliches endungs-*u* beim fall der endsilbenvokale als teil der tonsilbe erhalten blieb. Vgl. noch ***meus*** → **mieus* (wozu das pikardische fem. ***miue*** gehört).

Nach der regel diphthongiert *ę* vor *u* zu *ie*, also ***deum*** → ***dieu***. Daneben finden sich *dẹu*, das wohl als lehnform zu betrachten ist, und *Dẹ* (dieses nur als eigenname), das aus jener als kurzform (in verwünschungen u. ä.) entstanden ist. In beiden formen wird *ę* zu *ẹ* vertieft (beide reimen mit *ẹ̄* ← *ā*), wie in den übrigen lehnwörtern ähnlichen charakters (*Andrẹu, Mahẹu, Ebrẹu, Judẹu* u. a.).

33 **sui**: lies *süi*, aus lat. ***sum***.

Lat. *sŭm* wurde stark betont (als selbständiges verbum oder bei nachdrücklicher betonung auch als kopula) zu *sọn* mit erhaltenem nasal wie ***rem*** → ***rien*** (vgl. ital. *sono*), schwach betont (als kopula) zu *sọ*. Diese form liegt dem provenzalischen *soi, sui* und dem französischen *sui* zugrunde. Nach dem muster von ***habeo*** — **ajo* — *ai* wurde *sọ* zu *sọi* (wie ital. *son* nach *amo, temo, vendo* zu *sono*). *Soi* (im provenzalischen vorhanden) wurde unter einfluss der 1. perfektform *fui* französisch und provenzalisch zu *sui*. (Nach Suchiers erklärung wurde *so* nach dem muster von *amo, vendo* usw. zu *sọo*, unter verschmelzung der beiden vokale zum diphthongen zu einsilbig *suo*, mit *i* nach *fui* zu **suoi* — *sui*.) — Nfrz. *suis* (seit dem 16. jahrh.) hat das für alle ersten personen ind. präs. (ausser der *a*-klasse und *ai* ← *habeo*) charakteristische *s* (nach *puis, nais, fais* usw.) erhalten.

femme: lies *fãme*, aus lat. *femina*.

Wie *domina* (siehe 9 *dame*) verlor auch *femina* früh den vokal der pänultima: *femna*, woraus durch assimilation des zweiten nasals *femma* und durch vereinfachung der doppelkonsonanz (vgl. 4 *chevaliers* III) *feme* wurde. Wie *in-en* → *ã* (v. 2) wird *feme* durch die nasalierung des tonvokals über *fẽme* zu *fãme*, zur bezeichnung des nasalen *a* häufig *fenme*, *femme*, auch *fanme* (daneben *fame*, *feme*) geschrieben. —

Durch die im 17. jahrhundert einsetzende entnasalierung in offener silbe (vgl. 2 *corone* VI) wird *fãme* zu *fame*—*fam.*

cuidai: lies *cüidái,* aus *cogitavi.*

Ursprüngliches **coagito* wurde schon im lateinischen über *cǭgito* zu *cǫgito* (vgl. 22 *cort*). Hieraus wäre zunächst **cǭgida* — **cǫjdo* — **coit* (inf. **cǫgidare* — **coidier*) geworden. Ob in den stammbetonten formen das *i* (*j*) einen umlaut, also regelrecht *cuit* (s. u. v. 55) *cuides cuidet,* hervorrufen konnte, ist sehr zweifelhaft. Jedenfalls finden wir weder im französischen noch im provenzalischen eine nebentonige form mit *o*, während andererseits auch solche romanische sprachen, welche den *i*-umlaut nicht kennen, *u* zeigen. Daher ist wohl eine vulgärlateinische form **cūgito* anzusetzen, deren *ū* im französischen und provenzalischen regelrecht zu *ü* wurde, in den übrigen romanischen sprachen als *u* blieb.

Cuider findet sich im neufranzösischen noch bei La Fontaine, jetzt ist es veraltet ausser in den ableitungen *outrecuidant, outrecuidance.*

joër: lies *džo-er,* aus *jocare.*

Das intervokale *c* (*g*) vor *a* wird hier anders behandelt als in den unter 9 *rei* I aufgeführten beispielen (*pacare*→*paiier, precatum*→*preiiét,* **regalimen*→*reialme*). Wie in *joër* verstummt der palatale explosivlaut in:

carruca→*charrue* (283)
locare→*loër* (*aloëz,* Alexius 78)
advocatum→*avoét* (Roland 136)
auca→*oë*
ruga→*rue.*

Regel: Intervokales *c* und *g* vor *a* verstummen nach vorausgehendem gutturalvokal. Vgl. oben s. 168, Nr. 4.

In manchen, besonders in östlichen und südlichen mundarten des französischen entwickelt sich auch in diesem falle *i* (*joiier*, *loiier*, *oie* usw.). Die in der francischen mundart begegnenden *i*-formen erklären sich zum teil durch dialektische einflüsse, zum teil durch analogie (*vocalem* — *voel* → *voiiel* nach *vocem* — *voiz*).

Reflexiv *sei joër* (mit dativus ethicus wie *s'en repentit* 31) in der bedeutung = *joër* 'scherzen'. Wegen der stellung des pronomens vgl. v. 13, s. 112 f.

34 escondirai.

Beruht auf **excondicere* mit wandel von *x* vor konsonant zu *s*, vgl. 43 *estortre* II.

35 juïse: lies *džüitze*, aus *jūdicium*.

Das wort ist lehnwort. Die form der endung entspricht nicht den lautgesetzen, nach welchen **jüets* (*juez*) entstehen müsste (wegen intervokalem *c̨* vgl. **aciarium* → *acier*, *faciem* und *faciam* → *face*, *glaciem* → *glace*). Wahrscheinlich wurde die endung an die der feminina *justise*, *franchise*, *richise* u. a. angeglichen, wo *-ise* → *ĭtia* teils lautgesetzlich (nach palatal: wie 32 *mercit*, so *frank-* + *-itia* → *franchise*, *rikj-* + *-itia* → *richise*), teils analogisch (wie in *justise* statt **justeise*) ist. Die endungsformen *-ece*, *-ice* (*proece*, *service*, *justice*) sind lehnwörtlich.

36 halte: lat. *altam* mit unorganischem *h*.

Das anlautende *h* wurde tatsächlich gesprochen, noch im neufranzösischen ist es *h consonne*. Die aspirierten *h* des französischen gehen meist auf germanisch *h* zurück, das in das französische eindrang, nachdem lateinisch *h* längst verstummt war, und zunächst als echter hauchlaut erhalten blieb. Vgl. noch:

**hauniþa* → *honte* 38, dazu *honir* (721), *hontage* (491)
hatjan → *haïr*, dazu part. perf. fem. *haïe* 105
heriberga → *herberge(s)* 109, dazu *herbergier* (483)
stamm *hast-* → *haste* 142, *hastif*, *haster*.

Regel: Anlautendes germanisches *h* bleibt als *h* (hauchlaut) erhalten. Vgl. oben s. 163, nr. 2.

Im neufranzösischen ist *h* verstummt, wirkt aber noch in der nichtelision eines vorausgehenden tonlosen vokals nach.

Das *h* in *halt* wird erklärt durch einwirken des begriffsgleichen deutschen *hoch*, fränkisch **hauh*.

37 larrai.

Dieses futurum (nebenformen *larai, lairai*) gehört zu dem häufig vorkommenden infinitiv *laiier*, dazu noch der conditionalis *lairoie*, das perf. 3. p. *laia* sowie die präsensformen *lais, lait* nebst dem imperativ *lai*. Es liegt nahe, an deutsch *lassen*, germ. *latjan*, got. *lêtan*, niederl. *laten*, zu denken. Indes würde *latan* frz. *laër*, **latjan* frz. *laïr* (vgl. *hatjan* → *haïr*) ergeben. Daher hat Thomas germ. *lagjan* (nhd. *legen*) als passendes etymon aufgestellt, das der bedeutung 'lassen' nicht zu fern liegt und formell **laiir* oder nach der I. konjug. *laiier* ergeben musste. Die präsensformen *lais, lait*, imp. *lai* ebenso wie das futurum würden lautlich besser zum infinitiv **laiir* stimmen, der aber nicht belegt ist.

Das gewöhnliche wort für 'lassen' ist schon im altfranzösischen *laissier* ← *laxare* (= schlaff machen, lösen, nachlassen, vgl. 44 *laissast* ← *laxāsset*), nfrz. *laisser*. Meyer-Lübke versucht, *laiier* mit *laissier* in verbindung zu bringen, indem er den imperativ *lai* als kurzform aus *laisse* betrachtet und darauf alle übrigen formen aufbaut. J. Brüch sieht das etymon wieder in einem germanischen wort: *lak* 'schlaff, lose'.

Laiier ist neufranzösisch nicht mehr vorhanden (das futurum *lairray* und cond. *lairrois* waren bis ins 17. jahrhundert, z. b. noch in den älteren stücken von Corneille, im gebrauch).

contreval: offenes *o* ist vor nasal geschlossen worden, z. B. *pŏnte* → *pọ̃nt*, *hŏmine* > *ọ̃me*, *mŏntare* > *mọ̃nter*.

38 ne—ne: das erste *ne* = *non*, das zweite = *nec* (vgl. v. 28).

dit: aus analogischem *dīctum* (nach *dīco*) entstanden, während *dĭctum* — *deit* (vgl. ital. *detto*) französisch nur in *beneeit* (name *Beneeit* — *Benoît*) erhalten ist. *Dīctum* auch in prov. *dit dich*, gallo-italisch *dito dit*, altspan. *dito* neben *decho* (← *dĭctum*), woraus durch kreuzung neuspan. *dicho*.

pensét: lies *pãsét,* lat. *pensatum.*

Die erhaltung des *n* vor *s* kennzeichnet das wort als lehnwort. In erbwörtlicher entwicklung gibt lat. *pensare* vielmehr *peser* = wägen, wiegen, drücken (auch in übertragener bedeutung), in den stammbetonten formen mit *ei* wie *me(n)sem* → *meis* (häufig die redensart *ce peiset mei* das bekümmert mich).

39 **Non;** die haupttonige form der negationspartikel (gegen *nen* — *ne*), im neufranzösischen nur noch vor nominalen oder partikelhaften begriffen oder absolut stehend in der antwort gebräuchlich. Im altfranzösischen kann *non* auch noch vor verben gebraucht werden, wenn es stark betont ist, d. h. in der antwort, namentlich wie hier bei *faire* (vereinzelt noch im älteren neufranzösisch: *Non ferai* Molière).

ferez, dazu 42 *ferai.*

Der infinitiv *facere* gibt über *fagere* — *fajre* regelrecht *faire.* Ein davon abgeleitetes futurum würde **fairai* lauten (wie *sacramentum* → *sairement, fragrare* → *flairier*). Der vergleich mit den übrigen romanischen sprachen zeigt jedoch, dass neben der vollen infinitivform *facere* schon in vulgärlateinischer zeit eine kürzere nebenform **fare* dagewesen sein muss (vgl. ital. *fare*, prov. *far* neben *faire*, katal. *far*, altspan. *fare*), die gerade im futurum ihre daseinsberechtigung hatte, wo der infinitiv vortonig steht (*facere hábeo* → *fare hábeo*). Das so gebildete futurum **farajo* lautet regelrecht im italienischen *farò*, im provenzalischen *farai*, hingegen im französischen *ferai* mit *e* statt *a* in der nebentonigen vortonsilbe. Man könnte an einwirkung der infinitivform denken: **fare* musste französisch zu **fer* werden wie *amare* → *amer.* Aber die reine infinitivform **fer* ist im französischen nicht belegt, und so erklärt G. Paris *ferai* statt *farai* durch satzphonetische entwicklung: in *sì farái, jè farái* musste sich das unbetonte vorton-*a* wie in *chantarai* — *chanterai* zu *e* entwickeln, so dass hier *ferai* lautgesetzlich entstehen und schliesslich die parallelform *farai* ganz verdrängen konnte. Überhaupt wäre die entstehung einer kurzform *ferai* gerade bei diesem verbum nicht auffällig, das noch im neufranzösischen formen wie *faisons, faisais, faisant* (mit ə statt ẹ) entwickelt: anglonormannische und pikardische texte sind sogar bis zu *frai fras frat* vorgeschritten. Sehr beachtenswert ist schliesslich die von verschiedenen seiten vertretene analogische erklärung: nach *serai, esterai.*

le rei me nomez: stellung des objekts. Vgl. noch:

Por ferir en bataille ne por ost enchalcier 29
O je vos ferai ja cele teste colper 42
M'amistiét et mon gret en avez tot perdut 54
La croiz et le sepulcre vueil aler aorer 70
Et irai un rei querre dont ai oït parler 72
Set cenz chameilz menrez d'or et d'argent trossez 73
Les destriers font ferrer et detrés et devant 81.

Das heisst: das substantivobjekt kann im altfranzösischen aussagesatz vor das verbum treten. Beispiele sind sehr häufig, aber die neufranzösische regelrechte stellung verbum — objekt überwiegt doch auch schon im altfranzösischen.

Wie im aussagesatz, so auch beim imperativ. Vgl. noch:

Vostre congiét, bels sire, se vos plaist, me donez 251.

Auch in dem durch eine konjunktion eingeleiteten nebensatz:

Se mençonge avez dite 52.

Vorausstellung des objekts an die spitze des satzes hat (wie sonst eingeleiteter satz, vgl. v. 1 *Un jorn fut li reis Ch.*) inversion des subjekts zur folge:

Les mulz et les somiers afeltrent li servant 82
granz vertuz i fait Deus 255.

40 nel: für *ne le.*

Wie die formen des artikels nach den präpositionen *de, a, en* (vgl. 1 *al*, 10 *el*) können auch die formen des unbetonten (verbundenen) pronomens zu vorausgehenden wörtern in das verhältnis der enklise treten: hauptsächlich zu vokalisch endigenden pronominalformen oder partikeln wie *ne*, *que*, *si*. Dabei verlieren die encliticae, wie die unbetonten endsilben und wie die artikelformen, ihren vokal, die pluralform *les* auch noch das nach ausfall des vokals unmittelbar vor das *s* tretende *l* (vgl. *des, as, es*). Vgl. noch:

lem direz = *le me d.* 41
Nel deüsseiz penser = *Ne le d.* 56
Quis conduit et governet = *Qui les c.* 97
Altresil fait torner com arbre de molin = *Altresi le f.* (372)
Li reis Hugue li Forz Charlemaigne apelat,
Lui et les doze pers, sis trait a une part = *si les tr.* (419 f.)
mais quel sachet li reis = *m. que le s. l. r.* 'wofern der könig es wüsste' (491).

Die französische schriftsprache hat überall die vollen formen wieder hergestellt. Die umgangssprache hingegen verwendet die enklise in ziemlich ausgedehntem masse.

Ausgedehnter als im altfranzösischen ist die enklise im altprovenzalischen, wo vokalischer wortausgang häufiger ist als im französischen (*ama* gegen *aimet*, *be* gegen *bien*) und andere enklisen ermöglicht (*ama vos* → *ama'us*, *be me* → *be'm*).

puis: lies *püis*, an stelle des lat. *possum*.

Lat. *pŏssum* müsste französisch **pos* geben. Die früher zur erklärung des diphthongen *ui* gemachten annahmen sind teils nicht in einklang mit der lautgeschichte, teils in der annahme hypothetischer formen zu willkürlich. *Poteo*, zu *potes* gebildet wie **potet*, **potetis* (vgl. 13 *poëz*) und gelegentlich im spätlatein belegt, könnte wohl **puois* — *puis* geben, aber der zugehörige konjunktiv **poteam* müsste **puise* (mit stimmhaftem *s*), nicht *puisse* ergeben. Die von anderen angenommene entwicklungsreihe **potsum* — **potso* — **pocso* lässt den übergang von **potso* zu **pocso* unerklärt. Das nach gewöhnlicher annahme zugrunde liegende **posco* ist nur aus dem prov. *posc puosc* erschlossen, das an die inchoativa angeglichen ist (auch konj. *posca, puosca*), und könnte im französischen weder im ind. *puis* noch im konj. *puisse* ergeben (statt dessen wäre **posc* und **posche* zu erwarten); man müsste dazu wieder die oben (s. 125) widerlegte hypothese von der metathesis *sc* → *cs* zu hilfe nehmen.

Lat. *possum* wurde vulgärlateinisch regelrecht zu *posso* (vgl. ital. *posso*), dieses wurde vermutlich zu **possio*, vielleicht unter einfluss des neugebildeten regelmässigen konjunktivs **possiam* für klassisch *possim*. Offenes *o* vor *į* oder mouillierten konsonanten wird zu *uo* — *ue* wie *ę* vor *į* zu *ie*: **volio* → *vuel* (geschr. *vueil*) 70, **faldastolium* → *faldestueil* 85, der germanische stamm *urgoli-* → *orgueil*. Mit folgendem *i* entsteht der triphthong *uoi*, daraus der diphthong *ui*: *noctem* → **nuoit* → *nuit* 237, **postius* → **puois* → *puis*, so auch **possio* → **puois* → *puis*, **possiam* → **puoisse* → *puisse*.

Nfrz. *peux* neben regelmässigem *puis* erklärt sich als analogiebildung nach der 2. und 3. person: *potes* — *pues* — *peux*, **potet* — *puet* — *peut* (mit *eu* für *ö*, vgl. 22 *bons*, 31 *vuelt*).

trover: vulgärlat. **tropare* oder lat. *turbare*.

Diez nahm als grundwort *turbare* in der bedeutung 'durcheinanderwerfen, sichten, suchen' an. In einer reihe von artikeln hat H. Schuchardt dieses grundwort vertreten und speziell als terminus technicus der fischersprache geltend gemacht: 'das wasser nach fischen durchstöbern — fische erstöbern — finden'; auch die bedeutung 'das wild bei den treibjagden aufscheuchen' ist neuerdings (z. b. im sardischen) festgestellt worden. Da jedoch alle romanischen sprachen die metathesis *turbare* zu **trobare* als gemeinromanisch und daher als alt voraussetzen, müsste das *b* auch im provenzalischen zu *v* geworden sein, hier aber heisst das wort *trobar*. Auch müsste *turbare* *ǫ*, nicht *ǫ* ergeben (*trueves, truevet*). Man wird also mit Thomas an einer grundform **tropare* festhalten müssen (belegt sind die composita *contropare* = vergleichen, schätzen und *attropare* = *per tropologiam loqui aut scribere*). Nach Baist wäre dies **tropare* die latinisierung des griechischen *τροπολογεῖν* im sinne von 'allegorisch deuten, umschreiben, dichten, erfinden — finden'; nach G. Paris wäre es eine ableitung von *tropus* (*τρόπος*) 'melodie', entweder in der bedeutung 'eine melodie variieren, komponieren, erfinden — finden' oder (vgl. Baists erklärung) 'figürlich nehmen, dichterisch gestalten, erfinden — finden'. A. Kluyver geht von der bedeutung 'list' für *τρόπος* aus, darnach *tropare* 'eine list ersinnen' (auch *contropare*, *attropare*) und bringt neue belege für *contropatio*. Gamillscheg betrachtet **tropare* als rückbildung aus *contropare* 'vergleichen' und dieses als latinisierung eines gotischen *ga-þaurpan* 'zusammenstellen'.

41 **orendreit:** zusammengesetzt aus *or* (siehe 11 *Encore*) und *endreit* = *in directo.*

In der wortzusammensetzung *in dīrécto* ist das vortonige *ī* schwach betont und muss ausfallen wie in **venīrajo* → *vendrai* — *viendrai* oder wie *ĭ* in **monĭsterium* → *mostier*. Das *ī* fällt aber auch in dem alleinstehenden *dīrectum* → *dreit,* d. h. auch wenn es nebentonig ist. Man könnte an beeinflussung durch *endreit, orendreit* denken, aber so wie ausfall eines aus *a* entstandenen vorton-*e* (vgl. 24 *comparrez*) findet sich auch solcher eines nebentonigen *e* oder *i* gerade neben liquiden: vgl. die vorhin erwähnten formen *frai fras* für *ferai feras*, ferner **veraium* → *verai* → *vrai*, sowie neufranzösische wörter wie *peluche* — *pluche*, *peloton* = *pəlotô* und *plotô*, *beluter* → *bluter*, *berouette* → *brouette.*

42 **cele teste colper.**

Zur wortstellung vgl. oben 39 *le rei me nomez.*

colper ist ableitung von *colp* ← *colaphum* ← *κόλαφον* (vgl. 3 *spee* II a, 9 *dame* I).

cele teste: den kopf da, euren kopf. *Cel* bezeichnet die vom sprechenden entferntere person, sache, zeit, ort, *cest* die näherliegende: vgl. 12 *Cele ne fut pas sage* (jene), 19 *ou est cil reis?* (jener könig) mit 149 *Onques nen osat huem en cest mostier entrer,* 800 *Ne de ceste semaine,* Roland 47 *Par ceste meie destre.* Daher geht *cest* leicht in die bedeutung des artikels über: *Et paissent par cez prez amont par les coltures* (318), *Cez degrez de la sale vint al palais errant* (335).

Der assonanzvokal und seine qualität.

Sämtliche in der assonanz befindlichen *e* ausser in *Deu* gehen auf lat. *a* zurück. Dieses *e*←*a* hatte eine besondere klangfarbe, es reimt nicht mit *e*-vokalen anderer herkunft (abgesehen von einzelfällen wie hier *Deu*—*De, eret*—*ert* = lat. *erat*). Lat. *ē* kommt überhaupt kaum in betracht: in offener silbe wird es zum diphthongen *ei* (*plena*→*pleine*), in geschlossener gekürzt zu *ę̆* (*dirēctiat*→*drẹ̆cet, dēb(i)ta*→*dẹ̆te*), häufig mit folgendem *i* zu *ei* verbunden (*rex*→*reis, directum* →*dreit*). Lat. *ĕ* diphthongiert in offener silbe zu *ie,* in geschlossener bleibt es als *ę*: vgl. *mier* gegen *teste.* Endlich lat. *ĭ* teilt in offener silbe das schicksal von lat. *ē,* in geschlossener bleibt es als kurzes geschlossenes *e*: vgl. *feit* gegen *ẹ̆le, mẹ̆t.* Es waren also ausser *e*←*a* im altfranzösischen vorhanden *ę̆* und *ẹ̆*. Schon im 12. jahrhundert wird *ẹ̆* zu *ę̆* (*mẹ̆tre*→*mę̆tre*), das infolge der kontraktion von *ai* zu *ę* (*faire*→*fęre*) qualitativ mit diesem neuen *ę* zusammenfällt. Das *e*←*a* hingegen fällt nicht mit *ę*←*ai* zusammen, *pere*←*patrem* reimt nicht mit *fęre*←*faire*: *e*←*a* war also nicht offen, sondern geschlossen. Diese geschlossene aussprache hatte es vermutlich schon zur zeit unseres gedichtes, wenngleich die entwicklung von *a* zu geschlossenem *e* über offenes *e* geführt haben muss: *ā*→*ę̄*→*ẹ̄*. Die lange quantität dieses *ẹ̄* hinderte den zusammenfall mit *ẹ̆*←*ĭ*.

Heutzutage ist afrz. *e*←lat. *a* geschlossen im auslaut (*épée, aimé, aimer*), offen vor konsonant (*pere, tel, nef*).

III. Laisse.

Vers 43—52.

(Assonanzvokal *ǫ-e.*)

43 Ore entent la reïne que ne se puet estortre,
44 Volentiers le laissast, mais que muër nen oset.
45 ‘Emperere’ dist ele ‘ne me tenez a fole:
46 Del rei Hugon le Fort ai molt oït parole,
47 Emperere est de Grice et de Costantinoble,
48 Il tient trestote Perse tresques en Capadoce.
49 N'at tant bel chevalier de ci en Antioche,
50 Ne fut itels barnez com le suen senz le vostre’.
51 ‘Par mon chief’ ço dist Charles ‘ço savrai je encore.
52 Se mençonge avez dite, a fïance estes morte’.

Erläuterungen.

43 **Ore:** *ha(c) hora,* vgl. 11 *encore,* dazu 9 *onques.*

puet: **pŏtet* für *pŏtest,* vgl. 13 *poëz.*

estortre: **extórquere* für *extorquēre,* zu *extorqueo — extorquio* (vgl. 1 *jorn* III a) gebildet nach *capio — capere* u. ä. Ein konjugationstausch wie *cadere → *cadire → cheïr* 31.

I. Die lautliche entwicklung. Das hiatus-*u* nach *q* schwindet, desgleichen der vokal der unbetonten pänultima, der velare (oder schon palatale) explosivlaut *c* assimiliert sich den umgebenden dentalen liquiden (zungenspitzen-*r*) und wird zum entsprechenden dentalen explosivlaut *t.* Vgl. noch:

vinc(e)re → veintre.

Aus stimmhaftem guttural entsteht stimmhafter dental:

surg(e)re → sordre
*adér(i)go — *adérg(e)re → aerdre* (anfassen)
terg(e)re → terdre.

Regel: Velarer oder palataler verschlusslaut zwischen zwei *r* wird zum entsprechenden *dental* (*t — d*). Vgl. oben s. 174 nr. 3.

In *extorquere* war nach ausweis der übrigen romanischen sprachen das *u̸*, vermutlich auf analogischem wege, schon früh verstummt (vgl. prov. *estorcer*, ital. *storcere*). Der ursprüngliche velar war daher bereits zum palatal geworden, ehe der pänultimavokal ausfiel, so dass von **estorćere* (vielleicht schon von *estortśere*), ebenso von *sorǵere — sord'ere* auszugehen ist.

II. Die vorsilbe. Lat. *ẹx-* entwickelt sich unter gewöhnlichen umständen (nach 1 *reis ← rex*) zu *eis(s)-*, in betonter silbe unter diphthongierung des *ę* (vgl. 6 *mielz* II) zu *ieis(s)-*, so *exire → eissir*, **exiverunt → eissirent* 90, *sexaginta → seissante* (*soixante*), aber *éxeunt → *ieissent → issent* 827, *sęx → *sieis → sis* (*six*). Die mouillierung des *cs* tritt jedoch nicht ein vor konsonant, die hier entstehende dreifache konsonanz ist schon in lateinischer zeit durch assimilation oder ausfall zu *s* + konsonant vereinfacht worden, gleichgültig ob in betonter oder unbetonter silbe:

dext(e)ra → destre (264)
dextrarios → destriers 81
extraneum → estrange 861
*juxta — *juxtare → joste — joster.*

Regel: Lat. *x* vor konsonant wird zu *s* vereinfacht.
Vgl. oben s. 173.

44 **volentiers:** *voluntarie + s.* Vgl. 17 *correciez* I und 9 *onques* III.

45 **tenez:** vgl. 19 *enseigniez* und 13 *poëz* II.

46 **del:** vgl. 1 *al.* — Mit auflösung des *l* ergibt *del* im francischen zunächst *deu — dou*, das dann durch die lautform *du* verdrängt wird, welche in Pikardie und Normandie zu hause ist und bis in die westliche Isle de France reicht. Ähnlich scheinende fälle aus der schriftsprache erklären sich auf besondere weise (wegen *sour → sur* siehe v. 16).

Hugon: zu deutsch *Húgo*, akk. *Húgon -un.* Germanische namen dieser art wurden ebenso wie die entsprechenden appellativa an den nächstliegenden lateinischen typus *-o — onem* (*pulmo-onem, carbo-onem, *companio-onem*) angeglichen: *gúndfano-on → gonfanón, gêro-on → gerón* 853, *wáso-on → gazon, báro-on → ber* 156 — *barón* 4, ebenso auch *Húgo-un → Húgo — Hugōne(m), Fúlco — Fúlcun → Fulco — Fulcónem*, daher obliquus *Hu(g)on, Folcon, Naimon* 62, ja nach dieser analogie selbst *Charlon* 838, 857. Ebenso ergeben die weiblichen namen germanischer herkunft auf *a — ane* im französischen *e — ain*: *Berta — Bertane → Berte — Bertain*, darnach auch *Eve — Evain, none — nonain*.

Einen typus *Hugus — Hugonem* braucht man für das galloromanische nicht anzunehmen, vielmehr weisen die provenzalischen formen *Uc — Ugon, Folque — Folcon* auf eine galloromanische flexion *Hugo — Hugonem* zurück. Das nominativ-*s* der französischen formen beruht also auf jüngerer, erst französischer angleichung an die alten *-us*-namen wie *Petrus — Pierres* (so *Folqu(e), Hu(e) → Folques, Hues*).

Zu erwarten wäre (nach 23 *dīent*) *Huon*, welches in der tat die sonst übliche form des namens im französischen ist. Zu dieser obliquusform würde der rektus *Hu ← Hugo* gehören, der indes nach dem muster von *Charles* u. ä. zu *Hue, Hues* umgestaltet worden ist. In unserem gedicht haben wir zu *Hugon* die entsprechende neubildung, den nominativ *Hugue* (810 ff.). Die namensformen mit erhaltenem *g* erklären sich wohl durch einwirken der aus den lateinischen chroniken geläufigen formen *Hugo — Hugonem*.

ai molt oït parole: zur rektion des partizips vgl. 3 *at ceinte sa spee*.

47—49 **Grice, Costantinoble, Perse, Capadoce, Antioche.**

Fremde namen spielen in der sprache grossenteils die rolle von lehn- oder fremdwörtern. Nur die wenigsten von ihnen zeigen die regelmässige lautentwicklung, weil solche namen meist erst in späterer zeit in die volkssprache aufgenommen wurden, ja vielfach in dieser überhaupt nicht volkstümlich waren. So zeigt *Antioche* (= *Antiochia*) bewahrung eines hiatus-*i* als eines vollen, silbebildenden vokals, dazu verwandlung des griechischen χ in *tš*, während es in den alten wörtern zu *c* vereinfacht wird und dann der entwicklung des ursprünglichen *c* folgt (vgl. 3 *spee* II a). — *Capadoce* bewahrt anlautendes *c* als *c* (*k*), unbetontes vorton-*a*, sowie intervokales *d*. — *Costantinoble* lässt *n* vor *s* zwar verstummen, bewahrt aber unbetontes vorton-*i*, noch dazu als *i*, intervokales *p* als *b*. — *Graecia* erscheint im französischen in verschiedenen formen, in mehr erbwörtlicher und mehr fremdwörtlicher gestalt: als *Grece* (vgl. 25 *acier*) und als *Grice*. Das *i* dieser form ist nicht mit sicherheit zu erklären, vielleicht hat *Grieu, Griu* (← *Graecum*) eingewirkt.

trestote: aus *tōtta*, vgl. 21 *toz*, und dem verstärkenden *trans*, wie *tresgrant* 'übergross', *treshalt, tresmarri* u. ä.

tresques: lat. *trans* → *tras* → *tres* nach der regel über die konsonantisch auslautenden einsilbigen wörter (siehe oben s. 184 nr. 2). In der ursprünglichen bedeutung 'jenseits' 'hinüber' erscheint es hier mit *que* (nach dem muster von *usque*, (*in*)*deusque* — *jusque*) 'bis hin nach', als konjunktion 'bis dass' in vers 57. Sonst dient es zur verstärkung vor adjektiven und adverbien (wie *trestote*, 302 *tres volentiers* — nfrz. *très*) und sonst (102 *tres parmi* = gerade hindurch). — *Tresques* neben *tresque* wie 9 *onques* neben *onque*.

ci: verkürzt aus *ici* = *ecce hic*, vgl. 12 *cele*, 20 *si*.

50 **itels:** verstärkte nebenform zu *tels* ← *talis*, nach dem vorbilde von *icil* — *cil*, *icist* — *cist*, *iço* — *ço*. Nach anderen aus *aeque talis* herzuleiten.

com: lat. *quomodo*, das jedoch schon im gemeinromanischen eine kurzform entwickelt sowie eine bedeutungserweiterung erfahren haben muss: vgl. ital. *como* — später *come*, span.-portug. *como* usw. Es ist also von einer gemeinromanischen form **quomo — como* auszugehen, die im französischen regelrecht zu *com* werden musste. *Come* (nfrz. *comme*) ist eine jüngere, analogisch gebildete form (nach dem muster von *or — ore, onc — onque*).

le suen: die betonte form des possessivpronomens. Wie das reflexivum (vgl. 14 *se* — 61 *sei*) und das personalpronomen (*me—mei, te—tei*) hat auch das possessivpronomen eine starkbetonte und eine schwachbetonte form. Beispiele für die letzte sind für das mask. sing. *mon* 11, *son* 2, für das fem. sing. *sa* 2, für den plural *mes* 22, *ses* 15, *voz* 21. Sind die possessiva starkbetont, so entwickelt sich der vokal nach den regeln über die haupttonigen silben. So wird *súa* zu *só-e* 88 gegen schwachbetontes *sa* 2. In der entsprechenden maskulinen form *súum* → *su͡en* ist der diphthong *ue* an stelle eines lat. *ŭ* — *ǫ* auffällig. Dies *ue* weist vielmehr auf lat. *ǫ* zurück (vgl. 31 *vuelt* ← **volet*, dazu 22 *bons*). Wahrscheinlich trat in lat. *sŭŭm* dissimilation der beiden unmittelbar nebeneinanderstehenden *ŭ* ein (vgl. auch *jŭvenem* → *jǫvenem* s. 187), es entstand **sǫum* — **su͡oun* — *suon* mit diphthongierung des *ǫ* vor folgendem *u* (*ǫ*) wie des *ę* in *meum* — **mieun* — *mien* (vgl. 11 *espiet*). Auslautendes *m* bleibt in hochbetonten einsilbigen wörtern regelrecht, und zwar als *n*, bewahrt (vgl. 2 *son*).

Vom akk. sing. *suen* aus sind die übrigen formen neugebildet worden: nom. sing. *suens* (für **sues* ← *súus*), nom. plur. *suen*, akk. plur. *suens*. Ebenso entwickelt sich das pronomen der zweiten person: mask. sing. *tuens — tuen*, plur. *tuen — tuens*, fem. sing. *tǫ-e* (*toue*), plur. *tǫ-es* (*toues*).

Lat. *mĕum* entwickelt sich regelrecht zu *mien* (siehe oben), hingegen das feminin *mẹa* über *mẹa* (vielleicht angleichung an *mẹ̄*) zu *meie*. Seit dem 13. jahrhundert begegnet man den neufranzösischen aus *mien* neugebildeten formen: fem. *mienne* (nach *bon — bonne* u. ä.), 2. person *tien — tienne*, 3. person *sien — sienne*.

Syntaktisch wäre der rektus *li suens* (auf das subjekt bezogen) zu erwarten, der auch altfranzösisch durchaus korrekt wäre. Nach *com* kann aber der obliquus für den rektus eintreten, vgl. im Bestiaire Philipps von Thaon v. 1782: *Cume mort se girat* 'wie ein toter wird er daliegen'; Aiol 6245: *Jesus vous commanda com home corporel* 'als leiblicher mensch'. D. h. *cum* wird wie eine präposition konstruiert.

senz le vostre: 'ohne die eure, ausgenommen die eure'.

Vgl. zur bedeutung Roland 2037 f.: *Mort sont Franceis, toz les i at perduz — Senz l'arcevesque et senz Gualtier del Hum.* Zur form *sens — senz* ← lat. *sine* vgl. 9 *onques* III und 3 *ponz* III b. Eine ableitung von lat. *absentia* (wie für ital. *senza*) oder eine beeinflussung durch dieses anzunehmen ist kein anlass. Im gegenteil weisen auch die provenzalischen formen *sens, ses, senes, sem* durchaus auf *sine* zurück (*senza* nur in der waldensischen, der piemontesischen verwandten mundart).

51 **savrai:** *p* oder *b* zwischen vokal und *r* wird behandelt wie zwischen vokalen (vgl. die beispiele zu 2 *chief* und 4 *chevaliers*), daher auch *habere habet* → *avrat* 21, ebenso *debere habeo* → *devrai, recipere habeo* → *recevrai.* Merkwürdig ist der übergang von afrz. *avrai, savrai* (daneben dialektisch *arai, sarai* und *averai, saverai*) zu nfrz. *aurai — orę̣, saurai — sorę̣* (seit 16. jahrh.), mit wandel des *vr* zu *ur*, den Suchier durch provenzalischen einfluss zu erklären sucht und durch die wahrnehmung stützt, dass *aurrés* zuerst in einem französischen briefe aus Orange (1349) erscheint und der Lyoner Meigret in seiner grammatik *aorey* (neben *aray*) vertritt. (Neumann hält hingegen übergang des vortonigen *p, b* + *r* zu *ur* für lautgesetzlich und daher *aurai, saurai* für die regelrechten afrz. formen, *devrai, recevrai* u. ä. für analogiebildungen).

52 **mençonge:** eine ableitung von *mentiri — mentitum* wozu zunächst ein substantiv **mentitionem* (vgl. prov. *mentizó*) gebildet wurde. Hierzu eine adjektivische bildung

**mentitioneus* 'lügnerisch', die im neutrum pluralis **mentitionea* zum substantiv wurde, das entsprechend der endung in das weibliche genus überging und erst im neufranzösischen unter anlehnung an *le songe* (*somnium*) maskulin geworden ist.

Der unbetonte vortonvokal fällt regelrecht (gegen **corruptiatus* — **corrottį̯atos* — *correciez,* wo schwere konsonanz den ausfall hindert). Hingegen wäre in der endung statt *-onge* vielmehr *oñe* (*-ogne, oigne*) zu erwarten, da *n* + *į̯* sich wie *gn* (oder *ng* vor *e*, *i*) zwischen vokalen zu mouilliertem *n* entwickelt, z. b. *seniores*→ *seignor*(*s*) 67, **crinea*→ *crigne* 823, *veniat*→ *viegnet, teneat*→ *tiegnet.* Das *n* + *į̯* entwickelt sich hier vielmehr ähnlich wie *ng* vor *a* (*longa*→ *longe* = *londže*) oder wie *m* + *į̯* (*simia*→ *singe*, vgl. *somniatum* — *songiét* 71). Ähnlich entwickeln sich noch *extraneum*→ *estrange* 861, *lineum*→ *linge, laneum*→ *lange.* Man nimmt an, dass wir hier fremdwörtliche bildungen vor uns haben. Es sind lauter verhältnismässig junge ableitungen, in denen zwar das hiatus-*e* sich noch zu *i* — *į̯* entwickelte, aber nicht mehr mit dem vorausgehenden *n* zum mouillierten *n* verschmolz und infolgedessen wie silbenanlautendes *j* zu *dž* wurde.

Nach einer anderen erklärung geht *mençonge* gemeinsam mit prov. *messorga* auf **mentitionica* zurück, in welchem das intervokale *c* vor dem ausfall des *i* zu *g* erweicht worden sein müsste (**mentitioniga* — *-onga,* prov. *-orga,* frz. *-onge*). Dagegen spricht jedoch die abweichende behandlung der endung *-ĭca* in anderen fällen: *manica* wird über **manca* zu *manche.*

fiance: **fidantia.* Zu *fidus* wird ein neues verbum **fidare* (an stelle des klassischen *fidere*) gebildet, hierzu das partizip *fidans* und dazu (wie zu *infans infantia*, zu *prudens prudentia*) das substantiv **fidantia.*

Neufranzösisch ersetzt durch *confiance.*

estes: lat. *estis.*

Auffällig ist die bewahrung des auslautvokals, es wäre vielmehr zu erwarten **ests* und daraus, nach 21 *voz*, ein **ets*—**ez* (so im provenzalischen: *etz*). Wie hier bleibt der endvokal auch in der entsprechenden perfektform *fustes* (gegen prov. *fotz*), überhaupt in sämtlichen perfekten: *chantastes, partistes, oüstes* (siehe 2 *Rout*), *veïstes* (siehe 9), auch in der 1. person *fumes, chantames* usw. Man erklärt *estes* als analogie nach der 1. plur. *esmes* (←**esmus*, vom stamm *es-*), die neben *sons* steht und durch kreuzung mit dieser auch die form *somes* hervorgerufen hat). Nach *estes* könnte das perf. *fustes*, darnach dann *chantastes* usw. gebildet sein.

Neufranzösisch *êtes*=*ẹt* ist regelmässig aus der altfranzösischen form entwickelt.

IV. Laisse.

Vers 53—57.

(Assonanzvokal *ü*.)

53 'Par ma feit' dist li reis 'molt m'avez irascut,
54 M'amistiét e mon gret en avez tot perdut.
55 Encor cuit qu'en perdrez la teste sor le buc.
56 Nel deüsseiz penser, dame, de ma vertut.
57 Ja n'en prendrai mais fin, tresque l'avrai veüt'.

Erläuterungen.

53 **irascut:** eine partizipiale neubildung zu *irascor*—*irasci* (vulgärlat. **irasco*—**irascere*→ altfrz. *irais*—*iraistre*) neben dem gleichfalls erhaltenen partizip, richtiger adjektiv *iratus*—*irez, iriez* (v. 30).

I. Die partizipialbildungen auf *-ūtum* sind im lateinischen nicht allzu zahlreich, haben sich aber im romanischen ausserordentlich ausgedehnt. Nach mustern wie *statui — statutum, minui — minutum, consui — consutum, acui*—*acutum* bildete man zu *ui*-perfekten wie *habui, debui, tenui* die fehlenden partizipia und supina **habutum*, **debutum*, **tenutum*, dann auch zu anderen stämmen wie *video* *vidi — *vidutum, perdo perdidi — *perdutum, vendo vendidi — *vendutum* (vgl. ital. *veduto, perduto, venduto*). Vor allem wurden defektive verba auf diese weise ergänzt, zum teil aber auch, wie in unserem beispiel, doppelformen geschaffen (vgl. noch ital. *perso* und *perduto* nebst substantiv *perdita* zu *perdere*) oder die alten formen durch neubildungen völlig verdrängt (*vīsum — vĭdutum → veü*). Wie die beispiele zeigen, gehen die späteren bildungen meist direkt vom präsensstamm aus: frz. *veüt*, ital. *veduto* weisen auf **vĭdutum*, nicht *vīdutum* zurück. — Diese bildungsweise greift naturgemäss auch beim defektiven deponens platz: lat. *iratus* ist ein vom substantiv *ira* abgeleitetes adjektiv (vgl. das wort v. 30), als perfekt wird *succensui* gebraucht, und so bildet man vom präsensstamm *irasc-* das fehlende partizip **irascutum*.

II. Die deponentia sind entsprechend ihrer meist aktivischen (aus der ursprünglichen — reflexivischen — abgeschwächten) bedeutung sämtlich in die form des aktivs übergetreten. Schon das latein kennt eine reihe von doppelformen: *mereor — mereo, adulor — adulo* u. a. Das romanische hat die deponentia durchweg beseitigt. So wird *irascitur* zu **irascit → iraist*, *irasci* zu **irascere → iraistre,* ebenso *nascitur → naist*, *nasci → naistre*, *moritur → muert*. Vgl. noch aus unserem text:

24 *avez mentit* zu lat. *mentiri*
73 *menrez*, 206 *demeinent* zu *minari*
74 *demorer*, 218 *ai demorét* zu *morari*.

Wie hier im deponens gehen die entsprechenden formen auch im passiv unter, d. h. sie werden durch umschreibungen ersetzt: *amor* durch *amatus sum, amabar* durch *amatus eram.*

III. **Irascere* erscheint im französischen teils absolut, als *iraistre,* teils reflexiv, als *sei iraistre.* Das partizip *irascut* bedeutet ‘ein erzürnter’, daher das verbum mit *avoir* zusammengesetzt eine kausative bedeutung gewinnt: *m'avez irascut* = ihr habt mich als einen erzürnten, ihr habt mich zornig gemacht. Desgleichen begegnet in der alten sprache: *il l'a mort* = er hat ihn als einen toten, hat ihn getötet. Aus dieser erklärung ergibt sich, dass die kausative bedeutung auf die zusammengesetzten zeiten beschränkt ist.

54 **m'amistiét:** regelrecht für *ma amistiet*, wie *l'amistiet* für *la amistiet*. Die weiblichen possessivformen *ma ta sa* bleiben vor konsonant, ursprünglich auch vor *s* impurum (*sa spee* 3), werden elidiert vor vokal: *s'ofrende* 59, *m'amistiet et m'amor* 854, *m'amor* 856, *m'aleine* (473).

Seit anfang des 13. jahrhunderts (in lothringischen denkmälern schon seit dem 12. jahrh.) erscheinen vereinzelt vor vokalisch anlautenden femininen auch die männlichen pronominalformen. Da das altfranzösische elidierte und damit den hiatus tatsächlich beseitigte, kann der grund für einführung der männlichen formen nicht in der absicht gesucht werden den hiatus zu vermeiden. Herzog hat die erklärung in dem vorbild des adjektivs gesucht, wo antevokalisch maskulin- und femininform gleichzulauten pflegen: *bon ami —bonamie* (geschr. *bonne amie*), *bel ami—belami* (*belle amie*); danach habe auch das possessivum ausgeglichen zwischen *mon* (*oncle*) und *m'*(*âme*) und zwar zu gunsten des im allgemeinen stärkeren maskulinums. Indes wäre das vorbild des artikels wohl näher gelegen (*l'oncle — l'âme* : *m'oncle — m'âme*), auch liegen vorbilder wie *bel — belle* zu fern, und das ähnlich klingende *bon — bonne* allein hätte die pronominalformen nicht so weitgehend beeinflussen können.

Am einfachsten geht man daher von solchen vokalisch anlautenden worten aus, welche wegen bedeutung oder form zugleich als maskulina und feminina gebraucht wurden: *aise, affaire, art, enfant, hoir* (← *heres*), *ombre, ordre, ost, oevre*, später auch *amour*. Hier standen schon früh (schon bei Crestien von Troyes) formen wie *s'aise — son aise* nebeneinander. Auch an analogie nach synonymen kann man denken: *s'ire* → *son ire* nach *son corroz*, *s'aïe* → *son aïe* nach *son secors*. Bei einigen wörtern wird man gerade die verbindung mit *mon, ton, son* statt *ma, ta, sa* als erste belege für den geschlechtswechsel anzusehen haben. Da die verschiebung im lothringischen beginnt, wird man mit Högberg auch in rechnung ziehen, dass hier, wie in den nördlichen und östlichen mundarten überhaupt, schon die artikelform des feminins sich im nominativ der maskulinen angeglichen hatte und zu *li* geworden war.

Zuletzt hat sich mit der frage Alfred Risop beschäftigt, der auf die vereinzelung des typs *m', t', s'* „mit seinem mangel an klang und körperfülle inmitten sämtlicher reicher bedachten adjektivischen fürwörter" hinweist, die gleichförmigkeit der weiblichen possessivpronomina für nominativ und akkusativ, für einzahl und mehrzahl hervorhebt (*nostre, vostre — leur, noz*; *meie, toe, soe — meies, toes, soes*) und daraus „auch das nebeneinander von afrz. nom. fem. *mon ame* und nom. masc. *mes pere*" erklärt. Das tertium comparationis, welches die femininform *ma — m'* zur maskulinform *mon* umgestaltet, ist in dieser erklärung allerdings schwer zu erkennen.

Reste des ursprünglichen gebrauchs im neufranzösischen sind:

ma mie = *m'amie* ← *mea amica*

mamour = *m'amour* ← *meam amorem*

(zum geschlecht von afrz. *amor* vgl. oben v. 32).

55 **buc:** rumpf, leib, von deutsch *būk* = bauch.

56 Sinn: 'Nicht hättet ihr es von meiner macht denken sollen' (nämlich das, was ihr gedacht habt, dass sie geringer wäre als die kaiser Hugos).

deüsseiz: *debuissetis. Dę̄bui* gibt im franzischen *düi*, wo sich der auffällige wandel des betonten *ę̄* zu *ü* wohl zunächst durch umlaut (*ę̄* vor *į* zu *i* wie 7 *il*) und dann durch einwirken des *u̯u̯* erklärt: *dēbui* → **deu̯u̯i* → **diu̯u̯i* → *düi*. Darnach analogisch *debuit* → *düt*, **débu̯erunt* zu *dürent*. Für die endungsbetonten formen ist im francischen von der im akzent an die 1. plur. *debúimus* angeglichenen 2. sing. **debúistī* (*debūstī) auszugehen, welche mit *i*-umlaut (wie **fūsti* → *fust*) und verlust des labials vor *ü* (wie **habutum* → *eü*, **saputum* → *seü*) regelrecht *deüs* ergibt. Hiernach werden analogisch neugebildet die 1. pl. *deümes*, 2. pl. *deüstes* und der konj. impf. *deüsse*, *deüsses*, *deüst*, *deüssons*, *deüsseiz*, *deüssent*. Vgl. auch die ähnliche entwicklung von *habui* → *oi*, **habūsti* → *oüs* usw., konj. impf. *oüsse* (s. 28).

Die lautgesetzlich entwickelte endung *-eiz* ← *-ētis* hat sich in konjunktivformen, ebenso wie im futur (*crendreiz* 718, in assonanz zu *rei*, *feiz*, *corteis*, *aveir* usw.), länger erhalten als im ind. präs., wo sie schon früh durch *-ez* ← *-atis* ersetzt wurde (s. 13 *poëz* II).

57 **avrai:** vgl. *savrai* v. 51.

V. Laisse.

Vers 58—75.

(Assonanzvokal ę wie in laisse II.)

58 L'emperere de France, com il fut coronez
59 Et out faite s'ofrende a l'alter principel,
60 A la sale a Paris si s'en est retornez.
61 Rollant et Olivier en at ot sei menez
62 Et Guillelme d'Orange et Naimon le barbét,
63 Ogier de Danemarche, Gerin et Berengier,
64 L'arcevesque Turpin, Ernalt et Aïmer
65 Et Bernart de Brusban et Bertran l'adurét
66 Et tels mil chevaliers qui sont de France net.
67 'Seignor' dist l'emperere 'un petit m'entendez!
68 En un lointain reialme, se Dieu plaist, en irez
69 Jerusalem requerre por l'amor Damne-Deu.
70 La croiz et le sepulcre vueil aler aorer,
71 Je l'ai treis feiz songiét, mei i covient aler,[1])

[1]) Hiervon war bisher nicht die rede: man kann hier die nachträgliche zusammenfügung der zwei verschiedenen erzählungsstoffe

72 Et irai un rei querre dont ai oït parler.
73 Set cenz chameilz menrez d'or et d'argent trossez
74 Por set anz en la terre ester et demorer.
75 Ja ne m'en tornerai, tresque l'avrai trovét.'

Erläuterungen.

58 **L'emperere:** für *li emperere* (so v. 5 *Charles li emperere,* 98 *Or vait li emperere,* 159 *Et dist li emperere* usw.). Das *i* des männlichen artikels sing. zählt in den ältesten texten (so noch im Alexius mitte des 11. jahrhs.) stets als silbe, wird also auch vor vokal nicht elidiert oder verschliffen. Später wird dieses die regel: *lį emperere* oder *l'emperere* viersilbig. Unser gedicht folgt teils dem ursprünglichen, teils dem jüngeren brauch (vgl. als beispiele für diesen noch v. 76, 120, 145, 214, 233 usw.). — Das *i* der pluralform *li* wird stets als silbe gezählt (vgl. v. 194, 208).

59 **principel:** lehnwort, aus lat. *principale.* Das intervokale *p* müsste bei erhaltung des vorausgehenden vokals zu *v* werden, das *i* der unbetonten mittelsilbe ausfallen oder wenigstens zu *e* werden. In der endung zeigt das wort die form der regelmässig entwickelten worte auf *-alem — el.* — Nfrz. *principal* ist wieder an die lateinische endung angeglichen.

60 **sale:** wäre deutsch *săla* vor der gemeinromanischen vokaldehnung (ten Brinksches gesetz) ins romanische aufgenommen worden, so wäre es zu **sāla — *sẹ̄le* geworden wie *pătrem* zu **pātrem — pẹ̄re.* Es kam jedoch erst später ins romanische und machte dann naturgemäss nicht die entwicklung der wörter mit langem, sondern mit kurzem ton-*a* mit, d. h. das *ă* in *sala* wurde behandelt wie lat. *a* in geschlossener silbe, es blieb unverändert. — Nfrz. *salle* weicht, abgesehen von dem stummen *e,* nur in der schreibung ab.

---

noch deutlich beobachten. Die vision mit aufforderung zur pilgerfahrt erinnert an den eingang des sog. Pseudo-Turpin, der *Historia Caroli Magni et Rotholandi.*

si: auf die unmittelbar vorausgehende ortsbestimmung wie v. 20 auf einen ganzen satz zurückweisend: 'Nach dem palast nach Paris, so, d. i. dahin, kehrte er zurück.'

s'en est retornez: zu *torner*, lat. *tornare, tornus*, griech. *τορνεύω, τόρνος* (dreheisen).

Retorner ist wie das simplex *torner* von haus aus transitiv; reflexives *retorner s'en* bedeutet also regelrecht 'sich von dort umwenden', wie *sei esloignier* 'sich entfernen'. Die reflexiven verba können im altfranzösischen in den zusammengesetzten zeiten sowohl *habere - aveir* als auch *esse - estre* haben, meist jedoch ist das zweite der fall und heutzutage die regel. Dieser eigentümliche gebrauch erklärt sich durch die mischung verschiedener ausdrucksweisen: neben *il s'a esloignié* stand das ursprünglich passivische *il est esloigniez* (er ist ein entfernter), beide formen können als perfektum zum präsens *il s'esloigne* gelten. Es lag daher nahe, das reflexiv nach dem muster von *il s'esloigne* auch in *il est esloigniez* einzuführen: *il s'est esloigniez,* das nunmehr gleichbedeutend mit altem *il s'a esloignié* wird. Ähnlich liegt die sache bei *tornare - torner,* nur dass hier schon früh neben der ursprünglichen transitiven bedeutung (wenden, umwenden) die intransitive (sich wenden — *retorner* umkehren) erscheint.

Aus dieser entstehungsweise erklärt es sich auch, dass das partizip der reflexiven, mit *estre* zusammengesetzten verben im altfranzösischen auf das subjekt, nicht auf das objekt bezogen wird (*il s'est esloigniez* = **exlongiatus* gegen *il s'a esloignié* = **exlongiatum*). Vgl. auch 14 *se fait legiers.*

61 menez: zu lat. *minari* drohen.

Schon im lateinischen bestand ein aktivisches verbum *minare* mit der besonderen bedeutung 'das vieh durch drohungen antreiben', woraus sich in den romanischen sprachen 'lenken, leiten, führen' entwickelt hat.

Der stammvokal dieses verbums zeigt unter dem hauptton nach 8 *pleine* den diphthongen *ei* (*meinent* [341], *demeinent*

206, 830), unter dem nebenton *e* (*menrez* 73, *demener* 814): ein beispiel für die sogenannte stammabstufung. Im neufranzösischen ausgleich zugunsten der endungsbetonten formen (vgl. das umgekehrte in afrz. *coroner* v. 6).

61—65 **Rollant, Olivier, Guillelme** usw.

Die hier genannten helden sind die hervorragendsten paladine Karls d. Gr., die zwölf pers (lat. *pares*), wie sie nachher, v. 121, 205, 232), ausdrücklich genannt werden. Es ist der begriff der germanischen gefolgschaft, der sich in dieser persgenossenschaft spiegelt. Auch die zwölfzahl stammt vermutlich aus germanischer überlieferung: so scharen sich um Siegfried, so um Dietrich von Bern je zwölf helden. Das christliche beispiel der zwölf apostel kommt für die älteste fränkisch-französische sage kaum in betracht. Die übereinstimmung in der zahl bietet unserem dichter nachher gelegenheit zu der prächtigen szene in der kirche zu Jerusalem (v. 112 ff.). Die namen der hier genannten zwölf pers sind sämtlich germanischen ursprungs, da der adel in dem von den Merowingern auf dem boden des alten Galliens begründeten Frankenreich fränkischer herkunft war.

Ausser der zwölfzahl standen jedenfalls nur die namen der berühmtesten helden fest, die der übrigen wurden von den einzelnen dichtern zum teil nach gutdünken ergänzt. Von den hier genannten erscheinen im Rolandslied nur Roland, Olivier, Berengier, Gerin unter den zwölf pers, die übrigen acht pers tragen dort andere namen (Gerier, Aton, Samson, Engelier, Ivon, Ivoire, Anseïs der Alte, Girart). Turpin, Naimon, Ogier erscheinen gleichfalls im Rolandslied, aber nicht als pers. Die übrigen hier genannten helden (Guillelme, Ernalt, Aïmer, Bernart de Brusban und dessen sohn Bertram) gehören weder im Rolandslied noch sonst zu den zwölf pers, sie bilden in der späteren epik eine besondere *geste*, die des Wilhelm von Orange oder die nach dem angeblichen stammvater so genannte *geste* des Garin de Monglane. Dieser zyklus von Wilhelmsdichtungen hat sich erst allmählich entwickelt, in der älteren epik gibt es keine derartige scheidung: in dem *Couronnement Louis* tritt Wilhelm selbst, in dem sogenannten Haager Fragment (einem auf ein französisches epos zurückgehenden lateinischen prosafragment) treten seine brüder neben Karl d. Gr. auf.

Dass in dem namen *Berengier* (*Berădšier* — nfrz. *Béranger*) der diphthong *ie* (vgl. I. laisse) mit *ẹ* reimt, erklärt sich wohl durch die reimnot des dichters, welcher die zahlreichen namen nicht alle im inneren des verses unterbringen konnte.

67 Seignor: vokativ, in der form gleich dem nominativ (vgl. 1 *Charles* IV, 13 *emperere*).

Von den substantiven der lateinischen III. deklination sollten die beiden kasus des plurals, entsprechend den lateinischen formen, ursprünglich gleich lauten: *peres, seignors* = *patres, seniores.* Indessen schliessen sich die maskulina dem vorbild derjenigen der lateinischen II. deklination an, welche den obliquus vom rektus durch *s* unterscheidet: *caballarii* → *chevalier, caballarios* → *chevaliers,* dementsprechend *peres, seignors* nur als obliquus, im rektus hingegen *pere, seignor.* Vgl. 82 *servant,* 208 *home,* dazu s. 160.

petit: dies wort ersetzt in einigen romanischen sprachen das lat. *parvus.* Es ist seiner verbreitung nach keltischer herkunft und gehört nach Thurneysen zu demselben stamme *pett-*, auf den frz. *pièce* zurückgeht: ein romanisches **pettīttum* (in stücke geteilt, zerkleinert) führt zu prov., frz. *petit,* ital. *petitto* — *pitetto.* Zusammenhang mit lat. *pitinnus* — *pitulus* (inschriftlich) verbietet sich durch erhaltung des intervokalen *t* in *petit.*

68 lointain: von **longitanum.*

Vor nasal entwickelt sich lateinisches betontes freies *a* nicht zu *e,* sondern zu *ai* (siehe Vokalismus II unter *a,* s. 188):

rémanet — **remánet* → *remaint* 92
planum → *plain* 93

de mane→*demain* (489),
dazu *aparmaines* 163
sanus→*sains* 195
clamant→*claiment* 208
manum→*main* 823.

Nfrz. zu ẹ̄ wie *ain* in *saint*←*sanctum*, in offener silbe zu ẹn (*plaine, saine, lointaine* usw.).

se Dieu plaist: vgl. dagegen *ploüst al rei de gloire* (405).

Im altfranzösischen kann bei personenbezeichnungen und persönlich gedachten begriffen (wie *eglise, loi,* tiernamen u. ä.) der blosse obliquus (d. h. der alte lateinische dativ statt des neuen mit *ad* gebildeten: *Deo* statt *ad Deum*) stehen. Vgl. noch:

L'arcevesque Turpin comandet son conduit 202
E por o fut presentede Maximiien (Eulalia 11)
Dieu lo covit (er begehrte ihn für Gott: Leodegar 17).

irez; *ire habetis*, vgl. unten *aler*.

69 **Jerusalem requerre:** zur voranstellung des objekts hier wie in den folgenden versen 70, 72, 73, 77, 81, 82 vgl. v. 4 wortstellung, v. 39 *le rei me nomez*.

70 **sepulcre:** lehnwort (*p* statt *v*, *ŭ* zu *ü* wie in *duc*).

aler: die aus dem neufranzösischen bekannte zusammensetzung des verbums aus drei stämmen — *ire, vadere, allare* — ist im altfranzösischen dieselbe, vgl. in unserem texte die futurformen *irai* 72, 230, 855, 857, *irat* 91, 235, *irez* 68, *iront* 849: die präsensformen *vois* 153, *vait* 98, 141, *vont* 147, 253, 848, 851, 863, den imperativ sg. *va* (623, 677); den infinitiv *aler* 70, 71, 844, part. perf. *alét* 144, 832, imp. pl. *alez* 135, perf. *alerent* 77. Aus anderen texten lassen sich die hier fehlenden formen — präs. *alons, alez,* konj. präs. *aille* (*alge*), *ailles* usw., imperf. *alais,* perf. *alai, alas* usw., part. präs. *alant* — belegen.

Schwierigkeiten macht die erklärung des im klassischen latein unbekannten, aber schon in den Reichenauer Glossen (8. jahrh.) viermal belegten *alare*, das dem französischen eigen ist und mit prov.-kat. *anar*, span.-port. *andar*, ital. *andare* nicht auf dieselbe wurzel zurückgeführt werden kann. Es scheint, dass lat. *ambulare* 'umhergehen, reisen, marschieren' in Gallien, namentlich in der soldatensprache, die alten verben für 'gehen' in den meisten formen allmählich verdrängt und neben der normalform (*ambulare*→ *ambler* im passgang gehen oder reiten, *ambleüre* passgang) eine kurzform *allare*—*alare* entwickelt hat. Dass diese kurzform gerade aus der kommandosprache stamme, wie Bartoli vermutet, ist nicht wahrscheinlich, gerade die aus 'Arriani tactica et Mauricii artis militaris' angeführten beispiele — *largiter ambula, aequaliter ambula* — zeigen die langform, nicht die kurzform. Diese wird sich vermutlich ebenso wie *vado*→**vao*—*vo*, *vadit*→ *vat*, *vade*→ *va* (statt *vet*) im vorton, vor infinitiven, gerundien, adverbialen und präpositionalen ausdrücken, entwickelt haben (vgl. nfrz. *j'allais me promener aux bords du fleuve, aller chercher le médecin, allez vite chez le commissaire, le désordre allait croissant de jour en jour*).

71 **feiz:** lat. *vĭcem*—*vĭces* (vgl. 2 *croiz* III).

Der nur dem französischen eigene übergang des anlautenden *v* zu *f* (ital. *vece*, prov. *vetz* usw.) ist nicht hinreichend erklärt. Die erklärung, dass in verbindung mit zahlwörtern in den weitaus meisten fällen stimmloser konsonant vorausgehe (*dos*, *treis*, *cinc*, *sis*, *set* usw., auch fälle wie *soventes feiz* kämen in betracht) und sich das folgende stimmhafte *v* assimiliert habe, stösst sich daran, dass solche assimilation im französischen nicht vorwärts, sondern rückwärts zu wirken pflegt: *fraxinum*→ *fraisne* = *fraizne* (vgl. oben s. 22 zu *mostier* V), *Strassburg*→ *Strasbourg* = *strazbur*, *Lisbonne* = *lizbon*, *avec vous* = *avegvu*, *je passe devant* = *žə pazdevã*; *obtenir* = *optenir*, *au-dessous* = *otsu*, *rue de*

Seine = *rütsęn*. Immerhin wird man darauf hinweisen dürfen, dass der stimmlose auslaut gerade bei den zahlwörtern wegen ihres häufigen gebrauchs in pausaform (bei aufzählungen, ausrufen usw.) besonders fest war, wie auch die erhaltung dieser endkonsonanten im neufranzösischen den pausaformen zu danken ist. — Die neuere erklärung durch einwirkung des deutschen *fart* in der bedeutung 'mal' (mhd. *tûsent vart* = tausendmal) ist wenig wahrscheinlich.

mei i covient aler: *mei* ist akkusativ, das ganze also die konstruktion des accusativus cum infinitivo im altfranzösischen. Vgl. 844 *nos en covient aler*, oder, mit unzweideutiger pronominalform: *Morz fu*; *morir le covenoit* (Crestien, Cligés 2392). Daneben begegnet der infinitiv mit *a*: *tei covenist helme e brunie a porter* (Alexius 411). Der acc. c. inf. erscheint im altfranzösischen nach ähnlichen impersonalen verben: *estuet* (217 *En France, a mon reialme, m'en estuet retorner*), *loist* (*licet*) u. ä.; nach verben der sinnlichen wahrnehmung: *veeir*, *entendre*, *oïr* (369 *Devers les porz de mer oït un vent venir*); nach den verben des machens, befehlens, zulassens (Eulalia 4: *Voldrent la faire diaule servir*).

Das neufranzösische hat die zahl der altfranzösischen acc. c. inf., besonders bei den impersonalen, vermindert (*il convient* hat das objekt jetzt, wie zum teil schon altfranzösisch, im dativ neben sich), andererseits den acc. c. inf. durch einführung gelehrter bildungen bereichert (*Il se trouva devenir la propriété des créanciers de son père*; *le grand patriote que tous savaient n'avoir jamais existé*).

73 chameilz: lies *tšameilz*, aus *camēlos*, neben *chamelz* ← *camellos*.

Nach der regel 4 *chevaliers* V a wäre **chemeilz* zu erwarten. Die abweichung erklärt sich durch den lehnwörtlichen charakter des wortes: es wurde erst in die sprache aufgenommen, nachdem die nebentonige vortonsilbe *ca-* zu *che-* geworden war, nur wurde das anlautende *c* vor *a*, welches der volkssprache jener zeit durchaus ungeläufig war, durch das geläufigere *cha* (*tša*) ersetzt. So werden noch öfter lehnwörter an erbwörter teilweise angeglichen, weil ihre lautverbindungen dem volkstümlichen sprachgefühl oder richtiger bewegungsgefühl nicht entsprechen. So wird lat. *castus* zu *chaste*: lehnwort wegen erhaltung des auslautvokals und des *s* vor *t*, aber mit anpassung des *c* vor *a* an die gewohnte lautverbindung; *capitulus* zu *chapitre*: lehnwort wegen erhaltung des intervokalen *p*, des *ĭ*, des *a* nach palatal, auch wegen der endung (vgl. **vetulu*—**veclu*—*vieil*), aber wie *chaste* mit anlautendem *ch-*. Hingegen bleibt in dem rein gelehrten wort *calice* 177 das *c* sogar als *c* (*k*) erhalten.

argent: lies *ardžãt*, aus lat. *argentum*.

Anlautendes *g* vor *e*, *i* wird schon in gemeinromanischer, vor *a* erst in französischer zeit assibiliert und dann zu *dž* (vgl. oben s. 163 f.):

gentem → *gent* 76
genitus-as → *genz* 112, *gentes* 95, *gentement* 77, 87
gaudia → *joie*;

auch germ. *g*:

Gerin → *Gerin* 63
gêro-on → *geron* 853
**gîga* → *gigue* (geige).

trossez: zu *trosser*, von *trọsse* bündel, das man zu *thyrsus* ← gr. *θύρσος* (der mit epheu und weinranken umwundene bacchusstab) zu stellen pflegt.

Griechisch *ῠ* wird in den lateinischen lehnwörtern alter zeit regelrecht zu *ŭ*, romanisch *ọ*: vgl. *βύρσα* → *bŭrsa* → *bọrse* (nfrz. *bourse*), *κρυπτή* → *crŭpta* → *crọte* (nfrz. *grọtte* nach ital. *grotta*), *πύξις-ιδις* → *buxida* → *bọiste* (nfrz. *boîte*). Vgl. im übrigen s. 25 *Denis*. (Gamillscheg leitet *trosser* von einem erschlossenen **tọrciare*, ab, dieses von **tọrca*, das seinerseits *torche* ergibt. Aber *torca* hat *ọ*, *trosse* *ọ*, und die bedeutungsentwicklung ist hier nicht einfacher als dort.)

74 demorer: zu *demŏrari*—**demŏrare* (vgl. 53 *irascut* II). Nfrz. *demeurer* statt *demourer* (nebentonig ọ in freier stellung zu *ọ*→*ou* wie in *corone*—*couronne*) erklärt sich durch einfluss der stammbetonten formen: **demǫ́rat* (mit rekomposition) gibt afrz. *demueret*—nfrz. *demeure*. Noch im 16. jahrhundert sind formen wie *demourer, demourant* zu finden. — Altfranzösisch begegnet auch die umgekehrte analogie: stammbetont *demǫ́ret* (z. b. Roland 2021) nach *demǫróns* usw.

VI. Laisse.

Vers 76—97.

(Assonanzvokal *ã*.)

76 L'emperere de France fait conreer sa gent:
77 Cels qui od lui alerent conreat gentement,
78 Assez lor at donét entre or fin et argent.
79 N'i ont escuz ne lances ne espees trenchanz,
80 Mais fuz ferrez de fraisne et escrepes pendanz.
81 Les destriers font ferrer et detrés et devant.
82 Les mulz et les somiers afeltrent li servant
83 Et font pleines les males entre or fin et argent,
84 De vaissels, de deniers et d'altre guarnement,
85 Faldestuelz d'or i portent et tres de seie blans.
86 A saint Denis de France li reis sa screpe prent:
87 L'arcevesques Turpins li seignat gentement,
88 Et si prist il la soë et Franceis ensement,
89 Et monterent as mulz qu'il ourent tost amblanz,
90 De la citét eissirent, si s'en tornent brochant.
91 Des or s'en irat Charles a Damne-Deu comant,
92 La reïne remaint dolorose et plorant. —
93 Tant chevalchet li reis qu'il vint en un plain grant.
94 A une part s'en tornet, si apelet Bertram:
95 'Vez com gentes compaignes de pelerins erranz:
96 Oitante milie sont el premier chief devant!
97 Quis conduit et governet, bien deit estre poanz.'

Erläuterungen.

77 **od lui:** bei der verbindung von präposition und pronomen ist jene der schwächer, dieses der stärker betonte teil, daher altfranzösisch wie neufranzösisch die betonte form des pronomens steht: vgl. noch *avuec els* 138, *od lui* 203, *ot sei* 61, 232. Vgl. auch präp. *fors* neben adv. *fuers*, beide ←*fŏris*; *per*→*par*, *ad*→*a* u. ä.

78 **entre or fin et argent:** der gebrauch von *entre* ... *et* in distributivem sinne 'sowohl — als auch' lässt sich als gemeinromanisch bezeichnen. *Inter* in dieser bedeutung findet sich schon in lateinischen urkunden vom 7. jahrhundert ab (*inter aurum et argentum solidos mille*), vgl. Passion 347 f. *Enter mirra et aloen — Quasi cent livras a donad*, katal. *Entre pa i vi* 4 *sous* (Griera in Philol. Studien a. d. rom.-germ. Kulturkreis, Ha. 1927, s. 427); ital. (mit übergang der präposition zum adverb) *tra con parole e con atti* (sowohl mit worten als gebärden); (mit beziehung auf das subjekt) span. *fablaron entre el y ella* (sie sprachen miteinander, er und sie), afrz. *Entre Rembalt e Hamon de Galice — Les guieront* (Raimbalt und Hamon zusammen werden sie führen, Rol. 3073 f.), sogar mit einteiligem (singularischem) subjekt *Aucassins fu descendus entre lui et s'amie* Auc. 28, 1 (also: A. war abgestiegen selbzweit, er und seine freundin). Die sache erklärt sich wohl zunächst aus jenen fällen, wo — wie in den drei letzten beispielen — die beiden teile das subjekt bildeten und *inter*—*entre* ein reziprokes verhältnis (*inter se — inter illum et istum, inter me et te*) andeutete (wie Heinermann wahrscheinlich macht, im anschluss an feststehende juristische formeln). Nachdem sich aus solchen fällen tatsächlich das gefühl entwickelt hatte, dass die beiden substantiva von *entre* abhängig seien (nicht mehr subjekt des satzes, weshalb auch *Rembalt — Hamon*, nicht *Rembalz — Haimes*), konnte diese ausdrucksweise auch auf das objekt und von personen auf sachen übertragen werden, wie hier und v. 508 f. (*Veez cele pelote? Onc graignor ne vi mais:*

Entre or fin et argent guardez com bien i at), oder auf andere kasusverhältnisse, wie v. 83, wo dieselbe wendung einen genetiv vertritt. Vereinzelt noch nfrz.: *Entre pièces de cinq francs et pièces de vingt francs il y avait dans cette bourse deux cents francs* (s. Littré, Dict. *entre* 9).

Seltener ist in den romanischen sprachen der schon im klassischen latein bestehende gebrauch von *inter—et* zur bezeichnung eines zwischenzustandes: *colorem inter aquilum candidumque—entre vif et mort* 'halb tot', *entre laid et beau* 'weder schön noch hässlich'.

Zu 80—83: die helden rüsten sich zu einer friedlichen pilgerfahrt aus, mit pilgerstab (*fust*) und pilgertasche (*escrepe*). Die erwähnung der streitrosse (*destriers*) neben den maultieren (*mulz*) ist daher wenig am platze, im folgenden ist von ihnen nirgends die rede, auch die ausländischen bearbeitungen des gedichts kennen den vers 81 nicht. Er ist wohl durch einen gedankenlosen kopisten hinzugefügt. — Wegen des *s* in *fraisne* 80 vgl. s. 22 zu *mostier* V, s. 227 zu 71 *feiz*.

somiers: griech. σάγμα (das aufgepackte, der saumsattel) ist in das vulgärlateinische als *sauma* (ital. *salma — soma*, prov. *sauma*) übergegangen, woraus frz. *some* 'last', dazu *somier* 'lasttier'.

servant: nom. plur. *servientes* mit übergang zur jotlosen flexion (**serventes*) und analogischem verlust des nominativ-*s* (wie 67 *seignor*). Lat. *servientem* ergibt *serjant—sergent*.

Die lateinischen participia praesentis sind grossenteils zu adjektiven (wie schon lat. *sap(i)entem—savant*, wie unten v. 97 *potentem—poant*) oder substantiven (wie hier *servant*, auch *savant* u. a.) geworden. In verbaler bedeutung finden wir solche partizipien z. b. in den vorausgehenden versen 79 (*espees tranchanz*) und 80 (*escrepes pendanz*), weiter unten v. 95 *pelerins erranz*. Grossenteils aber ist das part. praes. in verbalem sinne durch das lateinische gerundium ersetzt worden oder mit ihm zusammengefallen (gerade im französischen musste *amantem* und *amando* auch lautlich zusammenfallen in *amant*). Vgl. noch unten v. 90 *si s'en tornent brochant* = *sic se inde tornant *broccando*, 92 *La reïne remaint ... plorant* = *plorando*.

85 **wortstellung:** zur vorausnahme des ersten objektteils vgl. v. 4.

faldestuelz: germ. *faldastǫl* ('faltstuhl', ahd. *faltstuol*, stuhl zum zusammenlegen, zu altsächs. *stôl*, ahd. *stuol*), lautgerecht→*faldestuel*, mit *s faldestuelz* (vgl. 6 *mielz* II, III). Die übliche form *faldestueil* (*-uel*) erklärt sich wohl durch suffixtausch (*-oliu* für *-olu*).

tres: plural zu *tref* ←germ. *trap* 'segel, zelt', lautlich, wie *chies* 20 zu *chief* 2.

86 **screpe:** nachkonsonantisch und dann verallgemeinert *escrepe* 80 und *escherpe*, aus germ. *skërpa*—*skarpa*, daher französisch auch *escharpe* (z. b. bei Joinville) — nfrz. *écharpe*. Deutsch 'schärpe' ist junges lehnwort (17. jahrh.) aus dem französischen.

wortstellung: subjekt, objekt, verbum.

Auch diese reihenfolge ist in der alten sprache nicht selten. Vgl. noch:

Li patriarche en at Charlemagne apelét 250
Li reis Hugue li Forz at Charlon apelét 838
Quant il at Dieu preiiét 865.

Wie die beispiele lehren, pflegt in den zusammengesetzten zeiten das objekt zwischen hilfsverbum und partizip zu treten.

87 **li seignat gentement:** ergänze *la*.

Beim zusammentreffen zweier pronominalobjekte (dat. *li*, *lor* mit akk. *le*, *la*, *les*) kann im altfranzösischen das akkusativobjekt wegbleiben. Vgl. noch:

191 *Cil li fist aporter* = *C. les li f. a.* (sc. *les reliques*) Roland 1996 *tot li detrenchet* = *t. le li d.* (sc. *l'elme*).

Schon das lateinische kannte in gewisser beschränkung (bei den verben des sagens, hörens, zeigens) die auslassung des pronominalen akkusativs. Im altfranzösischen aber geht die erscheinung, wie unsere beispiele zeigen, viel weiter. Auch sonst ist hier auslassung eines pronomens in manchen fällen möglich, wo sie neufranzösisch nicht mehr gestattet wäre: *chascuns l'ama et* (erg. *li*) *porta fei*; *il lor dona armes et* (erg. *les*) *apareilla honorablement*.

Für die beinahe zur regel gewordene auslassung von *le*, *la*, *les* vor *li* (*lui*) und *lor* (*leur*) war wohl der gleiche anlaut mit bestimmend: eine haplologie nach Stimming, aussprache nur einer silbe statt zweier ähnlich lautender aufeinander folgender silben (vgl. lat. *nutrix* für *nutritrix*, frz. *contrôle* für *contrerôle*, *idolâtre* für *idololatre*).

88 **ensement:** eine weiterbildung von *ensi* (*ainsi*), das auf *in sic* zurückzuführen ist, mit *in* als präposition der art und weise wie in *in vano* — *en vain*, *in wisa* — *en guise* u. ä. Von *ensi* ist *ensement* nach dem muster der adverbia auf *-ment* (vgl. 12 *folement*, 16 *belement*) gebildet, wie auch *comment* zu *com* (von *quomodo* — *quomo*, vgl. v. 50).

Neben *ensi* stand *issi* ← *ecce sic*. Vielleicht erklärt sich *einsi*, nfrz. *ainsi*, durch kreuzung beider.

90 **brochant:** zum keltischen stamm *brocc-* (spitz) — frz. *broche* (spiess, nadel), *broch(i)er* (stechen, spornen), *brochure* usw.

91 **des:** nach älterer erklärung *de ex*, entwickelt wie *ex* vor konsonant (vgl. 43 *estortre*, gegen *exiverunt* → *eissirent* 100, vgl. 1 *reis*); richtiger (nach Tobler) *de ipso* (sc. *illo tempore* u. ä.), das regelrecht (*ps* → *ss* — *s* wie *pt* → *tt* — *t*) zu *des* werden musste.

95 **vez:** häufig gebrauchte kurzform, entweder aus *vides* (haupttonig *veiz*), eigentlich 'siehst du?', dann 'siehe!'; oder

aus *veez* ← *videtis* (für *videte*, vgl. 19 *enseigniez*). Zweisilbiges *veez* in unserm gedicht: *Veez ici Guillelme* (739), *Veez ici Bernart* (764).

gentes: adj. ‘vornehm, kostbar’, masc. *genz* 112, fem. *gente*, komp. *genzor -sor*, aus lat. part. perf. *genitus* in prägnantem sinn ‘edelgeboren’. Weniger wahrscheinlich ist eine neuere erklärung aus dem substantiv *gens*, d. h. aus einem spätlat. genetivus qualitatis (*homo gentis* ‘ein mann von familie’), der aber schon früh zum adj. **gentis-e* und weiterhin zum dreigeschlechtigen *gentus-a-um* umgedeutet worden sein müsste, da für französisch, provenzalisch, spanisch die femininform *genta* als gemeinsame grundform vorausgesetzt wird.

pelerins: lat. *peregrinos*, mit dissimilation des ersten *r* gegen das zweite; christliches lehnwort, mit erhaltung des unbetonten vortonvokals, spurlosem verschwinden des *g* vor *r* (gegen *nigrum* → *neir*).

96 **oitante:** bezüglich des stammvokals die regelrechte fortsetzung von *octoginta* (während *octo* mit betontem *ǫ* **uoit* — *uit*, *huit* gibt). Die endung ist an *quadraginta* — *quarante* u. a. angeglichen (mittelform **quadráinta*). Daneben schon afrz. *quatre-vint* (ebenso in alter zeit *treis vint*, akk. *treis vinz*, *sis vint*, akk. *sis vinz* usw.). Für keltischen ursprung der zählung nach 20 lässt sich nichts beweisendes ins feld führen. Eher ist mit M. Rösler an germanischen, über England vermittelten einfluss zu denken.

Nfrz. *huitante* (mit angleichung des stammvokals an *huit*) ist veraltet, ebenso wie *nonante* ← *nonaginta*. Dialektisch noch gebräuchliches *octante* sowie *septante* (mit lautem *c* und *p*!) beruht auf umbildung der alten formen (vielleicht unter einfluss von *septembre*, *octobre*).

97 **quis:** für *qui les*. Vgl. 1 *al*, 40 *nel*, dazu s. 180.

poanz: die regelrechte fortsetzung des lat. *potentem* mit nominativ-*s*, das schon im lateinischen zum adjektiv geworden ist. *Poissant — puissant* ist eine zu den oben (v. 40) besprochenen formen *puis*, *puisse* gehörige neubildung (←**possientem*), es ist gleichfalls zum adjektiv geworden. Nfrz. *pouvant* endlich ist das aus *pouvons*, *pouvez*, *pouvoir* neugeschaffene partizip und gerundium mit rein verbaler bedeutung.

VII. Laisse.

Vers 98—111.

(Assonanz *i-e.*)

98 Or vait li emperere ot ses granz compaignies,
99 Devant el premier chief furent oitante milie.
100 Il eissirent de France et Borgoigne guerpirent,
101 Lohereigne traversent, Baiviere et Honguerie.
102 Chevalchet l'emperere tres parmi Crobatie
103 Les bois et les forez, et sont entrét en Grice.
104 Les puis et les montaignes virent en Romanie,
105 Les Turs et les Persanz et cele gent haïe.
106 La grant ewe del flum passerent a Lalice[1])
107 Et brochent a la terre ou Dieus reçut martirie,
108 Veient Jerusalem, une citét antive.
109 Li jorz fut bels et clers, herberges ont porprises,
110 Et vienent al mostier, lor ofrendes ont mises.
111 As herberges repairent les fieres compaignies.

Erläuterungen.

98 **vait:** lat. *vadit* ergibt (hochbetont) regelrecht *vet*, an dessen stelle jedoch meist *va* und *vait* erscheinen. Wie bei *habere* haben sich auch bei dem häufig als hilfsverb und daher schwachtonig gebrauchten verbum *vadere* im romanischen kurzformen entwickelt, in denen *d* fiel und einsilbige formen entstanden:

---

[1]) *Lalice* ist Laodicea in Phrygien, der grosse fluss der Lykos.

**vao* (ital. *vo*, prov. *vau vauc*) — frz. **voi vois*
vas (ital. *vai*, prov. *vas*) — frz. *vas*
vat (ital. *va*, prov. *va vai*) — frz. *vat*
**vaunt* (ital. *van vanno*, prov. *vaun van*) — frz. *vont*.

Die drei letztgenannten französischen formen erklären sich regelrecht aus den vulgärlateinischen kurzformen. Die 1. person **vao* (*vau*) sollte zunächst **vo* ergeben (wie *aurum* → *or* 3). Wir finden indes nur die erweiterte form *vois* mit analogischem *i* (nach dem muster von *ai* ← **ajo* ← *habeo* und *sui* ← *sum*, das sich schon früh an *ai* angeschlossen hat, vgl. v. 33) und weiter mit analogischem *s* (nach *puis* ← **possio*, siehe v. 40), wonach auch eine anzahl anderer erster personen umgebildet worden sind (*truis* = **tropo*, *ruis* = *rogo*, *estois* = *sto* — **stao*).

Neben *vois* findet sich auch *vai*, das zu *vas vat* gebildet ist nach *ai as at*; umgekehrt nach *vai* 2. person *vais* und 3. *vait*, wobei auch vorbilder wie *fais fait* mitgewirkt haben können. Die verschiedenen formen, lautgesetzliche und analogische, bestehen nebeneinander, auch die zweiten sind verhältnismässig alt (*vait* schon im Alexiuslied neben *vat*). — Vgl. noch v. 70 *aler*.

compaignies: lies *cõpañies*. Stammwort ist **companio* der 'brotgenosse' (*pani̹s*), woraus afrz. *compain*, obliquus *compa(i)gnon*, der gefährte. Dazu das kollektivum *compaigne* gefolgschaft (oben v. 95, sonst auch 'gefährte') und nach dem muster der ursprünglich griechischen worte auf *-ía compaignie* (gefolgschaft — gefährte), endlich das verbum *compaignier* — *accompagner*.

100 **guerpirent**: zu fränkisch *werpan* werfen.

In der regel gehen die germanischen verba auf *-jan* zur *i*-konjugation, die übrigen zur *e*-konjugation (lat. *a*) über. Vgl.:

hatjan → *haïr* 105	**wardên* → *guarder* (vgl. v. 5)
**krostjan* → *croissir* 194	*wîtan* → *guier* 245
warnjan → *guarnir* 240	*warôn* → *guarer*.

Von *werpan* sind keine germanischen *j*-formen bekannt (got. *waírpan*, ahd. *wërfan*, altsächs. *wërpan*, ags. *weorpan*, altnord. *verpa*); es hat sich gleichwohl den *i*-verben angeschlossen. Der bedeutungswandel 'werfen' → 'verlassen' ist ähnlich wie in lat. *abjicere* 'wegwerfen' → 'aufgeben, verloren geben, verlassen'.

Neufranzösisch nur im kompositum *déguerpir* erhalten.

100—107 Karls weg: dieser führt offenbar in der hauptsache zu lande nach Jerusalem — ob nun gerade über Konstantinopel, das die helden erst auf dem rückweg besuchen, wird nicht gesagt. *Romanie* bezeichnet für gewöhnlich das oströmische reich oder dessen europäischen teil, an unserer stelle aber wohl den asiatischen teil, also Kleinasien, da *Grice* vorher besonders genannt wird. Die vorstellungen des dichters vom Orient sind überhaupt nicht sehr bestimmt, er verarbeitet hier nur, was er vom hörensagen durch Jerusalempilger weiss (vgl. unten zu v. 112 ff., 208). So wird man auch den widerspruch, dass Karl durch das byzantinische reich zieht, ohne dass des kaisers Hugo von Konstantinopel gedacht wird, nicht zu schwer nehmen dürfen.

102—103: **Chevalchet ... les bois et les forez:** accusativus loci. Vgl.:

Charles chevalchet et les vals et les monz Rol. 3695
Chevalchier son chemin, aler son chemin u. ä. m.

106 **ewe:** *aqua* ergibt zunächst **aụụa*, wird aber nicht wie (bei silbeschliessendem *ụ*) *plaụụit* → *plout*, *clavum* → *clou* (vgl. 2 *rout* IV) weiter zu *owe*, *ove* entwickelt, wovon spuren fast nur noch in ortsnamen vorhanden sind. Die aus dem mittelalter überlieferten formen auf französischem boden sind: *ewe* — *eve* im nordwesten (norm., anglonorm., pikardisch) — *awe* im nordosten (bes. lothringisch) — *aigue* im süden (von der Charente über Touraine, Burgund usw. bis nach nordosten) — dazwischen, im hauptgebiet mit Paris,

eawe, *eaue*, *iaue* (seit 13. jahrh. auch schon *eau*), das von Rydberg mit ostfrz. *awe*, von Schürr mit nördlichem *ewe* in zusammenhang gebracht wird. Unsere form *ewe* ist also die nördliche, vielleicht erst durch den anglonormannischen kopisten eingeführt, vielleicht aber schon zur zeit unseres dichters von norden her in das francische eingedrungen. — Wie *ewe* zu *eaue*—*iaue* (oder *awe* zu *iauve*) wird, ist noch nicht befriedigend erklärt, doch zeigt ę vor *l* eine ähnliche entwicklung (*bels*→*beaus*).

Unmittelbar auf den tonvokal folgendes auslaut-*e* beginnt seit dem 13. jahrhundert zu verstummen, was in der schrift nur teilweise zum ausdruck kommt (*estoie*—*oi*—*ois*, *avoie*—*oi*—*ois*, *auroie*—*oi*—*ois*, *eaue*—*eau* gegen *vie*=*vi*, *épée*=*epẹ́*). — Der triphthong *eau* wurde im 16. jahrhundert zum diphthongen *eǫ*, im 17. jahrhundert zu *eọ*—*ọ* (wie *beau*→*beǫ*→*beo*→*bǫ*).

107 **reçut**: vulgärlat. **recēpuit* oder **recĭpuit* für lat. *recēpit*.

Während die perfektbildung auf *-ēvi* im gegensatz zu *-avi* und *-ivi* (vgl. 2 *seignat*, 18 *oïrent*) ganz untergegangen ist, hat die daneben in der lateinischen II. konjugation und ebenso in der III. und IV., vereinzelt auch in der I. vorhandene bildung auf *-ui* eine weit grössere ausdehnung gewonnen als im latein. Fehlende perfekta wurden nach diesem verbreiteten typus ergänzt, vorhandene darnach umgebildet: so wird *bibi*→**bibui*—*bui*, *movi*→**movui*—*mui*, *crevi*→**crevui*—*crui*, *veni*→**venui*—*vin*, so auch *recēpi* →**recēpui*—*reçui*. Auch eine vom präsens aus neugebildete form **recĭpuī* müsste dasselbe ergeben.

Das vollständige paradigma dieses verbums würde lauten

reçui, *recëus*, *reçut*, *recëumes*, *recëustes*, *reçurent*.

Im wesentlichen ist die entwicklung wie bei *debui*→*dui* (vgl. 56 *deüsseiz*) vor sich gegangen: **recępui*→*reçui*, darnach *reçut*, *reçurent*; **recepū(i)sti*→*reçëus*, darnach *reçëumes*, *reçëustes*.

Starke perfektbildung. In der 1. und 3. person sing. sowie in der 3. plur. dieser verba ruht der akzent auf dem stammvokal, nur in den drei übrigen formen auf der endung, während bei den *a*- und *i*-perfekten sowie bei denen auf *-iét* (vgl. 12 *respondiét*) überall die endung den akzent trägt. Im gegensatz zu perfekten der zweiten art, die man als schwache perfekta bezeichnet, nennt man perfekta wie *reçui* starke perfekta. Zu ihnen gehören ausser den meisten *ui*-perfekten noch die auf *-si* (13 *dist*) sowie die wenigen, welche die lateinische perfektbildung mit stammdehnung beibehalten haben (9 *veïstes*, 30 *vit*), endlich auch das in sämtlichen sechs formen stammbetonte *fui* (siehe 1 *fut*).

109 **jorz:** vgl. über die entstehung des *z* 6 *mielz* III b und Konsonantismus V, 5. Ende des 12. jahrhunderts wird *jorz* → *jors*, wozu alsdann der neue obliquus *jor* — *jour* gebildet wird (vgl. 1 *jorn* V).

110 **vienent:** aus **venunt* für *veniunt*, das **viegnent* ergeben müsste. Die formen auf *-io* und *-iunt* sind auf analogischem wege grossenteils durch solche auf *-o* und *-unt* ersetzt worden. So erklärt sich auch *venio* → **veno* → *vien* — nfrz. *viens*, *sentio* → **sento* → *sent* — nfrz. *sens*, *sentiunt* → **sentunt* → *sentent*, *sapiunt* → **sapunt* → *sevent* — nfrz. *savent* (vgl. 14 *sai*) u. a.

mises: fem. plur. von part. perf. *mis* (zu *mę̆tre* ← *mittere*), statt *mę̆s* (*missum*), nach analogie des perf. *mis* ← **mīsi* (nicht aus klass.-lat. *mīsi*, wie prov. *mis*, 3. p. *męs* lehrt).

111 **repairent:** aus **repatriant*, mit regelrechtem verstummen des *t* zwischen vokal und *ṙ* und wandlung von *ri̯* zu *ir* (vgl. noch **inclaustreum* → *encloistre* 821). Dazu das verbalsubstantiv *repaire* wohnsitz, zufluchtsort (auch als name in *Beaurepaire*). Nfrz. *patrie* ist, wie lautgestaltung und betonung zeigen, lehnwort.

VIII. Laisse.

Vers 112—122.

(Assonanz *ǫ-e*, wie in laisse III.)

112 Molt est genz li presenz que li reis Charles ofret.
113 Entrat en un mostier de marbre peint a volte,
114 Laenz at un alter de sainte Paternostre:
115 Dieus i chantat la messe, si firent li apostle,
116 Et les doze chaieres i sont totes encore,
117 La trezime est enmi, bien seelee et close.
118 Com Charles i entrat, bien out al cuer grant joie.
119 Com il vit la chaiere, icele part s'aprochet,
120 L'emperere s'assist, un petit se reposet,
121 Li doze per es altres, environ et en coste.
122 Ainz nen i sist nuls huem ne onques puis encore.

Erläuterungen.

115 **firent:** vulgärlat. **fécerunt* für lat. *fecērunt*. Hieraus unter fall des pänultimavokals **fecrunt*, das im französischen **feirent* geben sollte wie *fac*(*e*)*re faire* (vgl. noch prov. *feiron*). Die tonsilbe wird an die 1. sing. *fis* ← *fēci* (vgl. 7 *Il, prist*) angeglichen, ebenso wie die 3. sing. **feist*, die zu *fist* wird. Andere formen — wie *fistrent*, *fisent* — sind analogisch.

Die bedeutung von *firent*, ebenso von *chantát*, ist hier die des plusquamperfekts: Gott hatte hier die messe gesungen, so hatten die apostel getan. Das lateinische plusquamperfekt ist nicht spurlos verschwunden, sondern in den ältesten denkmälern in einer reihe von formen erhalten, und allmählich im perfekt aufgegangen, mit dem es formal in der 3. pl. zusammenfiel: vgl. perf. 3. sg. *fut*, 3. pl. *furent* mit plusquamperf. 3. sg. *furet*, 3. pl. *furent*. So könnte auch *firent* ebensogut auf **fécerant* wie auf **fécerunt* zurückgehen. Das Eulalialied zeigt eine reihe von plusquamperfektformen (*auret, furet, voldret* u. a.), meist schon im sinne des perfekts, wodurch der zusammenfall beschleunigt wurde. Schon vorher bieten die Reichenauer Glossen (8. jahrh.) ein beispiel für die temporale verschiebung mit *transfretavit* : *alaret* (= *alaverat*).

116—117 **doze — trezime:** lies *dodze — tredzime* (mit *d* + stimmhaft *s*). In diesen wie den ähnlich gebildeten zahlwörtern wurde das intervokale *c* im romanischen assibiliert (vgl. ital. *dodici, tredici = doditši, treditši*) und im französischen erweicht, ehe der vokal der pänultima ausfiel: daher *duodecim→*dọdetśe→*dọdedźe→dǫ̃(d)dze, tredecim →trę̃(d)dze* mit stimmhaftem *s* (*ẑ*), desgleichen *onze = ondze, quatorze, quinze, seze* — später mit dem üblichen verlust des *d* vor *z*, *onze = õz(e), douz(e)* usw. wie im neufranzösischen.

Diese entwicklung war nur möglich, wenn der vokal der pänultima sich hier länger hielt als in den ähnlich gestalteten *pollicem — polz* 811, *polce* (nfrz. *pouce*), *pulicem — pulce* (*puce*), *romanice — romanz*: augenscheinlich wurden die wörter noch als komposita von *decimum — dime, decem — *dieiz — dis* empfunden und durch diese beeinflusst. Unwahrscheinlich hingegen ist nach allen parallelvorgängen, dass das *-d-* nach fall des pänultimavokals das folgende stimmlose *-ts-* stimmhaft gemacht hätte (**dodetse→*dodtse→doddze*): vgl. *radicina→racine, *pertusiare→percier, debita→dete,* dazu oben v. 71 *feiz.*

Für die erklärung der ordinalzahlendung *-ime* ist von *decimus* und den zugehörigen formen auszugehen. *Dęcimum* ergab **dieime — dime* (ohne *s*, vgl. *facimus→faimes, dicimus →dimes*), das unter einfluss der kardinalzahl *dis* auch als *disme* erscheint (wie lautgesetzlich *setme←septimum* neben *set←septem* steht). Ebenso musste *undecimum* zu **ondime, duodecimum* zu **dodime* werden, die sich nach den kardinalzahlen *onze* und *doze* zu *onzime* und *dozime* umgestalteten. So erschien in *onze — onzime, doze — dozime -ime* als die charakteristische ordinalendung, wonach zu *treze, quatorze, quinze, seze* die ordinalia *trezime, quatorzime, quinzime, sezime,* für *dis e setme* ein *dis e setime,* endlich auch zu *dis* ein *disime* und zu den einerzahlen *sis, set* usw. *sisime, setime* usw. gebildet wurden. — Neben *-ime* (*-isme*) erscheint dialektisch und zuerst gerade in hervorragenden denkmälern der normannischen und der südlich angrenzenden mundarten *-ieme* (*iesme*), entsprechend der entwicklung von *ę* + *i* in diesen gebieten (*lectum* → *liet* gegen francisch **lieit* → *lit*). Diese ursprünglich westfranzösische endung hat die zentralfranzösische form *-ime* verdrängt und das nfrz. *-ième* (*troisième, dixième, treizième* usw.) ergeben, ebenso wie norm. *bonheur malheur* francisch *boneür maleür*, ostfrz. *loup avoine moins* francisch *leu aveine meins* ersetzen.

Möglich wäre schriftsprachliche entstehung von *-ième*, wenn man mit Gerd Krause kreuzung von *-ĕcimu* (*decimu, undecimu*) und *-ēsimu* (*vicesimu*) zu *-ęsimu* annimmt. Es bleibt aber zweifelhaft, zumal neben *quarę̄sme* ← *quadragē̦sima*, ob in *-esimu* der pänultimavokal so spät ausgefallen ist, dass der tonvokal *ę* noch zu *ie* diphthongieren konnte.

chaieres: lies *tša-ières*, aus *cathédras* — *καθέδρας*.

Der griechische akzent ist vermutlich in der volkstümlichen aussprache bewahrt geblieben (vgl. s. 181 f.) *Cathę́dra* entwickelt sich regelrecht zu *chaiere*: vortoniges *a* nach palatal bleibt vor vokal erhalten, wie in *catena* — *chaeine* (statt *che-* wie in *chevaliers*), ebenso wie in einzelnen noch nicht befriedigend erklärten fällen vor liquiden oder nasalen (vgl. v. 73 *chameilz*, dazu s. 191 *per* → *par* u. ä.). — Nfrz. *chaise* (neben *chaire* kanzel, lehrstuhl) verdankt seine form einer im 16. jahrhundert entstandenen, aber nicht durchgedrungenen lautveränderung (intervokales *r* zu *z*, wie damals auch *père* → *pèze* u. a.).

seelee: *se-e-le-e* (viersilbig, mit elision des auslaut-*e* vor *et*), vgl. s. 169.

118 **cuer:** einsilbiges *cŏr* → *cǭr* → *cuer*, mit behandlung des *ǫ* wie in offener silbe. Vgl. oben s. 185.

joie: lies *džǫie*, aus *gaudia* (nicht *gaudium*).

Da *g* nur vor *e, i, a* zu *dž*, *c* nur vor *a* zu *tš* wird, muss die assibilierung des *c* und *g* vor *a* begonnen haben, ehe *au* zu ǫ kontrahiert wurde (vgl. noch *causa* → *ćausa* → *chose*). Diese kontraktion ist im französischen verhältnismässig jung (etwa 8. jahrh.); sie findet sich zwar in anderen romanischen sprachen (it. *godio, oro* — span. *oro* usw.), aber nicht im provenzalischen, ist also keine gemeinromanische erscheinung wie etwa die kontraktion des *ae* (*ai*) zu *ę*. Vgl. 3 *or* III.

Die lateinischen neutra pluralis werden ihrer endung (und zum teil kollektiven bedeutung) entsprechend im französischen meist zu femininen sing.: *battualia* → *la bataille* 29, 859, *folia* → *la fueille* — *feuille* (neben mask. *fueil* ← *folium*), vgl. 52 *mençonge*.

120 **s'assist:** *se *assēsit* für *assēdit*.

Nächst der *ui*-bildung hat im romanischen die *s*-bildung des perfekts am meisten an ausdehnung gewonnen. Zum teil bot das zugehörige *s*-partizipium den ausgangspunkt: wie *misi* zu *missum mittere, risi* zu *risum ridere*, bildete man **sesi* zu *sessum sedere, *prensi* zu *prensum prendere* (vgl. 2 *prise*, 7 *prist*); zum teil auch das *t*-partizipium wie **punxi* zu *punctum pungere* nach *junxi junctum jungere* u. a. — Aus **sęsi* wird mit *i*-umlaut *sis*, darnach 3. pers. *sist* 122, 157 (für **seist*), 3. plur. *sistrent*, part. *sis* 157 (für **seis* wie *pris* für **preis*).

122 **Ainz:** von den zahlreichen etymologien ist die einleuchtendste **antius* (eine komparativische, der bedeutung entsprechende bildung zu *ante* oder *antèa* wie **postius* — *puis* zu *post*). Ob *antius* → *ainz* lautrichtig entwickelt ist, d. h. ob man im wortauslaut aus *-nti̯-* entwicklung eines *i* annehmen darf (gegen **fidantia* — *fiance* s. 170), ist unsicher, da zutreffende parallelen fehlen.

Ainz bedeutet 'früher, vorher', mit *ne 'niemals'*, von der vergangenheit gesagt (gegensatz *ne onques puis* = niemals seither, nie mehr später). Aus der temporalen bedeutung entwickelt sich im 12. jahrhundert die modale 'eher, in höherem masse', so dass es dann nach negativen wendungen geradezu 'sondern' bedeuten kann. Vgl. auch die bedeutungsentwicklung von *magis* — *mais* v. 28.

Die hier und im folgenden gebotene beschreibung der kirche beruht offenbar auf ungenau wiedergegebenen pilgerberichten. Da Karl ausdrücklich auszieht, um das hl. Kreuz und das hl. Grab anzubeten (v. 70), ist bei der hier geschilderten kirche zunächst wohl an die kirche des hl. Grabes zu denken. Der angeblich in dieser kirche befindliche altar zum Paternoster scheint eine erinnerung an die ausserhalb der stadt, auf dem Ölberg, gelegene kirche zum Paternoster zu sein, welche dem ort geweiht war, wo der Heiland die jünger sein gebet gelehrt haben soll. In wirklichkeit handelt es sich ursprünglich um den ort, wo er vor seiner gefangennahme zum Herrn betete, um den garten Gethsemane; erst nachträglich wurde dieser mit dem ort gleichgesetzt, wo er das Paternoster gelehrt hat. Endlich mischt sich in die vorstellung des dichters noch, wie v. 115–117 zeigt, die erinnerung an die Abendmahlskirche auf dem berge Zion, wo auch der tisch des hl. Abendmahls gezeigt wurde.

IX. Laisse.

(Assonanzvokal ẹ̄ wie in II und V.)

123 Molt fut liez li reis Charles de cele grant beltét:
Vit de cleres colors le mostier peinturét,

---

124 cleres colors: lat. *colorem* ist, wie *amorem* (vgl. oben v. 32 und 54), *dolorem, honorem, calorem* und die übrigen abstrakta auf *-orem*, zum feminin geworden, da die überwiegende zahl der abstrakta im lateinischen weiblichen geschlechts war (vgl. namentlich die auf *-a, as, -es*). Einige derselben wie *amour, honneur* sind unter gelehrtem einfluss später wieder zu maskulinen geworden (vgl. v. 32).

Cleres ist die regelrechte fortsetzung des lat. *claras*. Vor konsonanten neigt das *ẹ̄ ← a* später zur hellen aussprache, wodurch die schreibung *clair = clęr* (seit 14. jahrh.), nach dem muster von *faire = fęre, lait = lęt* u. ä., möglich wird. Bevorzugt wurde diese schreibung wegen der anlehnung an lat. *clarus*, wie auch afrz. *per* und *ele* im neufranzösischen als *pair* und *aile* erscheinen.

De martirs et de virgenes et de granz majestez,
Et les cors de la lune et les festes anvels,
Les volucres par aire et les peissons par mer.
Charles out fier le vis, si out le chief levét.
Uns Juieus i entrat, qui bien l'out esguardét.
Com il vit le rei Charle, començat a trembler:
Tant out fier le visage, ne l'osat esguarder.
A poi que il ne chiet, fuiant s'en est tornez,

---

125 virgenes: lies *virdžnes*, zweisilbig, wie der vers lehrt; das *e* steht nur, um die dental-palatale aussprache des *g* (wie in *gent*, *argent* u. ä.) zu bezeichnen. Im übrigen ist das wort (wie auch *martir*) ein kirchliches lehnwort. Durch anpassung an die oxytonale betonung des französischen wird es verkürzt zu *virge*, woraus mit entwicklung eines übergangslautes *vierge*, wie aus dem gleichfalls fremdwörtlichen *cirge* ein *cierge*.

majestez: *majestét* wird zunächst von der herrlichkeit Gottes gebraucht, daher es in konkretem sinne 'bild von göttlichen personen oder dingen', vielleicht auch 'heiligenbild' bedeuten kann. Da die eigentlichen 'heiligen', die *martirs* und *virgenes*, daneben ausdrücklich genannt werden, wird man die erste bedeutung vorziehen, also kurz 'heilige bilder'.

127 mer: während die übrigen neutra sing. (auch die der III. dekl.) zu maskulinen geworden sind, ist *mare* im französischen zum feminin geworden, wohl in anlehnung an *terra* (ebenso prov. *la mar*, dagegen ital. *il mare*).

Zum fehlen des artikels vgl. 9 *ciel*.

131 visage: aus **visaticum*, zu *visum*. Die endung *-aticum* wird allgemein zu *-age* (vgl. 206 *barnage*, 209 *lenguage*, ferner *folage*, *eage* u. a). Sowohl *t* als *c* müssen erweicht worden sein, ehe der vokal der pänultima ausfiel: *-adego* → *-adejo* → *-adjo* → *adže*, da sonst *-atše* (*ache*) hätte entstehen müssen.

132 A poi que il ne chiet: um weniges, dass er nicht fällt = beinahe wäre er gefallen. Diese und ähnliche wendungen (*a bien pou que*, *por pou que*, *par un petit que*, *pres ke* oder noch kürzer ohne *que*: *pres*, *por un pou*, *a pou*) erklären sich als ellipsen an stelle vollständiger hauptsätze mit unpersönlichem subjekt: *a pou* (*ce*) *va* (geschieht es) *que il ne chiet*. Da der nebensatz den tatsächlichen nichteintritt der handlung meldet, steht folgerichtig der indikativ.

Die im francischen ursprünglich heimische form scheint *pǫu*, aus *paucum* wie *lou* (*lieu*) ← *locum* (s. 194) zu sein. Das danebenstehende *poi* ist zunächst wohl in mundarten zu hause, die *auca* zu *oie*, *pauca* zu *poie* entwickelten (siehe v. 32 *joër*) und hieraus eine neue adverbform *poi* ableiten konnten. — Nfrz. *peu* geht auf *pǫu* über eine

Et si montet d'eslais toz les marbrins degrez,
Et vint al patriarche, prist l'en a aparler:
'Alez, sire, al mostier por les fonz aprester!
Orendreit me ferai baptizier et lever.
Doze contes vi ore en cel mostier entrer,
Avuec els le trezime, onc ne vi si formét:

---

mittelstufe *pọu* zurück, deren erklärung wegen entgegenstehender fälle, wie afrz. *trọu* → *trou* (= *tru*), schwierigkeiten macht.

fuiant: *fugiendo se* (= *sibi*) *inde est tornatus. Fuiant* ist gerundium, daher unveränderlich. Vgl. v. 82 zu *servant*.

133 eslais: von *sei eslaissier* (**exlaxare*) 'sich stürzen, rennen' abgeleitetes verbalsubstantiv. *D'eslais*: in hast, eiligst.

134 patriarche: lehnwort wegen der behandlung von *trį* (vgl. 111 *repairent*). Die maskulina der lat. I. dekl. (meist lehnwörter, wie *propheta* — *profete*, lat. *patriarcha* ← gr. *πατριάρχης*) haben wie die feminina derselben deklination rektus und obliquus gleich (vgl. v. 141, 148 u. ö.). Erst später erhalten sie zum teil ein *s* im rektus nach dem muster der maskulina auf *s* (lat. *-us*).

135 sire: aus lat. *senior*. Die zunächst zu erwartende form ist **señro* — *sendro* — *sendre*, so in den Strassburger Eiden (*sendra*) und in der Passion (*sendrœ*). *Sire* ist die zunächst vor eigennamen gebräuchliche kurzform. Ebenso stehen im obliquus vollform *seigneur* und kurzform *sieur* (*monsieur*) nebeneinander.

les fonz: lat. *fontem* ist altfranzösisch nur als *plurale tantum* erhalten in der bedeutung 'taufbecken' (ursprünglich wohl 'taufwasser', vermutlich kirchliches lehnwort, daher mask.). In der bedeutung 'quelle' ist *la font* schon altfranzösisch sehr selten (abgesehen von ortsnamen wie *Lafon, Bellefond*), es wird durch die weiterbildung *fontana* — *fontaine* ersetzt.

136 baptizier: gleichfalls lehnwort, aus lat. *baptizare* (*baptidiare*) ← gr. *βαπτίζειν*, in erbwörtlicher gestalt als *bateier* — *batoier* überliefert. Im neufranzösischen ist das *p* völlig verstummt.

137 contes: lat. *cọmites*. In *comitem comites* fiel der vokal der pänultima in gemeinromanischer zeit, bevor der kurze tonvokal lang wurde (vgl. ital. *conte*), daher dieser hier nicht diphthongiert. Hingegen in *comes*, dessen endvokal erst im galloromanischen verstummt, wurde *ọ* lang, daher *cọmes* — *cuens*.

138 Avuec: früher meist aus *apud hoc*, neuerdings von Elise Richter aus *ab hoc* erklärt. Ob dieses *ab* nun freilich mit der lateinischen präposition *ab* gleichzusetzen ist, scheint fraglich, zumal wegen der schwierigkeiten in der bedeutungsentwicklung. Prov. *ab* lässt sich, da hier *-d* früh fällt (*apud* → **abu* → *ab, ap*), ohne weiteres auf

Par le mien escïentre, ço est meïsmes Deus!
Il et li doze apostle vos vienent visiter'.
Quant l'ot li patriarche, si s'en vait conreer,
Et out mandét ses clers en haste en la citét,
Il les fait revestir et chapes afubler,

---

apud zurückführen (so auch das *ab* der Strassburger Eide). Diese entwicklung war aber auch im französischen möglich vor konsonant (*apud* kons. → **apu* → **abu*, vgl. v. 3 *Et*), während sonst *apud* regelrecht *od, ot* (v. 11) ergab. Wie *od, ot* dann auch vor konsonant, konnte **abu* (**avu*) sekundär auch vor vokal gebraucht werden und ergab mit *hoc* verbunden **abu* (*h*)*oc* — *aboc* — *avuec*. — Seiner herkunft nach ist dies wort zunächst adverb, wird aber bald als präposition gebraucht wie hier. Nfrz. *avec* hat nach dem labialkonsonanten *v* den labialvokal *u* eingebüsst.

139 Par le mien escïentre: vor dem substantiv steht in der regel die unbetonte form des possessivpronomens (vgl. v. 2, 3, 5, 8, 11, 15 u. a.). Steht das betonte pronomen, so hat es in der regel den artikel; steht der artikel, muss betontes pronomen folgen. Vgl. noch 38 *por la vostre honte* (wo *vostre* = nfrz. *vôtre* ist), vgl. ferner *toz li miens granz tresors* 222 mit *trestoz mes granz tresors* 839.

Escïentre mit erhaltung des hiatus-*i* als silbebildenden vokals ist gelehrten ursprungs. Es wird auf das lateinische adverb *scienter* zurückgeführt, das dann freilich als substantiv oder infinitiv aufgefasst worden sein müsste. Daneben finden wir in gleichem sinne *a escïent, a mon escïent, par le mien escïent,* aus dem lateinischen gerundium *sciendum. Escïentre* könnte daher auch eine — an die infinitive auf *-re* angeglichene — weiterbildung von *escïent* sein.

meïsmes: geht auf eine zusammensetzung aus der partikel *met* und dem pronomen *ipse* zurück (vgl. *egomet ipse, mihimet ipsi*). Dieses *metipse* ist im provenzalischen als *medeps, meteis, mezeis* erhalten. Die übrigen romanischen formen weisen auf eine weiterbildung **metipsimus* zurück: ital. *medesimo*, span. *mismo*, *mesmo*, prov. *medesme, mezesme,* afrz. *medesme, meesme, meïsme*, nfrz. *même*. Das *i* in *meïsme* (neben *meesme*) wird durch dissimilation erklärt; bei der superlativischen herkunft und bedeutung des worts könnte man auch an angleichung an die (gelehrte) superlativform — *saintisme, grandisme, haltisme* — denken.

140 apostle, visiter, 144 procession, 160 reliques: sämtlich lehnwörter.

143 afubler: lat. *adfibulare*. Der wandel *i* → *ü* erklärt sich durch einwirken der umgebenden labiale *f* und *b*, nach anderer annahme durch teilweise metathesis: *adfibŭlare* → *adfūbĭlare* (metathesis der vokale, aber nicht ihrer quantitäten).

A grant processïon en est al rei alez.
L'emperere le vit, si 'st contre lui levez
Et out trait son chapel, parfont lui at clinét.
Vont sei entrebaisier, noveles demander.
Et dist li patriarche: 'Sire, dont estes nez?
Onques nen osat huem en cest mostier entrer,
Se ne li comandai o ne li oi rovét.'

---

145 s i 's t: apharese, verlust des unbetonten anlautvokals (meist *e*) in unbetonter vortonsilbe oder schwachtonigem einsilbigen wort nach unmittelbar vorausgehendem tonvokal. Ebenso *qui 'st* 207 = *qui est*, *qui 'n* 213 = *qui en*, *ici 'st* (277), *ço 'st* (376). Auf diesem wege können auch bei substantiven doppelformen entstehen wie *evesque — vesque*, *eveschiét — veschiét*, oder neue formen wie *licorne* ← *unicornem*, *Gille* ← *Egidium* (häufiger in anderen romanischen sprachen: vgl. ital. *vescovo*, katal. *bisbe* ← *episcopum*, ital. *chiesa*, prov. *gleiso* ← *ecclesia*).

147 V o n t s e i e n t r e b a i s i e r: in konstruktionen dieser art (verbum finitum + infinitiv + objektspronomen) pflegt das pronomen im altfranzösischen auf das verbum finitum bezogen zu werden und zwar in der regel in proklitischer stellung (vgl. 13 *trop vos poëz preisier*), aber auch enklitisch (so *vait le ferir* oder *vont s'entrebaisier*). Indes kann das pronomen auch mit dem folgenden infinitiv verbunden werden, muss aber dann die hochtonige form haben wie hier. — Die an und für sich zulässige form *se vont entrebaisier* wäre an dieser stelle ausgeschlossen (vgl. v. 4), hingegen mit einleitendem adverb durchaus korrekt: *Or* oder *Si se vont entrebaisier*.

148 E t d i s t l i p a t r i a r c h e: ebenso 156, 221, 226 mit i n v e r s i o n nach der konjunktion *et* gleichwie nach einleitenden adverbien (siehe v. 1). Vgl. ferner: *Et dist li emperere* 159, 252, 841, 847, *Et montent li baron* 241, ferner ebenso nach *si, et si*: *Si sont montét Franceis* 851, *Et si prist il la soë* 88. Jedoch ist nach *et* inversion keineswegs die regel, vielmehr findet sich mindestens ebenso häufig (in anderen texten, z. b. im Roland, sogar weitaus häufiger) die normale wortstellung: *Et les doze chaieres i sont totes encore* 116, *Et Charles i entrat* 118, *Et il vint as apostles* 174, *et li reis les reçut* 191, *Et Franceis se deportent* (v. 414). Hingegen bildet nach dem adverb *si* sowie nach *et si* die inversion die regel, und wohl erst nach diesem muster ist inversion nach einfachem *et* eingeführt worden.

150 l i c o m a n d a i: für *le li comandai*, vgl. v. 87.

r o v é t: zu *rover* ← lat. *rogare*. Schon das Eulalialied des 9. jahrhunderts hat *ruovet* = *rogat*, *roveret* = *rogaverat*. Gegenüber *jocare* → *joër* (v. 33), *locare* — *loër* ist der übergang des *-g-* zu *v* auf-

'Sire, je ai nom Charles, si sui de France nez.
Doze reis ai conquis par force et par barnét,
Le trezime vois querre dont ai oït parler.
Vin en Jerusalem por l'amistét de Deu,
La croiz et le sepulcre sui venuz aorer.'
Et dist li patriarche: 'Sire, molt estes ber.
Sis as en la chaiere ou sist meïsmes Deus:
Aies nom Charles Maignes sor toz reis coronez.'
Et dist li emperere: 'Cinc cenz merciz de Deu!
De voz saintes reliques, se vos plaist, me donez,

---

fällig. Meyer-Lübke nimmt für *-g-* eine andere entwicklung an als für *-c-* und lässt *g* über velaren reibelaut unter einfluss des labialvokals *o* zum labialen reibelaut werden.

151 je ai nom Charles (ähnlich 158); vgl. 14 *legiers.*

152 conquis: ebenso v. 859, dazu das perf. *conquis, conquesis, conquist* usw., desgleichen auch das simplex *quis, quesis* usw., part. *quis,* ähnlich auch im provenzalischen (1. pers. *quis,* 3. *ques* oder *quis,* part. *ques — quis*). Der wechsel von *e* und *i* in der stammsilbe weist auf geschlossenes *e.* Es wurde zu den formen *quaesi(v)isti — quaesisti* usw. wohl zunächst eine stammbetonte 1. pers. **quaesii — *quaesi* gebildet und diese dann, vielleicht nach *prẹ̄si,* zu **quẹ̄si* umgestaltet. Hieraus mit *i*-umlaut *quis,* das übrige analogisch wie bei *prist, prise* (siehe v. 2, 7).

force: lat. *fortia* liesse **fuerce* erwarten, wie *tertium → tierz. Force* ist vom verbum *forcier* abgeleitet, wie oben *eslais* (v. 153) von *eslaissier,* oder durch *forcier* beeinflusst.

153 vois: zu *vado,* vgl. 98 *vait.*

154 Vin: lässt sich direkt aus lat. *vẹ̄ni* erklären, aber ebensogut aus der neubildung **vẹ̄nui,* die von prov. *venc* und ital. *venni* gefordert wird. Die mundartliche (auch in unserer handschrift an dieser stelle überlieferte) form *vinc* verdankt ihr *c* wohl dem präsens *vienc* (neben *vien ← venio*) und dieses sein *c* dem vorbild von *cenc ← cingo, planc ← plango, esparc ← spargo.*

156 ber: regelrecht aus *baro,* während *baronem* mit nebentonigem *a* obl. *baron* gibt (vgl. 4 *barons,* 46 *Hugon*).

159 Cinc: lat *quīnque* würde nach der regel *quinc* (= *kink*) ergeben. Durch dissimilation ging schon im vulgärlateinischen das erste der beiden aufeinander folgenden *u̯* verloren, also *quinque → *kinque — *cinque,* daher das erste *q* (*k*) entwickelt wurde wie ursprüngliches *c* vor *e, i*: ital. *cinque = tšinkve,* prov.-frz. *cinc.* Das ton-*i* ist von natur lang, daher überall als *i* bewahrt.

Que porterai en France qu'en vueil enluminer.'
Respont li patriarche: 'A plentét en avrez:
Le braz Saint Simeon aparmaines avrez,
Le chief saint Lazaron vos ferai aporter
Et del sanc saint Estiefne qui martirs fut por Deu.'
Charlemaignes l'en rent saluz et amistez.

X. Laisse.

(Assonanz *ié* wie in I.)

Et dist li patriarche: 'Bien avez espleitiét.
Quant Dieu venistes querre, estre vos deit le mielz.

---

163 ff. le braz saint Simeon, le chief s. Lazaron usw.: vgl. 1 *al saint Denis mostier.*

164 Lazaron: *Lázarum* erscheint zunächst mit regelrecht bewahrtem akzent als *Lázere, Lazre, Lasdre,* auch *Ladre,* daneben *Lazáre,* obl. *Lazarón.* Diese obliquusform erklärt sich am einfachsten als analogie nach dem muster der namen auf *-onem* ebenso wie *Pieron* neben *Piere, Estevenon* neben *Estiefne* 165 (vgl. 46 *Hugon*). Doch kann man bei solchen biblischen, immer wieder von neuem aus der kirchensprache übernommenen namen auch an fremdwörtliche umgestaltung der lateinischen form *Lázarum* zu *Lazarúm—Lazarón* mit oxytonischem akzent wie *martír, calíce* u. a. denken. *Estiefne, Lazere* wären dann die erbwörtlichen, *Estevenon, Lazaron* die lehnwörtlichen gestaltungen. — Zu diesem eigennamen gehören auch afrz.-prov. *ladre* aussätzig, ital. *lazzaretto* krankenhaus, *lazzarone* bettler.

165 Estiefne: *Stephanum,* mit *ph*→*f* (gegen älteres *colaphum —colp*), aber mit dehnung und diphthongierung des stammvokals. Aus *Estiefne* wird nfrz. *Etienne* mit verlust des labialen reibelautes vor *n* wie *juevne* (*juvenem*)→ nfrz. *jeune.*

166 l'en rent: *l'* apostrophiert aus dem dativ *li.* Dieser wird nur vor *en* apostrophiert. — Lat. *reddere* wurde schon gemeinromanisch zu *rendere* nach dem muster der begriffsverwandten worte *prendere* und *vendere.*

amistez: *amistét* ist eine nebenform zu lautgerechtem *amistiét,* gebildet nach dem muster solcher feminina auf *-atem-ét,* bei denen der endung kein palatal vorausging (*veritatem — vertét, bonitatem — bontét*). Vgl. eine ähnliche analogie unter v. 30: *iriez* neben *irez.* In assonanz und reim werden die beiden formen nach bedürfnis verwendet, vgl. 182 *amistiez* in einer *ie*-laisse.

167 espleitiét: zu *espleitier* ←**explic(i)tare,* weiterbildung von *explico — explicitum* ins werk setzen, ausführen.

Donrai vos tels reliques, meillors nen at soz ciel:
Le suaire Jhesu que il out en son chief,
Com il fut al sepulcre et posez et colchiez,
Quant Juieu le guarderent as espees d'acier
— Al tierz jorn relevat, si com out preechiét,
Et il vint as apostles por els esleecier —
Et un des clous avrez que il out en ses piez,
Et la sainte corone que Dieus out en son chief,
Et avrez le calice que il beneïsquiét.
La scuële d'argent vos donrai volentiers,

---

168 „Da ihr in der löblichen absicht gekommen seid Gott heimzusuchen, muss es euch um so besser ergehen (als wenn ihr leichtfertige landfahrer wäret).“ So Tobler, welcher *le mielz* aus *illo melius* = *eo melius* erklärt und darin einen besonderen anglonormannischen sprachgebrauch erblickt und darum an stelle der überlieferten lesart der anglonormannischen handschrift ein *estre vos en deit mielz* für das francische original vermutet.

169 donrai: ohne übergangslaut, da erst sekundär aus *donerai* entstanden (vgl. 24 *comparrez*).

tels—meillors: nach *tels* wäre *que* zu erwarten, dessen fehlen sich durch ursprünglich parataktische satzfügung erklärt. Vgl. auch v. 9—10.

170 Jhesu: daneben *Jesu*. Die im mittelalter häufige schreibung mit *h* erklärt sich aus einer missdeutung der griechischen buchstaben *ΙΗΣΟΥΣ*, abgekürzt *ΙΗΣ* = JHS. Das *h* hat daher keinen lautwert, auch nicht als diakritisches zeichen.

173 preechiét: lehnwort. Als erbwort müsste es den vortonvokal verlieren; *praed(i)care* —**prechier* oder **pregier*.

174 por els esleecier: vor dem infinitiv steht im altfranzösischen die betonte form des pronomens (gegen nfrz. *pour les réjouir*). So *de moi desarmer fu adroite*; *vos vueil prier de lui servir* usw. Vgl. auch anm. zu v. 147. — Dass *esleecier* ← **exlaetitiare* den unbetonten vortonvokal behält, erklärt sich entweder durch einfluss der stammbetonten formen *esleécet* ← **exlaetítiat, esleécent* usw. (vgl. *coroné* für **corné* nach *corónet*) oder durch direkte ableitung des verbums aus dem substantiv *leéce* — *laetítia*.

177 beneïsquiét: gelehrte form (für **bendist*), mit metathesis *x* → *sc*, *ui*-perf. (**benediscuit*) und anpassung an die III. schwache konjugation.

178 la scuële d'argent: die abendmahlsschüssel. Diese spielt als *graal* eine grosse rolle in den graldichtungen des 12. und 13. jahrhunderts, wo sie mit der schale identifiziert wird, in welcher Joseph von

Entailliee est a or et a pieres preciels,
Et avrez le coltel que Dieus tint al mangier,
De la barbe saint Piere, des chevels de son chief.'
Charlemaignes l'en rent saluz et amistiez,
Toz li cuers li tressalt de joie et de pitiét.

XI. Laisse.

(Assonanz *u* = *ü* wie in IV.)

Ço dist li patriarche: 'Bien vos est avenut,
Par le mien escïentre, Dieus vos i a conduit.
Donrai vos tels reliques qui feront granz vertuz:
Del lait sainte Marie dont alaitat Jhesu,
Com fut primes en terre entre nos descenduz,
De la sainte chemise que ele out revestut.'
Charlemaignes l'en rent amistiez et saluz.
Cil li fist aporter, et li reis les reçut.

Arimathia das blut des Herrn auffing. Sie besitzt da die gabe speise zu spenden, wunden zu heilen u. a. Unserem gedichte sind diese vorstellungen sichtlich noch völlig fremd.

179 pieres: die gewöhnliche form ist *pierres*, vgl. s. 167.

183 pitiét: die ursprungliche (erbwörtliche oder frühlehnwörtliche) fortsetzung des lat. *pietatem*, wahrscheinlich mit entwicklung eines hiatustilgenden *j* über **pijetatem* — **pijtate*, so dass der tonvokal *a* infolge des vorausgehenden palatals sich zu *ie* entwickelt. Daneben findet sich *pietatem* schon früh in der sicher lehnwörtlichen form *pïetét* — so noch neufranzösisch nebeneinander *pitié* mitleid und *piété* frömmigkeit.

187 lait: nicht von *lac*, sondern von *lactis*, *lacti*, **lacte-*.

188 primes: adverb 'zuerst'. Wohl durch eine ellipse zu erklären: *primā* scil. *hora, vice*, woraus mit adverbialem *s* (vgl. 9 *onques*) *primes* (prov. *primas*). Ausserdem erscheint lat. *primus* im französischen nur noch im substantiv *prime* (die erste hora = ca. 6 uhr vormittags), als adjektiv ist es durch *primarius* — *premiers* ersetzt.

189 chemise: das wort bezeichnet ursprünglich, und so meist noch im mittelalter 'untergewand' (tunica interior). Das grundwort, spätlat. *camisia*, scheint aus dem germanischen zu stammen (germ. **hamidi*, fränk. **chamisia*, hd. *hemd*); vgl. oben v. 7, s. 75.

191 Cil li fist aporter: zur konstruktion vgl. v. 87.

Les reliques sont forz, Dieus i fait granz vertuz.
Iluec jut uns contraiz — set anz out que nes mut —
Tuit li os li croissirent, li nerf li sont tendut:
Ore salt sus en piez, onques plus sains ne fut.
Or veit li patriarche, Dieus i fait granz vertuz;
Tost fait le glas soner par la citét menut.

---

193 Iluec: lat. *illo loco* — **illǫco*. Dabei fällt die verschiedene behandlung der silbe *-oco* gegenüber *locum* → *lieu* auf. Dieses scheint eine kurzform **lǫu* (mit früh verstummtem *c* und verschmolzenem *u*, vgl. s. 194) vorauszusetzen. Aber auch in **illóco* musste das *c*, wenn auch später, fallen (vgl. 23 *dient* II). Man nimmt eine adverbiale umbildung **illóque* nach *utroque* u. ä. an. Dass für das anlautende *ĭ* nicht *ẹ*, sondern *i* erscheint, könnte auf einwirkung der zahlreichen mit *i* beginnenden demonstrativpronomina (*icil, icist, itels*), vor allem aber des ortsadverbs *ici* beruhen.

jut — mut: **jęcuit* (für *jacuit*) — **mọvuit* (für *mọvit*). Nach anlautendem *j* ist *a* zu *e* geworden in *jacēre* → **jecere* → **jeisir* — *gesir* (aber prov. *jazer*) und *jactare* → *jectare* → **jeitier* — *jetier*, nfrz. *jeter* (prov. *gitar*, selten *getar*). Nach *j* scheint *a* und *e* gewechselt zu haben, vgl. *jam* → *ja*, ital. *già* stets mit *a*, *januarium* → *janvier*, aber ital. *gennajo*. Vgl. oben s. 191.

Aus **jęcet* erklärt sich regelrecht *jieist* — *gist* — nfrz. *git*. *Jęcuit* ergab zunächst **jęṷṷet*, woraus *jüt* entstanden ist durch angleichung an die 1. person **jęcui* — **jieṷṷi* — *jüi*, wo das folgende *ī* jedenfalls diphthongierung des ton-*ę* bewirkte. **Mọvui* wurde mit *i*-umlaut zu *müi*, wonach 3. pers. *müt* (für **mọut*); möglicherweise ist auch von **mọvui* (vom präsensstamm) auszugehen, das sich in der 1. und 3. pers., parallel **jecui* — **jecuit*, zu *müi* — *müt* entwickeln konnte und von prov. *mọc* gestützt wird.

195 salt: für **selt* ← *salit*. Muster für analogische neubildung boten hier nicht nur die endungsbetonten formen (*salir, saillant* usw.), sondern auch die mit *i̯* gebildeten stammbetonten formen, in welchen *a* gedeckt war und unverändert blieb: *sali̯o* → *sail* (= *sal*), *sali̯unt* → *saillent* (= *salent*), vgl. s. 188.

196 veit — fait: nach den verben sentiendi kann *que* fehlen. Es handelt sich ursprünglich um zwei hauptsätze '*Or veit li patriarche: Dieus i fait granz vertuz*'. Vgl. v. 169.

197 glas: wird auf **classum* (für lat. *classicum*) zurückgeführt, das zunächst regelrecht *clas* (prov. *clas*, ital. *chiasso*) gibt, daneben schon in alten texten wie hier *glas*. Der eintritt des stimmhaften velars für den stimmlosen bedarf noch der erklärung.

Li reis fait faire un fiertre, onques mieldre ne fut:
Del plus fin or d'Arabie i out mil mars fondut.
Il l'a fait seeler a force et a vertut,
A granz bendes d'argent l'a fait leiier menut,
L'arcevesque Turpin comandet son conduit.
Charlemaignes fut liez et tuit qui sont od lui.

XII. Laisse.

(Assonanz *i-e* wie in VII.)

Quatre meis fut li reis en Jerusalem vile,
Il et li doze per, la chiere compaignie.
Demeinent grant barnage — car l'emperere est riches —
Comencent un mostier qui 'st de sainte Marie.
Li home de la terre la claiment la Latine,
Car li lenguage i vienent de trestote la vile.
Il i vendent lor pailles, lor teiles et lor siries,

---

204 en Jerusalem vile: steht parallel ausdrücken wie *al saint Denis mostier*; der städtename ist als personenname gedacht, also = *en la vile de Jerusalem.*

206 car: zur bedeutungsentwicklung — 'denn' aus *qua re* — vgl. 19 *car.*

208 Latine: es gab tatsächlich in Jerusalem eine solche auf veranlassung Karls des Grossen erbaute kirche, genannt *Sancta Maria Latina,* nebst einem hospiz, das seinen namen trug. Im 10. jahrhundert zerstört, wurde die kirche im beginn des 11. jahrhunderts von den Italienern wieder hergestellt. Auch der im folgenden erwähnte stoff- und spezereimarkt, wo leute aller zungen (*li lenguage*) zusammenkamen, ist historisch, in einer beschreibung des 12. jahrhunderts wird der platz direkt als *rue des herbes* bezeichnet. Nur war er nicht in der kirche selbst, wie der dichter annimmt, der hier von anderen gehörtes unvollkommen wiedergibt und sich über die angebliche entweihung der kirche ereifert („Gott ist noch im Himmel, der gericht darüber abhalten wird" v. 213).

209 Car: das folgende soll begründen, weshalb die kirche *la Latine* hiess, was der dichter offenbar mit *latin* = sprache zusammenbrachte (*en mon latin* 'in meiner sprache', *le latin des oisels* 'die sprache der vögel').

Coste, canele, peivre, altres bones espices
Et maintes bones herbes que je ne vos sai dire.
Dieus est encore el ciel qui 'n vuelt faire justise.

XIII. Laisse.

(Assonanz *ẹ* ← *a* wie in II, V, IX.)

L'emperere de France i out tant demorét,
Le patriarche prist, si l'en at apelét:
'Vostre congiét, bels sire, se vos plaist, me donez,
En France, a mon reialme, m'en estuet retorner.
Pose at que je n'i fui, si ai molt demorét,
Et ne set mes barnages quel part je sui tornez.
Faites cent mulz receivre d'or et d'argent trossez'.

---

211 espices: zu *espice*, aus *spĕcies*, d. h. an die 1. deklination angeglichenem **spĕcia.* Die erklärung des *i* macht hier ähnliche schwierigkeiten wie in *Grice* ← *Graecia.*

212 maintes: von den zahlreichen bisher vorgeschlagenen etymologien ist die wahrscheinlichste noch immer die ableitung von keltisch *mantî* 'grosse anzahl, menge'. Wegen des epenthetischen *i* kann man auf die parallele entwicklung von *tōttī* zu *tuit* verweisen.

215 prist: vgl. v. 8.

217 estuet: impersonale 'es ist nötig', perf. *estut*, inf. *estoveir*, vermutlich (nach Suchier und Walberg) von unpersönlich gewordenem *stupere* 'starr sein', das lautlich zu *estoveir* werden musste: vor labial wird betontes *ŭ, ō* zu offen *o* (vgl. oben s. 187 *ō*, anm.), also *stọpet* → *estuet.* Nach einer von Tobler aufgestellten, aber zuletzt von ihm selbst wieder preisgegebenen erklärung läge *est ŏpus* zugrunde, das sich zu *est ues* entwickelt und, als einheitliches wort (*estues*) empfunden, das zeichen der dritten person *t*, erhalten und von diesem *estuet* aus die gesamten übrigen formen: *estuecet, esteüst, estut, estovra, estoveir*, geschaffen hätte. — Wegen der konstruktion vgl. 71 *covient.*

219 mes: der kasus rektus des unbetonten possessivpronomens, aus lat. *meus* wie der obl. plur. *mes* aus *meos* (vgl. 22 *mes*). Mittelform war in beiden fällen *mos* (vgl. dazu noch v. 15 *ses* sowie s. 180). In texten und handschriften der westlichen dialekte (namentlich auch in anglonormannischen hss.) findet sich dafür *mis*, an rektus plur. *mi* ← lat. *mei* angeglichen.

220 Faites — receivre: das subjekt des infinitivs ist nicht besonders bezeichnet. Übersetze 'lasset (eure leute) hundert maultiere in empfang nehmen'.

Et dist li patriarche: ‘Ja mar en parlerez.
Toz li miens granz tresors vos seit abandonez,
Tant en pregnent Franceis com en voldront porter,
Mais que de Sarazins et paiiens nos gardez,
Qui nos vuelent destruire sainte crestïentét’.

XIV. Laisse.

a. (Assonanz *i*.)

Et dist li patriarche: ‘Savez dont je vos pri?
De Sarazins destruire, qui nos ont en despit.’
‘Volentiers’ ço dist Charles, sa feit si l’en plevit.

221 mar: wird erklärt als kurzform von *mala hora* ‘zu schlimmer stunde’ oder von *malo augurio* (starktonig *maleür*, nfrz. *malheur*) ‘unter schlimmem vorzeichen — zur unzeit, zum unglück’. Häufig durch umschreibung wiederzugeben wie hier: ‘unglück — unrecht wird es sein davon zu reden’. Gegensatz *buer* (*bona hora* — *bono augurio*) ‘zu guter zeit, zum glück’.

223 pregnent: aus *prehendant* — *prẹndant* (vgl. 2 *prise*), wird *prẹndent*; *pregnent* ist daher analogiebildung nach konjunktiven auf *-eam -iam*, wie *veniant* — *viegnent*, *teneant* — *tiegnent*. Nfrz. *prenne* erklärt sich gleichfalls durch analogie: zu den singularformen *prens prent* (wo *t* nicht als stamm-, sondern als endungs-*t* erschien) bildete man im indikativ die neuen pluralformen *prenons*, *prenez*, *pre(n)nent* (s. u. v. 242) für älteres *prendons*, *prendez*, *prendent* — darnach auch die übrigen zum präsensstamm gehörigen formen *prenne*, *prenais*, *prenant*.

225 destruire: von **destrugere* statt *destruere*, zu *destruxi destructum* gebildet nach *suxi suctum sugere*, *texi tectum tegere*, *rexi rectum regere*. Ebenso auch zu *traxi tractum* ein **tragere* für *trahere*, daher frz. *traire*.

sainte crestïentét: wie eigennamen ohne artikel. *Christianitatem* sollte, als lehnwort entwickelt, *crestïantét* ergeben, daher *crestïentét* wohl als ableitung von *crestïien* zu erklären ist.

XIV. laisse: genau genommen sind es zwei laissen, deren eine auf *i*, deren andere auf *ei* assoniert. Die zweite, mit der anspielung auf die Rolandsschlacht, wird als interpolation betrachtet, da dem patriarchen von Jerusalem wenig daran liegen konnte, dass die Sarazenen statt in Palästina in Spanien bekämpft wurden. Vermutlich ist das ganze stück v. 224 bis v. 232 (236) nachträglich hinzugefügt, so dass ursprünglich v. 214 bis 223 und v. 233 (237) bis 258 eine zusammen

b. (Assonanz *ei.*)

'Je manderai mes homes, quant qu'en porrai aveir,
Et irai en Espaigne, ne porrat remaneir.'
Si fist il puis encore, bien en guardat sa feit,
Quant la fut morz Rollanz, li doze per ot sei.

XV. Laisse.

(Assonanz ẹ̄, vgl. XIII.)

L'emperere de France i out tant demorét,
De sa mollier li membret qu'il li oït parler:
Ore irat le rei querre qu'ele li out loët,
Ja n'en prendrat mais fin, tresqu'il l'avrat trovét.
La nuit le fait noncier as Franceis as ostels:
Com il l'ont entendut, liez ont les cuers assez.

---

hängende laisse bildeten. Trotz ihres umfangs von etwa 35 versen wäre sie noch keineswegs die längste des gedichts.

228 si: deutet auf vorhergehendes zurück, es wieder aufnehmend. So v. 20 u. ö. zur einleitung eines hauptsatzes (wie unser deutsches *so*) in bezug auf einen ganzen satz, der vorausgeht; so auch in bezug auf einen einzelnen satzteil (v. 60), auch, wie hier und v. 866, zur wiederaufnahme des objekts (etwa unserer wiederholung durch das demonstrativpronomen entsprechend: seine treue, die verbürgte er ihm in bezug darauf) oder des subjekts.

plevit: zu *plevir*, das man wegen des anlauts besser nicht aus lat. *praebere*, sondern aus germ. *plegan* herleitet (niederd. *plegen*, ahd. *pflëgan*, unser 'pflegen'), das u. a. auch die bedeutung 'versprechen, verbürgen' angenommen hat. Übergang zur *i*-konj. wie bei 100 *guerpir*.

230 ne porrat remaneir: 'nicht wird es unterbleiben (eigentlich zurückbleiben) können'.

232 fut morz: das perfektum bezeichnet den eintritt der handlung (etwa unserem dialektischen 'er ging tot' zu vergleichen), also 'er starb'. Vgl. neufranzösische wendungen wie *je fus le voir.*

ot sei: für *od lui.* Nach präpositionen tritt häufig das reflexivpronomen für das pronomen der dritten person *lui*, fem. *li* ein. Aber auch umgekehrt: *Entre els* (= *entre sei*) *en ont e orgueil e confort* (Roland 1941).

234 wörtlich: in bezug auf seine frau gedenkt es ihm, was er sie hatte reden hören. Perf. *oït* im sinne des plusquamperfekts (vgl. v. 115), *li* für das von *ouïr* (*voir*, *faire* u. ä.) + inf. abhängige objektspronomen.

Al matin parsom l'albe, quant li jorz lor apert,
Li mul et li somier sont guarnit et trossét,
Et montent li baron, el chemin sont entrét.
Vienent en Jerico, palmes prenent assez,
'Oltree, Dieus, aïe!' crïent et halt et cler.

---

239 parsom l'albe: 'mit der morgenröte'. *Parsom* ist eigentlich wie *parmi* und *enmi* präposition mit attributivem adjektiv, dann erstarrt und als reine präposition gebraucht: *parmi cel palais* (513) = *per medium ecce illud palatium*, darnach auch *parmi les rues* (Alexius 513) für *per medias illas rugas; parsom le ventre* (Roland 3922) = *per summum illum ventrem*, darnach auch *parsom l'albe* für *per summam illam albam.* Vgl. noch oben s. 24. Das durchdringen der unflektierten form wurde wohl durch die danebenstehenden adverbialen ausdrücke *enmi* 117 (*in medio*), *parmi*, *parsom* begünstigt.

apert: zu *apareir* ← *apparere* (stammabstufung).

242 Vienent en Jerico: der gebrauch von *en* war in der alten sprache viel ausgedehnter als heutzutage. Es wurde namentlich in vielen fällen gebraucht, wo, wie hier, *à* stehen würde, aber auch für *dans* oder *sur* (vgl. *el chemin sont entrét* 241, *la corone el chief* 10, 20 u. ö.).

Der brauch von Jericho palmen mitzunehmen wurde im mittelalter viel geübt, daher der name *palmier* — *paumier* für einen pilger, der vom hl. lande kam.

243 Oltree, Dieus, aïe: *Oltree!* war der kehrreim eines im mittelalter viel gesungenen pilgerliedes. Das grundwort ist *ultrata* (zu *ultra*) sc. *terra* = das jenseits des meeres gelegene heilige land, das dann (wie andere länder- und landschaftsnamen) zum kriegsgeschrei wurde und endlich in die bedeutung 'auf nach dem lande drüben!' — 'vorwärts!' überging. Auch *Deus, aïe!* (Gott hilf!) war ein alter pilgerruf.

Aïe gehört zu *aidier* ← *adjutare.* In den endungsbetonten formen fällt der schwachtonige vortonvokal des nicht mehr als kompositum empfundenen wortes aus: *adjutáre* → **ajudáre* → *aidier.* Die stammbetonten formen ergeben zunächst: *adjúto -as -at -ant* — *aiü(t) aiü(d)es -et -ent, adjuta* — *aiüe*; daneben erscheinen *aïde* — *aïe*, *aïdent*, vielleicht aus den lautgesetzlichen formen durch teilweise angleichung an die endungsbetonten *aidier* usw. entstanden. Stimming nimmt neben *adjutare* eine galloromanische nebenform *aïtare* an und leitet aus dieser *aiier* und *aïe* ab.

crïent: zu *crïer*, gewöhnlich von spätlat. *quiritare* (schreien) hergeleitet, das schon in gemeinromanischer zeit zu *kiritare* — *critare* (wie *directum* → *dreit* 41) geworden sein müsste (vgl. ital. *gridare*,

Li patriarche montet sor un mul sojornét,
Tant com li jorz li duret, l'at conduit et guiét.
La nuit furent ensemble li baron as ostels.
Nule rien qu'il demandent, ne lor est demorét.
Al matin parsom l'albe, quant li jorz lor apert,
Remontent li baron, el chemin sont entrét.
Li patriarche en at Charlemaigne apelét:
'Vostre congiét, bels sire, se vos plaist, me donez.'
Et dist li emperere: 'Al comant Damne-Deu.'
Vont sei entrebaisier, a tant sont desevrét,
Chevalchet l'emperere ot son ruiste barnét.
Les reliques sont forz, granz vertuz i fait Deus,
Qu'il ne vienent a ewe, n'en partissent li guet,

---

span. *gritar*), von Holthausen auf germ. **kritan* (ndl. *krijten*, mhd. *krîzen*, nhd. *kreisen* = schreien) zurückgeführt, was nach lauten und betonung ebenso gut passt.

244 mul sojornét: *mul, destrier sojornét* u. ä. sind, zumal in der epik, geläufige bezeichnungen für ein 'ausgeruhtes', also frisches und gut laufendes tier.

247 ne lor est demorét: nichts ist ihnen zurückgeblieben, ausgeblieben, verweigert worden (vgl. oben v. 230 *remaneir*).

nule rien — demorét (statt demoree): „*Rien* und selbst *nule rien* wurden schon früh unter verkennung der ursprünglich substantivischen natur und des geschlechtes von *rien* gebraucht, gerade wie man heute sagt, *personne n'est venu*, obgleich *personne* nebenher als weibliches nomen immer noch im gebrauche ist" (Tobler).

253 desevrét: zu *desevrer* ← **deseperare* (für **deseparare*, vgl. prov. *sebrar*, ital. *sevrare*, *sceverare*). — Vgl. nfrz. *sevrer* entwöhnen. *Séparer* ist junges lehnwort (14. jahrh.).

sont desevrét: wörtlich 'hiermit sind sie getrennte' = 'hiermit sind sie voneinander geschieden'. Vgl. ähnlich noch unten (v. 848) mit dativobjekt: *a Dieu sont comandét*.

254 ruiste: eine lehnwörtliche fortbildung des lat. *rusticum* mit abgeworfener endung. Wie **visaticum* zu *visage*, sollte *rūsticum* zu **rusche* werden (mit stimmlosen *tš* wegen des vorausgehenden *st*). Noch jüngeren ursprungs (14. jahrh.) ist *rustic* — *rustique* mit verlegtem akzent (vgl. s. 182).

256 f.: zur konstruktion vgl. v. 9 f. Nach *ewe* und *avuegle* erque (*qui*).

257 Ne n'encontrent avuegle, ne seit renluminez.
Les contraiz i redrecent et les muz font parler.

An diesen ersten teil des gedichtes schliesst sich unmittelbar der zweite, die fahrt zum kaiser Hugo und der aufenthalt in Konstantinopel. Die helden treffen den kaiser von Konstantinopel, wie er, in prächtiger sänfte sitzend, mit goldenem pfluge pflügt. Hugo bewillkommnet Karl und die seinen aufs freundlichste und führt sie nach seinem wunderbar ausgestatteten palast, der sich beim wehen des windes um den grossen mittelpfeiler dreht und die hörner der an den hundert säulen des saales befindlichen metallenen kinderfiguren ertönen lässt. Karl staunt die fremde pracht an und gedenkt seines weibes. Als aber der palast sich zu drehen beginnt, fällt er nebst den zwölf pers erschreckt auf den boden. Nachdem der wind nachgelassen und das drehen des palastes aufgehört hat, setzt man sich zum mahle nieder. Zum schlafen wird den helden ein grosser saal mit dreizehn prächtigen betten angewiesen, kaiser Hugo sendet ihnen noch wein, den sie sich wohl munden lassen. Karl selbst ist es, der nun anfängt zu prahlen (*gaber*) und die anderen dazu auffordert: er vermisst sich, einen doppelt gepanzerten ritter kaiser Hugos von oben bis unten mit einem schwerthieb zu spalten und das ross, auf dem er sitzt, dazu. Roland will mit Hugos elfenbeinhorn so stark blasen, dass in ganz Konstantinopel die schwersten türen lose werden und aneinanderschlagen, der erzbischof Turpin rühmt sich ein kühnes jongleurstück ausführen zu können, Olivier vergeht sich mit seinem *gab* sogar an der tugend der kaiserstochter, und so bringt jeder der helden eine besondere prahlerei vor. Alles das hört ein in der mittelsäule verborgener späher und berichtet es getreulich dem kaiser Hugo. Dieser, aufs äusserste erzürnt, fordert am anderen

---

guet: kreuzung von lat. *vadum* mit germ. stamm *wad-* wie *halt* 36 aus *altum* + **hauh* (*hoch*), *goupil* aus **vulpiculum* + *wëlpe*, *guaster* aus *vastare* + *wast-* (adj. *wuosti*).

257 avuegle: nach G. Paris aus *ab oculo* (ohne auge), einer gelehrten wortbildung (ursprünglich ausdruck der gerichtssprache als wiedergabe des griech. *ἀπόμματος — ἀπομματοῦν, ἀπομματίζειν* der augen berauben, blenden). Während im grundwort *oc(u)lum* das *cl* sich regelrecht zu mouillierten *l* entwickelt (**olo — uel*), ist *cl* hier nur zu *gl* erweicht worden. Allmählich sind jedoch durch diese neubildung die alten worte für blind (*caecum — cieu, orbum — orb*) verdrängt worden. Nach einer neueren, auch von ärztlicher seite gestützten erklärung ist von *album oculi* auszugehen, das den sog. grauen star bezeichnet und, aus der ärztesprache in das volk gedrungen, ein wort **alboculus* (mit dissimilation: **aboculus*) — 'am grauen star leidend' oder 'weissauge' — hervorgerufen hätte.

morgen die fränkischen helden auf, ihre prahlerischen reden durch die tat zu beweisen, sonst würde er ihnen allen den kopf abschlagen. Die entschuldigungen Karls helfen nichts, drei der helden müssen ihre prahlereien in die tat umsetzen, aber dank den aus Jerusalem mitgebrachten reliquien und der von oben gewährten hilfe gelingt es den helden. Nachdem Bernart, wie er sich gerühmt, den fluss aus seinem bett geleitet und die ganze stadt damit überschwemmt hat, verspricht kaiser Hugo — hoch vom turm herab — seine schätze auszuliefern und Karls lehnsmann zu werden. *'Volez en mais des gas, sire?'* fragt Karl der Grosse, und Hugo der Starke antwortet: *'Ne de ceste semaine'*. Karl ist aber nicht damit zufrieden, er will nun auch noch feststellen, ob seine frau recht hatte oder nicht, als sie sagte, dass kaiser Hugo sich mit der krone stattlicher ausnehme als er. Hiermit kehrt die dichtung wieder zu ihrem ausgangspunkt zurück.

L. Laisse.

(Assonanz *ǫ*.)

'Sire' dist Charlemaignes al rei Hugon le Fort
'Ore estes vos mes huem veant trestoz les voz.
Hui devons faire feste, barnage et grant deport
Et porterons ensemble les corones a or.

---

803 v e a n t t r e s t o z l e s v o z: 'indem alle die eurigen es sehen — vor ihrer aller augen'. Dies im altfranzösischen häufige absolute gerundium entspricht in seiner funktion dem lateinischen ablativus absolutus. Wäre *veant* partizip, so müsste es natürlich *veanz* lauten. Auch solche konstruktionen sind im altfranzösischen nicht unerhört, bilden aber die ausnahmen. Regel ist das unflektierte gerundium wie auch in ähnlichen ausdrücken: *oiant toz.* Vgl. noch *soleil levant, soleil colchant* (*couchant*) u. ä.

Der form nach ist die endung *-endum* ebenso wie die partizipialendung *-entem* auf analogischem wege meist durch die endungen der lateinischen I. konjugation, *-andum, -antem*, ersetzt worden: auch solche texte, in welchen *en* nicht wie in dem unserigen zu *an* wird, zeigen *veant.*

l e s v o z: *voz* ist von haus aus die schwachbetonte form des pronomens (vgl. 21 *voz druz*) gegenüber *vostres*, wird aber häufig in substantivischer funktion (wie das hochtonige *les vostres*) verwendet, da in allen übrigen formen des paradigmas zwischen starktoniger und schwachtoniger entwicklung kein unterschied war.

Por la vostre amistiét prez sui, la meie port.'
'Et je, sire, la meie' dist Hugue 'al vostre los.
Ferons procession la dedenz cel enclos.'
Charlemaignes portat la grant corone a or,
Li reis Hugue la soë plus bassement un poi:
Charlemaignes fut graindre plein piet et quatre polz.
Franceis les esguarderent, n'i out un n'en parolt:
'Ma dame la reïne folie dist et tort:
Molt par est Charles ber por demener esforz.
Ja ne vendrons en terre, nostre ne seit li los.'

---

806 la meie port: abhängig von *prez sui*, ergänze *que* (vgl. oben v. 9—10). *Port* ist konjunktiv, regelrecht aus lat. *portem* entwickelt (wie 812 *parolt* ←**paraulet* gegen 824 *parolet* **paraulat*). Das konjunktiv-*e* ist ursprünglich nur bei den lateinischen konjunktiven auf *-am, -iam* berechtigt, in der I. lateinischen konjugation nur bei verben wie *tremble, entre,* wo der endvokal aus lautlichen gründen erhalten blieb (vgl. s. 194 nr. 4b). Nach diesen mustern haben später auch die übrigen konjunktive der lateinischen I. konjugation, wie *port, aim* (*amem*), *chant,* das endungs-*e* ẹrhalten, so dass dieses heute als charakteristisches konjunktivzeichen gilt.

807 los: nicht aus *laudem* (das **lot,* im rektus *loz* geben müsste), sondern aus *laus,* mit übergang ins maskulin. Einer der wenigen fälle, wo von einem feminin der lateinischen III. deklination direkt die nominativform erhalten ist (sonst neubildung aus dem akkusativ: *citét* aus *civitatem,* später mit analogischem *s citez*). — Neufranzösisch nicht mehr vorhanden, dafür: *louange,* von *louer* ← *laudare,* in besonderem sinne *eloge* ← *ėlogium.*

811 graindre: lat. *grandịor* wird über **grañro* (vgl. 5 *emperere* I, *Burgundia* → *Borgoigne* s. 171) zu *graindre* (vgl. 7 *poin* I, 20 *ensemble* III).

812 parolt: altfranzösische stammabstufung (*parol* — *parlons*), neufranzösischer ausgleich zugunsten der endungsbetonten formen, daher *parle.*

814 Molt par est Ch.·ber.: zur wortstellung vgl. v. 27, dazu v. 147 *Sire, molt estes ber.* Durch die adverbia *molt par* wird nicht *ber* allein, sondern der inhalt des ganzen satzes gesteigert. Doch begegnen im altfranzösischen auch fälle, wo worte wie *baron, bachelier, prodome, virgene, mestre* gleich einem adjektiv gebraucht und mit *si, bien, mout, plus* u. ä. verbunden werden: *al rei baron* = dem mannhaften könig. *tant prot e bacheler* = so tapfer und so jung, *si virgene* = so jungfräulich.

LI. Laisse.

(Assonanz *ǫ-e.*)

Charles portet corone dedenz Costantinoble,
Li reis Hugue la soë plus bassement encore.
Franceis les esguarderent, li plusor en parolent:
'Ma dame la reïne, ele dist molt que fole,
Que preisat cel barnét si bien come le nostre.'
Si font procession dedenz en cel encloistre.
La femme al rei Hugon, qui sa corone portet,
Par la main tient sa fille, qui at la crigne bloie.

816—820: diese verse enthalten im wesentlichen dasselbe, was in der vorhergehenden laisse in v. 809—15 gesagt war. Auf ähnliche weise sind nachher laisse LII und LIII und weiter vorn laisse VI und VII verbunden. Diese wiederholungen oder rekapitulationen bilden eine eigentümlichkeit des epischen stils im altfranzösischen. Sie dienen zunächst nur dazu, die neue laisse inhaltlich an die vorausgehende anzuknüpfen, wie in zahlreichen französischen volksliedern die folgende strophe an die vorhergehende. Später aber nehmen diese wiederholungen einen immer grösseren umfang an, so dass zwei oder drei aufeinanderfolgende laissen sich inhaltlich zuweilen vollständig oder nahezu vollständig decken (wiederholungslaissen, couplets similaires).

818 plusor: zu *plures* wurde durch anfügen der komparativendung **pluriores* gebildet, unter anlehnung an *plus* zu **plusiores* umgestaltet, woraus *plusor — pluisor*, später *plusieurs*.

819 ele dist molt que fole: 'sie sprach sehr als törin'. Diese im altfranzösischen häufige ausdrucksweise erklärt sich durch eine ellipse: *dist que fole dit* = sie sprach, was eine törin spricht oder zu sprechen pflegt. Noch bei La Fontaine (Fables V, 2): *Celui-ci s'en excusa, — Disant qu'il feroit que sage — De garder le coin du feu.*

822 La femme al rei Hugon: 'die dem könig Hugo gehörige frau' = 'die frau des k. H.'. Zur bezeichnung des besitzers beim substantiv kann im altfranzösischen auch der dativ verwendet werden. Vgl. noch v. 852 *la fille al rei Hugon.* Die konstruktion steht der oben unter *al saint Denis mostier* besprochenen durchaus parallel, sie geht mit ihr auf denselben lateinischen typus zurück. Am klarsten wird die enge beziehung zwischen den beiden konstruktionen in appositionellen wendungen wie *fiz Erneïs, a un duc franc* = sohn des E., eines fränkischen herzogs (Isembart und Gormont v. 12), *Mandez Charlon, a l'orgoillos, al fier* (Roland 28).

823 bloie: gehört zu germanisch *blaudi*, nhd. *blöd*, eigentlich schwach, kraftlos' (in süddeutschen dialekten heutzutage noch 'durch-

Ou que veit Olivier, volentiers i parolet,
Fait li contenant gent et amistiét li portet,
Volentiers le baisast, mais por son pere n'oset.
Il entrent el mostier, com issent de l'encloistre.
L'arcevesques Turpins, qui maistre fut des ordres,
Il lor chantat la messe, et li barnez i ofret.
Puis vienent al palais, si meinent grant baldorie.

LII. Laisse.

(Assonanz ẹ̄.)

Franceis sont el palais, toz fut prez li disners,
Les tables sont dreciees, si sont mangier alét.
Nule rien qu'il demandent ne lor fut demorét.
Assez ont venaison de cerf et de sengler,
Et ont grues et jantes et paonz empevrez,

---

sichtig, dünn', von abgenützten stoffen) — im altfranzösischen schwach farbig, hell, blond, dazu *esbloïr, esbloër* — nfrz. *éblouir*. Wie dies wort stammen noch eine reihe anderer französischer farbenbezeichnungen aus dem germanischen: *blanc, bleu, brun, gris* usw., wahrscheinlich auch *blond*, trotzdem dieses in den altgermanischen dialekten nicht nachweisbar ist. Schon im Rolandslied wird *bloi* mit *blo bleu* aus fränk. *blaw* verwechselt: *E gonfanons blans e blois e vermeilz* Rol. 999; es ist im 14. jahrhundert ausser gebrauch.

828 ordres: kirchliches lehnwort mit assimilation des *n* (*ordene* — *ordne*) an das vorhergehende *r* oder mit anlehnung der endung an muster wie *prestre, maistre* u. ä. Vgl. *diaconum* → *diacre*.

830 baldorie: zu westgerm. *bald* kühn, wie auch *balt* — *baldos* kühn, *baldor* kühnheit, *esbaldir* ermutigen; endung lehnwörtlich.

831 disners: ein substantivierter infinitiv, aus *disner*. Als etymon gilt **disjejunare* das fasten brechen, daher die ursprüngliche bedeutung 'morgenmahlzeit', wie hier. Daraus (in den endungsbetonten formen) **desīnare* → spätlat. *disnare*, mit metathesis der beiden vokale (wie *erīcionem* → afrz. *ireçon*, *her(ed)itare* — afrz. *ireter*) vor dem ausfall des unbetonten vortonvokals. — *Desjëuner* — *déjeûner* erklärt sich aus den stammbetonten formen desselben etymons: **disjejūnat* → *desjëunet*.

835 jantes: *gantae* nannten die Germanen nach Plinius (Naturalis Historia X. 52) eine art gänse. Das wort muss also germanisch

A espandant lor portent le vin et le clarét,
Et chantent et viëlent et rotent cil jogler.
Li reis Hugue li Forz at Charlon apelét:
'Trestoz mes granz tresors vos seit abandonez,
Tant en pregnent Franceis com en voldront porter.'
Et dist li emperere: 'Tot ço laissiez ester.
Ja ne prendront del vostre un denier moneét.
Ja ont il tant del mien qu'il nel pueent porter.
Donez nos le congiét, nos en covient aler.'
Et dist Hugue li Forz: 'Je nel vos os veer.'
Respont li emperere: 'Bien l'oi je demandét'.

---

sein, trotzdem es in dieser form bei den Germanen nicht nachzuweisen ist. Doch vgl. niederl. *gent* gänserich, ags. *gandra* gänserich, *ganot* schwan. Deutsch *gans*, lat. *anser*, griech. *χήν* gehen mit diesen auf dieselbe wurzel zurück.

paonz: lat. *pavones.* Ausfall eines labialkonsonanten findet verschiedentlich neben labialvokal infolge von dissimilation statt. Vgl. **tabonem* (für *tabānum*) → *taon.* In *vivenda* → *viande* wirkt vorausgehendes *v* dissimilierend.

836 A espandant: wiederum ein rest des lateinischen gerundiums (vgl. 132 *fuiant,* 803 *veant*), das hier die stelle eines von einer präposition abhängigen infinitivs übernimmt (*ad expandendum* = 'mit ausbreiten', unter übergang in die adverbiale bedeutung = 'reichlich'). Auch mit anderen präpositionen, *par, en* u. a., kann das gerundium verbunden werden, vgl. noch neufranzösisch die konstruktion mit *en*· *en croyant* = *in credendo, en voyant* = *in videndo.* In wendungen wie *a escient* = *ad sciendum, par le mien escient* ist das lateinische gerundium in substantivische verwendung übergegangen; einzelne formen sind völlig zu substantiven geworden wie oben 825 *contenant* (← *continendo* = haltung, *simulando — semblant* = miene, *pendendo — pendant* = abhang.

837 viëlent et rotent: die *viële* war ein geigenähnliches bogeninstrument, die *rote,* in der form der heutigen violine, ursprünglich ein zupfinstrument, später ein bogeninstrument.

838 Charlon: deutsch *Karl* flektiert vulgärlateinisch regelrecht nach dem muster der lateinischen II. deklination *Karlus* (vgl. span. *Carlos*) -- *Karlum,* daraus frz. *Charles* (siehe v. 1) — obl. *Charle. Charlón* ist eine neubildung nach *Huon, Folcon, Pieron* u. ä. (siehe oben v. 46). Später dazu ein neuer rektus *Charlons.*

Vont sei entrebaisier, a Dieu sont comandét.
Les mulz et les somiers lor tint l'on as degrez.

LIII. Laisse.

(Assonanz ọ.)

Quant Franceis ont mangiét, des ore s'en iront.
Les mulz et les somiers lor tint l'on as perrons,
Si sont montét Franceis qui a joie s'en vont.
La fille al rei Hugon i cort tot a bandon,
La ou veit Olivier, sil prent par son geron:
'A vos ai je tornét m'amistiét et m'amor —
Car m'en portez en France, si m'en irai od vos.
'Bele' dist Oliviers 'm'amor vos abandon.
Je m'en irai en France od mon seignor Charlon.'

LIV. Laisse.

(Assonanz ę.)

Molt fut liez et joios Charlemaignes li ber,
Qui tel rei at conquis senz bataille champel.

---

847 sont comandét: die hs. hat *sunt cumandez*, was auch *s'ont comandez* bedeuten könnte. Das reflexiv mit *aveir* begegnet noch in einer reihe von texten (z. b. Donnei des Amants 934: *Quant flors e foilles s'unt mustré*), in der Karlsreise ist jedoch ein unzweideutiges beispiel nicht nachzuweisen. Vgl. v. 253.

848 l'on: die vortonige form von *homo* (gegen haupttoniges *huem* 122, 149) im sinne des indefinitums wie unser 'man' (← mann). Im gleichen sinne einfaches *on*, auch *l'em*, *l'en* (vgl. 4 *demeines*), bei Crestien *an*, *l'an*.

852 ff.: In späteren bearbeitungen erscheint die kaiserstochter unter dem namen Jacqueline. Aus ihrer verbindung mit Olivier geht ein sohn namens Galien hervor, dem eine besondere dichtung (*Galiens li restorés*, d. i. der neu erstandene Galien) gewidmet ist. In dieser bildet eine bearbeitung der Karlsreise die einleitung, den weiteren inhalt die schicksale des helden und besonders seine teilnahme an der Rolandsschlacht, die im anschluss an das Rolandslied ausführlich geschildert wird. Galien trifft noch rechtzeitig auf dem schlachtfeld ein, um unter den sieben überlebenden Frankenhelden seinen lange gesuchten vater zu finden und mit Karl rache an den feinden zu nehmen.

Que vos en ai je mais lonc plait a aconter?
Il passent les païs, les estranges regnez,
Venut sont a Paris, a la bone citét,
Et vont a saint Denis, el mostier sont entrét.
Charlemaignes se colchet a oraisons, li ber.
Quant il at Dieu preiiét, si s'en est relevez,
Le clou et la corone si at mis sor l'alter,
Et les altres reliques depart par son regnét.
Iluec fut la reïne, al piet li vuelt aler.
Son maltalent li at li reis tot pardonét
Por l'amor del sepulcre que il at aorét.

---

861 estranges: wegen der lautlichen entwicklung vergleiche 52 *mençonge*.

regnez: lies *rēnéts* oder *rānéts*. Lat. *regnum*, afrz. *regne*, und seine ableitungen sind im französischen nicht erbwörtlich entwickelt (dafür *reialme* 68 —*royaume*): *regnum* müsste nach *pugnum*—*pọñ*—*poin* *reñ—rein, regnatum reñiét—reigniét* ergeben. Es assoniert hier aber mit *ẹ̄*. Der vorausgehende konsonant war also nicht mouilliert. Vgl. die assonanz *regne* : *France, grande, aimet* u. a. (787, 797) und den reim *regne* : *femme*.

865 at Dieu preiiét: *Dieu* steht für *a Dieu* wie in *Deu plaist* 68. *Preiier* 'beten zu jem.' regiert in der alten sprache den dativ, vgl. *Et prïet a Jhesu* (790); auch in der bedeutung 'bitten' begegnet der dativ neben den sonst üblichen konstruktionen (*prier qn. de qch.* oder *qn. que*): vgl. *tuit li prïent, tant li preiierent* in anderen texten.

869 maltalent—pardonét: *pardoner* hat in der alten sprache oft den sinn des mhd. *vergeben*: 'weggeben, aufgeben, unterlassen'. Hier: 'er hat für sie seinen zorn aufgegeben, fahren lassen'.

Übersicht der gebrauchten Zeichen.

→ geworden zu

← entstanden aus (s. 5)

* erschlossene, in der schriftlichen überlieferung nicht belegte wörter oder formen (s. 8)

[freie stellung des vokals (in einer mit vokal schliessenden silbe)

] gedeckte stellung des vokals (in einer mit konsonant schliessenden silbe) (s. 16 u. 39)

Punkt (*ẹ ọ ị ụ*) bezeichnet geschlossene aussprache eines vokals

Häkchen (*ę ǫ į ų*) bezeichnet offene aussprache (s. 6)

i̯ u̯ bezeichnet konsonantische, nicht silbenbildende *i* und *u* (s. 11)

ã ẽ ĩ õ ü̃: nasaliertes *a e i o ü* (s. 9)

ŋ: gutturaler nasalkonsonant (*ng*)

i͡e: einsilbige (diphthongische) aussprache

ĩe: zweisilbige aussprache

s: stimmloses *s*, *š*: stimmloses *sch*

z: stimmhaftes *s*, *ž*: stimmhaftes *sch*

ć, *t'* usw: mouilliertes (jotaziertes) *c*, *t* usw.

ľ: mouilliertes *l*

ñ: mouilliertes *n*

l̥ r̥: sonantisches (silbebildendes) *l*, *r* (s. 65)

Eingeklammerte verszahlen, wie (371), bezeichnen verse aus dem hier nicht behandelten teil der Karlsreise.

Anhang.

Die I. Laisse nach der Handschrift.

(Diplomatischer Abdruck.)

Der folgende abdruck soll eine vergleichung des hergestellten kritischen textes (oben s. 196) mit den sprachformen und schreibarten der handschrift ermöglichen. Die abkürzungen derselben sind beibehalten (sog. diplomatischer abdruck), es sind die auch in anderen hss. üblichen: ’ = *re* oder *er*; *ā*, *ē* usw. = *an*, *en* usw., *m̄t* = *ment*. — Vokal über der linie bez. vorausgehendes *r* (*p^{i}st* = *prist*) oder *u* (*q^{a}nt* = *quant*). — ꝰ = *us* oder *os* (*plꝰ* = *plus*, *uꝰ* = *vus*, *vos*); ꝯ = *con*, *com*, *co* (*ꝯsilers* = *conseilliers*); ꝑ = *per*, *par*; ꝓ = *por*, *pour*; ⁊ (oder &) = *et*, *ed*, *e*; *ml’t* = *molt*. — Zwischen *u* und *v*, *i* und *j* wird nicht unterschieden (*uus* = *vus* — *vos*, *iur* = *jur* — *jorn*, *vncore* = *uncore*). — Eigentümlichkeiten des anglonormannischen sind besonders *u* für *ǫ*, *e* für *ie*, *aun* für *an*, *ca* neben *ch*

Un iur fu karleun al seint denis muster
Reout p^{i}se sa corune en croiz seignat sun chef
E ad ceinte sa espee li ponz fud dor mei
Dux i out ⁊ demeines e baruns e cheualers
Li emperes reguardet la reine sa muillers
Ele fut ben corunee al plus bel et as meuz
Il la prist par le poin desuz un oliuer
De sa pleine parole la p^{i}st areisuner
Dame ueistes unkes hume nul de desuz ceil
Tant ben seist espee ne la ꝯrone el chef
Uncore cunquerrei io citez ot mun espeez
Cele ne fud pas sage folement respondeit
Empere dist ele trop uus poez ꝑ’iser.
Vncore en sai io un ki plus sẹ fait leger
Quant il porte corune ent^{e} ses cheualers
Kaunt il la met sur sa teste plꝰ belemēt lui set
Q^{a}nt lentend charle mult est curecez
Pur f^{a}nceis ki loirent ml’t est enbrunchez
E dame u est cil reis Kar le menseinez
Si porterū ensemble les corunes as cheis

Si i serrūnt uos druz e tuz uos ꝯsilers
Jo maund'ai ma court de mes bons cheualers
Si f^{a}nceis le me dient dunc le ot^{i} io ben
Se uus me auez m̄tid uꝰ le cūpez cher
Trencherai uꝰ la teste od me espee dacer
Empere dist ele ne uꝰ en curucez
Plus est riche de auer dor e de deners
Mais nest mie si pruz ne si bon cheualers
Pur ferir en bataile ne pur encaucer
Q^{a}nt ce out la reine ke charles est si irrez
Form̄t sen repent uuelt li chair as pez

Vierter Teil.

Systematische Übersicht über Lautstand, Formenstand und syntaktische Verhältnisse der Karlsreise.

Durch das wirken der lautgesetze haben die im lateinischen vorhandenen laute und lautverbindungen derartige veränderungen erfahren, dass wir im altfranzösischen teils die lateinischen lautzeichen in ganz anderer verwendung, teils völlig neue laute und lautgruppen finden: wir haben anstelle des alten, lateinischen einen neuen, französischen lautstand. Schon hierdurch erhalten die einzelnen worte und wortformen eine wesentlich veränderte gestalt gegenüber ihren lateinischen vorbildern. Dazu tritt aber in der flexion als weiterer faktor die analogie, welche teils den stamm, teils die endungen beeinflusst. Schliesslich gehen von den alten lateinischen formen und typen viele ganz unter, andere verschieben ihre verwendung oder bedeutung, auch neue werden gebildet. So gesellt sich zu dem neuen lautstand auch ein neuer, in eigentlichem sinn französischer formenstand. Endlich bleiben auch die syntaktischen verhältnisse nicht die gleichen wie im lateinischen. Einzelne redeteile verändern ihre funktion, die wortstellung wird mehr gefestigt, das entstehen neuer flexionsformen hat zum teil auch neue syntaktische konstruktionen zur folge. So bildet sich parallel dem neuen laut- und formenstand auch eine eigene französische syntax heraus, deren folgerichtige weiterentwicklung die modernen verhältnisse darstellen.

Im folgenden soll für diese verschiedenen gebiete eine übersicht über die altfranzösischen verhältnisse gegeben werden soweit sie in der Karlsreise in erscheinung treten. Hierbei wird auch die herkunft der altfranzösischen laute sowie ihr weiteres schicksal im anschluss an die früheren einzelerörterungen kurz wiederholt werden. Ein besonderer abschnitt über den accent ist in dieser lautlehre überflüssig: infolge der verkürzung der gleiteworte, infolge des falls oder der schwächung der endsilbenvokale liegt schon im altfranzösischen der hauptaccent überall auf der letzten vollen silbe, d. h. der wort- und formenschatz besteht lediglich aus oxytonis und paroxytonis. Diese letzten sind durch verstummen des auslaut-*e* im neufr. meist zu oxytonis geworden (*prise*→*priz*, *sage*→*saž*, *porte*→*port*).

Die formenlehre hebt die wichtigsten deklinations- und konjugationstypen hervor, mit verweisen auf die früher gegebenen erklärungen über ihre entstehung und ihre weiterbildung im nfr. Aus der syntax werden die im einzelnen bereits erwähnten erscheinungen zusammengestellt, welche für das altfr. dem latein odeṛ dem neufranzösischen gegenüber charakteristisch sind.

I. Lautstand.

Das französische, genauer francische, besass um 1100 die folgenden einfachen oder zusammengesetzten laute:

konsonanten:

reibelaute oder fricative: *s ts z dz* — (*š ž*) *tš dž* — *f v w*

dazu den hauchlaut *h*

verschlusslaute oder explosivae: *t d* — *p b* — *c g*

nasale: *m n* (*ŋ*) *ñ*

zitterlaute oder liquidae: *r l ł*

halbvokal: *i̯ u̯ ü̯*

vokale und nasalvokale:

ü ọ̆ ọ̄ ǫ a ę̆ ẹ̆ ẹ̄ i

ü̃ ọ̃ ã ĩ

diphthongen und nasaldiphthongen:

ue (*üe*) *üi* *ọi* *ǫi* *ǫu* *ai* *ẹi* *ęi* *ęu* *ie* (*ieu*)
uẽ (*ü̃i*) *ǭi* *ãi* *ẹ̃i* *iẽ*

A. Konsonantismus.

1. Die dentalen Reibelaute.

s (stimmlos, geschrieben *s, ss*), entstanden im anlaut aus lat. *s* (*saint* 1, *en-seigniez* 19, *de-soz* 7) — im inlaut aus lat. *ss* (*dëusseiz* 56), *s* vor konsonant (*teste* 16, auch aus ursprünglich intervokalem *s*: *prist* 7), *x* vor konsonant (*estortre* 43); mit *i* aus *x* vor vokal (*eissirent* 100), ursprünglich intervokalem *tį* im auslaut (*palais* 830), *ssį, scį, stį, scs, sc* vor *e* und *i*, *c(e)t* und *c(i)t* (*peisson, conoissiez, amistiét, plaist*) — im auslaut aus lat. *s* (*plus*), labial + *s* (*chies*), *x* und ähnlichen verbindungen (*reis, puis, Franceis*).

s bleibt im anlaut sowie im inlaut zwischen vokalen als stimmloses *s* (*ss*), verstummt ende des 12. jahrhs. vor konsonant (*mostier* 1, mit dehnung des tonvokals: *prist* 7) sowie allmählich im auslaut (*Charles* 1).

ts (*t* + stimmloses *s*, geschrieben *c* oder *z*) entsteht im anlaut aus lat. *c* vor *e, i* (*ceinte* 3, germ. *k* in *Franceis*) — im inlaut aus *cį* sowie aus *tį* nach konsonant (*acier* 25, *correciez* 17) — im auslaut aus *c* vor *e, i* (*croiz* 2), *t* oder *d* + *s* (*citez* 11, *proz* 28), *st* + *s* (*voz* 21), nach *n* und *l* aus übergangslaut *t* + *s* (*ponz* 3, *mielz* 6);

wird vom 12. aufs 13. jahrh. an allen stellen des wortes zu *s* vereinfacht (nfr. *c, z, s* geschrieben).

z (stimmhaftes *s*, geschrieben *s* oder *z*) entsteht aus lat. intervokalem *s* (*prise* 2); aus *s* vor stimmhaftem konsonant (*meïsme, fraisne*); mit *i* aus intervokalem *sį* (*entrebaisier*), -*c* vor *e, i* (*plaisir*), -*tį* (*raison, araisnier*);

verstummt im 11. jahrh. vor konsonant (*meïsme, araisnier*), bleibt sonst überall als stimmhaftes *s* erhalten, auch wenn der auslautende vokal verstummt (*prise* = *pris*, *rose* = *roz*).

dz (*d* + stimmhaftes *s*, geschrieben *z*) erscheint nur in den zahlworten *onze* bis *seze* (nfz. *seize*) und den entsprechenden ordinalzahlen *onzime* usw; es entsteht hier aus der gruppe *-dĕc-* vor folgendem *e* (*ĭ*) und verliert den *d*-vorschlag um dieselbe zeit wie der entsprechende stimmlose laut *ts*.

2. Die dental-palatalen Reibelaute.

š (der stimmlose zischlaut) und *ž* (der stimmhafte zischlaut) erscheinen altfranzösisch nur in verbindung mit *t* und *d* (*tš*—*dž*).

tš (geschrieben *ch*) entsteht im anlaut aus lat. oder germ. *c* vor *a* (*Charles* 1, *chief* 2) sowie aus germ. *c* (*k*) vor *e*, *i*, (*eschernir*) — im inlaut aus *pi̯* (*aprochet* 119) und germ. *ki̯* (*riches* 27);

wird an allen stellen des wortes um die wende des 12. und 13. jahrhs. zu *š* (*Charles*, *riche*).

dž (geschrieben *g*, *j*) entsteht im anlaut aus *j* oder *di̯* (*ja* 33, *jorn* 1, *je* 14), *g* vor *e*, *i*, *a* (*argent* 73, *jantes* 835) — im inlaut aus *bi̯*, *vi̯* (*sage* 12, *legier* 14), aus biatus-*i* nach *mn*, *m* (*songiét* 71) sowie in lehnwörtern nach *n* (*mençonge* 52);

verliert wie *tš*, *ts*, *dz* den *d*-vorschlag (*jour* = *žur*, *sage* = *saž*).

3. Die labialen Reibelaute.

f (stimmlos, geschrieben *f*) entsteht aus griech. *φ* in späteren lehnworten (*Estiefne*, *orfelin*) — im anlaut aus *f* (*fut*), vereinzelt aus *v* in *feiz* 71 — im inlaut (lat. nur in compositis) aus *f* (*profundum* — *profont*, lehnwort für älteres *parfont*←*perfundum*) — im auslaut aus lat. *v* oder intervokalem *b*, *p* (*nerf*, *chief*);

bleibt nfr. im anlaut und inlaut, in der regel auch im auslaut (*chef*, *vif*), verstummt aber hier vor folgendem konsonant (*chef d'œuvre*) sowie sonst in einzelnen fällen (*clef*, *nerf*, vermutlich analogisch nach den pluralformen).

v (stimmhaft, labiodental wie *f*, geschrieben *v*, in den handschriften meist *u*) entsteht im anlaut aus lat. *v* (*veïstes*) —

im inlaut aus lat. *v* (*lever*), intervokalem *b* oder *p* (*chevaliers* — *chevels*), hiatus-*u* nach *n* (*anvels*) — im auslaut dafür *f*;
bleibt im nfr. als *v* (*annuel* ist neueres lehnwort).

w (stimmhaft, bilabial) entsteht inlautend aus lat. *qu* (*ewe*); wird vokalisch (*eaue* — *eau*), erscheint nfr. wieder in diphthongen (*oi*, *oui*) und fremdwörtern.

4. Der Hauchlaut.

h erscheint als hörbarer laut altfr. nur in worten germanischer herkunft (*honte* 38, vgl. auch *halte* 36), während es in solchen lateinischen ursprungs stumm ist, selbst wenn es geschrieben wird (*l'huem*, *l'honor* — aber *la honte*). Nfr. ist auch germ. *h* verstummt, kennzeichnet sich aber als *h* aspirée (consonne) gegenüber *h* muette durch nichtelision des vorhergehenden vokals.

5. Die dentalen Verschlusslaute.

t entsteht im anlaut aus *t* (*tant*), griech. *ϑ* (*tresor*), germ. *þ* (*trop*) — im inlaut aus *tt* oder gestütztem *t* (*metre* — *set*; *faite*), aus *c* oder *q* zwischen zwei *r* (*estortre*), als übergangslaut zwischen *s* und *r* (*estre*), *l* oder *n* und *s* (vgl. oben *ts*) — im auslaut aus isoliertem oder gestütztem *t* (*seignat* — *prist*, *oïrent*), aus lat. inlautendem *d* (*feit*, *dont*, *reit* ← *rigidum*);

im anlaut und inlaut bleibt *t* nfr. unverändert — im auslaut war es isoliert in unbetonter silbe schon zur zeit unseres gedichts verstummt oder im verstummen (wol als reibelaut *þ*, daher die wechselnde schreibung mit *t*, *d*, *th*, in den handschriften), nach betontem vokal schwindet isoliertes auslaut-*t* im 12. jahrh., festes oder gestütztes *t* verstummt erst vom 13. jahrh. ab, zuerst vor konsonant (in pausa noch jetzt bewahrt in *set*, *fait* u. a.).

d entsteht im anlaut aus *d* (*dus*) — im inlaut aus *dd* oder gestütztem *d* (*adurez* — *reide*), aus gestütztem, ursprünglich intervokalem *t* (*aidier* ← *adjutare*), aus *g* zwischen zwei *r* (*sordre*, vgl. *estortre*), als übergangslaut zwischen *z*, *l* oder *n* und *r* (*cosdre*, *vendrai*, *voldrai*) — im auslaut dafür *t*;
bleibt nfr. in allen stellungen als *d* erhalten.

6. Die labialen Verschlusslaute.

p entsteht im anlaut aus *p* (*poin*), im ursprünglichen silbenanlaut aus griech. φ (*col(a)phum* → *colp*) — im inlaut aus *pp* (*chapel*) oder aus ursprünglich gestütztem *p* (*escrepe* ← *eskerpe*, *eskarpe*) — im auslaut aus ursprünglich silbenanlautendem oder gestütztem *p* (vgl. oben *colp*, ferner *trop*);

bleibt nfr. im anlaut und inlaut, verstummt im auslaut, ausgenommen in fremdwörtern: *cap*, *julep* u. a

b entsteht im anlaut aus *b* (*barons*) — im inlaut aus *bb* oder gestütztem *b* (*abé*), als übergangslaut zwischen *m* und *l* oder *r* (*ensemble*, *nombre*) — im auslaut nicht vorhanden (nur *Job* u. ähnl.);

bleibt nfr. als *b*.

7. Die velaren (palatalen) Verschlusslaute.

c (geschrieben *c*, *qu*, *k*, vereinzelt *ch*) entsteht im anlaut aus *c* vor *o*, *u* oder konsonant (*corone*, *croiz*), aus *qu* (*quant*, *car*, *qui*—*ki*—*chi*) — im inlaut aus *cc* vor *o*, *u* — im auslaut aus *c* nach betontem *o*, *ŭ* (*avuec*), aus ursprünglich silbenanlautendem *qu* oder *gu* (*onc*—*sanc*), aus *g* nach konsonant (*lonc*);

bleibt nfr. im anlaut und inlaut, verstummt im auslaut (aber *dōc* neben *dō*, *lōc* neben *lō*, dazu fremdwörter).

g entsteht im anlaut aus *g* vor *o*, *u* oder konsonant (*gole* ← *gula*, *grant*), germ. *g* vor *a* in später entlehnten wörtern (*gab*, *gaber*), *g* mit *u̯* aus germ. *w* (*guarder*, *guise*) — im inlaut aus *gg* vor *o*, *u* — im auslaut nicht vorhanden;

bleibt im nfr. überall als *g*.

8. Die Nasale.

m entsteht im anlaut aus *m* (*mier*) — im inlaut aus einfachem *m*, *mm* oder *m(i)n* (*demeines*, *dame*) — im auslaut ersetzt durch *n*, geschr. *m*, *n* (*rien*, *flum*);

bleibt im nfr. als *m*, schwindet im auslaut.

n entsteht im anlaut aus *n* (*nul*) — im inlaut aus *n* (*corone*), *nn* (*anvel*), aus *m* oder *mn* vor dental (*pons*, *songiét*) — im auslaut aus lat. auslautendem *n*, *m* oder ursprünglich inlautendem *n* (*non* = *non*, *bon* ← *bonum*, *rien* ← *rem*), auch aus einem in den auslaut tretenden *ñ* (*poin*, *loin*)

anlautend und inlautend bleibt *n* im nfr., vor konsonant und im auslaut (nach vokal) war es schon altfr. zu *ŋ* geworden (s. u.), nach konsonant (*r*) schwindet auslautendes *n* analogisch (*jorn* — *jour*).

ŋ (etwa deutsch *ng*, geschrieben *n*, *m*) entsteht aus *n* oder *m* vor konsonant und im auslaut aus *n*, *m*, *ñ* nach vokal (*tant*, *emperere*, *un*, *non*, *rien*, *huem*, *poin*);

ist im nfr. völlig verstummt.

ñ (mouilliertes *n* — geschrieben *gn*, *ign*, auch *ingn*) erscheint nur inlautend aus *gn* (*seignat*), *ni̯*, *ndi̯* (*seignor*, *Borgogne*), *ng* vor *e*, *i*, *ngi̯* (*poignant* ← *pungentem*, *esloignier* ← **exlongiare*);

bleibt nfr. als *ñ* erhalten.

9. Die Liquiden.

r entspricht im anlaut, inlaut, auslaut altem *r* (*reis*, *jorn*, *cuer*, mit metathesis in *por*, *escrepe*), im auslaut auch einem *rr* (*fer*) — entsteht durch assimilation in *tresor* ← *thesaurum*, lehnwörtlich für *n* in *ordre*;

bleibt nfr. im anlaut und inlaut erhalten, wird vereinzelt zu *z* (*chaise* neben *chaire*), bleibt in der regel auch im auslaut (*cœur*, *tresor*, *pour*, *avoir*, *punir*), verstummt aber in den infinitiven auf *-er* und den meisten substantiven und adjektiven auf *-ier* und *-er*.

Altfr. *rr* geht auf intervokales *rr* (*terre*), z. t. auch auf *tr*, *dr* zurück (*pierre* neben *piere*) — wird im 17. jahrh. zu *r* vereinfacht (*terre* = *tęr* usw., aber *mour-rai*, *conquer-rai*).

l entspricht im anlaut, inlaut, auslaut altem *l* (*legier*, *vuelt*, *miel*), im inlaut oder auslaut auch altem *ll* (*chevaliers*, *bel*), vor konsonant auch mouilliertem *l* (*mielz*) — geht infolge von dissimilation vereinzelt auf *n* oder *r* zurück (*orphelin* ← **orphaninum*, *pelerin* ← *peregrinum*);

bleibt nfr. im anlaut und intervokalen inlaut erhalten — wird vor konsonant im 12. jahrh: aufgelöst zu *u* (*haut*, *mieus*, *beaus*) — bleibt im auslaut (*miel*, *cheval*), erscheint hier aber vielfach als *u* gemäss der antekonsonantischen entwicklung (*beau*, *fou* neben *bel*, *fol*) oder unter analogischem einfluss (*cheveu*, *château* nach dem plural *cheveux*, *châteaux*).

ḻ (geschrieben *il*, *ill*, *ll*) entsteht im inlaut intervokalisch oder im auslaut aus *li̯* (*conseillier*, *conseil*, *fille*), *cl* (*maille*, *ueil*, aus ursprünglichem *t(u)l* in *vieil* ← *vetulum*), *gl* (*veillier*);

bleibt mouilliertes *l* bis ins 18. jahrh., verliert dann den *l*-laut vollkommen und erscheint seitdem als einfaches *j*: *cõseję*, *cõsej*.

10. Die Halbvokale.

i̯ (geschrieben *i*, *j*) entsteht aus inlautendem *j* (*Mai*), *di̯* oder *gi̯* (*pui*, *fuiant*), *g* zwischen hellen vokalen (*rei*), *c* zwischen hellem vokal und *a* (*otreiier*), verschmilzt mit vorausgehendem einfachen vokal in der regel zum diphthong (*Mai*, *rei*), mit vorausgehendem diphthong zum triphthong und wird von da aus zum diphthong (*podium* — **puoi* — **puei* → *pui*) oder monophthong (*pẹ̄jus* — **pieis* → *pis*);

als bestandteil eines diphthongen teilt es im nfr. die schicksale dieser diphthongen (*octroyer* = *octruai̯e*, *payer* = *pẹi̯ẹ*, aber *paien* = *pai̯ẹ̃*).

u̯—ü̯ (geschrieben *u*) entsteht aus lat. hiatus-*u* nach *q* oder *g* (*quant*, *lenguage*), mit *g* aus germ. *w* (*guarder*, *guise*), ist aber um 1100 nach *q* bereits verstummt und schwindet im 12. jahrh. auch nach *g*.

Vor den palatalvokalen *e* und *i* hatte u̯ vermutlich die aussprache ü̯ (etwa wie im nfr. *nuit*, *lui*).

B. Vokalismus.

Da in den nebentonigen silben zum teil dieselben vokale und diphthongen entstehen wie in den haupttonigen, ist eine grundsätzliche scheidung zwischen hauptton und nebenton nicht notwendig. Es werden demnach die einzelnen vokale und diphthongen im zusammenhang betrachtet, zugleich mit berücksichtigung der nasalvokale. Einer besonderen besprechung bedürfen nur die schwachtonigen vokale, die im altfranz. fast überall als *e* erscheinen.

1. Die einfachen Vokale.

ü (geschrieben *u*) entsteht unter haupt- oder nebenton aus freiem oder gedecktem ū (*drut, nul, muër*), aus haupttonigem ŭ, ō vor ī, teilweise auch vor į (*fui, eür*), aus ŭ in lehnwörtern (*dus, sepulcre*), vereinzelt aus ĭ in *afubler* 143;

bleibt nfr. überall als ü bewahrt.

ü̃ entsteht in denselben fällen vor nasal (*un, une*);

es wird in freier stellung entnasaliert zu ü (*une* = *ün*), in gedeckter im 16. und 17. jahrh. allmählich über ọ̃ zu ǫ̃ (*un* = ö̃).

ọ (geschrieben *o*, anglonormannisch *u*) erscheint kurz oder lang:

kurz ọ entsteht haupttonig oder nebentonig aus gedecktem ŭ oder ō (*jorn, cort — corrant*), aus *au* vor vokal (*aloë — oïrent*), aus griech. ў (*borse, trosser* 73), nebentonig aus freiem ō, ŏ (*plorer, corone*);

wird nfr. ụ (geschrieben *ou*: *jour, couronne*).

lang ọ entsteht haupttonig aus freiem ŭ oder ō (*gole — proz, dolor*);

wird im 12. jahrh. zu *ou* — *eu*, weiter zu ö (geschrieben *eu*: *gueule, preux* — wegen *sor*→*sur* vgl. s. 120)

ọ̃ entsteht vor nasal aus altfr. gedecktem oder freiem ŭ, ō sowie aus gedecktem ọ (*dont — ponz — corone*; *home*);

wird nfr. zu ǫ̃, in freier silbe entnasaliert (*baron — couronne*).

ǫ (stets *o* geschrieben) entsteht haupt- oder nebentonig aus gedecktem ọ (*portet, folement*), aus *au* (*or, chose — otreïier*, vgl. auch *somiers* 82), haupttonig aus *a* + ų̯ (*out, clou*);

erscheint nfr. in der regel als ǫ (*porte, porter*), nebentonig teilweise als *ou* (*pourceau* ← *porcellum*), im auslaut sowie vor dentalen als ọ (*chose, oser*), mit folgendem u̯ als ụ (*clou*).

a entsteht haupttonig aus gedecktem *a* (*Charles*) — nebentonig aus freiem oder gedecktem *a* (*baron, parler*), aus *e* vor liquiden und nasalen (*par*) oder *o* vor nasal (*dame*), aus *au* vor haupttonigem *u* (*aost*);

nfr. überall als *a* bewahrt, nur vor unmittelbar folgendem vokal verstummt (*août*).

ã (geschrieben *an, am, en, em*) entsteht haupttonig oder nebentonig aus gedecktem *a, ĕ, ē, ĭ* vor nasal (*tant, mander — folement, femme — prent, prendrai — en, emperere*), nebentonig auch aus *o* vor gedecktem nasal (*trenchier — dame*);

nfr. vor freiem nasal entnasaliert (*femme, dame*), sonst überall als *ã* bewahrt.

ę entsteht haupttonig aus gedecktem *ĕ* oder *ae* (*bel, teste — querre*);

erscheint nfr. als ę̆ oder ę̄ (*bel — tête*).

ẹ̆ entsteht haupttonig aus gedecktem *ē* oder *ĭ* (*dete — metre*);

wird im 12. jahrh. zu ę̆, fällt also mit altfr. ę zusammen.

ẹ̄ entsteht aus freiem *a*, dem kein palatal vorausgeht und kein nasal oder palatal folgt (*espee*), ausserdem aus ẹ̄ vor *u* in den gelehrten oder nebentonigen formen *Deu — De* u. ä.;

nfr. im auslaut ẹ, vor konsonant ę (*aimé, aimer — amer, tel*).

e nebentonig (unsicher welcher klangfarbe) entsteht aus freiem oder gedecktem *ē, ĭ* (*seïst, seignat*), *ĕ, ae* (*legier, conquerrai*), aus freiem *a* nach palatal (*chevaliers*), *a* vor unmittelbar folgendem *ü* (*ëur, mëur* ← *maturum*), aus freiem *o* vor nasal (*demeine*), aus *i* protheticum (*espee*), durch dissimilation aus *ī* (*veïs* ← *vīdistī*) oder *o* (*enor* ← *honorem*, neben *onor*);

bleibt im nfr. als *e* (in verschiedenen klangfarben), ausser im hiatus, wo ausfall oder kontraktion eintritt (*s'assĭt — malheur*).

ẹ̄ erscheint in den westlichen dialekten, ist aber im francischen unserer periode bereits zu *ā̆* geworden (siehe dieses).

i entsteht unterm haupt- und nebenton aus freiem oder gedecktem *ī* (*dist, vit — citez*, wegen *iluec* vgl. v. 193), unterm hauptton aus *ē*, *ĭ* vor folgenden *ī* oder *į* (*il, pris — cil*), aus freiem *ē* nach *c, g* (*mercit, païs*), aus *ę* + jot (*despit*), ferner unterm haupt- und nebenton aus lat. *ĭ* und griech. *ῠ* in lehnwörtern (*principel, reliques — martir*);

bleibt nfr. in allen stellungen als *i*.

ĩ (geschrieben *in, ing, im*) entsteht aus denselben quellen vor nasal (*veisin, Sarazin, fin — fine*);

wird im 16. und 17. jahrh. über *ẽ̦* zu *ẽ̦* (*fin* = *fẽ̦*), in freier stellung entnasaliert (*fine* = *fin*).

2. Die Diphthongen.

Diphthongen entstehen unter dem hauptton durch spontane oder bedingte diphthongierung, unter haupt- oder nebenton durch verbindung eines vokals mit folgendem jot oder *v* (*į — ų*), ausserdem haupttonig *ai* unter wirkung eines folgenden nasals, *ie* ← *a* unter wirkung eines vorausgehenden palatals. Vor nasal ergeben sich die entsprechenden nasalen diphthongen, die teilweise eine andere entwicklung nehmen als die entsprechenden oralen diphthongen.

ué (geschrieben *ue* oder *oe*) entsteht haupttonig aus freiem *ŏ* (*vuelt*), freiem *ō* oder *ŭ* vor labial (*uef, juevne* s. 187), freiem oder gedecktem *ŏ* vor *į* oder mouillierten konsonanten (*fueille, vueil* — hier vermutlich *üé* zu lesen);

wird im 13. jahrh. kontrahiert zu *ö*, fällt also mit lat. freiem *ō* in *dolor — douleur* usw. zusammen und wird demgemäss mit *eu* bezeichnet (*veut, feuille*, mit etymologischem *o* in *œuf, cœur, œuvre*).

uẽ (geschrieben *uen, uem*) entsteht aus *ue* vor altfr. gedecktem oder freiem nasal (*uem-uen, cuens, buen, buene*, neben *bon, bone*);

nfr. $\tilde{\ddot{o}}$ (in freier stellung *ö*), jedoch sind die hierhergehörigen formen meist analogisch beseitigt worden

úi (*ü* + *i*) entsteht haupt- oder nebentonig aus *ū* + *j* (*frūctum* —→ *fruit*, *cuidier* 33), haupttonig aus *ŭ* oder *ō* + *į* (*fui*, *tuit*, *mui* ←— **movui*), *aus* *ǫ* + *i* oder *j* (*nocui* —→ *nui*, *noctem* —→ *nuit*), aus *ĭ*, *ē* oder *ĕ* + -*u̯u̯ī* (*ui*-perfekta: *reçui*, *dui*, *jui* 193);

wird im 12. jahrh. zu *uí* (vgl. dagegen in unserem gedicht *acondúist* und *condúit* in der *u*-laisse 184 ff. sowie den reim *lúi* zu *bruns* s. 9) — jetzt *u̯i* mit halbvocal *ü*.

ọ́i entsteht haupt- oder nebentonig aus *ŭ* oder *ō* + *j* (*crois*, *conois* — *conoissies*);

wird über *óe* im 13. jahrh. zu *oę́*, woraus nfr. (16. jh.) *ę* (*connaît*) oder (18. jh.) *oa* — *u̯a* (*croix*).

$\tilde{ọ}$i ebenso vor *n* (*poin* ←— *pugnum*);

nfr. *oę̃*.

ǫ́i entsteht haupt- oder nebentonig aus *au* + *j* (*joie* — *joios*, vgl. *vois* 98), haupttonig aus *a* + -*u̯u̯ī* (*oi* ←— *habui*, *soi*, *toi*);

wird über *ọ́e* zu *oę́*, woraus nfr *ę* und *oa*, wie bei *ọi*.

ǫ́u entsteht haupttonig aus *a* + silbeschliessendem *u̯* (*clou*, *Rout* 2) oder *au* + *u̯* (*pou* ←— *paucum*, *trou* ←— *traucum*);

wird nfr. zu *u* (geschrieben *ou*: *clou*. *trou*) — aber *peu* = *pö*.

ái entsteht haupt- und nebentonig aus *a* + *j* (*ai*, *faire* — *sairement*);

wird im 12. und 13. jahrh. allmählich über *ęi* zu *ę*, zuerst vor schwerer konsonanz (*maistre*, *naistre*), dann in einfacher gedeckter stellung (*fait*), schliesslich in freier stellung (*faite*, *faire*), zuletzt im auslaut (*ferai*, *amai*), wo *ę* zu *ẹ* wird (geschrieben *ai*: *maître*, *faire*, *aimai* — seltener *e*: *serment*).

ãi entsteht aus denselben quellen vor nasal (*saint*) sowie haupttonig aus freiem *a* vor nasal (*faim*, *plain* — *plaine*);

wird im 12. jahrh. *ę̃i*, im 17. jahrh. *ę̃* (*saint* = *sę̃*, *plain* = *plę̃*), vor ungedecktem nasal entnasaliert (*plaine* = *plęn*).

ẹi entsteht nur in nebentoniger silbe aus lat. ĕ + j (*preisier* ← **pretiare, neiier* ← *necare*);

wird zu *oi* — *oa* (*noyer; priser* ist analogisch).

ẹi entsteht haupttonig aus freiem ē oder ĭ (*aveir, feit*), haupt- oder nebentonig aus ē oder ĭ + j (*reis, franceis* — *reialme*), vereinzelt unterm nebenton aus ursprünglichem ī + j (*veisin* ← *vicinum*, vgl. s. 192 unter ī);

wird über *öi* — *oi* — *oę* zu ę (geschrieben *ai*: *Français, frais*) oder *oa*, *ụa* (geschrieben *oi*: *foi, roi, François*).

Es fallen also *ẹi ęi ọi ǫi* in ihrer weiteren entwicklung zusammen, und zwar zuerst *ẹi* (sowie das nur im nebenton erscheinende *ęi*) mit *ọi*, dann mit *ǫi*.

ẽi erscheint unter denselben bedingungen vor nasal (*ceint, plein* — *pleine*);

wird hier im 12. jahrh. zu *ẽi* und fällt daher mit altem *ain* (s. o.) zusammen (nfr. *plein* = *plę̃*, *pleine* = *plęn*).

ęu erscheint nur in den kurz- oder lehnwortformen *Dęu Mathęu* u. ä. (vgl. v. 32).

ié entsteht nur haupttonig aus freiem *a* nach palatal (*chief*), aus freiem ĕ oder *ae* (*mier* — *ciel*), aus gedecktem ę vor mouillierten konsonanten oder ŭ (*mielz* — aus triphthong *ieu* reduziert in *espiet, mien*), aus *a* (*e*) vor *j* in der endung *-arium* (*chevalier*);

wird nach zischlauten (š, ž) im 13. jahrh. zu *e* reduziert (*chef* — *aprocher*, aber *chien*), desgleichen auf analogischem wege bei den übrigen verben der I. konjugation (*laissier* → *laisser*), während es sonst als *ie* erhalten bleibt (*ciel* = *sięl, chevalier*) — wie das aus *a* entstandene *e* lautet auch dieses *e* oder *ie* nfr. offen vor konsonant, geschlossen im auslaut (*chięf, cięl* — *aprochẹr, chevaliẹr*).

iẽ entsteht unter ähnlichen bedingungen vor nasal (*paiien* — *bien*);

bleibt nfr., mit offenem *e*.

Hierher gehört auch der triphthong *ieu* aus ĕ + verschmolzenem ụ (*Dieu, Juieu*), in einzelnen nicht ganz klaren fällen auch aus ŏ + ụ (*lieu* ← *locum, jieu* ← *jocum*) — nfr. zu *iö* (*Dieu, lieu*) wie *eu* → *ö*; in verschiedenen hierhergehörigen worten ist reduktion des *ieu* zu *ie* eingetreten (*espiet, mien*). Daneben erscheint altfr. *iu* (*Diu, Juiu*), auch in francischen texten (so geht nfr. *Juïf* auf diese form, genauer — wegen des auslautenden *f* — auf eine neubildung aus dem fem. *Juive* ← *Juieue*, zurück).

Andere triphthongen wie *uei, iei* sind schon in vorliterarischer zeit zum diphthongen oder monophthongen vereinfacht worden: vgl. oben *ui* und *i*.

Eine reihe neuer diphthongen und triphthongen mit *u* als zweitem bestandteil entsteht im 12. jahrh. durch auflösung des *l* zu *u*: so *au* (*haut* ← *halt*), *eau* (*beau* ← *bels*), *eu* (*cheveus* ← *chevels*), *ieu* (*mieus* ← *mielz*), *ǫu* (*fǫus* ← *fols*), *ọu* (*mọut* ← *molt*); ferner im 14. und 15. jahrh. durch verschmelzung zweier unmittelbar aufeinander folgender vokale wie *ui* ← *uï* (einsilbiges *fuir* ← altfr. *fu-ir*), *ei* ← *eï* (*re͡ine* ← *rëine*) oder ← *aï* (*ha͡ine* ← *haïne*), woraus im 16. jahrh. teilweise monophthongen werden (nfr. *reine* = *rẹn, haine* = *ẹn*).

Wie die nfr. aussprache zeigt, sind diese neuen diphthongen und triphthongen analog den alten entwickelt, d. h. in der regel zu monophthongen oder diphthongen vereinfacht worden (während beim zusammentreffen von *e* oder *a* mit folgendem tonvokal in der regel ausfall des ersten eintritt: *asseïst* → *assît, veeir* — *veoir* → *voir, eage* → *âge, meür* → *mûr*; *aost* → *août*).

3. Die schwachtonigen Vokale.

Die schwachtonigen vokale sind im altfranzösischen entweder ganz verschwunden oder, gleichgiltig welchen ursprungs, zu *e* geworden (ausser gedecktem vorton-*a*, vgl. s. 193). Erweitert wird die zahl der schwachtonigen vokale durch die wirkung der analogie. so bei den femininen der adjektiva auf lat. -*is*, die nach dem muster jener auf -*a* (*bon* — *bone*) sämtlich *e* bekommen, wie schon afr. *grande* neben *grant, corteise* (für *corteis*), später *prudente, telle, forte* u. a. m.; so in der konjugation, wo -*e* auch in der lat. I. kennzeichen des konjunktivs wird (vgl. 806 *port*) ebenso wie in der 1. person des indikativs (*chante, aime* für ursprüngliches *chant, aim* — *ain*). Dazu treten noch eine reihe lehn- und fremdwörter wie *fidèle* für altes *feeil, utile, facile* u. a.

Das *e* der endsilben ist allmählich ganz verstummt: die ersten spuren weisen noch in das mittelalter selbst (im 13. jahrh. nach vokal: *eaue — eau, avoie — avoi — avois*), im 16. jahrh. wurde das auslautende *e* nur noch schwach artikuliert, im 17. jahrh. ist es in der regel völlig verstummt.

In den schwachtonigen vortonsilben ist *e* (entstanden aus *a* oder vor schwerer konsonanz aus anderen vokalen) neben liquiden vereinzelt schon altfranz. verstummt (*menrez* 73, *donrai* 169 — später *serment*), in grösserem umfang jedoch erst in nfr. zeit: *folement* = *folmã*, *douc(e)ment, cher(e)lure* (aber *punirai* wegen *punir, aimerai* wegen *aimer* usw.). Im übrigen sind im nfr. teils infolge der analogie, teils durch fremdwörter und neue ableitungen eine grosse zahl neuer vortonvokale eingedrungen, die als solche naturgemäss erhalten bleiben (*nourriture, diligence, crudité* u. a.).

II. Formenstand.

A. Das Nomen.

Die hauptsächlichsten veränderungen im nomen beruhen auf der vereinfachung des kasussystems. Es bleiben nur nominativ und akkusativ (vgl. 9 *rei*). Der erste vertritt auch den vokativ (vgl. 13 *emperere*), die übrigen kasus werden durch umschreibung gebildet. Genetiv und dativ bleiben nur in einigen pronominalformen erhalten.

Durch diese vereinfachung wird auch der zusammenfall der deklinationstypen erleichtert. Bei den femininen der lat. V. deklination stehen schon im latein vielfach formen der I. deklination daneben (*luxuries — luxuria*, darnach *rabies — rabia, facies — ia*): soweit diese worte erhalten sind, fallen sie daher der I. deklination zu, das maskulin *dies diem* — *dis di* hingegen der II. Ebenso vereinigen sich die worte der lat. IV. deklination (*-us*, *-um*) mit der lat. II., so dass wir es im wesentlichen mit den ersten drei lat. deklinationen zu tun haben.

Teilweise steht mit diesen vorgängen auch der geschlechtswechsel von substantiven in zusammenhang. Die neutra der II. und IV. deklination stimmten in wesentlichen formen, namentlich im obliquus sing., mit den maskulinen der II. und IV. überein (vgl. *auru(m)* mit *caballariu(m)*, *cornu* mit *fructu(m)* u. a.), desgleichen fallen die entsprechenden formen im adjektiv, teilweise auch im pronomen zusammen, und so erscheinen die substantiva neutrius generis im romanischen als maskulina, eingeschlossen die neutra der III. deklination wie *chief* ← *caput*, *çors* → *corpus*, *tens* ← *tempus*, *lait* ← *lacte*- (vergleiche hierzu *mostier* I). Die neutra pluralis werden ihrer endung entsprechend zu femininen singularis: vgl. *bataille* 29, *mençonge* 52, *joie* 118. — Erhalten bleibt das neutrum im pronomen und beim unpersönlichen gebrauch im adjektiv.

In anderen fällen war nicht die form, sondern die bedeutung für den geschlechtswechsel massgebend: so bei den abstrakten auf *-or* (vgl. *colors* 124), so bei *mare* — *mer* (fem. nach *terra*). Im nfr. zeigen sich im einzelnen ähnliche verschiebungen: *mensonge* wird maskulin nach *songe*, *amour* ebenso unter gelehrtem einfluss.

Die deklination im neufranzösischen. Schon im altfr. der späteren zeit tritt die entwicklung vom zweikasussystem zum einkasussystem ein, das im 14. jahrh. durchgeführt ist. Wie bei der I. deklination von anfang an, wird auch bei den übrigen deklinationen für jeden numerus nur eine form gebraucht und zwar in der regel die des häufiger gebrauchten obliquus. Da nun der obliquus im plural überall, im singular nirgends (ausser bei den indeklinabeln) ein *s* hat, so erscheint dieses von jetzt ab als kennzeichen des plurals. Vgl. 1 *reis*, 9 *rei*, 5 *emperere*).

Eine anzahl von persönlichen begriffen bewahrt den rektus als singularform (siehe 1 *Charles*).

Wie im substantiv, tritt auch in artikel, pronomen, adjektiv überall der obliquus an die stelle des rektus (vgl. 1 *li*, 19 *cil*, 27 *riches*).

1. Der Artikel.

Der bestimmte artikel entwickelt sich aus proklitischem *ille* (vgl. *li al* 1, *la* 10, *les* 20, dazu s. 162):

		Maskulin	Feminin
sing. rektus		*li* 1	*la* 10
obliquus		*le* 39	*la* 25
plur. rektus		*li* 82	*les* 111
obliquus		*les* 81	*les* 20
dazu als genetiv:	sing.	*del* 46	*de la* 36
	plur.	*des* 175	*des*
als dativ:	sing.	*al* 1	*a la* 60
	plur.	*as* 31	*as* 111
mit *en* die formen:		*el* 10 — *es* 20	sg. *en la* — pl. *es*.

Vor folgendem vokalischen anlaut wird der vokal von *le* und *la* elidiert: *l'alter* 59 — *l'albe* 238. Sing. *li* elidiert in älterer zeit nicht, in unserem text schwankt der gebrauch (*li emperere* und *l'emperere*, vgl. v. 58).

Der unbestimmte artikel ist identisch mit dem zahlwort *un*:

	Maskulin	Feminin
sing. rektus	*uns* 129	*une*
obliquus	*un* 1	*une* 94.

Die entsprechenden pluralformen *un*—*uns*, *unes* begegnen bei pluralia tantum (wo nfr. der teilungsartikel stehen würde): *unes fo(u)rches* ein galgen, oder im sinne von 'irgend welche': *unes estaches* einige säulen (761).

2. Das Substantiv.

Die deklinationsverhältnisse des lateinischen haben, wie schon bemerkt, hinsichtlich der deklinationstypen durch das verschwinden der IV. und V. deklination eine grosse vereinfachung erfahren. Aber auch innerhalb der verbliebenen drei deklinationen haben noch mancherlei verschiebungen stattgefunden.

Für die I. lat. deklination in ihrer französischen gestaltung war charakteristisch die einheitliche form für den rektus und obliquus im singular (*corone* = *corona* und *coronam*, vgl. v. 2 und 10) sowie im plural (*corones*, vgl. v. 20). Ausser den femininen auf *-a* gehören hierzu von haus aus auch die abstrakta der lat. III. deklination, welche im singular die nominativform zu gunsten der akkusativform aufgeben und dadurch gleichförmig werden (*amór* für lat. *amor* und *amorem*, *citét* für lat. *civitas* und *civitatem*, plural regelrecht *amors* und *citez*); erst im 12. jahrh. werden diese worte durch anfügung eines *s* im rektus sing. (*amors*, *citez*) der lat. II. deklination angepasst. Von maskulinen gehören hierher die wenigen meist lehnwörtlichen auf *-a* (*patriarche*, *profete*) sowie die gleichförmigen der lat. III. deklination (*pere* = *pater* und *patrem*, im plural jedoch mit verlust des *s* im nominativ: *pere* gegen obl. *peres*).

Die lat. II. deklination hat im französischen als kennzeichen das *s* im kasus rektus des singulars gegenüber dem obliquus und im obliquus des plurals gegenüber dem rektus: *chevaliers* = *caballarius* und *caballarios*, *chevalier* = *caballarium* und *caballarii*. Diesem typus schliessen sich auch solche konkreta der lat. III. deklination an, welche ursprünglich im nominativ *s* haben, wie *reis* — *rei* aus *rex* — *regem*; bei den sachbegriffen ist der nominativ aus dem akkusativ neugebildet wie bei *orïenz* ← *orientem* + *s*, vgl. auch oben rektus *citét* ← *civitatem*. Die pluralformen werden dem vorbild der lat. II. angepasst, d. h. der nominativ verliert sein *s* (*li rei*). — Im 12. jahrh. treten hierzu die bisher zur I. deklination gehörigen feminina auf konsonant, welche im nominativ sing. *s* erhalten (*amors*, *citez*), aber im plural gleichförmigkeit bewahren.

Von der lat. III. deklination verbleiben darnach als besondere klasse noch die ungleichförmigen worte, welche nominativ und akkusativ durch verschiedene betonung oder sonst verschiedene stammform unterscheiden: *imperátor* → *emperere*, *imperatorem* → *emperëor*; *báro* → *ber*, *baronem* → *baron*; *homo* → *huem*, *hominem* → *home*. Es sind persönliche begriffe, welche zu dieser klasse, der franz. III. deklination, gehören, darunter nur **ein** femininum: lat. *soror* → *suer*, *sororem* → *seror*. Auch bei diesen worten erscheint der rektus des plurals ohne *s*: *empereor, baron, home* gegenüber den obliquusformen *empereors, barons, homes* (ausgen. fem. *seror*).

Nach alledem erhalten wir folgende drei deklinationstypen:

	I.	II.	III.
sg. rektus	*corone* v. 10	*chevaliers* 28	*ber* 156
obl.	*corone* 2	*chevalier* 49	*baron*
pl. rektus	*corones*	*chevalier*	*baron* 241
obl.	*corones* 20	*chevaliers* 4	*barons* 4

Dazu kommen dann noch eine anzahl indeklinabilia (meist neutra der lat. III. deklination): *tens, cors, giens* (←*genus*), auch *croiz, voiz* u. a.

Zur I. klasse gehören in unserem texte noch *espee, dame, rëine, teste, bataille, femme, honte, parole, mençonge, fiance* u. a., von maskulinen *patriarche* und *pere*, von femininen der lat. III. dekl. *moillier, citét* (36, plur. *citez* 11), *cort, mercit* (32, dazu plur. *merciz* 159), *amor, tor* u. a., von der lat. V. *feit*. — Seit dem 12. jahrh. erscheinen im rekt. sing. bei femininen der letzten art (s. 20 *corones*) sowie bei maskulinen die analogischen *s*-formen: *patriarches, peres, corz, amors, tors* u. a.

Zur II. klasse gehören in unserem texte von ursprünglichen maskulinen *reis, dus, chevaliers* u. a., von namen *Estiefne* 165, von ehemaligen neutren *jorn* (rektus *jorz* 109), *mostier, chief, ponz, or, demeine* u. a. Sie ist die zahlreichste von allen.

Die III. klasse ist ausser durch *ber* (s. o.) durch folgende wörter vertreten:

sg. r.	*emperere* 5	*sire* 135 (*sendre*)	*huem* 122	*cuens*
o.	*emperëor*	*seignor* 857	*home*	*conte*
pl. r.	*emperëor*	*seignor* 67	*home* 208	*conte*
o.	*emperëors*	*seignors*	*homes*	*contes* 137

von eigennamen durch.

r.	*Hugue* 810	*Naime(s)*	*Charles* 1	*Laz(a)res*
o.	*Hugon* 46	*Naimon* 62	*Charlon* 838	*Lazaron* 164.

Wegen der bildung auf *-on* bei eigennamen vgl. 46 *Hugon* und 164 *Lazaron* (während 165 *Estiefne* regelrechtem *Stéphanum* entspricht), unter 46 *Hugon* auch wegen der verwanten weiblichen bildungen auf *-ain* (nach palatalen -*ien*): *Evain, nonain* zu *Eve, none*; *Mariien, Blanchien* zu *Marie, Blanche*. Ihrer bildung nach gehören diese wörter in die III. klasse der feminina, die sonst nur durch *suer* — *seror* vertreten wird.

Durch den eintritt des einkasussystems (siehe oben) werden in späterer zeit diese alten deklinationsunterschiede völlig verwischt. Im nfr. handelt es sich nur noch um unterschiede des geschlechts und der pluralbildung: wie weit das plural-*s* den vorausgehenden stammauslaut beeinflusst und in welcher weise. Häufig sind neubildungen des plurals aus dem singular (*chefs* für afr. *chies* nach *chef*), teilweise nur in der schreibung (*œufs* = *ö*). Die schreibung einer anzahl pluralformen mit *x* entbehrt jeglicher lautlichen bedeutung (vgl. 2 *croiz* V, 28 *proz*).

3. Adjektiv, Komparation, Adverb.

Da das neutrum, soweit erhalten, mit dem maskulin übereinstimmt (*bonu(m)*, *forte(m)* — *forte*), können sich im franz. nur adjektiva zweier endung und solche einer endung bilden: die ersten aus denen auf *-us -a -um*, die letzten aus den adjektiven der lat. III. deklination. Soweit die adjektiva auf *-us* den auslautvokal aus lautlichen gründen bewahren, werden auch sie in maskulin und feminin (obliquus) gleichförmig. Die deklination dieser verschiedenen typen gestaltet sich, im wesentlichen entsprechend der lautlichen entwicklung, im afr. wie folgt:

	I.	II.	III.
mask. sing. rekt.	*bons* 28	*riches* 27	*granz* 222
obl.	*bon*	*riche*	*grant* 93
plur. rekt.	*bon*	*riche*	*grant*
obl.	*bons* 22	*riches*	*granz*
fem. sing. rekt. obl.	*bone* 862	*riche*	*grant* 106
plur. rekt. obl.	*bones* 211	*riches*	*granz* 98

Die lat. komparation ist nur in wenigen worten bewahrt geblieben: *mieldre* (← *mélior*), *graindre* (← *grandior*), dazu in anderen texten *pire* (*pejor*), *maire* (*major*) und einige andere. Zur flexion vergleiche:

	Maskulin	Feminin
sing. rekt.	*mieldre* 198	*meillor*
obl.	*meillor*	*meillor*
plur. rekt.	*meillor*	*meillors*
obl.	*meillors*	*meillors* 169.

Ähnlich *graindre* 811 — *graignor* (508) — *graignors, pire — peior — peiors, maire — maior — maiors.* Vgl. noch *plusor* 818.

Sonst wird der komparativ mit *plus* gebildet: *plus legiers* 14, *plus riches* 27, *plus sains* 195.

Der superlativ ist mit dem komparativ in der form identisch oder wird aus diesem mit vorsetzen des artikels gebildet: *de la plus halte tor* 36, *del plus fin or d'Arabie* 199. Lateinische superlative sind so gut wie nicht erhalten: ausser *pesme* im sinne des positivs 'schlimm, bös' u. ähnl. begegnen nur gelehrte bildungen wie *saintisme, haltisme.*

Die adverbia gehen teils auf ursprüngliche bildungen, teils auf ableitungen aus adjektiven zurück. Zu den ersten gehören aus unserem texte: *hic* (*ibi*) — *i* 4, *unquam — onques* 9, *ubi — ou* 19, *sic — si* 20, *dunc — donc* 23, *jam — ja* 33, *magis — mais* 44, 799 u. a. m.

Von den lateinischen ableitungen sind die meisten bildungen — auf *-ter, im* usw. ganz, die auf *-e* bis auf wenige reste — untergegangen (*bene — bien* 10, vgl. 12 *folement* I). Eine anzahl adverbia gehen auf neutralformen zurück, die teilweise schon im lat. mit dem adverb identisch sind: *plus* 6, *tantum — tant* 10, *multum — molt* 17, *carum — chier* 24; einige auf lateinische oder romanische zusammensetzungen: *quare — car* 19, 206, *ha*(*c*) *hora — ore* 43, *encore* 11.

In vortoniger stellung, vielleicht auch vor vokalischem anlaut, entstehen bei den auf *-e* ausgehenden adverbien verkürzte formen (*ore — or*), die meist auch vor konsonant gebraucht werden (*Or vait li emp.* 98). Bei vokalischem wie konsonantischem auslaut kann nach dem muster ursprünglicher *s*-adverbien ein *s* antreten (vgl. 9 *onques* III).

Die bildung neuer adverbien erfolgt durch zusammensetzung der femininform mit *mente*: vgl. **follamente* → *folement* 12. Adjektiva der lat. III. verlieren dabei gemäss dem gesetz über die schwachtonigen vortonvokale den end- oder mittelvokal: *fortimente — forment* 31. Auf grund der analogisch gebildeten femininformen werden in späterer zeit teilweise auch neue adverbia gebildet: *fortement* zu *forte* (oben I B 3).

Der komparativ wird auch hier, soweit nicht die lateinischen formen erhalten sind (*mielz* 168), mit *plus* gebildet (*plus belement* 16, *plus bassement* 817), der superlativ gleich dem komparativ oder mit *le* (vgl. *al mielz* 6)

4. Zahlwörter.

Die afr. kardinalzahlen entwickeln sich im ganzen regelrecht aus den entsprechenden lateinischen. Bis auf die zahlen 1—3 sind sie indeklinabel. *Un* (vgl. 14, 175, 812) ist in seiner flexion identisch mit dem unbestimmten artikel. *Duos* gibt *dos — dous,* dazu als neuer nominativ *dui* (für *duo*), fem. *doës. Tres* gibt *treis* (71), daraus nach dem muster der zweiten deklination ein *s*-loser nominativ: *trei.* Die folgenden zahlen lauten:

quatre 204, 811	*onze* (vgl. 116—117)	*trente* (510)
cinc 159	*doze* 116, 121 usw.	*quarante* (514)
sis	*treze*	*cinquante*
set 73, 74, 193	*quatorze*	*seissante*
(*h*)*uit*	*quinze*	*setante*
nuef	*seze* (vgl. 116—117)	*oitante* 96, 99
dis	*dis e set, huit, nuef*	*nonante*
	vint (267)	*cent,* pl. *cenz* 74
		mil 66, pl. *milie* 96.

Neben *seissante* begegnet *trei*(*s*) *vint* — obl. *treis vinz,* neben *oitante* ebenso *quatre vint — quatre vinz.*

Die ordinalzahlen flektieren regelrecht nach *bons* und *riches.* Sie entwickeln sich zunächst lautgerecht aus den lat. formen (wie *tierz* ← *tertius, quarz* ← *quartus* usw.), werden aber z. t. durch die kardinalzahlen beeinflusst (*dime* → *disme* nach *dis*) und vielfach auf analogischem wege neu gebildet. So wird nach dem muster von *set — setme, dis — disme* zu *sis, huit, nuef* gebildet: *sisme, huitme, nuefme,* auf der anderen seite nach *onze — onzime, doze — dozime* auch *trezime, quatorzime, quinzime, sezime, dis e setime* usw., später auch *disime* und die einerzahlen *sisime, huitime* usw. (vgl. 116—117 *doze — trezime*).

Die formen der älteren zeit lauten:

1. *premier* ← *primarium* (für *prim* ← *primum*, vgl. 188 *primes*), daneben *premerain*;

2. *altre*, daneben gelehrt *secont — segont*;

3—5. *tierz* 173, *quart, quint*;

6. *siste*, analogisch *sisme*;

7—9. *setme*, darnach *uitme* (für lat. *octavum* — dialektisch *oitief*), *nuefme* für *nonum* (aber *la none* als tageszeit);

10. *dime — disme*;

11 ff. *onzime, dozime, trezime* 117 u. ö., *quatorzime, quinzime, sezime*, ebenso *vintime, trentime* usw.

Neben *-ime* erscheint *-isme* und, namentlich in westfranz. texten, *-ieme — iesme*, woraus nfr. *-ième* (*onzième, douzième, vingtième* usw.). Die einerzahlen werden meist schon im altfr. mit der endung *-ime — -ième* aus den kardinalformen neugebildet: *sisi(s)me — sisie(s)me, seti(s)me — setie(s)me* usw., später auch *troisième, deuxième* zu *trois, deux*.

5. Die Pronomina.

Die pronomina entwickeln sich je nach ihrer verwendung entweder gemäss den gesetzen über die haupttonigen oder denen über die nebentonigen silben, teilweise (namentlich in der enklise) auch nach denen der schwachtonigen. Vgl. darüber s. 179 f., dazu die bemerkungen zu den einzelnen formen an den stellen, wo sie zuerst vorkommen.

a) Personalpronomina.

1. und 2. person.

	haupttonig		nebentonig	
sing. rekt.	*je* 807	*tu*	*je* 14, 22	*tu*
obl.	*mei* 71	*tei*	*me* 23, 45	*te*
plur. rekt.	*nos*	*vos*	*nos*	*vos* 24, 803
obl.	*nos* 188	*vos* 854 f.	*nos* 224, 225	*vos* 13, 25.

Die obliquusformen gelten für dativ und akkusativ. Die reflexiven formen sind identisch mit den hier angegebenen (vgl. *me* 33, 34, 37, 75 usw.). — Enklitisch erscheint *me* als *m*: *lem direz* 41. Vor folgendem vokal wird *e* elidiert: *le m'enseigniez* 19.

3. person.

	hauptonig mask.	fem.	nebentonig mask.	fem.
sing. rekt.	*il* 140, 205	*ele*	(*il*) 7, 15 u. ö.	(*ele*) 6, 13 u. ö.
dat.	*lui* 146	*li*	*li* 16, 31 u. ö.	*li*
akk.	*lui* 77, 203	*li*	*le* 19, 40f. u. ö.	*la* 7 f., 16 u. ö.
plur. rekt.	*il*	*eles*	(*il*)	(*eles*)
dat.	*lor*	*lor*	*lor* 78, 239 u. ö.	*lor*
akk.	*els* 138, 174	*eles*	*les* 143, 812	*les* 191
reflexiv	*sei* 61, 147 u. ö.		*se* 14, 43, 60 u. ö.	

Dazu als neutrum betont rekt. *il* (nach dem mask. gebildet), nebentonig obl. *le* 19, 23, 24 u. o.;

ferner als nebentonige genetivform für alle genera und numeri *en* ← lat. *inde* (vgl. v. 14, dazu 17, 18, 26, 31 u. o.).

Lui geht auf *illui* (aus *illi huic* oder analogisch, nach dem fragepronomen *cui*, umgebildetes *illi*) zurück, haupttoniges *li* (fem.) auf **illęi* (← **illaece* oder *illae* + *ei*), nebentoniges *li* auf *illī*, *lor* auf den genetiv *illorum* (in genetivischer bedeutung noch als possessivpronomen s. u.). — Auslautvokale (ausgenommen bestandteile von diphthongen wie *i* in *lui*) werden vor folgendem vokal elidiert: vgl. für mask. *le* v. 57, 75, 129, 131 usw., für neutrum *le* 18, 23, 71, 141 usw.; *i* in *li* nur vor *en* 166, 182, 190 usw. — Wegen der enklitischen formen *l* = *le*, *s* = *les* und *se* vgl. die beispiele zu v. 40. — Die oben eingeklammerten formen gehören ursprünglich in die andere reihe. Vgl. unten s. 274.

b) Possessiva.

einzahl: 1. person.

	haupttonig mask.	fem.	nebentonig mask.	fem.
sg. rekt.	*miens* 222	*meie*	*mes* 219 u. ö.	*ma* 813, 819
obl.	*mien* 139, 185	*meie* 806	*mon* 11, 41 u. ö.	*ma* 22, 25 u. ö.
pl. rekt.	*mien*	*meies*	*mi*	*mes*
obl.	*miens*	*meies*	*mes* 22	*mes*

einzahl: 2. und 3. person.

	haupttonig mask.	fem.	nebentonig mask.	fem.
sg. rekt.	*suens*	*soë*	*ses*	*sa*
obl.	*suen* 50	*soë* 88	*son* 2, 146 u. ö.	*sa* 2, 5 u. ö.
pl. rekt.	*suen*	*soës*	*si*	*ses*
obl.	*suens*	*soës*	*ses* 15, 142 u. ö.	*ses* 98.

Vgl. unten III A 3.

Ebenso wie *suens* flektiert die 2. person: *tuens, toë — tes, ta* usw.

mehrzahl: 1. und 2. person.

	haupttonig		nebentonig	
	mask.	fem.	mask.	fem.
sg. rekt.	*nostre* 815	*nostre*	*nostre*	*nostre* (33)
obl.	*nostre* 820	*nostre* (38)	*nostre* (216, 251)	*nostre*
pl. rekt.	*nostre*	*nostres*	*nostre*	*noz*
obl.	*nostres*	*nostres*	*noz* (21)	*noz* (160)

Ebenso flektiert *vostre*: vgl. im paradigma die in klammern stehenden verszahlen, dazu betontes m. f. *vostre* 50, 806 f. Substantiviert erscheinen: *les voz* 803, *del vostre* 842 (wie *del mien* 843).

Die mehrzahl der dritten person lautet in allen verwendungen *lor*, aus *illorum* als genetivus possessivus, daher unveränderlich. Nebentonig sollte sich nfr. *lour* neben haupttonigem *leur* entwickeln, die letzte form hat jene verdrängt

Ma, ta, sa bleiben vor konsonant, auch vor *s* impurum (*sa spee* 3), werden vor vokal elidiert (*m'amistiét* 54).

c) Demonstrativa.

Die lat. demonstrativa sind im franz. in dem ursprünglichen demonstrativen sinne nur in zusammensetzungen erhalten: *ecce ille* → *icil* (jener, dieser, solcher, zur bezeichnung des fernerstehenden), *ecce iste* → *icist* (dieser, zur bezeichnung des dem subjekt näherliegenden, vgl. 42 *cele teste*), *ecce hoc* → *iço*, daraus die ursprünglich nebentonigen formen *cil, cist, ço.* In der flexion ist zwischen den vollen und kurzen formen kein unterschied.

	cil — icil.		*cist — icist.*	
	mask.	fem.	mask.	fem.
sg. rekt.	*cil* 19, 191	*cele* 12	*cist*	*ceste*
obl.	*cel* 137 u. ö.	*cele* 42 u. ö.	*cest* 149	*ceste* s. 233
pl. rekt.	*cil* 837	*celes*	*cist*	*cez*
obl.	*cels* 77	*celes*	*cez*	*cez*

Dazu im obl. sing. die ursprünglichen dativformen (vgl. oben *lui — li*): mask. *celui — cestui,* fem. *celi, cesti*; ferner die neutra *cel — cest.*

Lat. *hoc* erscheint haupttonig entwickelt in *avuec, poruec* (s. o. s. 165), nebentonig in *ço* ← *ecce hoc* (dieses selbst als haupttonig empfunden und gebraucht, vgl. unten III B 2 d).

d) Relativum.

Für beide geschlechter und numeri:

nom. *qui* 14, 18, 66 u. ö.
gen. *dont* 3, 72 u. ö. — *cui*
dat. *cui*
akk. *que, qu'* 89, 112, 161 u. ö. — *cui*.

Dazu als neutrum *que* 819 — haupttonig *quei*.

e) Interrogativum.

Rektus *qui* — obliquus *cui* — neutrum *que* 234 — *quei*. Adjektivisch *quel* 219 — mask. rekt. sg., obl. pl., fem. pl. *quels*.

f) Indefinita.

Nul 9 — *nule* 247, 833, *alcun* — *alcune*, *chascun* — *chascune* wie *bon* — *bone*; *tot* — *tote* 48, pl. rekt. mask. *tuit* 203 — obl. *toz* 21; *tel* — *itel* wie *grant*; *altre* wie *nostre*. Zu bemerken die analogischen formen *nului, altrui*. Vgl. auch *plusor* 818.

B. Das Verbum.

Die lateinischen konjugationsunterschiede beruhen auf dem stammauslaut, auf der verschiedenheit des auslautenden vokals oder konsonanten. Diese unterschiede werden im romanischen durch zusammenfall einer reihe von endungen verwischt, wodurch der übertritt eines verbums zu einer anderen konjugation befördert wird: der sog. konjugationstausch (vgl. 31 *cheïr*, 43 *estortre*, dazu *respondre, plaire, saveir* u. a., siehe auch s. 165).

Ähnliche angleichungen finden auch sonst in den tempora, modi und personalendungen statt, so dass die lat. konjugationseinteilung auf die altfranzösischen verhältnisse nicht mehr zutrifft. Charakteristischer als infinitiv und präsensformen sind hier die perfektformen, welche darum der neueinteilung im altfranzösischen (und überhaupt im romanischen) zu grunde gelegt werden. Und zwar unterscheidet man nach dem muster der deutschen grammatik schwache perfekta, für welche die endung charakteristisch ist, die hier überall den accent trägt, und starke perfekta, welche den stamm verändern und wenigstens in drei formen — 1. 3. sing., 3. plur. — den accent auf diesen legen (vgl. 107 *reçut,* dazu 2 *Rout* VI, 56 *dëusseiz*). Zu den schwachen perfekten (verben) gehören die zur lat. I. und IV. konjugation gehörigen verba (*seignát* 2 — *oít* 18) sowie die aus *dedit* neugebildeten perfekta (*respondiét* 12), zu den starken, die mit dehnung des stammvokals (*vīdit* — *vit* 30), die mit *s* gebildeten (*prist* 7) und die auf *-ui* (*Rout* 2).

Genera, tempora und modi. Völlig untergegangen sind die einfachen (nicht zusammengesetzten) formen des lat. passivs, welche durch umschreibungen mit *estre* ersetzt werden, ebenso die deponentialformen, für welche die aktivischen eintreten (vgl. 53 *irascut* II). Durch umschreibung neu gebildet wird das futurum nebst imperfektum futuri (siehe 11 *conquerrai* II); neu geschaffen wird ein perfektum präsens mit den dazu gehörigen ableitungen, welche den lat. konjunktiv perfekti sowie ind. und konj. plusquamperfekti ersetzen (siehe 3 *at ceinte*); der letzte hat seinerseits die function des konj. imperfekti übernommen (siehe 10 *seïst*).

Endungen. In diesen hat starker ausgleich stattgefunden. Im ind. präsens lautet die 1. plur. überall *-ons,* wol nach *sons* ← *sumus* (siehe 20 *porterons*), die 2. plur. überall *-ez* nach der lat. I. konj. (siehe 13 *poëz* — im osten bleibt *-ētis* als *-eiz -oiz*). Im ind. imperf ist das vorbild der lat. II. (III.) konj. überall durchgedrungen: *debebam* → *deveie, vendebam* → *vendeie,* darnach *parteie, porteie* (im normannischen dialekt bleibt *portabam* als *portoue* — *portoe*). Der konj. imperf. hat von anfang an analogisches *-e* in der 1. und 2. sing. (*portasse, portasses,* aber *portast*). Die 2. plur. im imperativ ist gleich der entsprechenden form des ind. präs.: vgl. *enseigniez* 20, *tenez* 45. In partizip präs. und gerundium ist *-entem, -endum* durch *-antem, -andum* (*-ant*) ersetzt worden: vgl. *veant* 803. Im perfektum ist bemerkenswert die bewahrung des vokals der endsilbe in der 1. und 2. plur (vgl. 9 *veïstes* IV), sowie bei den starken perfekten die übertragung des umlaut-*i* aus der 2. sing. in die 2. plur. (siehe 9 *veïstes* I, vgl. auch 1 *fut*).

Stammvokal. Der stammvokal zusammengesetzter verba hat zum teil schon im vulgärlatein eine änderung erfahren durch die sog. rekomposition (siehe 12 *respondiét*).

Verschiedene behandlung des stammvokals innerhalb desselben verbums erfolgt unter der wirkung des accents. Man vergleiche die haupttonige mit der nebentonigen entwicklung im folgenden:

freies ẹ: *(de)meinent* 206, 830 — *menrez* 73, *demener* 814
ę vor palatal: *issent* 827 — *eissirent* 90, 100
freies *a*: *apert* 239 — *apareir*
freies *a* vor nasal: *claiment* 208 — *clamer*
freies ọ: *puet* 43 — *poëz* 13, *vuelt* 31 — *voleir* (*voldront* 223);

haupttonige mit schwachtoniger entwicklung:

o←*au*: *parolt* 812, *parolet* 824 — *parler* 72, *parlerez* 221.
Vgl. ferner *demorer* 74, *aïe* 243.

Zum teil ist diese stammabstufung schon altfranzösisch auf analogischem wege beseitigt worden (vgl. 195 *salt* für **selt*, auch 6 *coronee* für **cornee*), zum teil erst später (*je parle* für *parol(e)*, *demeurer* für *demoürer*, *aimer* für *amer*), zum teil besteht sie noch heute (*conquiert* — *conquérons*, *meurt* — *mourons*).

1. Das Perfektum und die zugehörigen Formen.

a) Die schwachen perfekta.

Die lat. typen sind *-avit*, *-ivit*, *-dédit*. Vgl. 2 *seignat*, 12 *respondiét*, 18 *oïrent*. Zur vergleichung diene folgende übersicht:

	I.	II.	III.
sg. 1.	*portai*	*parti*	*vendi*
2.	*portas*	*partis*	(*vendis*)
3.	*portat*	*partit*	*vendiet*
pl. 1.	*portames*	*partimes*	(*vendimes*)
2.	*portastes*	*partistes*	(*vendistes*)
3.	*porterent*	*partirent*	*vendierent.*

Hierher gehört auch der konj. imperf. (vom lat. konj. plusquamperf.):

portasse, portasses, portast, portissons, portisseiz, portassent; ebenso *partisse, partisses* usw., sowie *vendisse*. Wegen der endung vgl. v. 10 *seïst* IV.

Die part. perf. gehen regelrecht auf die lat. oder vulgärlat. grundformen zurück:

portét←*portatum*, *partit*←*partitum*, *vendut*←**vendutum*.

Zu der neugebildeten dritten klasse gehören in unserem texte die folgenden verba (nebst der entsprechenden 3. p. sing. perf.):

beneïstre: *beneïsquiet* 177.
descendre: *descendiet* — part. perf. *descendut* 188.
entendre 17, 43, 67: *entendiet* — part. perf. *entendut* 238.
fondre: *fondiet* — part. perf. *fondut* 199.
pendre: *pendiet* — part. präs. *pendant* 80.
perdre: *perdiet* — fut. pl. 2. *perdrez* 55. — part. perf. *perdut* 54.
rendre: *rendiet* — präs. ind. 3. *rent* 166.
respondre: *respondiet* 12 — präs. ind. 3. *respont* 162.
tendre: *tendiet* — part. perf. *tendut* 194.
vendre: s. o. paradigma — präs. ind. pl. 3. *vendent* 210.

b) Die starken perfekta.

Vgl. *veïstes* 9, *firent* 115; *dist* 13, *s'assist* 120; *rout* 2, *dëusseiz* 56, *reçut* 107, *jut mut* 193.

Als mustertypen mögen lat. *vidi*, *dixi* (= *dic-si*), *habui* dienen:

	I.	II.	III.
	vīdi	dīxi	habui
sg. 1.	*vi* 137 f.	*dis* (718)	*oi* 150
2.	*veïs* (vgl. 9)	*desis*	*oüs*
3.	*vit* 30 u. ö.	*dist* 13, 26 u. ö.	*out* 4, 59 u. ö.
pl. 1.	*veïmes*	*desimes* (666)	*oümes* (665)
2.	*veïstes* 9	*desistes* (675)	*oüstes*
3.	*virent* 104	*distrent* (632)	*ourent* 89.

In allen formen stammbetont ist *fui* (siehe 1 *fut*).

Die entsprechenden konj. imperf. (lat. konj. plusquamperf.) lauten:

veïsse, *veïsses*, *veïst* usw., *desisse*, *oüsse*, *fusse*

mit derselben abwandlung wie die schwachen verba.

Die participia perfecti entsprechen den lateinischen formen (wie *dit*←*dictum* 38, f. *dite* 52) oder vulgärlateinischen neubildungen (wie *veü*←**vidutum* 57 und *eüt*→**habutum*). Vgl. wegen der partizipialbildung auf *-utum* 53 *irascut* I.

Übersicht
über die im text vorkommenden formen starker verba.[1])

I. klasse.

faire: inf. 198, 213, 804 — präs. ind. sg. 3. *fait* 14, 76, 143 u. ö., pl. 3. *font* 81, 83, 258, 821 — futurum sg. 1. *ferai* 42, 136, 164, pl. 1. *ferons* 808, 2. *ferez* 39, 3. *feront* 186 — perf. sg. *fis*, 3. *fist* 191, 231, pl. 3. *firent* 115 — part. perf. *fait*.

veeir: präs. ind. sg. 3. *veit* 196, 824, 853, pl. 3. *veient* 108, kurzform 2. sg. *vez* 95 — part. präs. (gerundium) *veant* (803) — perf. *vi* s. paradigma.

venir (vgl. aber zur perfektklasse v. 154): präs. ind. sg. 1. *vien*, 3. *covient* 71, 844, pl. 3. *vienent* 110, 140 u. ö. — fut. *vendrai*, pl. 1. *vendrons* 815 — perf. *vin* (*vinc*) 154, 3. *vint* 93, 134, 174, pl. 2. *venistes* 168 — part. perf. *venut* 155, *avenut* 184.

II. klasse.

aconduire: siehe *conduire*.

asseeir: siehe *seeir*.

ceindre: perf. *ceins* — part. perf. *ceint*, f. *ceinte* 3.

clore: perf. *clos* — part. perf. *clos*, f. *close* 117.

conduire: präs. ind. 3. *conduit* 97 — fut. 3. *conduirat* (786) — perf. 1. *conduis* — part. perf. *conduit* 185, 245.

conquerre: siehe *querre*.

destruire: inf. 225, 227 — perf. *destruis*.

dire: inf. 212 — präs. ind. pl. 3. *dïent* 23 — fut. *dirai*, *escondirai* 34, pl. 2. *direz* 41 — perf. s. paradigma — part. perf. *dit* 38, *dite* 52.

escondire: wie *dire*.

estortre: inf. 43 — perf. *estors*.

metre: präs. ind. 3. *met* 16 — perf. *mis* — part. perf. *mis* 866, f. *mise* 110.

peindre: perf. *peins* — part. perf. *peint* 113.

prendre: präs. ind. 3. *prent* 86, 853, pl. 3. *prenent* 242 — konj. pl. 3. *pregnent* 223, 840 — fut. *prendrai* 57, 3. *prendrat* 236, pl. 3. *prendront* 842 — perf. *pris*, 3. *prist* 7, 88 usw. — part. perf. *pris* — *prise* 2.

querre (*conquerre*, *requerre*): inf. 69, 72 usw. — fut. *conquerrai* 11 — perf. *conquis* (vgl. 152 part. *conquis*) — part. perf. *conquis*, *-ise* 152, 859.

remaneir: inf. 230 — präs. ind. 3. *remaint* 92 — perf. *remés*.

seeir (*asseeir*): präs. ind. 3. *siet* 16 — perf. *sis*, 3. *sist* 122, 157, *s'assis* 120 — konj. imperf. 3. *seïst* 10 — part. perf. *sis* 157.

traire: (vgl. 225 *destruire*): perf. *trais* — part. perf. *trait* 146.

---

[1]) Hinzugefügt sind die im text fehlenden 1. personen des perfekts.

III. klasse.

apareir: präs. ind. 3. *apert* 248 — perf. *aparui*.

aveir: inf. 229 — präs. ind. *ai* 46, 71 f. usw., 2. *as* 157, 3. *at* 3, 49 usw., pl. 1. *avons*, 2. *avez* 52 f. usw., 3. *ont* 79, 109 f. usw. (vgl. v. 3 *at*) — konj. sg. *aie*, 2. *aies* 158, 3. *ait*, pl. *aiiens*, *aiiez*, *aient* — fut. *avrai* 57, 75, 3 *avrat* 21, 236, pl. 2. *avrez* 162 f. usw. — perf. s. o. paradigma, dazu s. 26 — part. perf. *ěut*.

corre: präs. ind. 3. *cort* 852 (s. anm.) — perf. *corui*.

deveir: präs. ind. 3. *deit* 97, 168, pl. 1. *devons* 804 — perf. *dui* (vgl. 56 *dĕusseiz*) — konj. imperf. plur. 2. *dĕusseiz* 56 — part. perf. *dĕut*.

estoveir (impers.): präs. ind. *estuet* 217 — perf. *estut*.

gesir: präs. ind. 3. *gist* (vgl. 193) — perf. *jui*, 3. *jut* 193.

moveir: perf. *mui*, 3. *mut* 193.

plaire: präs. ind. 3. *plaist* 68, 160 usw. (vgl. 2 *croiz* III) — perf. *ploi*, 3. *plout* — konj. imperf. *ploüst* (vgl. v. 68).

poeir: präs. ind. 1. *puis* 40, 2. *pues*, 3. *puet* 43, pl. 1. *poons*, 2. *poĕz* 13, 3. *pueent* 843 — fut. *porrai* 229, 3. *porrat* 230 — perf. *poi*, 3. *pout*, pl. 3. *pourent* — part. perf. *pĕu*.

receivre: inf. 220 — perf. *reçui* (vgl. 107), 3. *reçut*.

saveir: präs. ind. *sai* 14, 212, 3. *set* 219, pl. 2. *savez* 226 — konj. *sache* (vgl. 12 *sage* II) — fut. *savrai* 51 — perf. *soi* usw. (wie *oi*).

tenir: präs. ind. 3. *tient* 48, 823 — imp. pl. *tenez* 45 — perf. *tin*, 3. *tint* 180, 848, 850.

venir: s. oben I. klasse.

voleir: präs. ind. 1. *vueil* 70, 161, 2. *vuels*; 3. *vuelt* 31, 213, 868, pl. 1. *volons*, 2. *volez* s. 233, 3. *vuelent* 225 — fut. *voldrai*, pl. 3. *voldront* 223, 840 — perf. *voil*, *volus*, *volt* — *voldrent* (daneben nach kl. II. *vols*, *volsis* usw.).

Die *ui*-perfekta nehmen je nach stammvokal und stammauslaut eine verschiedene entwicklung, teilweise spielt auch die analogie herein. Betontes *a* + -*u̯u̯i* wird *oi* (vgl. 2 *Rout* II und III), betontes *ę* und *ǫ*, *ę̆* und *ǫ̆* + -*u̯u̯i* wird (wie es scheint unter kombinierter wirkung von umlaut oder bedingter diphthongierung mit folgendem *u̯u̯*) zu *ü*: *dębui* → *dui*, **movui* → *mui*, **cognǫvui* → *conui*, **jęcui* → *jui*, *nǫcui* → *nui*. Von den betonten formen aus wird der vokal teilweise auch auf die unbetonten übertragen: *oüs*, *ploüst* (nach *ploi* ← *placui*) usw. Umgekehrt scheint bei *voil* ← *volui*, *poi* ← *potui* einfluss der endungsbetonten formen vorzuliegen. — Einzelne perfekta haben die ursprünglich stammbetonten formen völlig nach den endungsbetonten umgebildet, so dass sie nur noch endungsbetonte formen aufweisen und tatsächlich zur schwachen bildung übergetreten sind, so namentlich die auf -*l* und -*r*: *voulu(s)* für altes *voil* und *vols*, *valu(s)* ← *valui*, *couru(s)* ← **currui*, *mouru(s)* ← **morui*, dazu *cheü(s)* oder *cheï(s)* für **cadui*.

2. Das Präsens und die zugehörigen Formen.

Eine verschiedenheit zwischen starken und schwachen verben besteht hier nicht. Es genügt, ein verbum der lat. *a*-konjugation und ein konsonantisch ausgehendes nebeneinander zu stellen.

	Präs. ind.		Präs. konj.	
	porto	vendo	portem	vendam
sg. 1.	*port*	*vent*	*port* 806	*vende*
2.	*portes*	*venz*	*porz*	*vendes*
3.	*portet* 15	*vent*	*port*	*vendet*
pl. 1.	*portons*	*vendons*	*portons*	*vendons*
2.	*portez*	*vendez*	*porteiz*	*vendez*
3.	*portent* 85	*vendent* 210	*portent*	*vendent*

Imperativ: *porte — portez, vent — vendez.*
Imperf. ind.: *porteie, porteies, porteit, portiiens, portiiez, porteient* — ebenso *vendeie.*
Imperf. konj. siehe unter 1.
Part. präs.: *portant, vendant.*
Infinitiv: *porter* 35, *vendre.*
Futurum: *porterai* 161, *porteras, porterat, porterons* 20, *portereiz-ez, porteront* — ebenso *vendrai.*
Imperf. Fut.: *portereie, portereies, portereit, porteriiens, porteriiez, portereient* — ebenso *vendreie.*

Die *a*-verba mit vorausgehendem palatal entwickeln bei freiem ton-*a* *ie* statt *e*: *enseigniez* 19, *laissiez* 841, *laissier, laissiét.*

Die *i*-verba gehen wie *vendre*: *part* (←**parto*), *parz, part — parteie* usw. Ein teil jedoch wird nach dem muster der inkohativa umgebildet: *fīnīsco — fenis, fenis, fenist, fenissons, fenissez, fenissent* — konj. *fenisse* — imperf. *fenisseie* — part. präs. *fenissant*; im übrigen flektieren sie wie jene.

3. Verba verschiedener Stämme.

aler — estre.

Aler (vgl. v. 70) flektiert im allgemeinen nach der I. schwachen konjugation; perf. *alai — alerent* 77, part. perf.

alét 144 u. o., konj. jedoch mit *i̯*: *aille, ailles* usw. (analogisch auch *alge, alges* usw.).

Dazu von *vadere* die indikativformen: sg. 1. *vois* 153, 3. *vait* 98, 141, pl. 3. *vont* 147, 253, 848 (vgl. noch die zu 98 *vait* besprochenen formen), nach *vois* analogischer konjunktiv *voise*.

Endlich von lat. *ire* das fut. *irai* 72, *irat* 91, 235, *irez* 68, *iront* 849 (siehe 68 *irez*).

Estre (von **essere* statt *esse*) ist schon im latein mischverb. Zu den aus den lat. entwickelten formen treten noch neubildungen aus dem infinitiv **essere — estre* (fut. *serai* — imperf. *esteie*). Dazu kommen die beiden von *stare* abgeleiteten partizipien. Im ganzen gestaltet sich die flexion wie folgt:

		Präs. ind.	Präs. konj.
		sum	*siam — sit
sg.	1.	*sui* 33 u. ö.	*sei*
	2.	*ies — es*	*seies*
	3.	*est* 17 f. u. o.	*seit* 222, 257, 815
pl.	1.	*sons, esmes — somes*	*seiiens*
	2.	*estes* 52 u. ö.	*seiiez*
	3.	*sont* 66 u. ö.	*seient.*

Imperativ: sg. *seies*, pl. *seiiez.*
Infinitiv: *estre.*
Imperfektum ind.: a) lat. *eram*: *iere — ęre, ieres — ęres, ier(e)t — ęr(e)t* usw.
b) zu *est — estre*: *esteie, -eies, -eit* usw. wie *porteie.*
Futurum: a) lat. *ero*: *ier — ęr, iers — ęrs, iert — ęrt* usw.
b) zu **essere* (*habeo*): *serai*, *seras* usw. wie 11 *conquerrai.*
Imperf. fut.: *sereie, -eies, -eit* usw.
Part. präs. (ger.): *estant.*
Part. perf.: *estét.*
Perfektum: *fui, fus, fut, fumes, fustes, furent* (vgl. v. 1).
Imperfektum konj.: *fusse, fusses, fusset* und *fust* (327—361, 374), *fussons, fusseiz, fussent.*

III. Syntaktisches.

A. Die Redeteile.

1. Artikel.

Der gebrauch des bestimmten artikels ist im wesentlichen derselbe wie im neufranzösischen. Wie bei eigennamen fehlt er bei wörtern ähnlichen sinnes (*dedesoz ciel* 9, *par mer* 127, *en terre* 188); nach präpositionen auch sonst (*en bataille* 29); ferner in der regel bei völkernamen im plural (*por Franceis* 18, aber *as Franceis as ostels* 237).

Der unbestimmte artikel ist nicht regel: vgl. *espee* 10, *por ost enchalcier* 29, *jurer sairement* 35, *se mençonge avez dite* 52, aber üblich bei zeitbestimmungen (*un jorn* 1), in der apposition (*Jerusalem, une citét antive* 108), bei substantiv mit adjektiv (*en un lointain reialme* 68, *en un plain grant* 93) und auch sonst häufig (*desoz un olivier* 7, *a une part* 94).

Der teilungsartikel ist altfranzösisch im allgemeinen selten, er begegnet zuerst hauptsächlich bei den verben des gebens, nehmens, habens wie hier bei der aufzählung der reliquien: *de voz saintes reliques, se vos plaist, me donez* 160, *del sanc saint Estiefne* 165, *de la barbe saint Piere, des chevels de son chief* 181, *del lait sainte Marie* 187, *de la sainte chemise* 189. Sonst steht das einfache substantiv ohne nähere bezeichnung: *dus i out et demeines* 4, *conquerrai citez* 11, *n'i ont escuz ne lances ne espees trenchanz* 79.

2. Substantiv.

Gewisse substantiva können in adjektivischem sinne gebraucht und demgemäss mit anderen substantiven oder mit adverbien verbunden werden: *rei baron, si virgene.* Vgl. 814.

Substantiva können zu anderen substantiven — ohne rücksicht auf das sonstige satzgefüge — in beziehung d. h. abhängigkeit treten in der form des dativs oder des obliquus.

Der dativ wird nur zur bezeichnung des besitzers verwendet: *la fille al rei* 852 (vgl. nfrz. *sa fille à lui*).

Auf dieselbe weise, d. h. als ursprünglicher dativ, ist auch der im sinne eines genetivus possessivus oder (seltener) eines genetivus objectivus gebrauchte obliquus von eigennamen oder personenbezeichnungen zu erklären: vgl. 1 *al saint Denis mostier*, ferner *le braz saint Simeon* 163 ff., auch bei städtenamen: *en Jerusalem vile* 204; als genetivus objectivus *por l'amor Charlemaigne* (791), vgl. auch *por amor Deu* 32. Der abhängige obliquus kann vor das regierende nomen treten, das dann den artikel verlieren kann: *al Saint Denis mostier* 1 — *a Damne Deu comant* 91.

3. Pronomen.

Die meisten pronomina haben eine haupttonige und eine nebentonige form (vgl. oben II A 5).

Die personalpronomina stehen haupttonig nach präpositionen: *ot sei* 61; vor infinitiv: *por els esleecier* 174, vgl. 147; desgleichen vorm gerundium; in absoluter stellung (wie neufranzösisch), vereinzelt auch sonst (*mei i covient aler* 71, vgl. unten B 4).

Das subjektspronomen ist an und für sich entbehrlich (vgl. *Rout* 2, *i out* 4, *Ele* 6, *Il* 7), steht daher ursprünglich nur, wo ein nachdruck darauf liegt, und hat demgemäss die haupttonige form. Diese behält es auch später, als der gebrauch des subjektspronomens sich verallgemeinert, wie schon in unserem gedicht, daher *il la prist par le poin — 'Emperere' dist ele.* In dieser verallgemeinerung ist das subjektspronomen nebentonig, behält aber die ursprünglich haupttonige form.

Das reflexivum kann für das personale der dritten person eintreten nach präpositionen: *Quant la fut morz Rollanz, li doze per ot sei* 232; umgekehrt auch das personale für das reflexiv bei präpositionen oder beim präpositionalen infinitiv: *Entr' els en ont e orgoill e confort* Roland 1941, *De lui* (= sich) *vengier jamais ne li iert sez* Rol. 1906.

Das **possessivpronomen** steht nebentonig vor dem substantiv ohne artikel (*sa corone — son chief*), haupttonig in absoluter stellung, als prädikatsnomen oder vor dem substantiv (meist mit artikel): *par le mien escïentre* 139, *toz li miens granz tresors* 222.

4. Präpositionen.

Die präpositionen regieren sämtlich den akkusativ, den einzigen verbliebenen obliquen kasus (vgl. *d'or mier* 3). Wegen abweichenden gebrauchs in gewissen redensarten und wendungen siehe unten B 7.

Einen eigentümlichen, ursprünglich reziproken gebrauch zeigt *entre* ... *et* ... 'sowohl — als auch', vgl. *entre or fin et argent* 78.

En wird altfranzösisch in vielseitiger verwendung gebraucht, für nfrz. *à, dans, sur* usw., vgl. *vienent en Jerico* 242.

5. Verbum.

Erzählende tempora sind, häufig in regellosem wechsel, perfektum und präsens historicum, zusammengesetztes perfektum, imperfektum. Das perfektum bezeichnet in der regel eine einmalige handlung (*Un jorn fut li reis Charles al saint Denis mostier* 1) oder den eintritt der handlung (*Quant la fut morz Rolanz* 232, vgl. ferner *out-eut* und *sout-sut* gegen *aveit-ait* und *saveit-ait*). Das lateinische plusquamperfektum ist formal im perfektum aufgegangen, wirkt aber in diesem noch häufig mit seiner bedeutung nach (*Dieus i chantat la messe, si firent li apostle* 115). Sonst steht dafür imperfekt oder perfekt von *aveir* mit partizip (*De sa moillier li membret qu'il li oït parler: Ore irat le rei querre qu'ele li out loët* 234 f.). Das mit präsens oder imperfekt von *aveir* zusammengesetzte perfekt bezeichnet in der regel den in der gegenwart oder vergangenheit vollendeten zustand (*Et at ceinte sa spee* 3). Einige intransitive bekommen in der verbindung von *aveir* und partizip des perfekts eine kausative bedeutung (*molt m'avez irascut* 53).

Die reflexiven verba transitiver bedeutung werden ursprünglich mit *avoir* (vgl. 848), infolge kreuzung mit passivischen oder intransitiven ausdrücken aber schon im altfranzösischen in der regel mit *estre* konstruiert: vgl. 60 *s'en est retornez.* — Das reflexiv kann ersetzt werden durch eine anscheinend intransitive, ursprünglich passivische ausdrucksweise: *sont desevrét* 253. — Eine grosse zahl neuer reflexiva hat das romanische durch hinzufügen eines reflexiven dativs (dativus ethicus oder d. commodi) geschaffen: *s'en repentit* 31, *me cuidai joër* 33.

Das lateinische participium praesentis ist grossenteils mit dem gerundium zusammengefallen oder durch dieses ersetzt worden: echte partizipien siehe v. 79 f., gerundien 132 *fuiant*, 803 *veant trestoz les voz*, 836 *a espandant*, dazu die an den beiden letzten stellen verzeichneten beispiele (vgl. zu dem gerundium ohne präposition lateinische konstruktionen wie *ridendo dicere verum*).

6. Negation und adverb.

Die unbetont vor dem verbum stehende negation ist *ne* ← lat. *non*, vor vokalischem anlaut *nen* oder *n'*:

ne vos en correciez 26 — *muër nen oset* 44;

verstärkt durch ein substantiv der kleinheit *ne — pas*, *ne — mie*, *ne — point* usw.:

cele nė fut pas sage 12 — *n'est mie si proz* 28.

Haupttonig, vor nomen oder verbum, bleibt *non*:

Non ferez 39.

Nul bedarf zum ausdruck des negativen 'kein' der negationspartikel:

ainz nen i sist nuls huem 122, *nule rien ne lor fut demorét* 247;

sonst bedeutet es 'irgend einer': *veïstes onques rei nul dedesoz ciel?* 9.

Zur wiederaufnahme vorausgegangener satzteile dient das adverb *si* (lat. *sīc*):

A la sale a Paris si s'en est retornez 60
sa feit si l'en plevit 228.

B. Der Satz.

1. Wortstellung im allgemeinen.

Die genau geregelte wortstellung des heutigen französisch hat sich erst in späterer zeit allmählich entwickelt. Das altfranzösische besitzt demgegenüber noch viele freiheit und steht darin dem latein, genauer dem vulgärlatein, noch nahe. Das vulgärlatein liebt es im allgemeinen, das regierte wort dem regierenden, das determinierende dem determinierten voranzustellen: also das verbum vor das subjekt, das objekt vor das verbum, den abhängigen obliquus vor das regierende nomen (vgl. oben *a Damne-Deu comant* u. a.), das adjektiv vor das substantiv (vgl. *folement* = **folla mente, forment* = *forti mente*). Dem vulgärlateinischen gebrauch gegenüber zeigt das altfranzösische bereits wesentliche abweichungen, andrerseits hat es noch manche freiheit bewahrt, die dem neufranzösischen abgeht.

Die reihenfolge der drei wichtigsten satzteile ist schon im altfranzösischen am häufigsten diejenige, welche für das neufranzösische als regel gilt: subjekt — verbum — objekt. Sehr häufig ist auch die umgekehrte ordnung, mit voranstellung des objekts und invertierung des subjekts: objekt — verbum — subjekt. Beispiele für subjekt — objekt — verbum siehe unten. Andere ordnungen sind möglich, aber nur unter bestimmten einschränkungen zulässig und jedenfalls weitaus seltener als die eben genannten.

Eingeleitet werden kann der aussagesatz im altfranzösischen durch subjekt objekt, verbum, adverb, konjunktion, aber nicht durch ein tonloses pronomen oder ein hilfsverbum. Vgl. wortstellung 4, 25, 147.

Charles li emperere reguardet sa moillier 5
M'amistiét et mon gret en avez tot perdut 54
Trencherai vos la teste ot ma spee d'acier 25
Chevalchet l'emperere tres parmi Crobatie 102
Forment s'en repentit 31
Si i avrat voz druz et toz voz conseilliers 21
Il la prist par le poin 7, *Ele fut coronee* 6.

2. Stellung des subjekts.

Die normale stellung des subjekts im selbständigen aussagesatz ist diejenige vor dem verbum, d. h. an der spitze des satzes: vgl. oben beispiele aus v. 5, 6, 7.

Inversion des subjekts ist altfranzösisch häufig und in folgenden fällen regel (vgl. v. 1):

a) wenn der satz durch ein adverb oder sonst eine nähere bestimmung eingeleitet wird:

Un jorn fut li reis Charles al saint Denis mostier 1.

Nach *et* ist die normale wortfolge, nach *si, et si* die inversion häufiger. Vgl. 148 *Et dist li patriarche.*

b) wenn das objekt vorausgenommen ist (vgl. 39 *le rei me nomez*):

Les mulz et les somiers afeltrent li servant 82.

Für beide fälle, a) und b), lassen sich vereinzelte ausnahmen aufzeigen, wo das subjekt nicht invertiert ist: *A Saint Denis de France li reis sa screpe prent* 86.

c) daher auch in eingeschobenen sätzen, wo das vorausgehend gesprochene das objekt bildet:

'Emperere' dist ele 13 — *'Seignor' dist l'emperere* 67.

Auch hier ausnahmen: *'Sire', la dame li respunt* Bisclavret 79 (ALB).

d) Ausser den genannten fällen findet sich inversion häufig bei intransitiven oder objektlosen transitiven verben (namentlich verben des sagens):

Chevalchet l'emperere 102 — *Respont li patriarche* 162.

Hingegen ist inversion im aussagesatz nicht gestattet, wenn durch diese ein tonloses pronomen oder ein hilfsverbum an die spitze des satzes treten würde (vgl. oben unter 1). *Ço* gilt nicht als tonlose form, daher *Ço dist li patriarche* 184 (vgl. oben II 5 pronomina).

Im fragesatz tritt wie im neufranzösischen inversion ein, jedoch auch bei substantivischem subjekt nur einfache inversion (während der neufranzösische brauch — voraus-stellung des substantivsubjekts und wiederholung desselben hinter dem verbum durch ein pronomen — altfranzösisch nur vereinzelt begegnet):

E, dame, ou est cil reis? 19.

In nebensätzen ist inversion gestattet, aber nicht die regel (vgl. 17):

Quant l'entent li reis Charles 17
Quant Franceis ont mangiét 849.

In relativsätzen wie in indirekten fragesätzen wird nicht invertiert:

Et brochent a la terre ou Dieus reçut martirie 107
Et ne set mes barnages quel part je sui tornez 219,

ausser wenn tonlose verbalformen an das ende des satzes treten würden:

Ne sai ou est li reis (277).

3. Stellung des substantivobjekts.

Schon im altfranzösischen ist die stellung des objekts hinter dem verbum die häufigere:

Rout prise sa corone, en croiz seignat son chief 2
Et at ceinte sa spee 3
Charles li emperere reguardet sa moillier 5.

Jedoch kann das objekt dem verbum (und meist zugleich auch dem subjekt) ohne einschränkung vorausgeschickt werden (vgl. 39 *le rei me nomez*):

M'amistiét et mon gret en avez tot perdut 54;

mit besonderer vorliebe bei unpersönlichen ausdrücken:

Dus i out et demeines, barons et chevaliers 4,

sowie bei infinitivkonstruktionen, wobei das objekt entweder zwischen verbum finitum und infinitiv tritt oder jenem vorausgeht:

La croiz et le sepulcre vueil aler aorer 70
Et irai un rei querre dont ai oït parler 72.

Wie im aussagesatz, so auch beim imperativ:

mais le rei me nomez 39;

desgleichen im nebensatz:

se mençonge avez dite 52, *se Dieu plaist* 68.

Bei mehrgliedrigem objekt wird häufig nur das erste vorausgestellt, die übrigen folgen dem verbum (vgl. 4):

Dus i out et demeines, barons et chevaliers 4
Lohereigne traversent, Baiviere et Honguerie 101.

Nicht selten ist endlich auch die stellung des objekts zwischen subjekt und verbum (vgl. 86):

A saint Denis de France li reis sa screpe prent 86,

bei zusammengesetzten verbalformen dann zwischen hilfsverb und partizip:

Li patriarche en at Charlemagne apelét 250
Quant il at Dieu preiiét 865.

4. Stellung der objektspronomina.

Die objektspronomina gehören zum verbum, stehen entweder proklitisch oder enklitisch zu diesem und haben daher die schwachbetonte (konjunktive) form.

Die gewöhnliche stellung ist die proklitische, vor dem verbum:

Il la prist par le poin 7, *Quant la met sor sa teste* 16,
L'arcevesques Turpins li seignat gentement 87.

Statt der schwachbetonten kann zur hervorhebung, am satzanfang, auch aus metrischen gründen, die betonte form stehen: *mei i covient aler* 71. Ohne ersichtlichen grund: *parfont lui at clinét* 146.

Seltener enklitisch (bei nicht eingeleitetem aussagesatz jedoch regel).

Trencherai vos la teste 25.

Beim nicht eingeleiteten positiven imperativ ist die regel enklitische stellung, beim eingeleiteten oder negativen imperativ proklise (vgl. v. 19 und 26):

Donez nos le congiét 844
Car tost le m'enseigniez 19, *mais le rei me nomez* 39
ne vos en correciez 26, *ne me tenez a fole* 45.

Beim zusammentreffen von dativ- und akkusativpronomen steht das lezte voran, auch wenn ein dativ der 1. und 2. person folgt (vgl. 5 *Car tost le m'enseigniez* 19)·

orendreit lem direz 41.

Auch bei infinitivkonstruktionen wird das vom infinitiv abhängige pronomen zum verbum finitum gezogen, dem es in der regel vorangeht (vgl. v. 13 und 147):

trop vos poëz preisier 13, *ja nel puis je trover* 40 —

seltener folgt:

vait le ferir.

Im letzten fall kann in beziehung auf den folgenden infinitiv auch die betonte form stehen:

vont sei entrebaisier 147.

Beziehung des pronomens auf das verbum finitum findet auch bei präpositionalem oder von einem fragesatz abhängigem infinitiv statt:

pensez vos d'aprester (= *pensez à vous préparer*),
ne s'a de quoi reconforter (= *il n'a pas de quoi se réconforter*).

5. Stellung des adverbs.

Adverbia oder adverbiale bestimmungen können dem verbum sowohl folgen wie im neufranzösischen als auch vorangestellt werden (vgl. 27):

trop vos poëz preisier 13, *molt en est correciez* 17,
A la sale a Paris si s'en est retornez 60;

auch bei adjektivischem prädikatsnomen oder gleichwertigem substantiv (indem im altfranzösischen nicht dieses allein, sondern der ganze verbalbegriff oder der ganze satz durch das adverbium näher bestimmt wird):

Plus est riches d'aveir 27
Molt par est Charles ber 814.

6. Auslassung beim objekt.

a) Das dativobjekt kann ohne *a* stehen und die form des blossen obliquus annehmen, wenn es personen oder persönlich gedachte begriffe (tiernamen u. ä.) bezeichnet:

se Dieu plaist 68.

b) Das pronominale akkusativobjekt (*le, la, les*) kann wegbleiben, wenn es mit einem dativpronomen (*me, te, li, lor* usw.) zusammentrifft:

l'arcevesques Turpins (*la*) *li seignat* 87
Se ne li comandai 150.

Auch sonst kann ein pronominalobjekt wegbleiben, wenn es aus dem vorhergehenden leicht zu ergänzen ist (v. 87):

Qui au feu s'aproche et acoste Cligés 599 (ALB)
Teus set mile homes meine o sei,
Chascuns l'ama et porta fei Benoit, Troie 7407 f.

7. Kongruenz.

a) Das prädikatsnomen richtet sich nach dem subjekt, daher auch das partizip bei den mit *estre* konstruierten reflexiven verben (siehe oben A 5) mit dem subjekt übereinstimmt:

A la sale a Paris si s'en est retornez 60.

b) Ebenso wird auch das adjektivische prädikatsnomen bei reflexiven ausdrücken wie *se faire* in den rektus gesetzt:

qui plus se fait legiers 14 (vgl. ebenda);

auch nach präpositionen (bei reflexiven oder passivischen ausdrücken):

il se tint a paiiez — il fut tenuz a sages.

c) Das von *avoir* abhängige partizip richtet sich ursprünglich nach dem objekt ohne rücksicht auf dessen stellung im satz:

Et at ceinte sa spee 3 (vgl. ebenda).

Doch begegnet ebenso oft auch die unflektierte form (siehe die beispiele unter v. 3), hier und da wohl mit rücksicht auf silbenzahl und reim:

De la sainte chemise que ele out revestut 189.

d) Nach *com* = 'wie' kann das mit dem subjekt verglichene nomen im akkusativ stehen:

Ne fut itels barnez com le suen senz le vostre 50.

8. Gerundium.

Das lateinische gerundium hat sich in verbaler verwendung teils als ehemaliger ablativus modi (*plorando, fugiendo*), teils in verbindung mit präpostionen (*per credendum, ad expandendum, in fugiendo*) erhalten und ist in beiden fällen unveränderlich (vgl. 82 *servant,* 132 *fuiant,* 836 *a espandant*):

De la citét eissirent, si s'en tornent brochant 90
La reine remaint dolorose et plorant 92
Me larrai contreval par creant devaler 37
A espandant lor portent le vin et le claret 836.

Absolut steht das gerundium, entsprechend dem lateinischen ablativus absolutus, wenn es sich auf keinen satzteil bezieht. Das subjekt steht im obliquus, das gerundium bleibt auch hier unverändert:

veant trestoz les voz 803.

Zum übergang des gerundiums in nominale verwendung vgl. 82 *servant,* 139 *escientre,* 836 *a espandant.*

9. Der zusammengesetzte satz.

Der zusammengesetzte satz (mehrfacher satz, periode) entsteht durch zusammenfügung mehrerer sätze zu einem grammatischen ganzen, wobei der eine satz als regierender oder hauptsatz, die übrigen als untergeordnete oder nebensätze erscheinen.

a) Der **hauptsatz** kann durch ein *si*, *et si* oder *et* eingeleitet werden (vgl. 20 *si*, 48 *et si*, auch 60 *si*), sei es in bezug auf einen vorausgehenden nebensatz:

La ou veit Olivier, sil prent par son geron 853;

sei es, bei parataktischem satzgefüge, in beziehung auf einen vorausgehenden hauptsatz (hier meist durch unser 'und' wiederzugeben):

Charles out fier le vis, si out le chief levét 128
Emperere est de Grece et de Costantinoble
Et tient trestote Perse tresques en Capadoce 47—48,

b) Der **nebensatz**. Die zur einleitung am häufigsten verwendete **konjunktion** ist *que*. Sie geht in ihrer funktion auf lat. *quod* (*ut*, acc. c. inf.), in ihrer form auf lat. *quia* zurück. Vgl. 30 *que*.

In ausgedehnterem umfang als im neufranzösischen kann *que* im altfranzösischen zur einleitung von sätzen verwandt werden, welche einen das im hauptsatze ausgesagte begleitenden sachverhalt vorführen, im sinne von 'unter den umständen dass, in der art dass, währenddem dass'. Vgl. im neufranzösischen sätze wie: *je lui parlai qu'il était encore au lit*. Infolgedessen bekommt *que — ne* ('unter den umständen, dass — nicht'), zumal nach negativem hauptsatz, häufig den sinn des nfrz. *sans que* 'ohne dass, ohne zu': nfrz. *je ne m'en irai point que vous ne veniez avec moi.*

Si me laissa honteus e mat
qu'onques puis ne me regarda. Yvain 542 f. (ALB).

Vgl. dazu die beispiele unten mit weglassung von *que*.

c) Fehlen von *que*. In bestimmten fällen kann die konjunktion *qúe* (je nachdem auch das relativpronomen) wegbleiben (vgl. 9—10). Teilweise handelt es sich hier um ursprünglich parataktische satzfügung. Die ellipse ist gestattet:

1. nach den verben sentiendi:

Or veit li patriarche, Dieus i fait granz vertuz 196.

2. in konsekutiven sätzen:

Tant out fier le visage, ne l'osat esguarder 131.

3. in sätzen, die ein näheres merkmal bezeichnen (vgl. oben), namentlich wenn der sinn des ganzen negativ ist:

Donrai vos tels reliques, meillors nen at soz ciel 169
n'i out un, n'en parolt 812
Ja ne vendrons en terre, nostre ne seit li los 815, dazu 256 ff.

4. in wunsch- oder befehlssätzen:

prez sui, la meie port 806
ne puis laissier, nel dīe (683).

d) Accusativus cum infinivo statt des nebensatzes erscheint (vgl. 71 *covient*):

1. nach verben der sinnlichen wahrnehmung:

Devers les porz de mer oït un vent venir (369).

2. nach verben des machens, befehlens, zulassens:

Me larrai contreval par creant devaler 37
Voldrent la faire diaule servir Eulalia 4.

3. nach impersonalen verben wie *covient, estuet, avient, mielz vient, leist, faut* (dieses erst seit 13. jahrhundert in diesem sinn):

mei i covient aler 71.

Statt des akkusativs begegnet schon altfranzösisch auch der dativ (*Si lor estut le champ guerpir*), statt des reinen infinitivs präposition mit infinitiv (*tei covenist helme e brunie a porter*).

10. Ellipse des verbums.

Das verbum des **hauptsatzes** wird meist unterdrückt in den wendungen, welche 'beinahe' bedeuten (*a poi, por pou, pres* sc. *va, ce va—que*, vgl. 132):

A poi que il ne chiet 132.

Ebenso sind auch fälle zu beurteilen, wo ein satz mit *que* an adverbiale ausdrücke der versicherung, der verneinung u. ä. angeknüpft wird: *Mon escient que vos amez — Certes que trestot ço fait ai.*

Das verbum des **nebensatzes** kann unterdrückt werden, wo es das des hauptsatzes wiederholt oder sonst leicht zu ergänzen ist:

ele dist molt que fole (*dit*) 819.

Bibliographischer Anhang.

Vorbemerkung. Die häufiger vorkommenden verlagsorte sind gekürzt wie folgt: B. = Berlin, Ha. = Halle, Hei. = Heidelberg, L. = Leipzig, P. = Paris, Str. = Strassburg — Die für einige zeitschriften gebrauchten kürzungen s. unten abschn. C. Sonstige kürzungen: DL = Deutsche Literaturzeitung, LC = Literarisches Centralblatt, Zs. = Zeitschrift. — Die Exponenten ^{2}, ^{3}, ^{4} bezeichnen die auflage.

A. Einzelliteratur zu dem Gedicht von Karls des Grossen Reise nach Jerusalem und Konstantinopel.

I. Ausgaben, Bearbeitungen, Übersetzungen.

Charlemagne. An anglo-norman poem of the twelfth century now first published with an introduction and a glossarial index by Francisque Michel. London u. P. 1836.

Karls des Grossen Reise nach Jerusalem und Constantinopel. Ein altfranzösisches heldengedicht, hrsg. von Eduard Koschwitz. Heilbronn 1880ff.

Über die unzureichende neue ausgabe des textes durch Anna J. Cooper (P. 1925) vgl. M. Roques, Romania 51 (1925) 477.

Bruchstücke in den Chrestomatien (s. unten s. 351) von Bartsch (v. 435—628), Bartsch und Horning (v. 1—166), Clédat (v. 106—166, 335—483), Constans (v. 453—633).

Galiens li restorés. Schlussteil des Cheltenhamer Guerin de Monglane unter beifügung sämtlicher prosabearbeitungen zum ersten male veröffentlicht von Edmund Stengel. Marburg, Elwert 1890 (Ausgaben u. Abhandlungen z. rom. Phil. Nr. 84). Vgl. anm. zu KR 852.

Il Viaggio di Carlo Magno in Ispagna pubblicato per cura di A. Ceruti. Bologna 1871, 2 volumi. Scelta di curiosità letterarie inedite o rare, dispensa 123 e 124. (Die italienische bearbeitung des Galien).

Eduard Koschwitz, Sechs bearbeitungen des altfranzösischen gedichts von Karls des Grossen Reise nach Jerusalem und Constantinopel. Heilbronn, Gebr. Henninger 1879. (Enthält 3 franz. prosafassungen, die kymrische, altnordische und faröische bearbeitung.)

Adelbert (von) Keller, Altfranzösische Sagen. 2 bände. Tübingen 1839—40. 2. aufl. in 1 bd. Heilbronn 1876, s. 19—42.

Kasimir Edschmidt, Die Karlsreise, übersetzt ins deutsche. Darmstadt 1923.

K. Merwart, Reckenpässe. Eine heitere märe. Mit benutzung einer altfranzösischen sage. L., Literarische anstalt 1896 (vergriffen).

Anatole France, Le gab d'Olivier, in: Les Contes de Jacques Tournebroche, P. 1907, s. 1—21.

II. Abhandlungen allgemeinen Inhalts.

Amaury Duval, Anonyme auteur du Voyage de Charlemagne à Jérusalem. In: Histoire littéraire de la France t. XVIII, 704—14.

Paulin Paris, Notice su la chanson de geste intitulée: Le voyage de Charlemagne à Jérusalem. Jahrb. f. rom. u. engl. Litt. I (1859), 198—211.

Gaston Paris, Histoire poétique de Charlemagne. P. 1865, s. 54—58, 337—44.

— — La Chanson du Pèlerinage de Charlemagne. Romania 9 (1880) 1—50.

— — La poésie du moyen âge, I. P. 1885 (seitdem öfter neu aufgelegt), s. 119—149 (zum teil identisch mit dem Romaniaartikel).

Léon Gautier, Les épopées françaises. Études sur les origines et l'histoire de la littérature nationale. II, 260ff.; ²III, 270—315.

Heinrich Morf, Étude sur la date, le caractère et l'origine de la chanson du Pèleinage de Charlemagne. Romania 13 (1884) 185—222.

— — Aus Dichtung und Sprache der Romanen I, 41—54.

Cristóforo Nyrop, Storia dell' epopea francese nel medio evo. Traduzione di Egidio Gorra. Torino 1888, s. 115—120.

Gustav Gröber, Französische Literatur. In: Grundriß der romanischen Philologie II, 1. abteilung s. 465f.

A. G. van Hamel, Het letterkundig leven van Frankrijk, Studien en Schetsen. 2 bände. Amsterdam 1899, II, 37—66.

Hermann Suchier, Geschichte der französischen Literatur (mit Birch-Hirschfeld). L., Bibliographischer Institut 1907, ²1913, s. 26—28.

Jules Coulet, Études sur l'ancien poème français du Voyage de Charlemagne en Orient. Montpellier 1907 (Publications de la Société pour l'Étude des Langues romanes).

Th. Heinermann, Zeit und Sinn der Karlsreise In: Zeitschrift für roman. Philologie 56 (1936), s. 497—562.

III. Sprache und Textkritik.

Vgl. die in Thuraus ausgabe angeführten rezensionen, namentlich die ausführlichen von Mussafia, G. Paris, Suchier, Herzog.

Eduard Koschwitz, Über die Chanson du voyage de Charlemagne à Jérusalem. Rom. Stud. 2, 1—60 (1875), s. 1—18 gleichzeitig als Breslauer Diss. erschienen.

— — Überlieferung und Sprache der Chanson du voyage de Charlemagne à Jér. et à Const. Eine kritische Untersuchung. Heilbronn 1876.

E. J. Groth, Vergleich zwischen der Rhetorik im altfranzösischen Rolandsliede und in Karls Pilgerfahrt. Archiv 69 (1883) 391—418.

Hermann Suchier, La XIVe laisse du Voy. de Ch. In: Le moyen âge 1888, s. 10f.

Joseph Heitmann, Die Pronomina in dem altfranzösischen Epos „Karls d. Gr. Reise nach Jer. und Const.". Progr. d. Realschule Krefeld 1891.

Ovidiu Densusianu, Romania 25 (1886) 481—96 (s. unten).

Hugo Andresen, Zur Karlsreise. ZrP 25 (1901) 110—112, 36 (1912) 228f.

Gottfried Baist, Variationen über Roland 2074, 2165 (Beiträge zur rom. u. engl. Phil. Festgabe für W. Foerster. Ha. 1901, s. 221, anm. 2 zu v. 101ff.).

Antoine Thomas, Sur un vers du Pèlerinage de Charlemagne (v. 406). Romania 32 (1903) 442—44.

Franz Saran, Der Rhythmus des französischen Verses. Ha. 1904, s. 338ff.

Wendelin Foerster, Der Pflug in Frankreich und Vers 296 in Karls des Grossen Wallfahrt nach Jerusalem. ZrP 29 (1905) 1—18.

Georg Steffens, Zur Karlsreise (v. 261 und 263). ZrP 30 (1906) 286—94.

Oskar Schultz-Gora, En somet (Karlsreise v. 607). Archiv 137 (1918) 75f.

IV. Sagengeschichtliches.

Gustav Gröber, ZrP 4 (1880) 469f. (zu G. Paris' Romaniaartikel).

Pio Rajna, Origini dell'epopea francese. Firenze 1884, S. 404ff., 414ff.

Rudolf Thurneysen, Keltoromanisches. Ha. 1884, s. 18—20.

G. Osterhage, Anklänge an die germanische Mythologie in der altfranzösischen Karlssage. II. ZrP 11 (1887) 208—11.

Ovidiu Densusianu, Aymeri de Narbonne dans la Chanson du Pèlerinage de Charlemagne. Romania 25 (1896) 481—96. Vgl. dazu G. Gröber, ZrP 21 (1879) 575.

Karl Voretzsch, Epische Studien I (Ha. 1900) 315 (Hugon = Chlodovech).

Joseph Bédier, Légendes épiques IV (Paris 1913) 119—75 (L'abbaye de Saint Denis et les chansons de geste), [2]119—56.

K. G. T. Webster, Arthur and Charlemagne. In: Englische Studien 36 (1906) 337.

Gustav Engel, Die Einflüsse der Arthurromane auf die Chansons de geste. Diss Ha. 1910, s. 17f.

Alex. Haggerty Krappe, The ploughman king. In: Revue hispanique 46 (1919) 31 ss., 56 (1922) 24 ss.

Gerhard Moldenhauer, Herzog Naimes. In: Roman. Arbeiten 9. Ha. 1922, s. 104ff.

Zum ritterbrauch des prahlens:

Adolf Tobler, ZrP 4 (1880) 80ff. — Proverbe au vilain. L. 1895, s. 130.

Pio Rajna, Le origini dell'epopea francese. Firenze 1884, s. 404ff.

Alfred Jeanroy, Origines de la poésie lyrique en France. 1889, s. 17.

Wilhelm Keller. In: Romanische Forschungen 22 (1906) 102ff.

Erhard Lommatzsch, Archiv 134 (1916) 114—27.

B. Auswahl altfranzösischer Ausgaben zum weiteren Selbststudium.

Mit rücksicht auf die bedürfnisse des anfängers:

G. Paris, Extraits de la Chanson de Roland. P., Hachette, 1887 u. ö. (mit grammatik, anmerkungen, glossar).

O. Schultz-Gora, Zwei altfranzösische Dichtungen. Mit einleitungen, anmerkungen und glossar. Ha. 1899, [4]1919 (bes. anmerkungen syntaktischen inhalts).

H. Suchier, Aucassin et Nicolette. Kritischer text mit paradigmen und glossar. Paderborn 1878, 10. aufl. bearbeitet von Walter Suchier, 1932 (zugleich zur einführung in die pikardische mukdart dienlich). — Kleine Textausgabe, bearb. von W. Suchier, Paderborn 1946.

— Textstücke neben formenlehre und wörterbuch bei Bartsch, Chrestomathie de l'ancien français (10e éd. p. Leo Wiese, L. 1911), mit laut- und formenlehre nebst glossar bei Bartsch et Horning, La langue et la littérature françaises depuis le 9e jusqu'au 14e siècle (Pa., Str. 1887).

Ausgaben mit reichhaltigem wörterbuch:

Chanson de Roland p. p. Léon Gautier. Edition classique, Tours 1872 u. ö. (in anglonorm. sprachformen, mit nfrz. übers. und sachkommentar) — p. p. Léon Clédat, P. ^{2}1887 u. ö. (in francischer mundart).

Das altfranzösische Rolandslied nach der Oxforder Handschrift, hrg. von Alfons Hilka, 3. aufl. von G. Rohlfs. Ha. 1948.

La chanson de Roland, ed. Giulio Bertoni. Roma 1935.

Sankt Alexius, Altfranzösische Legendendichtung des 11. Jahrh., hrsg. von G. Rohlfs. Halle 1950.

Wendelin Foersters Crestienausgaben in der Romanischen Bibliothek (Ha. 1888ff.): Christian von Troyes, Cligés 1888, ^{2}1910, Yvain 1891, ^{4}1912, textausgabe ^{3}1926 (von A. Hilka), Erec 1896, ^{2}1906, Wilhelm von England 1911. Dazu Foersters grosse Crestienausgaben mit kritischem apparat und anmerkungen (Cligés 1884, Yvain 1887, Erec 1890, Lancelot und Wilhelm 1899). Foersters Wörterbuch zu sämtlichen werken (Rom. Bibl. 21, 1914), neubearbeitet von H. Breuer, Halle 1933.

Ausführliche wörterbücher bieten auch die meisten bände der von Suchier hrsg. Bibliotheca Normannica (Ha. 1879ff., 8 bde.). Wichtig wegen der eingehenden darstellung der sprache (normannisch): Reimpredigt, hrsg. von H. Suchier (1879), Die Fabeln der Marie de France, hrsg. von Karl Warnke (1898), dazu die Lais derselben dichterin, hrsg. von demselben (1895), ^{3}1925).

Gute wörterbücher mit etymologien in der Chrestomathie de l'ancien français von Léon Constans (1885, ^{3}1905), in Koschwitz' Les plus anciens monuments, Textes critiques (s. oben), und in der ausgabe des lyrikers Conon de Bethune durch Axel Wallensköld (Helsingfors 1891).

Karl Voretzsch, Altfranzösisches Lesebuch, zur erläuterung der afrz. literaturgeschichte. Ha. (RLehrb.) 1921, ^{2}1932. ALB.

Ausgaben mit reichlichen erläuterungen:

La vie de St. Alexis p. p. G. Paris et L. Pannier, P. 1872 und 1877 (wichtig für die prinzipien der textkritik).

Aiol et Mirabel und Elie de St. Gille, hrsg. von W. Foerster. Heilbronn 1876—82.

Li dis dou vrai aniel (die Ringparabel), hrsg. von Adolf Tobler. L. 1872, ^{2}1884.

Auberee, Altfranz. Fablel, hrsg. von Georg Ebeling. Ha. 1895.

Vilain mire, Fablel du, hrsg. von Carl Zipperling. Ha. 1912.

(In den letztgenannten bes. syntaktisch wichtige anmerkungen.)

C. Enzyklopädische und grammatische Hilfsmittel.

Grundriss der romanischen Philologie, hrsg. von Gustav Gröber, 2 bände in 4 abteilungen, Str. 1888—1901. I. band (allgemeines und sprachen), in 2. aufl. 1906 (für vorgerückte).

Kritischer Jahresbericht über die Fortschritte der roman. Phil., hrsg. von Karl Vollmöller. Erlangen 1890—1912, 13 bände. Kürzung: Jahresbericht.

Sammlung kurzer Lehrbücher der romanischen Sprachen und Literaturen, hrsg. von K. Voretzsch. Ha., Niemeyer 1901 ff. RLehrb.

Sammlung romanischer Elementar- und Handbücher, hrsg. von W. Meyer-Lübke. Hei., Winter 1901 ff. RElemb.

Eduard Koschwitz, Anleitung zum Studium der franz. Philologie, 3. aufl. von Gustav Thurau. Marburg 1907.

Gerhard Rohlfs, Romanische Philologie. Erster Teil: Allgemeine Romanistik, Französische und Provenzalische Philologie (Winters Studienführer). Hei. 1949.

Die bekanntesten und auch unter F unten häufiger zitierten zeitschriften sind (mit den üblichen kürzungen des titels):

Archiv für das Studium der neueren Sprachen und Literaturen, Braunschweig 1846 ff. Archiv

Archivum romanicum 1917 ff. Arch. rom.

Germanisch-romanische Monatsschrift. Hei. 1909 ff. GRM

Literaturblatt für germ. und rom. Philologie. L. 1880 ff. LgrP

Modern Language Notes. Baltimore 1886 ff. ModLN

Modern Philology. Chicago 1903 ff. Mod. Phil.

Neophilologus. Groningen 1916 ff.

Neuphilologische Mitteilungen. Helsingfors 1899 ff. Neuphil. Mitt.

Revue des langues romanes. Paris et Montpellier 1870 ff. Rdlr

Revue de linguistique romane, P. 1925 ff.

Romania. Paris 1872 ff. Rom.

Romanic Review. New York 1910 ff. Rom. Rev.

Romanische Forschungen. Erlangen 1882 ff. Rom. Fo.

Vox Romanica. Zürich 1936 ff.

Zeitschrift für französische Sprache und Literatur. Oppeln 1880 ff. ZfSL

Zeitschrift für romanische Philologie. Ha. 1876 ff. Nebst jährlichen bibliographischen Supplementheften und zwanglos erscheinenden Beiheften. ZrP

Für die allgemeine und speziell romanische sprachbetrachtung

Hermann Paul, Prinzipien der Sprachgeschichte. Ha. 1880, ^{4}1909 (vgl. dazu Fr. Neumann, Rom. Phil. s. 20ff.).

Eduard Wechssler, Gibt es Lautgesetze? Ha. 1900.

Wilhelm Meyer-Lübke, Einführung in das Studium der roman. Sprachwissenschaft. Hei. 1901 (Roman. Elementarbücher I,1), ^{2}1909.

Eugen Herzog, Streitfragen der roman. Philol. I. Ha. 1905.

Romanische Sprachen:

Friedrich Diez, Romanische Grammatik. Bonn 1836—1844, ^{4}1876 bis 1877 (grundlegend für die romanische sprachwissenschaft).

Wilhelm Meyer-Lübke, Grammatik der roman. Sprachen, 4 bände. L. 1890—1902. Franz. übers. 1890—1906, 4 bände.

Adolf Zauner, Die romanische Sprachwissenschaft (Sammlung Göschen). L. 1899, ^{3}1914 (kurz, zur ersten orientierung geeignet).

Emile Bourciez, Eléments de linguistique romane. P. 1910, ^{3}1930.

Georg Ebeling, Probleme der romanischen Syntax, I. Ha. 1905.

Latein und Vulgärlatein:

Friedrich Stolz und Schmalz Abriss der lateinischen Grammatik. In: Iwan Müllers Handbuch d. klass. Altertumswissenschaft II 2. abt. ^{4}1910 ^{5}1928ff. von J. B. Hofmann.

Historische Grammatik der lat. Sprache, bearbeitet von H. Blase, G. Landgraf u. a. L. 1894ff., 3 bände.

Raphael Kühner, Ausführliche Grammatik der lat. Sprache. Hannover 1877. 2. aufl. von Holzweissig und Stegmann, 3 bände, 1912—1914.

W. M. Lindsay, Die lat. Sprache, ihre Laute, Stämme und Flexionen in sprachgeschichtlicher Darstellung, übers. von M. Nohl. L. 1897.

Ferd. Sommer, Handbuch der lat. Laut- und Formenlehre. Eine Einführung in das sprachwiss. Studium des Lateins (Indogerm. Lehrbücher I, 3). Hei. 1902, ^{2}1913.

Max Niedermann, Historische Lautlehre des Lateinischen, 1907, ^{2}1911. — Alfred Ernout, Hist. Formenlehre des Lat., deutsch von Hans Meltzer, 1913. — J. B. Hofmann, Lat. Umgangssprache, 1926 (sämtl. Hei., Indogerm. Bibl.).

Emil Seelmann, Die Aussprache des Lateins nach physiologisch-historischen Grundsätzen. Heilbronn 1885.

Hermann Breuer, Kleine Phonetik des Lateinischen. Breslau 1925.

Wilh. Meyer-Lübke, Die lat. Sprache in den romanischen Ländern. In: Gröbers Grundriss I^{2}, 451ff.

Hugo Schuchardt, Der Vokalismus des Vulgärlateins. 3 bände. L. 1866—1868.

Gustav Gröber, Sprachquellen und Wortquellen des lat. Wörterbuchs. In: Wölfflins Archiv für lat. Lexikographie I, 35ff.
— — Vulgärlat. Substrate romanischer Wörter. Ebenda I—VI.
C.-H. Grandgent, An introduction to Vulgar Latine. Boston 1907.
H. F. Muller, A chronology of Vulgar Latin. Ha. 1929 (Beiheft 78 zur ZrP).
W. Heraeus und H. Morf, Sammlung vulgärlat. Texte. Hei. 1909ff.
Ernst Diehl, Vulgärlat. Inschriften. Bonn 1910. — Altlat. Inschriften ²1930. — Pompejanische Wandinschriften ²1930.
Friedrich Slotty, Vulgärlat. Übungsbuch. Bonn 1918.

Julius Pirson, La langue des inscriptions latines de la Gaule. Brüssel 1901.
Oskar Haag, Die Latinität Fredegars, Diss. Freiburg i. B. Erlangen 1898 (auch Rom. Fo. 10, 835ff.).
Max Bonnet, Le latin de Grégoire de Tours (Thèse), P. 1890.
Pauline Taylor, The latinity of the Liber historiae Francorum. New York City 1924.

Historische Grammatik und Geschichte des Französischen:

Hermann Suchier, Die französische und provenzalische Sprache. In: Gröbers Grundriss, I. band, s. oben. Auch sonderdruck. Str. 1906.
Ferdinand Brunot, Histoire de la langue française des origines à 1900. Bisher 12 bände (I. Le moyen âge, II. Le seizième siecle). P. 1901ff.
Kristoffer Nyrop, Grammaire historique de la langue française, 6 bände. Kopenhagen 1899—1930.
Arsène Darmesteter, Cours de gram. hist. de la langue française p p. Léopold Sudre, 4 bändchen. P., Delagrave, oft aufgelegt.
Wilhelm Meyer-Lübke, Historische Grammatik der franz. Sprache. I. Laut- und Flexionslehre (RElemb.). Hei. 1908, ²1913.
Karl Vossler, Frankreichs Kultur im Spiegel seiner Sprachentwicklung. Hei. 1913, ²1929.
Albert Dauzat, Histoire de la langue française. P. 1930.

Für teilgebiete:

E. Bourciez, Précis historique de phonétique française. P. 1937.
Gustav Körting, Formenlehre der französischen Sprache. I. Das Verbum, Paderborn 1893; II. Das Nomen, ebenda 1898.
Adolf Tobler, Vermischte Beiträge zur franz. Grammatik. Leipzig, 5 bände: I 1886, ²1902, II 1894, ²1906, III 1899, ²1908, IV 1908, V 1912.

Josef Haas, Französische Syntax. Ha. 1916. — Gekürzt: Abriss der franz. Syntax. Ha. 1922. RLehrb.

Eugen Lerch, Historische Syntax der französischen Sprache. 3 Bände. L. 1925—34.

Altfranzösische Grammatik:

Schwan-Behrens, Grammatik des Altfranzösischen (Laut- und Formenlehre), von Ed. Schwan. 1888, 3. aufl. neu bearbeitet von D. Behrens. Leipzig 1897. ^{12}1925, III. teil (mundartliche materialien) 1909, ^{4}1931.

H. Suchier, Altfranzösische Grammatik I. Ha. 1893 (die betonten vokale i. d. schriftsprache).

Elise Richter, Beiträge zur Geschichte der Romanismen. Chronologische Phonetik des Französischen bis zum Ende des 8. Jahrh. Halle 1934.

Lucien Foulet, Petite syntaxe de l'ancien français. P. 1921, ^{2}1923.

Edouard Bourciez, Précis historique de phonétique française. P. 1937 (Historische Lautlehre des Französischen).

Leo Jordan, Altfranzösisches Elementarbuch. Einführung in das historische Studium der französischen Sprache und ihrer Mundarten. Bielefeld-Leipzig 1923.

Hans Rheinfelder, Altfranzösische Grammatik. Erster teil: Lautlehre. München 1937.

Karl Goetzke, Formenlehre des Altfranzösischen. Tübingen 1948.

D. Lexikalische Hilfsmittel.

Mittelalterliches Latein:

Du Cange, Glossarium mediae et infimae latinitatis (zuerst 1678). Editio nova aucta pluribus verbis aliorum scriptorum a Leopold Fabre, Niort 1883, 10 bände (band IX: Glossarium gallicum).

Romanische und französische Etymologie:

Fr. Diez, Etymologisches Wörterbuch der romanischen Sprachen, 2 bände. Bonn 1853; 5. aufl. (von Scheler) 1887 (grundlegend für die romanische etymologie überhaupt). Dazu index von Jarnik Prag 1889.

Gustav Körting, Lateinisch-romanisches Wörterbuch. Paderborn 1891, ^{3}1907.

Wilhelm Meyer-Lübke, Romanisches etymologisches Wörterbuch. Hei. 1911ff., ^{3}1935.

Ernst Gamillscheg, Etymologisches Wörterbuch der franz. Sprache. Hei. 1928 (RElemb.).

Walther von Wartburg, Franz. etymologisches Wörterbuch. Band I-V (A—L) Bonn 1928ff.

Rudolf Plate, Etymologisches Wörterbuch der franz. Sprache. Berlin und Bonn 1931.

O. Bloch et W. v. Wartburg, Dictionnaire étymologique de la langue française. P. 1950.

Albert Dauzat, Dictionnaire étymologique de la langue française. P. 1938.

Dazu zu vergleichen die arbeiten über die fremden elemente im roman. und franz. sprachschatz: Heinrich Berger, Die Lehnwörter in der französischen Sprache in ältester Zeit. L. 1899. — Theodor Claussen, Die griechischen Wörter im Französischen. Rom. Fo. 15, 774ff. — Rudolf Thurneysen, Keltoromanisches. Ha. 1884. — Josef Brüch, Der Einfluß der germanischen Sprachen auf das Vulgärlatein. Hei. 1913 (RElemb.). — Ernst Gamillscheg, Romania Germanica. 3 bände. B. 1934ff.

Altfranzösische Wörterbücher:

Frédéric Godefroy, Dictionnaire de l'ancienne langue française et de tous ses dialectes du IXe au XVe siècle. P. 1881—1902. 10 bände.

Fr. Godefroy, Lexique de l'ancien français p. p. les soins de MM. J. Bonnard et Am. Salmon. P. 1901.

Hilaire van Daele, Petit dictionnaire de l'ancien français. P. 1939.

R. Grandsaignes d'Hauterive, Dictionnaire d'ancien français. P. 1947.

Tobler-Lommatzsch, Altfranzösisches Wörterbuch, (A—E) 1925ff.

Gute dienste leisten auch die wörterbücher zu den Chrestomathien von Bartsch, Bartsch-Horning, Constans und W. Foersters Wörterbuch zu den sämtlichen Werken von Kristian von Troyes (Rom. Bibl. 21), Ha. 1914, sowie gelegentlich die älteren wörterbücher von Du Cange (Glossarium gallicum s. oben) und La Curne de Sainte-Palaye (Dictionnaire historique de l'ancien langage françois, 1756, gedruckt 1882). — Für das ältere Neufranzösisch: Dictionnaire général de la langue française p. MM. Adolphe Hatzfeld, Arsène Darmesteter et Antoine Thomas (mit etymologien), P., 2 bände. E. Huguet, Dictionnaire de la langue fr. du seizième siècle. P. 1925ff.

E. Altfranzösische Literaturgeschichten.

Histoire littéraire de la France, bisher 38 quartbände, 1735ff. jetzt von der Acad. des Inscriptions et Belles-Lettres in Paris hrsg. (die umfangreichste darstellung der afrz. literaturwerke).

Gustav Gröber, Französische Literatur. In: Gröbers Grundriss, II. band, 1. abt., s. 433—1247.

Für weitere kreise:

Suchier und Birch-Hirschfeld, Geschichte der französischen Literatur (mittelalter von Suchier). L. 1900, ²1913, 2 bände (mit zahlreichen faksimiles u. ä.).

Histoire de la langue et de la littérature françaises, publiée sous la direction de Petit de Julleville, 8 bände. P. 1895—99 (gleichfalls mit faksimiles usw.). Band II—I mittelalter, band III 16. jahrhundert.

Gustave Lanson, Histoire illustrée de la littérature française, 2 bände. P. 1923—24.

Joseph Bédier et P. Hazard, Histoire de la littérature française illustrée, 2 bände. P. 1923—24.

Kompendien für den gebrauch des studierenden:

Gaston Paris, La littérature française au moyen âge (XIe—XIVe siècle). P. 1888, 4. aufl. (von P. Meyer und J. Bédier) 1909. Nach gattungen dargestellt.

— — Esquisse historique de la littérature française au moyen âge (depuis les origines jusqu'à la fin du XVe siècle). P. 1907 (hrsg. von P. Desjardins und P. Meyer). Darstellung in chronologischer ordnung.

Karl Voretzsch, Einführung in das Studium der altfranzösischen Literatur. Im Anschluß an die Einführung in das Studium der altfranzösischen Sprache. Ha. 1905 (RLehrb.), ³1925, englische übersetzung von F. M. Du Mont. Ha. 1931.

Ph. Aug. Becker, Grundriss der altfranzösischen Literatur. I. Teil: Älteste Denkmäler. Nationale heldendichtung. Hei. 1907. (Elementarbücher II. I,1).

F. Bibliographische Erläuterungen zu einzelnen Regeln und Angaben der vorliegenden Einführung.

Systematische bibliographien zur grammatik siehe in den oben genannten grammatischen darstellungen, dazu (bis 1913) die berichte in Vollmöllers Kritischem Jahresbericht.

Bibliographische verweise:

I. Teil. S. **5** zu I, Auslaut-*m*: Ernst Diehl, De *m* finali epigraphica, Jahrbuch für klass. Phil., 25. suppl.-band (1899) 1—327; Niedermann § 47. — S. **6** zu II, *ū* → *ü*: G. Gröber (s. Koschwitz, Überlieferung und Sprache, s. 36); G. Paris, Rom. 7 (1878) 129f.; Gr. Ascoli, Una lettera glottologica, 1881, s. 19ff. (deutsch 1887, s. 18f.); R. Thurneysen, Keltoromanisches, s. 10f.; H. Suchier in Gröbers Grundriss I², s. 729f.; W. Meyer-Lübke, Einführung², s. 207ff., Mélanges Wilmotte (1910) 377ff., ZfSL 41 (1913) 1ff., 44 (1916) 75ff.; E. Philipon, Romania 40 (1911) 1ff.; E. Gierach, ZfSL 40 (1912—13) 103ff.; E. Jacoby, Zur Geschichte des Wandels von lat. *ū* zu *y* im Galloromanischen, Diss. B. 1916; Ernst Gamillscheg, ZfSL 45 (1919) 341ff.; Axel Wallensköld, Sonderdruck aus Festschrift Otto Jespersen (A grammatical Miscellany, Kopenhagen 1930), s. 387—91. Zur aussprache des *ū* im altprov.: G. Bertoni, Annales du Midi 25 (1912) 472—75; Carl Appel, Provenzalische Lautlehre, L. 1918, § 22; Elise Richter, ZrP 41 (1921) 88ff. — S. **8** zu III, Endvokale: Shepard, A contribution to the history of the unaccented vowels in old French, Heidelberger Diss., Easton 1897; H. Suchier, Gröbers Grundriss I², s. 732ff.; Hugo Wendel, Die Entwicklung der Nachtonvokale aus dem Latein ins Altprovenzalische, Tübinger Diss. 1906; H. Herford, Die lat. Proparoxytona im Altprovenzalischen, Diss. Königsberg 1907; J. Cornu, Chute de la voyelle finale ,in Mélanges Chabaneau, Erlangen 1907, s. 105—117; A. Wallenskölu, Neuphil. Mitt. (Helsingfors) 1908, s. 7—26; Eva Seifert, Die Proparoxytona im Galloromanischen, Beih. 74 zur ZrP, 1923; dazu ZrP 42 (1922) 269ff. — S. **9** zu IV, Nasalierung: die hier gegebene darstellung im wesentlichen nach Suchier, Altfranz. Gramm., s. 63 (vgl. auch Grundriss I², s. 731f.). Anders G. Paris, Vie de St. Alexis, s. 82f., Extraits d. l. ch. d. Roland, s. 3ff., Romania 27 (1898) 300ff. Über die untersuchungen von Uschakoff (Helsingfors 1897), Berghold (Diss. L. 1898) und Klahn (Diss. Kiel 1898) vgl. die ausführlichen besprechungen von E. Herzog, ZrP 22 (1898) 536ff., ZfSL 21 (1899) 160ff., und G. Rydberg, Jahresber. 6 (1899—1901) I, 229ff. — S. **17** zu *Charles* III, Endvokale, vgl. anm. zu s. 8. — S. **20** zu *mostier* I: über geschlechtswechsel des neutrums s. W. Meyer(-Lübke), Die Schicksale des lat. Neutrums im Romanischen, Ha. 1883; E. Appel, De genere neutro intereunte in lingua latina, Erlangen 1883. Über sonstigen geschlechtswechsel: H. Sachs, Geschlechtswechsel im Franz., Diss. Göttingen 1886; K. Armbruster, Geschlechtswandel im Franz., Diss. Hei. 1888; P. Jörß, Über den Genuswechsel lat. Maskulina und Feminina im Franz., Progr. Ratzeburg 1892. — S. **20** zu *mostier* III, Darmesteteresches gesetz: A. Darmesteter, La protonique non initiale, non en position, Rom. 5 (1876) 140ff.; E. Herzog, Streitfragen, s. 104ff. Vgl. noch A. Thomas, La loi de Darmesteter en provençal, Romania 21 (1892) 7ff.; A. Fröse, Die lat. Vortonvokale im Altprovenzalischen, Diss. Königsberg 1908; A. Stimming, ZrP 37 (1913) 466—71. — S. 22 *n* vor *s*: F. Sommer, Handbuch (s. oben), s. 254ff. — S. 22 *saint Denis:* vgl. Alfred Westholm, Etude historique sur la construction du type „li filz le rei" en français, Vesterås 1899 (Thèse de doctorat, Uppsala); A. Tobler, Vermischte Beiträge I², s. 68ff. Zum lateinischen sprachgebrauch vgl. Kühner-Holzweissig, Lat. Grammatik (s. oben) II 1², s. 376. Beispiele für gebrauch bei sachen und abstrakten bei Stimming, Bueve de Haumtone III 2 (Ha. 1920) zu v. 3463; derselbe erklärt fehlen des artikels bei vorausgehendem obliquus durch haplologie, ZrP 39 (1915—1917) 655f. — S. 26 zu *Rout* I, Verstummen des *h*: G. Paris, Rom. 11 (1882) 399, ebenda 30 (1901) 626ff.; G. Gröber in: Commentationes Wölfflinianae, L. 1891, s. 169ff.; F. Sommer, Handbuch, s. 215ff. — S. 28 und 30 über die entwicklung von konsonant + hiatus-*u̯* siehe Neumann in Miscellanea di filologia linguistica in memoria di N. Caïx e U. A. Canello, Firenze 1886, s. 167—174; über die *ui*-perfecta H. Suchier, ZrP 2 (1878) 255ff.; Friedrich Schürr, ZrP 41 (1921) 117ff. — Über stellung und bedeutung von *re*- vgl. Max Meinicke, Das Präfix *Re*- im Französischen, B. 1904. — S. 29 prise: vgl. über die zahlreichen analogien dieser art Ernst G. Wahlgren, Étude sur les actions analogiques réciproques du parfait et du participe passé dans les langues romanes, Uppsala 1920 (Uppsala Universitets Årsskrift). — S. 36 zur entwicklung von *-avi*, *-avit* vgl. Meyer-Lübke, Rom. Gram. II, § 272, und Suchier im Grundriss I², 778. — S. 38: über laut- und bedeutungsentwicklung von *caput* vgl. Paul Friedrich Bernitt, Lat. *caput* und **capum* nebst ihren Wortsippen im Franz., Diss. Kiel 1905, A. Stimming, ZrP 39 (1918) 129ff. (*chieu* lautgesetzlich, *chief* neubildung); dagegen Meyer-Lübke 39, 398ff., 407f., Adolf Zauner, ZrP 40 (1920) 612ff., A. Wallensköld in: Mélanges de philologie offerts à M. Johan Vising, 1925, s. 24ff. — S. 39: Über die romanische vokaldehnung und -kürzung: Bernhard tenBrink, Dauer und Klang im Altfranz., Str. 1879; dazu Suchier, ZrP 3 (1879) 135—43, E. Mackel, ZrP 20 (1896) 514—19, J. Brüch, ZrP 41 (1921) 574 „spätestens 5. jahrh." — S. 41: Über auslautendes *-t* s. G. Paris, St. Alexis s. 34f.; Suchier, Reimpredigt (Bibl. Norm. I) s. XXIf. — S. 43 zu *aveir* mit partizip: Thielmann, Archiv für lat. Lexikographie 2 (1885) 372ff., 509ff.; J. Busse, Die Kongruenz des Part. Prät, in aktiver Verbalkonstruktion, Diss. Göttingen 1882; E. Herzog, 26. Beiheft zur ZrP (1910) 106ff. — S. 48 *e* protheticum: belege bei Schuchardt, Vokalismus II, 365ff.; Lindsay, § 123. Die oben bestrittene erklärung bei E. Herzog, Streitfragen, § 31 (s. 45). Gegen E. Lerch, Jahrbuch für Philologie I (1925) 101ff. vgl. Meyer-Lübke in: Behrens-Festschrift (1929) 23ff. Die verschiedenartige entwicklung des germ. *sl-*, *sm-*, *sn-* in den französischen dialekten untersucht J. Vising, Archivum romanicum 2 (1918) 13ff. Andere erklärungen für das *i* in *isnel* von Meyer-Lübke (*i* = imp. *i* von *ire*, ZrP 42, 212), Schultz-Gora (dissimilation in fällen wie *done*, *chevauche esnelement*, ZrP 46, 76), E. Wahlgren (Studia Neophilologica III, 3, 1931, s. 1ff.: dissimilation bei ableitung aus altnord. *sniall*) sind weniger wahrscheinlich. — S. **49** *a* → *e*, franz.-prov. sprachgrenze: Tourtoulon et Bringuier, Étude sur la limite géographique de la langue d'oc et de la langue d'oïl, Archives des Missions scientifiques IIIe série, tome III, auch sep., P. 1876; H. Suchier, ZrP 2 (1878) 325—27, Franz. u. Prov. (s. oben s. 356) 759—62; Edith Blankenstein, Mitteilungen u. Abhandlungen aus dem Gebiet der rom. Phil., veröff. v. Seminar f. rom. Sprachen u. Kultur in Hamburg III (1915) 1ff. — S. **52** übergangslaut *t* zw. *l*, *n* — *s*: vgl. H. Schuchardt, Romania 3 (1874) 285; G. Gröber, ZrP 6 (1882) 486, Koschwitz, Überlieferung (s. oben A) s. 64, und Kommentar zu den ältesten franz. Sprachdenkmälern (Altfranz. Bibl. 10) s. 78. — S. **53**: zur geschichte des lat. *au* vgl. Meyer-Lübke, ZrP 40 (1920) 62ff. — S. **57**: über *duc* als lehnwort vgl. noch Berger, Lehnworte, s. 110f. — S. **58** zu *demeines* III: vgl. zum lautwandel W. Foerster, ZrP 13 (1889) 533—43; über das grundwort vgl. G. Cohn, Suffixwandlungen im Vulgärlatein (1891) s. 169, Dictionnaire général (siehe oben D) unter *domaine*; Meyer-Lübke, Einführung ²241; annahme eines präfixtausches bei Schwan-Behrens¹⁰ s. 15. — S. **59** zu *barons*: C. A. Westerblad, Baro et ses dérivés dans les langues romanes, Uppsala 1910 (thèse); Fr. Settegast, ZrP 37 (1918) 186—95. — S. **61**: zum suffix *-arius* vgl. über die älteren untersuchungen von A. Zimmermann (Diss. Hei. 1895), H. Morf (Archiv 1895, bd. 94), G. Körting (ZfSL 1895, bd. 17), E. Staaff (Diss. Uppsala 1896) die berichte von Meyer-Lübke, Jahresbericht 4 (1895—96) I, 102ff., und Risop, ebenda I, 221ff. Ferner A. Thomas, Romania 31 (1902) 491ff., und Suchier, Grundriss I², 796f., zuletzt R. Haberl, ZrP 34 (1910) 129ff. — S. **66** germ. *w* → *gu*: vgl. noch Wallensköld, Neuphilologische Mitteilungen 1911, s. 184f.; J. Schwarz, ZrP 36 (1912) 236ff. — S. **72** bedingte diphthongierung: vgl. Voretzsch in Forschungen z. rom. Phil., Festgabe für H. Suchier, Ha. 1900 (auch sonderdruck), s. 575ff.; Meyer-Lübke, Sitz.-Berichte d. Akad. d. Wiss. B. 1916, XIII 342ff. — S. **75** Umlaut (s. auch *fut* s. 12);

vgl. W. Foerster, ZrP 3 (1879) 481ff.; Fr. Neumann, ebenda 8 (1884) 259ff., dazu d'Ovidio ebenda 476f. Ferner Voretzsch, Forschungen z. rom. Phil. (s. oben) s. 634ff. (60ff.); Savj-Lopez, Dell' „Umlaut" provenzale, Budapest 1902, H. Suchier, Grundriss I², 730; über den (dialektisch begrenzten) umlaut von *-ilium*, *-ilia* vgl. Fritz Neumann, ZrP 8 (1884) 259ff.; E. Herzog, ZfSL 23 (1902) 302ff., 24, 357ff.; J. Brüch, ZfSL 53 (1930) 248ff.; zu *ebrium* → *ivre* Meyer-Lübke, ZrP 36 (1912) 230—32. — S. **82** zu *-abula, -abla*: über das nebeneinander von synkopierten und nichtsynkopierten worten im latein s. Sommer, Handbuch s. 146ff., bes. über *tabula* Gierach (s. folg. anm.) s. 31f. — S. **86** *dame*: über den fall der pänultima s. E. Gierach, Synkope und Lautabstufung, 24. Beiheft zur ZrP (1910); Karl v. Ettmayer, Archiv 128 (1912) 127—42; A. Stimming, ZrP 39, 145ff., dazu die oben zu s. 8 angeführte lit. — S. **88** entwicklung von *mn*: Klahn, Über die Entwicklung des lat. primären und sekundären *mn* im Franz., Diss. Kiel 1898. Vgl. auch anm. zu s. 8 nasalierung. — S. **90** endung: zwei verschiedene möglichkeiten der erklärung bei Meyer-Lübke, Hist. frz. Gram. § 329. — S. **95** *seist*: vgl. Gamillscheg, Studien zur Vorgeschichte einer romanischen Tempuslehre, in: Sitz.-Ber. d. phil.-hist. Kl. d. Wien. Akad. 172 (1913). — S. **98** *encore*: über *ore* = *ha(c) hora* Suchier, ZrP 3 (1879) 149; über die älteren Etymologien, s. die Etym. Wörterbücher. Über *hinc-hora* bzw. *hinc-hac hora* s. Rohlfs, Archiv 172, 1937, S. 203ff., Studia Neophil. 20, 161ff., Lommatzsch, Archiv 181, 45.

S. **101** *espiét*: über die formen des wortes s. Suchier, ZrP 1 (1877) 429—31. — S. **104** *sage*: über das verhältnis zu *sapidus* s. H. Schuchardt, Romanische Etymologien, in: Sitz.-Ber. d. phil.-hist. Kl. d. Wien. Akad. 138 (1898) und ZrP 27 (1903) 110—12; Adolf Horning, Die Behandlung der lat. Proparoxytona in den Mundarten der Vogesen und im Wallonischen, Progr. Str. 1902; E. Herzog, Archiv 109 (1902) 130ff — S **105** *folement*: zur etymologie von *fou* vgl. zu den Et. Wörterb. noch J. Brüch, ZfSL 52 (1929) 460ff.; zur lat. adverbbildung mit *mente* vgl. noch Leo Wiener, ZrP 37 (1913) 576—79. — S. **107** *respondiet*: vgl. H. Wolterstorff, Das Perfekt der zweiten schwachen Konjugation, Diss. Ha. 1882. — S. **109** *trop*: über germ. *þrop* vgl. Theodor Braune, ZrP 22 (1898) 212—15; J. Brüch, Einfluß germ. Lehnwörter (s. oben) s. 81; dazu Meyer-Lübke und Gamillscheg. — S. **111** *poëz* II: über *-ez* für *-eiz* vgl. Meyer-Lübke, ZfSL 44 (1916) 85—91. — S. **114** *sai*: Neumanns fassung der regel über labial + į s. ZrP 14 (1890) 566. — *je*: vgl. zuletzt Rydberg, Zur Geschichte des franz. ə II. 4. Monosyllaba: lat. *ego*, Uppsala 1906. — S. **116** *fait*: vgl. wegen *fait—plaist* H. Suchier,

Grundriss I², 774; wegen kontraktion von *ai* zu *e* W. Foerster, Cligés 1884, s. LVIIIff. — S. 117 Objektsprädikatsnomen im rektus statt obliquus: vgl. A. Tobler, Dis dou vrai aniel (oben unter B) zu v. 147, dazu Verm. Beiträge II², 65ff. — S. 120 *sor* → *sur*: vgl. Rydberg, Jahresbericht 6 (1899—1901) I, 225—27; Wallensköld, Neuphil. Mitt. 1901, s. 13. — *li*: vgl. über *li* und *lui* G. Rydberg in: Bausteine zur roman. Philologie Festgabe für Adolf Mussafia, Ha. 1905. — S. 122 *correciez*: die Parissche etymologie s. Romania 28 (1899) 287—89. Zum zwischenvokal s. noch A. Stimming, ZrP 37 (1913) 470f. — S. 125 metathesis von *sc*: diese erklärung wird von G. Paris, Romania 18 (1889) 157, und A. Wallensköld (in: Mélanges Wahlund, Mâcon 1895, s. 145ff.) vertreten. Vgl. weiter G. Rydberg, Jahresbericht 6 (1899—1901) I, 235f.; Meyer-Lübke, Rom. Gram. I, s. 398, Hist. franz. Gram. I², s. 161f.; A. Stimming, ZrP 39, 137ff. (nimmt vor *s* früheren fall des endvokals als im auslaut an: *lacus* → *lacs* → *lais*, *lacum* → *lacu* → **lau*). — Über *Franciscum* (nicht **Francensem*) als etymon von Franceis s. Suchier, Grundriss I, 624, ²789 anm. — S. 127 zu *oïrent* IV (*s* der 1. person): R. Schubert, Probleme der hist. franz. Formenlehre I, B. 1906, s. 1ff.; F. Sandmann, Zur Formenlehre des Verbuns im Neufranz., Diss. Giessen 1909. — *enbronchiez*: Gamillscheg (*broncher*, *embroncher*) hält an Diez' **pronicare* (von *pronus* nach vorn geneigt) fest; Meyer-Lübke³ 1337 mit Brüch, ZrP 40 (1920) 318 für **bruncus* (kreuzung von kelt. *brocc-* und lat. *truncus*); v. Wartburg denkt auch an *bruncus* (griech. *βρόγχος*) 'rüssel'. Zur bedeutungsentwicklung. E. Lommatzsch, System der Gebärden, Diss B. 1910, s. 51ff., ZrP 43 (1923) 20ff. — S. 129 *car* bei aufforderung oder wunsch: vgl. Diez, Roman. Gram. III⁴, 214f.; über kausales *car* Tobler, Verm. Beitr. III, 79, ²90, Meyer-Lübke, Rom. Gram. III, § 585, Ebeling, Probleme, s. 154. — S. 132 *porterons*: über die herkunft der endung *-ons* s. Meyer-Lübke und G. Paris, Romania 21 (1892) 337ff.; Franz Settegast, ZrP 19 (1895) 266ff.; F. G. Mohl, La première personne du pluriel en galloroman, Prag 1900, dazu G. Paris, Rom. 30 (1901) 578ff. und Rydberg, Jahresbericht 6 (1899—1901) I, 266ff.; H. Suchier, Grundriss I², 775f. — S. 133 *ensemble*: etymon *insemel* belegt von Hamp, Archiv f. lat. Lex. 5, 364, vgl. Gröber, ebenda 3, 268 und 6, 391; über altlat. *semol* Meyer-Lübke, Grundriss I², 468. — S. 137 *tõttus*: vgl. E. Gierach, Synkope, s. 21f.; die ältere erklärung aus **tottotus* bei Karsten, Zur Gesch. d. altfranz. Konsonantenverbindungen, Diss. Freiburg 1884, s. 24f., und Gröber, Archiv f. lat. Lex. 6, 129; sehr unwahrscheinlich ist R. Haberls erklärung aus *totus* als lehnwort, ZrP 34, (1910) 37f. — S. 140 *donc*: s. Et. Wörtb. von Meyer-Lübke und v. Wartburg unter *dunc*, Gamillscheg unter *donc*. — S. 142 *trencherai vos*: über die stellung der objektspronomina in historischer entwicklung s. Meyer-Lübke, ZrP 21 (1897) 313ff. — S. 144 *riches*: vgl. noch Rydberg, Zur Gesch. des franz. *e* I, 95. H. Suchiers erklärung in Miscellanea linguistica in onore di Gr. Ascoli, Torino 1901 (Estratto s. 5—7). — S. 146 *deniers*: vgl. G. Belz, Die Münzbezeichnungen in der altfranz. Literatur, Diss. Str. 1914. Zum kopfzins und tribut: Rolf Seyfang, Quellen u. Vorbilder des Epos Gaufrey, Diss. Tübingen 1908, s. 72—89. G. Dreyling, Die übertriebene Verkleinerung im afrz. Karlsepos, Diss. Marburg 1888 (Marb. Ausg. u. Abh. 82). — S. 147 *Mais*: über die bedeutungsentwicklung Tobler, Verm. Beitr. III, 68ff., bes. 82ff., ²78ff. und 93ff.; dazu J. Melander, Etude sur *Magis* et les expressions adversatives dans les langues romanes, Diss. Uppsala 1916. — S. 149 *ost*: über lat. *hostis* vgl. Du Cange, Glossarium, über afrz. *ost* Schultz-Gora, Archiv 134 (1916) 139—43. — S. 150 *que*: vgl. Jeanjaquet, Recherches sur l'origine de la conjonction *que*, Diss. Zürich 1894, dazu Meyer-Lübke, LgrP 16 (1895) 308ff.; R. L. Graeme Ritchie, Recherches sur la syntaxe de la conjonction „Que" dans l'ancien français, Thèse, P. 1907; Rydberg, Zur Geschichte des franz. *ə* II, 357ff., 1033ff. (1907). — S. 153 *cheïr*: für analogie nach dem perfekt (gegen die lautgesetzlichen erklärungen von Horning und Herzog) auch Meyer-Lübke, ZfSL 45 (1919) 489.

II. Teil. S. 154ff.: zu den hier behandelten allgemeinen fragen vgl. die oben unter C aufgeführte literatur, über die schicksale der germanischen und griechischen laute die unter D genannten untersuchungen von Mackel, Baist, Brüch, Kalbow, Claussen. — S. 168 *clavu—clau*: vgl. Meyer-Lübke, ZrP 39 (1917—19) 403f. — S. 174 *ct-it*: vgl. Meyer-Lübke, ZrP 45 (1925) 641ff. — S. 177ff. zum akzent: G. Paris, Sur le rôle de l'accent latin dans la langue française, P. 1862. — S. 181: zur akzentverschiebung innerhalb von diphthongen vgl. Suchier, ZrP 2 (1878) 292f., Neumann, ZrP 14 (1890) 547; zu den gleïteworten mit muta + *r* Neumann, ZrP 20 (1896) 519—22, G. Paris, Rom. 26 (1897) 140f., Meyer-Lübke, Einführung ³114. — S. 183: zu den begriffen frei und gedeckt vgl. gegenüber den irrigen darlegungen von Salverda de Grave (Homenaje a Menéndez Pidal, Madrid 1924, I, 641ff.) Adolf Zauner, ZrP 47 (1927) 606ff.

III. Teil. S. 198: zum gebrauche von *mercit* in der anrede vgl. H. Suchier, Chançun de Guillelme (Bibl. Norm. VIII) zu v. 72. — *por amor deu*: *amorem*→*amour* (statt *ameur*): erklärung von

Neumann brieflich (1903). Belege für *ameur* gibt A. Thomas, Rom. 44 (1915—17) 321 ff. (sieht in *amour* gleichfalls prov. einfluss). J. J. Salverda de Grave, Mededeelingen der Koninglijke Akademie van Wetenschappen, Afdeeling Letterkunde 53, A 3, Amsterdam 1921, weist auf eine anzahl ähnlicher wörter mit doppelformen auf *-eur* und *-our* hin (von denen man aber *labour*, *autour* u. ä. als lehnwörter aus dem latein erklären kann). Gutkind, ZrP 42 (1922) 607 f. will *époux -ouse* als kirchliches lehnwort erklären (wenig wahrscheinlich). Adele Getzler, ZrP 51 (1931) 234 ff., denkt mit Herzog (ZrP 47, 115 ff.) bei Crestien an westlichen, normannischen einfluß (gerade bei Crestiens stellung als ersten französischen nachahmers der provenzalischen trobadorlyrik liegt provenzalischer einfluß näher). Auf rein lautliche einwirkung (einfluss des vorausgehenden labials) führt H. Suchier (Altfranz. Gramm., s. 14) *amor* und *espos* zurück, während er für *jalos*, *ostor*, *Tolose* provenzalischen einfluss gelten lässt). — S. 200 zu v. 33 *sui*: Suchiers erklärung aus *sǫo* s. Altfr. Gram., § 33, Grundriss I², 773, auch DL 1902 nr. 40, s. 2529.

S. 201 *cuidai*: *cūgito* setzt Foerster, ZrP 2 (1878) 169, an, während er ZrP 3 (1879) 601 die formen *cuit* usw. als belege für den umlaut anführt, den auch Suchier, Altfr. Gram., § 24, Grundriss I², 730, annimmt; Neumann vermutet mit Paul Marchot (Petite phonétique du français prélitteraire I, Fribourg 1901, s. 85) und Meyer-Lübke (Rom. Gram. I, s. 140) anpassung von **coidier* an *voidier* (**vocitare*)—*vuide*; für vulgat. **cūgito* auch A. Thomas, Rom. 34 (1905) 332, und jetzt EWbr. von Meyer-Lübke, Gamillscheg. Über die entwicklung von *g-t*→ *id* s. Gierach, Synkope, s. 53 f. — *joër*: vgl. H. Suchier, Altfranz. Gram. s. 36 f. (§ 26); Fr. Neumann, Lat. *auca*→ afrz. *oie*, *oue* und Verwandtes, in: Beiträge z. rom. u. engl. Phil., Festgabe für W. Foerster, 1902, s. 247—52 (erklärt die formen mit *i* für regelrecht, dagegen G. Paris, Romania 31 [1902] 617 f.); Meyer-Lübke, ZrP 9 (1885) 144, 26 (1902) 727—32, 39 (1917—19) 399 ff. (zu Stimming); Josef Brüch, ZrP 36 (1912) 312—31, dazu Ernest Langlois, Rom. 41 (1912) 605—7; A. Stimming, ZrP 39 (1917—19) 133 ff. — S. 203 *larrai*: s. Meyer-Lübke, Rom. Gram. II, s. 269 (§ 235) und Franz. Gram., s. 43 und 215; Thomas, Essais de philologie française (Paris 1897), s. 322 ff.; Nyrop, Gram. II, s. 154 f.; J. Brüch, ZrP 39 (1917—19) 493. — S. 204 zu v. 39 Non bei verbalformen: vgl. Diez, Rom. Gram. III⁴, 436; F. Perle, ZrP 2 (1878) 1 ff., bes. s. 2. — *ferez*: vgl. im allgemeinen Rydberg, Le développement de *facere* dans les langues romanes, thèse p. l. doctorat, P. 1893. Wegen *ferai* s. G. Paris, Rom. 22 (1893) 570, die erklärung von Neumanns schüler Friedmann bei Frau Eckardt, Beitr. zu einer Gesch. der

Klangveränderungen afrz. Vortonvokale, diss. Hei. 1904, s. 47 (von Stimming, nach brieflicher mitteilung 1921, schon seit jahrzehnten gelehrt). — S. 205 *nel*: zur enklise vgl. K. Gengnagl, Die Kürzung der Pronomina hinter vokalischem Umlaut im Altfranz., Diss. Ha. 1882; M. Wersdorff, Beitrag zur Geschichte der Inklination im Franz., Diss. Münster 1900; G. Rydberg, Geschichte des franz. ə, Uppsala 1907, s. 433ff.; J. Hengesbach, Beitrag zur Lehre von der Inklination im Provenzalischen, Diss. Marburg 1885, J. Melander, Étude sur l'ancienne abréviation des pronoms personnels régimes dans les langues romanes, Uppsala 1928 (Arbeten utgivna med understöd av Vilhelm Ekmans Universitetsfonds No. 34). — S. 206 *puis*: die älteren erklärungen s. bei A. Wallensköld in: Mélanges Wahlund, Mâcon 1895, s. 152f.; über **possio* Voretzsch in: Forschungen zur rom. Phil., Ha. 1900, s. 605; so jetzt auch Suchier, Grundriss I², 773; Schwan-Behrens u. a. — S. 207 *trover*: s. bei Schuchardt, Romanische Etymologien II, Wien 1899 (i. d. Sitzungsber. d. Kais. Ak. d. W.), ZrP 27 (1903) 97ff., 101ff., 28 (1904) 36ff., 31 (1907) 5ff., 34 (1910) 377f.; Baist, ZrP 24 (1900) 410; Meyer-Lübke, LgrP 22 (1901) 117—19 und EWb; Thomas, Romania 31 (1902) 6ff., 625ff.; A. Kluyver, Rom. 38 (1909) 137; Gamillscheg EWb, G. Rohlfs, Archiv 159 (1931) 300. — S. 208 *cele*: vgl. K. Ganzlin, Die pronomia demonstrativa im Altfranzösischen, Diss. Greifswald 1888; Charles E. Mathews, *Cist* and *Cil*. A syntactical study, Baltimore 1907. — S. 211 *del*: die richtige erklärung des nfrz. *du* bei Rydberg, Jahresbericht 6 (1899—1901), I, 225—27. — *Hugon* vgl. G. Paris, Les accusatifs en *-ain*. Rom. 23 (1894) 321—48 (hier die gesamte ältere lit.); E. Philipon, Les accusatifs en *-on* et en *-ain*, Rom. 31 (1902) 201—51; Suchier, Grundriss I², 827—29; Salvioni, Rom 35 (1906) 198—257; zuletzt und abschliessend Jakob Jud, Recherches su la genèse et la diffusion des accusatifs en *-ain* et en *-on* I, Halle 1907. — S. 213 v. 50 *com*: vgl. J. Pirson, Quomodo en latin vulgaire, in: Philologische und volkskundliche Arbeiten, Festgabe für Karl Vollmöller, Erlangen 1908, s. 164—71. — S. 214: über akkusativ nach *com* siehe W. Foerster zu Aiol 6245 und Ivain 1322 (1327); E. Herzog, LgrP 24 (1903) 17; Suchier, Chançun de Guillelme s. XXVII. — S. 215 *savrai*: Neumann, ZrP 14 (1890) 558; Foerster, Cliges² (Rom. Bibl. 1) s. XLIV; Suchier, Grundriss I², 836; Brunot I 445, II 362; Meyer-Lübke, Franz. Gram. ²254. Vgl. auch F. Holle, *Avoir* und *savoir* in den afrz. Mundarten, Diss. Marburg 1900. — v. 52: *mençonge*: die herleitung aus **mentitionica* bei Tobler, Archiv 108 (1902) s. 258; dagegen auch A. Stimming, ZrP 39, 148. — S. 216 *estes*: s. G. Paris, Rom. 21 (1892) 353ff.; auf lautlichem wege will A. Wallensköld, Neuphil. Mitt. 1908 s. 23ff., die erhaltung des *-e-* erklären. — S. **219** v. 54 *m'amistiet*: vgl. E. Herzog, ZrP 20 (1896) 84f., Rom. Jahresbericht 13 (1911—12) I, 188—90; P. Högberg, ZrP 36 (1112) 491ff., 37 (1913) 387f.; Voretzsch, ZrP 36, 600f., 383f.; Alfred Risop, ZrP 41 (1921) 96ff., 101. — S. **222** v. 65 *sale*: vgl. E. Mackel, ZrP 20 (1896) 514ff. (dazu lit. oben zu s. 39). — S. **223** *s'en est retornez*: über die kongruenz des partizips bei reflexiven verben s. A. Tobler, Verm. Beitr. II², s. 65ff. Beispiele für *avoir* bei reflexiven gibt Tobler, Dis dou vrai aniel, zu v. 166. — *menez*: zum bedeutungswandel s. Meyer-Lübke, ZrP 35 (1911) 242. — S. **224**: die zwölf pers: vgl. G. Paris, Histoire poétique de Charlemagne, Paris 1865 (1905) s. 416ff., 507; Pio Rajna, Origini dell' epopea francese, Florenz 1884, s. 417ff.; Voretzsch, Epische Studien I, Ha. 1900, s. 83ff. Über die zugrunde liegenden germanischen namen siehe W. Kalbow, Die germ. Personennamen des afrz. Heldenepos und ihre lautliche Entwicklung, Ha. 1913. — S. **225** *petit*: vgl. über das keltische grundwort Thurneysen, Keltoromanisches s. 71ff.; dazu die EWbr von Meyer-Lübke, nr. 6451 und Gamillscheg, *petiot*. — S. **226** *aler*: über die älteren etymologien s. G. Stucke, Französisch *aller* und seine Verwandten, Diss. Hei. 1902; Körting, Lat.-rom. Wörterbuch³, über *ambulare — allare*; G. Bertoni im Jahresb. VII, I, 110; Meyer-Lübke, REWb 412; K. Ahrens, Zum *ambulare*-Problem, ZrP 43, 600 ff.; Gamillscheg, EWb *aller*. — S. **227** v. 71 *feiz*: die satzphonetische erklärung von F. Holthausen s. ZrP 10 (1886) 292f.; die aus deutsch *fart* von F. Settegast ZrP 37 (1913) 197—99. — S. **228** *mei i covient aler*: über den acc. c. inf. s. Erwin Stimming, Der Accusativus cum infinitivo im Französischen, Diss. Ha., 59. Beiheft zur ZrP, Ha. 1915; über die impersonalia Kjellman, La construction de l'infinitif dépendant d'une locution impersonelle en français, diss. Uppsala 1913. — v. 73 *chameilz*: vgl. über buchworte mit anlautendem *cha-* Meyer-Lübke, Rom. Gram. I § 23, und H. Berger, Lehnworte s. 13 und 78. — S. **229** *trossez*: vgl. Meyer-Lübke, EWb 8725; Gamillscheg EWb unter *trousse* und *torche*. — S. **231** *entre—et*: vgl. Diez, Rom. Gram. III⁴ 408f.; Foerster zu Aiol 2167 (s. 462); Tobler, Verm. Beitr. I² 273f.; Meyer-Lübke, Rom. Gram. III § 217; G. Ebeling, Probleme s. 166ff.; Lerch, Hist. franz. Syntax I, 54f.; Heinermann, ZrP 50 (1930) 305—18. — S. **223** *faldestuelz*: vgl. E. Mackel, Germ. Elemente s. 30; Kluge, ZrP 41 (1921) 681. — v. 86 *screpe*: beispiele für germ. *skarpa* gibt J. Brüch, ZrP 40 (1920) 647. — v. 87 *li seignat*: vgl. Tobler, Bruchstück a. d. Chevalier au lyon, Progr. Solothurn 1861—62, s. 13, Verm. Beitr. V, 429; Ebeling, Auberee s. 137ff. zu v. 655; Stimming, Haplologie, ZrP 39 (1917—19) 641ff.,

651ff.; zum weiteren Tobler, Verm. Beitr. I², 111—13. — v. 88 *ensement*: vgl. Rohlfs, Neuphil. Mitt. 22 (1921) 128ff. — S. 234 v. 95 *vez*: Tobler, Archiv 108 (1902) s. 258; W. Foerster, Aiol, Anm. zu v. 1428. — S. 235 *genz*: die erklärung aus *gens* von K. v. Ettmayer, Archiv 128 (1912) 138. — v. 96 *oitante*: über die zehnerzahlen Rydberg in: Mélanges Wahl und (s. oben) s. 337ff., und Jakob Jud, Die Zehnerzahlen i. d. rom. Sprachen, Ha. 1905 (in: Festgabe für H. Morf, Aus rom. Sprachen und Lit., auch separat), dazu Morf, Archiv 115 (1905) 26ff.; über die herkunft der zählweise nach 20 (*quatre-vint*) vgl. Margarete Rösler, 26. Beiheft zur ZrP (1910) 187ff., ZrP 49 (1929) 273ff.; G. Rohlfs, Archiv 183, 1943, 126 ff. — S. 238 v. 106 *ewe*: vgl. über das schwierige wort Suchier, Altfranz. Gram. s. 38; Brand, Studien zur Geschichte von inlautendem *qu* in Nordfrankreich, Diss. Münster 1897; Clara Hürlimann, Die Entwicklung von lat. *aqua* in den romanischen Sprachen, Diss. Zürich 1903; Fr. Frademann, Die Entwicklung der lateinischen Lautverbindung *qu* (= *k* + *u̯*) im Französischen, Diss. Kiel 1904, s. 27ff.; G. Rydberg, Rom. Jahresbericht 6 (1899—1901) 236ff.; Fr. Schürr, ZrP 41 (1921) 126ff., 137ff. — Über verstummen des *-e* nach vokal s. Tobler, Versbau⁴ 39ff. — S. 239 v. 107 *reciut*: über die *ui*-perfecta s. die grundlegende abhandlung von H. Suchier, ZrP 2 (1878) 255ff., sowie die darstellungen der grammatiken; zuletzt Fr. Schürr, ZrP 41 (1921) 117ff. — S. 241 v. 115 *firent*: vgl. noch Adolf Mussafia, Rom. 27 (1898) 290f. — S. 242 v. 116f. *doze-trezime*: zur entwicklung der ordinalsuffixe s. Paul Marchot, ZrP 21 (1897) 192ff.; Erik Staaf, Le suffixe *ime*, *-ième* en français, Stockholm 1898 (separatabdruck); dazu E. Herzog, ZfSL 21, 165ff.; Rydberg, Jahresbericht 6 (1899 bis 1901) I, 279ff.; Thomas, Rom. 30 (1901) 398ff.; Vising, Rom. 50 (1924) 481ff., 496f.; zuletzt Gerd Krause, ZrP 50 (1930) 208ff.; wegen des *z* Meyer-Lübke, Einführung³ 28f., Franz. Gram., § 124; Gierach, Synkope 161. — S. 246 v. 127 *mer*: zum fehlen des artikels überhaupt vgl. Tobler, Verm. Beitr. II², 108ff.; Gustav Humpf, Beiträge z. Gesch. des bestimmten Artikels im Franz., Diss. Marburg 1904. — v. 132 *a poi que*: vgl. Tobler, Verm. Beitr. I², 57ff. Zur Lautentwicklung s. die lit. zu v. 32 *joër*; dazu Haberl, ZrP 36 (1912) 309; A. Stimming, ZrP 39 (1918) 136 (hier die früheren erklärungen) u. 138; Fr. Schürr, ZrP 41 (1921) 117ff., 135ff. — S. 247 v. 135 *fonz*: vgl. J. Brüch, ZfSL 52 (1929) 435ff. — v. 138 *avuec* ← *ab hoc* vertritt Elise Richter, ZrP 26 (1902) 532ff., und *Ab* im Romanischen, Ha. 1904, s. 103; dagegen (mit anderer begründung als oben) Gustav Ķonkal, Etymologische Streifzüge, Wien 1911, s. 3—6. — S. 248 v. 139 *escïentre*: die erklärung aus *scienter* bei Tobler, Archiv 108

(1902) 258. — *meismes*: zur dissimilation vgl. Meyer-Lübke, ZfSL 45 (1919) 487f. — S. **249** v. 150 *rovét*: vgl. W. Foerster, ZrP 3 (1879) 259; Meyer-Lübke, ZrP 11 (1888) 539, 39 (1917—19) 405. — S. **251** v. 166 *l'en*: s. Tobler, Versbau[4] 59. — v. 168 *le mielz*: s. Tobler, Verm. Beitr. II, 48ff., [2]55ff. — S. **253** v. 189 *chemise*: über *camīsia*→*camīsia* vgl. Lutta, 71. Beiheft zur ZrP, s. 89; dazu Gamillscheg, LgrP 45 (1924) 246 und EWb (einfluss von *-ĭcula*→*īcula* aber wenig einleuchtend). — S. **254** v. 193 *iluec*: vgl. A. Stimming, ZrP 39 (1917—19) 133f.; Meyer-Lübke, ebenda s. 398f. — S. **256** v. 212 *maintes*: vgl. Thurneysen, Keltoromanisches s. 105f., H. Schuchardt, ZrP 15, 241 (*magnus* + *tantus*); Wallensköld, Neuphil. Mitt. 1910, nr. 1/2, s. 16; REW von Meyer-Lübke (nr. 5231 *magnus*+*tantus*) und Gamillscheg (*manti*). — v. 217 *estuet*: vgl. Suchier, Grundriss I[2] 803f., auch Miscellanea Ascoli (oben zu s. 131); Tobler, Zs. f. vgl. Sprachforschung 23, 421, dazu Sitz.-Ber. d. kgl. preuss. Ak. d. Wiss. zu Berlin 1902, VIII, s. 6f. anm.; Walberg, Rom. 40 (1911) 610—17; Moritz Regula, ZrP 44 (1924) 655f. (mit unzureichenden gründen gegen *stupere*). Zuletzt E. Lerch, Altfranz. *estuet* und die Lautgesetze in Rom. Fo. 55, 1941, 337—375; J. Jud, Altfrz. *estuet* und bündnerrom. *stuver*, *stuveir*, Vox Rom. 9, 1947, S. 29ff. — S. **258** v. 234 *li*: über den dativ vgl. Tobler, Verm. Beitr. II, 167ff., [2]200ff. — S. **259** v. 239 *parsom*: vgl. A. Tobler, Verm. Beitr. V, 362f. über *parmi*, *enmi*, *enson*. — v. 243 *oltree*: vgl. Georg Cohn, ZrP 18 (1894) 205 anm. — *aïe*: vgl. Cornu, Romania 7 (1878) 420ff.; Foerster, ZfSL 20 (1898) II, 113ff.; A. Stimming, ZrP 39, 151. — *crïent*: vgl. die EWbr unter *quiritare* und *crier*; zur ableitung aus dem germanischen Ferd. Holthausen in: Indogerm. Forschungen 14 (1902) 339ff.; Meyer-Lübkes sprachgeographische bedenken (Untersuchungen und Quellen z. germ. u. rom. Phil, Joh. von Kelle dargebracht, Prag 1908, s. 77f.) reichen allein nicht aus, die neue etymologie unmöglich erscheinen zu lassen. Friedrich Kluge, Etym. Wb. der deutschen Sprache: 'kreischen') und J. Brüch (Einfluss der germ. Sprache auf das Vulgärlatein, s. 11) denken umgekehrt an entlehnung des deutschen wortes aus *quiritare*. — S. **260** v. 247 *nule rien*: vgl. Tobler, Archiv 108 (1902) 259. — v. 253 *sont desevrét*: **seperare* mit Wallensköld, Neuphil. Mitt. 1911, s. 186. Zur konstruktion (passiver ausdruck in reflexivem sinn) vgl. A. Tobler, Vrai aniel, anm. zu v. 166. — S. **261** v. 257 *avuegle*: s. Herzog, ZrP 26 (1902) 732f.; dazu O. Gerloff, ebenda 30 (1906) 85. — S. **262** v. 803 *veant*: über da verhältnis von gerundium u. part. präs. d. Tobler, Verm. Beitr. II, 32ff., [2]36ff., bes. 51f. — S. **263** v. 807 *los*: s. Tobler, Archiv 108 (1902) 259; auch Wallensköld, Neuphil. Mitt. 1901, s. 14. —

S. **264** v. 816—20 wiederholungslaissen: vgl. Einf. i. d. Stud. d. afrz. Lit.[3] 169f. und die dort angeführte lit. — v. 819 *ele dist molt que fole*: vgl. A. Tobler, Verm. Beitr. I[2], 12ff. — v. 823 *bloie*: weitere beispiele für vermischung von *blo(i)* mit *blo* blau s. Tobler-Lommatzsch. — S. **265** v. 831 *disners*: vgl. Gaston Paris, Rom. 8 (1879) 95ff.; zuletzt Meyer-Lübke, ZrP 39 (1917—19) 489f. — S. **266** v. 837 *viële—rote*: vgl. J. Levy, ZrP 35 (1911) 494. — S. **267** v. 848 *avoir* bei reflexiven: beispiele bei Tobler, Vrai aniel, zu v. 166. — v. 852 *Galien*: s. die ausgabe oben unter A. — S. **268** v. 861 *regnez*: vgl. Suchier, Afrz. Gram., s. 6; Berger, Lehnworte, s. 227f., 284. — v. 865 *at Dieu preiiét*: über die altfranzösisch möglichen konstruktionen von *preiier* s. Ebeling, Auberée, s. 62 zu v. 21.

IV. Teil. S. **287** über den genuswechsel s. die zu s. 20 (v. 1 *mostier*) zitierte lit. — S. **290** über das feminin *-s* s. Suchier, Grundriss I[2], s. 787f. (anders Foerster, Cligés 1884, s. LXXV). — S. **291** zur komparativbildung: Eduard Wölfflin, Lat. und roman. Comparation, Erlangen 1879; A. Wallensköld, La construction du complément des comparatifs dans les langues romanes, Helsingfors 1909 (Extrait des Mémoires de la Société néophilologique V). — S. **296** demonstrativ- und relativpronomina: vgl. noch Rydberg, Geschichte des franz. ə II, 5 (1907), dazu oben zu s. 120 *li*.

S. **305** teilungsartikel: vgl. Elsbeth Appel, Beiträge zur Geschichte der Teilungsform im Franz., Diss. München 1915. Armin Holzheuer, Neue Beiträge zur Gesch. des sog. Teilungsartikels, Di s. Göttingen 1930. — S. **310** ausnahmen von der inversionsregel hat Ebeling, ZfSL 25 (1903) II, 10f. zusammengestellt. Vgl. noch Heinrich Rabe, Die Inversion des Subjekts im Französischen des XIX. Jahrhundert , Diss. Tübingen 1910; W. Kropmann, Die Inversion des Subjekts im Französischen, Diss. Göttingen 1910.

Nachtrag zu S. 20—21: In diesem lehrbuch (wie auch in einigen anderen altfranzösischen grammatiken) wird die unbetonte anlautsilbe von *corona, signavit* als ʻnebentonig' bezeichnet. Diese bezeichnung ist nicht zu empfehlen. Einen wirklichen nebenton haben nur silben, die um mehr als eine silbe von der hauptsilbe entfernt sind, z. B. *côronátum, sìgnatóres, cìvitátes, bèllaménte*. Die anlautsilbe von *coróna, laudávi, románus* ist als ʻvortonig' zu bezeichnen. — Vgl. dazu Meyer-Lübke, Grammatik der romanischen Sprachen, Bd. I, § 341 u. 610.

Wörterbuch.

Das wörterbuch enthält sämtliche in den texten vorkommenden wörter, jedoch sind die pronomialformen sowie die verschiedenen flexionsformen von verben und substantiven der Karlsreise oben unter den paradigmen zu suchen. Nomina sind hier lediglich in der form des obliquus, verba in der des infinitivs aufgeführt. Starke verba sind mit *st.*, schwache mit *sw.* und der nummer der konjugationsklasse, substantiva mit *m.* (mask.) oder f. (*fem.*) die maskulina noch mit der summer der deklinationsklasse bezeichnet.

Die zahlen bedeuten, wo nicht anders angegeben, die verszahl der Karlsreise, die fettgedruckten denjenigen vers, wo das wort ausführlicher besprochen wurde. Bei den etymologien bedeutet + aneinanderreihung zweier wörter oder wortbestandteile, × kreuzung von solchen.

Abkürzungen: a. = alcun, ac. = alcune chose; *kj* = *konjunktiv*, *konj.* = *konjunktion.* — *ags.* = *angelsäschsisch*, *ahd.* = *althochdeutsch*, *an.* = *altnordisch*, *d.* = *deutsch*, *frk.* = *fränkisch*, *g.* = *germanisch*, *got.* = *gotisch*, *gr.* = *griechisch*.

A.

a (*lat.* ad) *präp.*, *mit artikel* al **1**, as 31: 1. *lokal, auf die frage wohin?*: *auf, nach, zu, an* 60, 89 u. ö.; *auf die frage wo?*: *in, an, bei, zu* 1, 59 u. ö. — 2. *zur bezeichnung des entfernteren objekts* 237, 802, 848, 854 (*vgl.* 68). 3. *zur bezeichnung des besitzers* 822, 852. — 4. *temporal*: *an, auf, für* (toujours) 173 u. ö. — 5. *zur bezeichnung des mittels oder begleitenden umstandes*: *durch, dadurch dass, mit* 35, 179, 201; *gemäss, nach, auf* 91, 252; *unter, mit* 144, 253, 851 (864). — 6. *zur bezeichnung des zweckes*: *zu* 864. — 7. *vorm inf. nach gewissen verben*: *zu* 8, 130, 860 u. ö. — 8. *in redensarten*: tenir a fol(e) *für töricht halten* 45.

abandoner (*zu deutsch* bann — *rom.* bando) *sw.* I *überlassen, zurücklassen* 222, 839, 856.

acier (*aciarium) *m.* II *stahl* **25**, 172.

aconter (*zu* computare) *sw.* I *erzählen* 860.

adurer (*zu* durus) *sw.* I *abhärten* 62.

afeltrer (*zu germ.* felt—filz) *sw.* I *mit der satteldecke bekleiden* 82.

afubler (adfibulare) *sw.* I *anziehen, anlegen* **143**.

aidier (adjutare) *sw.* I *helfen* **243**.

Aïmer (*deutsch* Hadamār), *Aïmer, pair von Frankreich, bruder Wilhelms von Orange* 64.

ainz (*antius) *adv. vorher, früher* 122.

aire (aerem) *m.* II *luft* 127.

alaitier aletier (*zu* lactis) *sw.* I *säugen* 187.

albe (albam, *von adj.* albus) *f. morgendämmerung* 239, 248.

aler (*etym. v.* 70) *sw.* I (*par. v.* 70, 98, *s.* 303) *gehen* 71, 77 u. ö.; *zur umschreibung mit inf.* 72 u. ö.; en aler 68 u. ö., aler s'en *fortgehen* 91 u. ö.

alter (altare) *m.* II *altar* 59 u. ö.

altre autre (alterum) *pron. u. adj. ander* 84 u. ö.

ambler (ambulare) *sw.* I *im passgang gehen, bequem gehen* 89.

amistét,-iét *f.* (*amicitatem) *freundschaft, liebe* 54, 154, **166** u. ö.

amor (amorem) *f. liebe* **32** (*vgl.* 54 m'amistiét, 124 colors), 69, 854 u. ö.

an (annum) *m.* II *jahr* 74, 193.

an- *s. auch* en-.

antif,-ive (antiquum) *adj. alt* 108.

anvel (annualem) *adj. jährlich* 126.

aorer (adorare) *sw.* I *anbeten* 70 u. ö.

apareir (apparere) *sw.* ui-*pf.* (*pr. ind.* 3 apert, *perf.* 3 aparuit) *erscheinen* 239, 248.

aparler (*komp. von* parler) *sw.* I *anreden* 134.

aparmaines (*von* mane *od.* manum *mit* per *und* ad) *adv. sogleich* 163.

apeler *sw.* I (appellare) *anreden* 94 u. ö.

aporter *sw.* I (apportare) *herbeiholen* 164, 191.

apostle *m.* II (apostolum) *apostel* 115 u. ö.

aprester (*zu* praestare) *sw.* I *bereit stellen* 135.

aprochier (*adpropiare) *sw.* I *nahe bringen*, sei a. 119.

Arabie (Arabia) *f. Arabien* **119**.

araisnier (adrationare) *sw.* I *anreden* 8.

arcevesque m. II (*ἀρχιεπίσκοπον*) *erzbischof* 64, 87 u. ö.

argent (argentum) *m.* II *silber* 73 u. ö.

asseeir (assidere) *st.* II *refl.* sei asseeir *sich setzen* **120**.

assez (*adsátis) *adv. in menge, viel* 78 u. ö. *mit adj. sehr* 238.

aveir,-oir (habere) *st.* III (*par.* 2 *rout*, 3 at, *s.* 302) *haben, besitzen* 79, 151 u. ö.; *bekommen* 163, 175 u. ö. — *unpersönlich* a, i a *es gibt* 4, 21 u. ö. — *häufig als hilfsverbum* 3, 24, 46 u. ö.

aveir (habere) *m.* II (avoir I) *habe, besitz, vermögen* **27**, I.

avenir (advenire) *st.* I III *geschehen* 184.

avuec (apud-ab + hoc) *präp. mit* (vgl. 10 ne, 20 si) **138** u. ö.

avuegle *adj. blind* **257**.

B.

baisier (basiare) *sw.* I *küssen* 826.

Baiviere (Bajuvaria) *f. Baiern* 101.

baldorie (*zu wgerm.* bald) *m.* II *freude, lust* **830**.

bandon (*zu germ.* bann) *m.* II *gewalt, willkür — eile* 852.

baptizier (*βαπτίζειν*) *sw.* I *taufen* **136**.

barbe (barbam) *f. bart* 181.

barbét (barbatum) *part.-adj. bärtig* 62.

barnage (*baronaticum, *zu* baron) *m.* II *ritterschaft* 219; *ritterliche art, ritterlichkeit* 206, 874.

barnét (*baronatum, *zu* baron) *m.* II *ritterschaft* 50, 254 u. ö.; *ritterliches wesen, r. tüchtigkeit* 152.

baron (*g.* baro) *m.* III *held, baron* **4**, 156 u. ö.

bassement (*zu adj.* bassus) *adv. niedrig* 810, 817.

bataille (battualia) *f. schlacht* **29**, 859.

bel-e (bellum) *adj. schön* 6, 49 u. ö., (*in der anrede*) *lieb* 216 u. ö.
belement (bella mente) *adv. schön* 16.
beltét (*bellitatem) *f. schönheit, pracht* 123 u. ö.
bende (*germ.* binda) *f. band* 201.
beneïstre — beneïr (benedicere) *sw.* III II *segnen* 177.
ber bernage *s.* baron barnage.
Berengier (*g.* Beringēr) *Berengar, pair von Frankreich* 63.
Bernart de Brusban (*g.* Berinhard) *Bernhard v. Br., pair von Frankreich, bruder Wilhelms von Orange* 65.
Bertram (*g.* Bertram) *Bertram, pair von Frankreich, sohn Bernhards* 65, 94.
bien (bĕne) *adv. gut, wohl, gern, sehr* 10, 23 u. ö.
blanc-che *adj.* (*germ.* blank) *weiss* 85.
bloi -e (*g* blao) *adj. hellfarbig, blond* 823.
bois (*westg.* bosk-) *m. indekl. busch, gehölz, wald* 103.
bon- e (bŏnum) *adj. gut* 22, 28 u. ö.
Borgoigne (Burgundia) *f. Burgund* 100 (*vgl. s.* 175).
braz (bracchium) *m. indekl. arm* 163.
brochier (*Abltg. von kelt.* *brokkos) *sw.* I *spornen, spornstreichs reiten* 90, 107.
buc (*g.* bûk-bûch *bauch*) *m.* II *rumpf* 55.

C.

calice (calicem) *m.* II *kelch* 177.
canele (*deminutiv von* canna *rohr*) *f. zimmet* 211.
Capadoce *f. Cappadocien* 48.
car kar (quare) 19, *konj. denn* 206 u. ö.; *beim imp. u. opt. wohlan, doch* 19.
ceindre (cingere) *st.* II *gürten* 3.
cel — cele (ecce illum-illam) *pron. dem* (*par. s.* 296) *jener.*
cent (centum) *zahlw. hundert* 73 u. ö.
cerf (cervum) *m.* II *hirsch* 834.
cest, ceste (ecce istum-ista) *pron.* (*par. s.* 296) *dieser.*
chaiere (καθέδρα) *f. stuhl, sessel* 116 u. ö.
chameil (camelum — κάμηλον) *m.* II *kamel* 73.
champel (*von* campum) *adj. zum feld gehörig,* bataille ch. *feldschlacht* 859.
chanter (cantare) *sw.* I *singen* 837, ch. la messe *die messe lesen* 115, 829.
chape (*spätlat.* cappa, *eigentl. mantel mit kapuze*) *f. mantel* 143.
chapel (*deminutiv von* cappa: *cappellum) *m.* II *hut* 146.
Charle — Charlon, *rektus* Charles (*vgl.* 46 Hugon) *kaiser Karl, könig von Frankreich* 1, 17, 30 u. ö.
Charlemaigne, *rektus* -es, *Karl der Grosse, vom patriarchen v.* 158 *so* benannt 166, 182 u. ö.
cheïr (*cadire statt cadĕre) *st.* III, *sw.* II *fallen* 31 u. ö.
chemin (cammīnum, *zu kelt.* cámmino) *m.* II *weg* 241, 249.
chemise (camisia) *f. unterkleid* 189.
chevalchier (caballicare) *sw.* I *reiten* 93 u. ö.
chevalier (caballarium) *m.* II *ritter* 4, 15 u. ö. (*par. s.* 290).
chevel (capillum) *m.* II *haupthaar* 181.
chief (caput) *m.* II *haupt* 2, 10 u. ö.; el premier chef *vorn an der spitze* 96, 99.
chier -e (carum) *adj. teuer, wert* 205.

ci (ecce hic) *adv. hier* 49.
ciel (caelum) *m.* II *himmel* 9, 169, 213.
cinc (quinque) *zahlw. fünf* 159.
citét (civitatem) *f. stadt* 11, 36 u. ö.
clamer (clamare) *sw.* I *rufen, nennen* 208 (*vgl. s.* 299).
clarét (*spätlat.* claratum) *m.* II *meth* 836.
cler -e (clarum) *adj. hell, klar* 109, 124; *adv.* 243.
clerc (clericum) *m.* II *geistlicher* 142.
cliner (clinare) *sw.* I *sich verneigen* 146.
clore (claudere) *st.* II *schliessen, verschliessen* 117.
clou (clavum) *m.* II *nagel* 175, 866.
ço (ecce hoc) *pron. demonstr.* (*par.* s. 291) *dieses.*
colchier (collocare) *sw.* I *niederlegen*; *refl.* sei c. *sich niederwerfen* 864.
color (colorem) *f. farbe* 124.
colper (*zu* colp ← κόλαφος) *sw.* I *abschlagen, abschneiden* 42.
coltel (cultellum) *m.* II *messer* 180.
com, come (quomo ← quomodo) *konj. wie* (*nach* (i)tel, si tant) 50, 95, 173 u. ö.; *temporal als* 58, 119 u. ö.; *bei adj. im ausruf als adv. wie, welch* 95.
comander (*komp. von* mandare) *sw.* I *befehlen, anvertrauen, empfehlen* 34, 150 u. ö.
comant (*abl. von* comander) *m.* II *befehl, geheiss* 91, 252.
come *s.* com.
comencier (*komp. von* initiare) *sw.* I *beginnen, anfangen* 130, 207.
compaigne *f. gefolgschaft* 95.
compaignie (*zu* *companio) *f. gefolgschaft, gefährte* 98, 111, 205.
comperer (comparare) *sw.* I *bezahlen, büssen* 24.

conduire (conducere) *s.* II *führen, leiten* 97, 185, 245.
conduit (conductum) *m.* II *führung, bewahrung* 202.
congiét (commeatum) *m.* II *abschied* 216 u. ö.
conquerre (*komp. von* quaerere) *st.* II (*par. s.* 301) 3 *erobern, überwinden* 11 u. ö.
conreer (cum + *redare *zu germ. stamm* rēd-) *sw.* I *ausrüsten, ausstatten, ankleiden* 76 u. ö.
conseillier (consiliarium) *m.* II *ratgeber* 21.
conte (comitem) *m.* III *graf* 137.
contenant (*vgl.* a espandant 836) *m.* II *miene, haltung* 825.
contrait (contractum) *adj. lahm* 193, 258.
contre (contra) *präp. gegen, entgegen* 145.
contreval (contra vallem) *adv. hinab* 37.
corone (corona) *f. krone* 2, 10 u. ö.
coroner (coronare) *sw.* I *krönen* 6 u. ö.
corre (currere) (*sw.*) III *laufen, herbeieilen* 852.
correcier (*corruptiare) *sw.* I *erzürnen* 17, 26.
cors (cursum) *m. indekl. lauf, wechsel* 126.
cort (cohortem) *f. hof* 22.
Costantinoble (Constantinopolim) *f. Konstantinopel* 47.
coste (costam) *f. seite* 121.
coste (*neben m.* cost←costum) *f. gewürz, eine art ingwer* 211.
covenir (co[n]venire) *st.* I II (couv- cuv- conv-) *unpers. zukommen. müssen, m. acc. c. inf.* 71, 844.
crestïentét (christianitatem) *f. christenheit* 225.
crïer *sw.* I *schreien, rufen* 243.

crigne (crinea *von adj.* crineus) *f. haupthaar* 823.

croissir (*germ.* *krostjan) *sw.* II *krachen* 194.

croiz (crucem) *f. indekl. kreuz, kreuzeszeichen* **2**, 70 u. ö.

cuer (cor) *m.* II *herz* **118**, **183**, 238 *u. sonst.*

cuidier (*cugitare) *sw.* I *denken, gedenken* **33**, 55.

D.

dame (domina) *f. herrin, frau* **9**, 19, 56 *u. sonst.*

Damne Deu (dominum deum) *m.* II *Gott* 69 u. ö.

de (de) *präp.* (*vor vokal* d' **3**, 8, 25 u. ö.). 1. *lokal, auf die frage woher?: von ... her, von ... aus, von ... herab* 36, 49, 90 *u. sonst.* — 2. *zur bezeichnung der herkunft oder des stoffes: von, aus* 3, 25, 62 *u. sonst.* — 3. *zur bezeichnung eines teiles* (*sog. teilungsartikel*): *von* (*oder nomen ohne präp. und artikel*) 160, 165 *u.* ö. — 4. *zur bezeichnung des genitivs* 95, 106, 114 *u. sonst.* — 5. *kausal, zur bezeichnung der ursache, des mittels oder werkzeugs: von, infolge von, wegen, mit* 8, 73, 84 *u.* 85. *sonst.* — 6. *zeitlich: in, innerhalb s.* 262, *z.* 10. — 7. *verallgemeinert: in bezug auf, in betreff, über, an* 27, 46, 56 u. ö.

dedenz (de + denz = de intus) *präp. innerhalb* 816. — *adv. drinnen* 808, 821.

dedesoz (de + desoz = de subtus) *präp. unter* **9**.

degrét (*komp. von* gradus) *m.* II *stufe* 133, 848. — *pl. treppe.*

demander (de + mandare) *sw.* I *verlangen, fragen* 147, 247, 833.

demeine (dominicus) *m.* II *gefolgsmann des herrn* **4**.

demener (*zu* mener ← minari, -e) *sw.* I *sehen lassen, äussern, beweisen* 206, 814.

demorer, -ourer (demorari) *sw.* I *verweilen, bleiben* **74**, 214; *ausbleiben, versagt werden* **247**, 833.

denier (denarium) *m.* II *denar, heller, pfennig* **27** u. ö. — *pl. geld.*

Denis (*Dionysium*) **1**; saint D. *ortsname St.-Denis* 86, 863.

departir (de + partire) *sw.* II *teilen, verteilen* 867.

deport (*abl. von* deporter ← deportare) *m.* II *belustigung, freude* 804.

des (de ex) *präp. von — an*; d. or(e) *nunmehr* **91**, 849.

descendre (descendere) *sw.* III II *herabsteigen* 188.

desevrer (*komp. von* seperare) *sw.* I *trennen, scheiden* **253**.

desoz, -ouz (de + subtus) *präp. unter* **7**.

despit (despectum) *m.* II *verachtung, hass* 227.

destrier (dextrarium) *m.* II *streitross* 81.

destruire (*destrugere) *st.* II *vernichten* **225**, 227.

detrés (de + trans) *adv. hinten* 81.

Deu *s.* Dieu.

devaler (*abl. von* vallem) *sw.* I *herabfallen* 37.

devant (de + ab + ante) *adv. vorn* 81 u. ö.

deveir (debere) *st.* III (*par. s.* 302) *müssen, sollen* **56**, 97 u. ö.

Dieu Deu (deum) *m.* II *Gott* **32**, 68 u. ö.

dire (dicere) *st.* II (*par. s.* 300, 301) *sagen, reden, nennen* **13**, 23 u. ö.

disner (disjejunare) *m.* II *morgenmahlzeit* **831**.

doloros-e (dolorosum) *adj.* 92 *traurig.*

donc (dunc) *adv. dann, alsdann* **23.**

doner (donare) *sw.* I *geben* 78, 160 u. ö.

dont (de unde) *adv. interrog., pron. rel. woher, wessen, warum, dessen, deren* **3**, 72 u. ö.

doze duodecim) *zw. zwölf* **116** ff.

drecier (*directiare) *sw.* I *richten, aufstellen* 832.

drut (gall. *druto *stark*) *m.* II *vertrauter* **21.**

duc (dŭcem) *m.* II *herzog* **4.**

durer (durare) *sw.* I *währen, dauern* 245.

E

e eh *interj. ha, wohlan!* 19 u. ö.

eissir (exire *sw.* II (*vgl. s.* 299) *herausgehen, ausziehen* 90, 100, 827.

emperëor (imperatorem) *m.* III (*r.* emperere) *kaiser* **5**, 13 u. ö.

empevrer (*abl. von* piper) *sw.* I *pfeffern, in pfefferbrühe zurichten* 835.

en (in) *präp., mit art.* el, es **2**, 10, 20 u. ö. (*vgl.* 1 al): 1. *lokal, auf die frage wo?: in an, auf* 29, 74 u. ö. — *auf die frage wohin?: in, auf, nach, bis nach* 49, 68 u. ö. — 2. *übertragen*: en croiz **2.** — 3. *redensarten*: en coste *zur seite, neben* 121; en haste *in eile* 142; avoir en despit *verachten, hassen* 227.

en (inde) *adv. pron.* **14**, 17 f., 26 u. ö.: 1. *lokal: von da, daraus* 60 f., 68, 75 u. ö. (*häufig pleonastisch bei* aler, torner *u. ähnl.*). — 2. *kausal: infolge davon, deshalb, darüber* 17 f., 26, 55 u. ö. — 3. *temporal: darauf, alsdann* 134, 215, 250. — 4. *zur bezeichnung eines teiles: davon, dessen, deren, welche, solche* 14. 162 u. ö. — 5. *allgemein: in bezug darauf; daher auch in vertretung des genitivs, als pron.* (*vgl. par. s.* 295) 166, 182, 190.

enbronchier *sw.* I *bekümmern, betrüben* **18.**

enchalcier (incalciare) *sw.* I *verfolgen* **29.**

encloistre (*inclaustrum) *m.* II *eingefriedigter raum* (*eines klosters*) 821, 827.

enclos (*inclausum) *m. indekl. eingefriedigter raum* 808.

encontrer (*incontrare) *sw.* I *begegnen* 257.

encore encor anc- (hinc hac hora) *adv. noch* **11**, **14**, **51** u. ö.

enluminer (*abl. von* lumen -inis) *sw.* I erleuchten, *verherrlichen* **161.**

enmi (in medio) *adv. in der mitte* **117.**

enseignier, ans- (insignare) *sw.* I *nennen, lehren* **19** u. ö.

ensemble (insemel) *adv. zusammen* **20**, 246, 805

ensement (in sic + mente) *adv. ebenso, gleichfalls* **88**

entaillier (*abl. von* talea) *sw.* I *einschneiden, ziselieren* 179

entendre (intendere) *sw.* III II (*perf.* 3 entendi) *hören, merken, anhören* **17**, 43 u. ö.

entre (inter — intra) *präp. zwischen, unter* **15**, 188. — *adv. mit* et *sowohl als auch* **78**, 83.

entrebaisier (inter + basiare) *sw.* I *einander küssen, umarmen* 147 u. ö.

entrer (intrare) *sw.* I *eintreten, betreten* 103, 113 u. ö.; entrer el chemin *sich auf den weg machen* 241.

environ (en + viron, *zu* virer ← *virare) *adv. rings herum* 121.

Ernalt *npr. Arnalt, pair, bruder Wilhelms von Orenge* 64.

errer (*iterare *von* iter) *sw.* I *wandern* 95.

escientre *m. das wissen* 139, 185.

escondire (*excondicere) *st.* II *abweisen*; sei e. *sich rechtfertigen* 34.

escrepe screpe (*germ.* skerpa — skarpa) *f. pilgertasche* 80, 86.

escuële scuële (scutellam) *f. schale, schüssel* 178.

escut (scutum) *m.* II *schild* 79.

esforz (*abl. von* esforcier ← *exfortiare) *m. indekl. macht* 814.

esguarder (*komp. von* guarder) *sw.* I *anblicken, betrachten* 129, 131 u. ö.

eslais (*abl. von* eslaissier) *m. indekl. eile* 133, d'eslais *eiligst.*

esleecier (*abl. von* laetitia) *sw.* I *erfreuen* 174.

Espaigne (Hispania) *f. Spanien* 230.

espandre (expandere) *sw.* III *ausbreiten, dazu* a espandant *reichlich* 836.

espee spee (spatha ← σπάθη) *f. schwert* 3, 10 u. ö.

espice (speciem) *f. spezerei, gewürz* 211.

espiét (*g.* speot) *m.* II *speer* 11.

espleitier (*explicitare) *sw.* I *ausführen* 167.

ester (stare) *st.* III *stehen, bleiben* 74, 841.

Estiefne (Stephanum) *npr. der hl. Stephan, der erste blutzeuge* 165.

estortre (extorquere) *st.* II *herauswinden* 43.

estoveir (stupere 217) *st.* III *unpers.* (*pr. ind.* estuet) *es ist nötig.*

estrange (extraneum) *adj. fremd* 861.

estre (*essere *f.* esse) *unregelm. verbum* (*par. s.* 304) *sein, werden, sich befinden* (*meist hilfsverbum*).

et *konj.* 3, 4 u. ö. *und*; *zuweilen zur blossen einleitung des hauptsatzes* 148, 221 u. ö.; et si 48, 88, 133 u. ö. — entre . . . et *s.* entre.

ewe (aqua) *f. wasser* 106, 256.

F

faire (facere) *st.* I (*par. s.* 301) *machen, tun, verrichten, schaffen. bewirken*; *mit inf. lassen.*

faldestueil (*g.* faldastôla × -olium) *m.* II *faltstuhl, lehnstuhl* 85.

feit (fidem) *f. treue*; par ma f. 53 *meiner treu*; plevir, guarder sa f. *sein wort verbürgen, halten* 228, 231.

feiz (vicem) *f. indekl. mal* (*bei zahlen*) 71.

femme (femina) *f. frau, gattir* 33, 822.

ferir (ferire) *sw.* II *schlagen, kämpfer* 29.

ferrer (ferrare) *sw.* I *mit eisen beschlagen* 80 f.

feste (festam *sc.* diem) *f. festtag, fest* 126, 804.

fiance (fidantia) *f. vertrauen, versprechen* 52; a. f. *sicherlich.*

fier -e (ferum) *adj. kühn, stolz* 111, 128, 131.

fiertre (feretrum) *m.* II *schrein, reliquienschrein* 198.

fille (filiam) *f. tochter* 823, 852.

fin (finem *m.*) *f. ende* 57, 236.

fin -*e* (*finum) *adj. fein, lauter, redlich, recht* 78 u. ö.

flum (flumen) *m.* II *fluss* 106.

fol, -le (*follem, *v.* 12) *adj.-subst. töricht, tor* 12, 45, 819.

folement *adv. töricht* **12.**
folie (*zu* fol) *f. torheit* 813.
fondre (fundere) *sw* III II *giessen, schmelzen* 199.
fonz (fontes) *m.* II *plur. taufbecken* **135.**
force (*abl. von* forcier) *f. kraft, gewalt* **152,** 200.
forest (*forestem *zu* foris) *f. wald* 103.
forment (forti mente) *adv. sehr, heftig* **31.**
former (formare) *sw* I *bilden, gestalten* 138.
fort -*e* (fortem) *adj. kräftig, stark, mächtig, wirksam* 46, 89 u. ö.
fraisne (fraxinum) *m.* II *esche* 80.
France (Francia) *f. Francien* (= *Isle de France,*) *Frankreich* 58 u. ö.
Franceis -ois (*d.* frankisk) *m. indekl. Franke* **18, 23** u. ö.
fuïr (fugire *f.* fugere) *sw.* II *fliehen* 132.

G.

gab (*altnord.* gabb) *m.* II *prahlerei, scherz s.* 261.
gent (gentem) *f. volk, leute* 76, 105.
gent -e (genitum) *adj. vornehm, kostbar, edel, freundlich* **95,** 112, 825.
gentement (*zu* gent) *adv. edel, vornehm, stattlich, geziemend* 77, 87.
Gerin (*g.* Gerin) *Gerin, pair von Frankreich* 63.
geron (*g.* gêro) *m.* II *zipfel des gewandes* 853.
gesir (statt *jaisir* ← jacēre) *st.* III *liegen* **193.**
glas (*classum) *indekl. glockenzeichen, glockengeläut* **197.**
governer (gubernare) *sw.* I *beherrschen* 97.
graindre *s.* grant.
grant (grandem) *adj.* (*par. s.* 291) *gross, weit, gewaltig* 93, 98 u. ö.; *komp.* graignor, *r.* graindre *grösser* **811.**
gret (gratum) *m.* II wohlwollen 54.
Grice (Graecia) *f. Griechenland, byzantinisches reich* **47,** 103.
grue (*grŭam *statt* grŭem) *f. kranich* 835.
guarder ga- (*frk.* wardôn) *sw.* I (*vgl.* 5 reguardet) *wahren, bewachen, schützen* 172, 224, 231.
guarnement (*zu* guarnir) *m.* II *ausrüstung* 84.
guarnir (*g.* warnôn-warnjan) *sw.* II *ausrüsten* 240.
guerpir (*d.* werpan) *sw.* II *verlassen* **100.**
guet (*lat.* vadum × *g.* wad-) *m.* II *furt* **256.**
guïer (*g.* witan) *sw.* I *weisen, führen* 245.
Guillelme d'Orenge (*g.* Wilihelm — *gallorom.* Aurenca *für* Arausio) *Wilhelm von Orange* (*epos*: Prise d Orange), *pair von Frankreich, sohn des grafen Aimeri* 62.

H.

haïr (*g.* hatjan) *sw* II *hassen* 105.
halt haut (*lat.* altum × *frk.* hauh) *adj. hoch* **36**; *adv. hell, laut* 243.
haste (*frk. haifst*) *f. eile, hast* 142.
herbe (herbam) *f. kraut* 212.
herberge (*frk.* heriberga) *f. herberge* 109, 111.
home homme (hominem) *sw.* III (*par. s.* 290) *mensch, mann, vasall* 122, 149 u. ö., *pl. mannen, leute* 208, 229.
Honguerie (Hungaria) *f. Ungarn* 101.
honte (*g.* *hauniþa) *f. scharde, schimpf* 38.

Hugon (*vgl. par. s.* 290) *könig Hugo der Starke, kaiser von Konstantinopel* **46**, 802ff., *s.* 261.

I.

i (ibi) *adv. örtlich*: 1. *auf die frage wo?*: *daselbst, dort, darin* 4, 21, 79 u. ö. — 2. *auf die frage wohin?*: *dorthin, hinein, hierher* 71, 85 u. ö.
iluec (*illoque) *adv. dort* **193**, 868 u. ö.
iraistre (*irascere) *sich erzürnen* (*mit* aveir *in zorn versetzen*) **53**.
iriét -ee (iratum) *adj. erzürnt* **30**.
itel (*zu* tel ← talem) *adj. pron. so beschaffen, solch* **50**.

J.

ja (jam) *adv. schon, nun, doch* 33f., 40, 42, 57 u. ö.; *mit* ne *doch nicht, durchaus nicht*; ne ... ja mais *nicht mehr, nimmer*.
jante (*g.* ganta) *f. wilde gans* **835**.
Jerico *Jericho* 242.
Jerusalem *Jerusalem* 108, **154**, 204.
Jhesu *Jesus* **170**, 187.
joër (jocare) *sw.* I scherzen, sei j. *dasselbe* 33.
jogler (jocularem) *m.* II *spielmann* 837.
joie (gaudia) *f. freude* **118**, **851**.
joios -e (*gaudiosum) *adj. freudig, vergnügt* 858.
jorn (diurnum) *m.* II *tag, tageslicht* **1**, 109 u. ö.
Juieu (Judaeum) *m.* II *Jude* 129, 172.
juïse (judicium) *m.* II *gericht, Gottesurteil*; porter j. *sich dem Gottesurteil* (*durch tragen glühenden eisens*) *unterwerfen* **35**.
jurer (jurare) *sw.* I *schwören* 35.
justise (justitiam) *f. gerechtigkeit, gericht*; faire j. *gericht abhalten* 213.

L.

la (illac, *vgl.* 20 si II) *adv. dort, da* 232, 808, 853.
laenz, laienz (illac intus) *adv. dort drinnen* **114**.
laiier *sw.* I *lassen* **37**.
laissier (laxare, *vgl.* 37 larrai) *sw.* I *lassen, unterlassen* **44**, **841**.
lait (lacte-) *m.* II *milch* **187**.
Lalice *f. Laodicäa in Kleinasien* 106.
lance (lanceam) *f. lanze, speer* 79.
latin (latinum) *adj. lateinisch.* — *m.* II *lat. sprache* III **1**. — la Latine *npr. die L., kirche in Jerusalem* **208**.
Lazaron (Lazarum) *m.* III *Lazarus* **164**.
legier -e (*leviarium) *adj. leicht, schmuck* **14**.
leiier loiier (ligare) *sw.* I *binden, umwinden* 201.
lenguage (*linguaticum) *m.* II *zunge, sprache* 209 (*vgl.* 208).
lever (levare) *sw.* I *heben, aus der taufe heben* 128, 136, 145.
liet (laetum) *adj. froh, fröhlich* 123 u. ö.
loër (laudare) sw. I *rühmen, anraten* 235.
Lohereigne (Lotharingia) *npr. f.* Lothringen 101.
lointain (longitanum) *adj.* (*f.* lointaigne) *fern, entfernt* **68**.
l'on *s.* on.
lonc (longum) *adj. lang* 860.
los (laus) *m. indekl. lob, preis* **807**, 815.
lune (lunam) *f. mond* 126.

M.

maigne (magnum) *adj. s.* Charlemaigne.
main (manum) *f. hand* 823.

maint (*kelt.* mantî *oder* magnus × tantus?) *adj. manch* **212.**

mais (magis) *adv. konj. mehr, weiter* 57, 860 u. ö.; *vielmehr, sondern, aber* 28, 39, 80 u. ö.; ne — m. *bei fut. oder imp. nicht mehr, nimmer* 57 u. ö. — *konj.* m. que *m. ind. nur dass* 44, 224 u. ö.

maistre mestre (magistrum) *m.* I *meister, herr* 828.

majestét (majestatem) *f. herrlichkeit, heiliges bild* **125.**

male (*g.* mahala) *f. koffer* 83.

maltalent (malum talentum) *m.* II *zorn* 869.

mander (mandare) *sw.* I *entbieten, kommen lassen* 22, 124, 229.

mangier (manducare) *sw.* I *essen* 832, 849. — *subst. m* II *abendmahl* 180.

mar *adv. zur unzeit, zum unglück, mit unrecht* **221.**

marbre (marmor) *m.* II *marmor* 113.

marbrin (*marmorinum) *adj. marmorn* 133.

marc (*g.* mark) *m.* II *mark* 199.

Marie (Maria) *npr. Jungfrau Maria* 187, 207.

martir (μάρτυρα — martyrum) *m.* II *märtyrer, blutzeuge* 165.

martirie (μαρτύριον) *m.* II *märtyrtum* 107.

matin (matutinum) *m.* II *der morgen* 238. 248.

meillor, meillour (meliorem) *komp.* (*r.* mieldre) *besser* 169, 198. — mielz mieus I *neutr. u. adv. besser* **6**; le m. *um so besser* 168. — *superl.* al m. *aufs beste* 6.

meis (mensem) *m. indekl. monat* 201.

meïsme (metipsimum) *adj. pron. selbst* **139**, 157.

membrer (memorare) *sw.* I *unpers. es gedenkt jem. einer person* a a. de 234.

mençonge (*mentionica) **52** *f. lüge.*

mener (minari) *sw.* I (*pr. ind. pl.* 3 meinent 206, *fut. pl.* 2 menrez 73) *führen, fortführen* **61**, 73.

mentir (mentiri) *sw.* II *lügen, täuschen* **24.**

menut menu (minutum) *adv. oft, häufig* 197, 201.

mer (mare) *f. meer* **127.**

mercit (mercedem) *f. gnade* **32**; *dank* 159.

messe (missam) *f. messe* 115, 829.

metre (mittere) *st.* II *setzen, niederlegen* **16**, 110, 866.

mi (mihi) *pron. pers.* I *mich* III 22.

mi (medium) *adj. mitten, in adv.* enmi 117, *präp.* parmi 102 (*vgl.* 239 parsom).

mie (mica) *f. krümchen, mit* ne *durchaus nicht* **28.**

mielz mieus *s.* meillor.

mier (merum) *adj. rein, lauter* 3, 179.

mil (mille — milia) *zw.* (*pl.* milie) *tausend* 66, 96 u. ö.

moillier (mulierem) *f. frau, gemahlin* **5**, 234.

molt (multum) *adv. sehr, viel, lange* **17**, 18 u. ö.

moneer (*monetare) *sw.* I *prägen* 842.

montaigne (*montanea) *f. berg, gebirge* 104.

monter mu- (*abl. von* montem) *steigen* 89, 133 u. ö.

morir (*morire *f.* mori) *sterben* 52, 232.

mostier (*monisterium) *m.* II *kloster* I 4; *münster, kirche* **1**, 110 u. ö.

moveir (movere) *st.* III (*pf.* 3 mut) *bewegen* **193.**

muër (mutare) *sw.* I *ändern, rückgängig machen* 44.

mul (mulum) *m.* II *maulesel* 82 u. ö.

mut (mūtum) *adj. stumm* 258.

mut *s.* moveir.

N.

Naimon (*g.* Namo) *m.* III (*par. s.* 290) *herzog Naimes v. Baiern, pair, Karls d. Gr. weiser berater* 62.

naistre (*nascere *f.* nasci) *sw.* III (*part.* net) *geboren werden* 66.

ne nen n' (non) *partikel nicht* **12**, 26 u. ö. — *verstärkt* ne-pas 12, ne-mie 28.

ne (nec) *konj., in negativen sätzen oder in sätzen m. neg. sinn: oder, noch* **10**, 28f., 38, 79 u. ö.; ne-ne *entweder-oder, weder-noch.*

nerf (nervum) *m.* II *sehne, nerv* 194.

nomer (nominare) *sw.* I *nennen* 39.

non (non) *partikel nicht (starkbetont)* 39.

noncier nunzier (nuntiare) *sw.* I *verkündigen, melden* 237.

none (nona *sc.* hora) *f. none (3 uhr nachm.)* II 42.

novele (novella) *f. neuigkeit* 147.

nuit (noctem) *f. nacht* 237, 246.

nul (nūllum) *adj.-pron. auch subst. irgendein* **9**; ne-nul *kein* 122; ne-nule rien *nichts* 247.

num nun *s.* nom non.

O.

o (aut) *konj. oder* 35, 42, 150 u. ö.

o *präp.* = ot.

od *s.* ot.

ofrende (offerenda) *f. opfergabe* 52, 110.

ofrir (*offerire *f.* offerre) *sw.* II *darbringen, opfern* 112, 822.

Ogier de Danemarche (*frk.* Audegari — Danamarkia) *herzog O. von D., pair* 63.

oïr (audire) *sw.* II *hören* **18**, 46 u. ö.

oitante (octoginta) *zw. achtzig* 96. 99.

Olivier (Olivarius) *npr. O., pair, Rolands waffenbruder* 61, 824, 853, 856, *s.* 263.

olivier (olivarium) *m.* II *ölbaum* 7.

oltree (ultrata) *interj vorwärts!* **243**.

on l'on (homo, h. *m. art.*) *pron. man* **846**, 850 u. ö.

onc onque onques (unquam) *adv. jemals* **9**, **122** u. ö.

or (aurum) *m.* II *gold* **3**, 27 u. ö.

or *adv. konj. s.* ore.

oraison (orationem) *f. gebet* 864.

ordre (ordinem) *m.* II *(geistlicher) orden* **828**.

ore or (*ha hora, *s.* **11** encore) *adv. jetzt, eben* 137, 195 u. ö.; *konj. nun, nunmehr* 43, 98, 196 u. ö.

orendreit (*ha hora + in directo) *auf der stelle, sofort* **41**, 136.

Orenge *s.* Guillelme.

os (os) *m. indekl. knochen* 194.

oser (*ausare, *v.* ausus) *sw.* I *wagen* 44, **131** u. ö.

ost (hostem) *f.-m. heer* **29**.

ostel (hospitale) *m.* II *herberge* 237, 246.

ot od (apud) *präp. bei, mit* **11**, 25 u. ö.

otreiier (*autoridiare) *sw.* I *zugeben* **23**.

ou (ubi) *adv. interrog. u. rel. wo* **19**, 107 u. ö.; ou que *wo immer, sobald als* 824.

P

paiien (paganum) *m.* II *heide* 224.

paille (pallium) *m.* II *seidenstoff, kostbares tuch* 210.

païs (pagense) *m. indekl. land* 861.

palais (palatium) *m. indekl. palast* 830f.

palme (palma) *f. palme, palmzweig* 242.

paon (pavonem) *m.* II *pfau* 835.

par (per) *präp. u. adv.* 1. *örtlich: durch, hindurch, über-hin* 127, 197 u. ö. — 2. *zeitlich: gegen, um, mit* 239, 248 u. ö. — 3. *konsekutiv oder instrumental: infolge von, aus, durch, vermittels, mit, an* 7, 37, 152, 823 u ö — 4. *adv. zur verstärkung von adj. u. adv.* molt p. *gar sehr* 814 *u. ähnl.*

pardoner (perdonare) *sw.* I *vergeben, aufgeben* 869.

parfont *adv.* (*perfunde *f.* profunde) *tief* 146.

parler (parabolare) *sw.* I (*s.* 299, parole 8) *sprechen* 72, 221 u. ö.

parole (parabola) *f. rede* 8, 46; pleine p. *volle, laute stimme* 8.

parsom (per summum) *präp. oben auf, zeitlich mit* 239, 248.

part (partem) *f. seite, richtung* 94, 119; *mit dem. oder interrog. pron. dahin, wohin* 219.

partir (partire) *sw.* II *scheiden, auseinandergehn* 256.

pas (passum) *m. schritt, partikel z. verstärkung der negation* 12 u. ö.

passer (*abl. von* passum) *sw.* I *durchziehen, überschreiten* 106, 861.

Paternostre (Paternoster) *f. Vaterunser* 114.

patriarche (πατριάρχης) *m.* I *patriarch* 134 u. ö.

peindre (pingere) *st.* II *malen, bemalen* 113.

peinturer (*abl. von* *pinctura) *sw.* I *bemalen* 124.

peisson -un (*piscionem) *m.* II *fisch* 127.

peivre (piper) *m.* II *pfeffer* 211.

pelerin (peregrinum) *m.* II pilger 95.

pendre (pendere) *sw.* III *hängen, herabhängen* 80.

penser (pensare) *sw.* I *denken* 38, 56.

per (parem) *m.* II *per* 121 u. ö.; li doze per *Karls d. Gr. vornehmste kampfgenossen* 61 ff., 121 (420 ff.)

perdre (perdere) *sw.* III *verlieren* 54, 55.

pere (patrem) *m.* I *vater* 826.

perron (*abl. von* petra) *m.* II *grosser stein, steinstufe.* — *pl. treppe* 850.

Persant (*abl. von* Persa) *m. pl. Perser* 105.

Perse (Persia) *f. Persien* 48.

petit (*kinderwort* pitt-, pitittus) *adj. klein*; un p. *ein wenig, kurze zeit* 67, 120.

piere (petra ← πέτρα) *f. stein, edelstein* 179.

Piere (Petrum) *npr. m.* II, III *Petrus* 181.

piet (pedem) *m.* II *fuss* 31 u. ö., *fuss als mass* 811.

pitiét (pietatem) *f. frömmigkeit, rührung* 183.

plain (planum) *m.* II *ebene* 93.

plaire (plácĕre *f.* placēre) *gefallen, belieben* 68 u. ö.

plein (plenum) *adj. voll, ganz, laut* (parole), *glatt* (face) 8, 83, 811.

plentét (plenitatem) *f. menge, fülle* 162.

plevir (*g.* plegan) *sw.* II *verbürgen* 228.

plorer (plorare) *sw.* I *weinen* 92.

plus (plus) *adv. mehr* 6, 14 u. ö., *mit adj. komp. u. superlativ* (*s.* 293).

plusor (*pluriores × plus) *pron. mehrere* 818, li p. *die meisten.*

poant (potentem) *adj. mächtig* 97.

poeir (potēre *f.* posse) *st.* III (*par. s.* 302) *können, mögen, vermögen.*

poi (paucum **132**) ***adv. wenig*** 132, 810.

poin (pugnum) ***m.*** II ***hand*** **7.**

polz (pollicem) ***m. indekl. daumen, zoll*** **811.**

pom (pomum) ***m.*** II (***r.*** ponz) ***apfel, schwertkauf*** 3.

por (pro) ***präp. für, um — willen*** 18, 38 u. ö ; (***mit abstr***) ***aus*** 154, 806, 870 ***u. sonst. — m. inf. zu, um zu*** 29, 74, 135, 814 ***u sonst.***

porprendre (pro + prehendere) ***st.*** II ***nehmen*** 109.

porter (portare) ***sw.*** I ***tragen*** **15**, 20 ***u. sonst.***

pose (pausa) ***f. ruhe, ruhezeit*** 218.

poser (pausare) ***sw.*** I niederlegen **171.**

pou (paucum) ***s.*** poi **132.**

preciel (*pretialem) ***adj. kostbar*** 179.

preechier (praedicare) ***sw.*** I ***predigen*** **173.**

preiier (precari) ***sw*** I (***pr. ind.*** 1 pri 226) ***bitten, beten*** 226, 865 ***u. sonst.***

preisier (*pretiare) ***schätzen*** **13**, 820 ***u. sonst.***

premier (primarium, vgl. primes 188) ***zw. erst, erster*** 96 u. ö.

prendre prandre (prehendere) ***st.*** II (***par. s.*** 301) ***nehmen, ergreifen*** **2, 7** u. ö.; p. fin ***aufhoren, ruhen*** 57; p. a. a araisnier ***beginnen jem. anzureden.***

present (***abl von*** presenter ← praesentare) ***m.*** II ***gabe*** **112.**

prest (***v. adv.*** praesto) ***adj. bereit, fertig*** 806, 831.

primes (primā + s) ***adv. zuerst, vormals*** 188.

principel (principalem) ***adj. hauptsächlich***; alter p. ***hauptaltar*** **59.**

procession (processionem) ***f. feierlicher umzug, umgang*** 144 u. ö

prot (*prodem) ***adj. tapfer*** **28.**

pui (podium) ***m.*** II ***hügel*** **104.**

puis (*postius) ***adv. später, nachher, alsdann*** 122, 231, 830 ***u. sonst.***

Q.

quant (quando) ***konj.*** **15**: **1.** ***zeitl.: wann*** 15 ff., 239, 248 ***als*** 30 u. ö.

quant (quantum) ***pron. rel. u. interr. wieviel***; q. que (***m. fut.***) ***soviel als immer*** 229.

quatre (quattuor) ***zw. vier*** 204.

que (quem) ***pron. rel.*** (***par. s.*** 297) ***welcher -e -es, was.***

que (quod — quia 30) ***konj.*** 1. ***dass*** 30, 38 u. ö., ***so dass*** 256 u. ö.; tant que ***bis*** 93 u. ö. — 2. ***weil, denn*** 820.

quel (qualem) ***pron. adj. welch***; q. part ***wohin*** 219.

querre (quaerere) ***st.*** II (***par. s.*** 301) ***suchen*** 72, 153, 235.

R.

raveir (re + habere) ***st.*** III ***wieder haben*** (***hilfsverbum***) 2.

receivre (recipere) ***st.*** III (***par. s.*** 302) ***empfangen, aufnehmen*** 111, 120; ***erleiden*** 107.

redreicer (re + *directiare) ***sw.*** I ***wieder aufrichten*** 258.

regnét ***m.*** II ***das reich*** 861, 867.

reguarder (***komp. von*** guarder ***g.*** wardôn) ***anblicken*** **5.**

rei (regem) ***m.*** II ***könig*** **1, 9** u. ö.

reialme (regimen × reial) ***m.*** II ***reich*** 68, 217 u. ö.

reïne (regina) ***f. königin*** **30**, 43 u. ö.

relever (relevare) ***sw.*** I ***wieder aufheben, refl. auferstehen*** 173; sei r. ***sich erheben*** 865.

reliques (reliquias) ***f. pl. reliquien*** 160 u. ö.

remaneir (remanere) ***st.*** II (***par. s.*** 301) ***zurückbleiben*** 92; ***unterbleiben*** 230.

remonter (re + monter) *sw.* I *wieder aufsteigen, aufsitzen* 249.
rendre (reddere **166**) *sw.* III II *zurückgeben, abstatten* (saluz) 166 u. ö.
renluminer (re + enluminer, *zu* lumen) *sw.* I *wieder sehend machen* 257.
repairier (*repatriare) *sw.* I *zurückkehren* **111**.
repentir (*repaenitire, *zu* paenitet) *sw.* II, sei r. d'ac. *etwas bereuen* **31**.
reposer (re + pausare) *sw.* I *ausruhen*; sei r. *ausruhen* 120.
requerre (*par. s.* 301) *suchen, aufsuchen* 69 u. ö.
respondre (respóndere *f.* respondēre) *sw.* III II (**12**) *erwidern, antworten* 12, **162**.
retorner (re + torner, *gr.* τόρνος) *sw.* I *zurückkehren* 217; sei r. **60**.
revestir *sw.* II *bekleiden* 143, 189.
riche (*frk.* rîki) *adj. reich, mächtig* **27**, 206.
rien (rem) *f. irgend etwas, mit* ne *nichts* **247**, 833.
Rollant (*g.* Roþoland) *npr. Roland, pair, neffe Karls d. Gr.* 61, 232, *s.* 261.
Romanie (Romaniam) *f. Romanien* **104**.
roter (*abl. von* rote, *frk.* hrotta *Harfe*) *auf der Harfe spielen* 837.
rover (rogare) *sw. I bitten* **150**.
ruiste (rusticum) *adj. stark, tapfer* 254.

S.

sage (*sapium) *adj. weise, klug* **12**.
saillir (salire) *sw.* II *aufspringen* **195**.
saint (sanctum) *adj. heilig* **1**, 86 u. ö.
sairement (sacramentum) *m.* II *eid* 35.
sale (*frk.* săla) *f. saal, palast* **60**.
salut (salutem) *m.* II *gruss, dank* **166** u. ö.
sanc (sanguem) *m.* II *blut* **165**.
Sarazin (Saracenum) *m.* II *Sarrazene* 224, 226.
saveir -oir (sapēre *f.* sapĕre) *st.* III (*par. s.* 302) *wissen, kennen* **14**, 212 u. ö.
se (si) *konj. wenn* **23**, 34 u. ö.
seeir (sedēre) *st.* II (**10** seïst) *sitzen* 122 u. ö.; (*von kleidern u. ä.*) 10, 16 *stehen*.
seeler (*abl. von* sigillum) *sw.* I *versiegeln, schliessen* 127, 200.
seie (seta) *f. seide* 85.
seignier (signare) *sw.* I *bezeichnen, segnen* **2**, 87.
seignor (seniorem) *m.* II *herr* **67**, **135** u. ö.
semaine (septimana) *f. woche s.* 262.
sengler (singularem) *m.* II *eber* 834.
senz sanz sans (sine + s) *präp. ohne* **50**, 859 *u. sonst*.
sepulcre (sepulcrum) *m.* II *grab* **70** u. ö.
servant (*serventem) *m.* II *diener, knecht* **82**.
set (septem) *zw. sieben* 73f. u. ö.
si (sic) *konj. so* **20**, 28, 33 u. ö.; si com *sowie* 173.
Simeon *npr. Simeon* 163.
sirie (syrium) *m.* II *syrischer seidenstoff* 210.
sojorner (*subdiurnare) *sw.* I *verweilen, verharren*; *part. pf. ausgeruht, frisch* **244**.
somier (sagmarium, *zu gr.* σάγμα) *m.* II *saumtier* **82**, 240 u. ö.
soner (sonare) *sw.* I *läuten* 197.
songier (somniare) *sw.* I *träumen* 71.

sor (supra) *präp. über, auf* 16, 55 u. ö.
soz (subtus, *vgl.* desoz) *präp. unter* 169.
suaire (sudarium) *m.* II *schweißtuch* 170.
sus (sursum) *adv. empor* 195.

T.

table (tabula) *f. tisch* 832.
tant (tantum) *adj.-pron. so gross, so viel,* a tant *hiermit, hierauf* 253. — 2. *adv. so sehr, so viel, so (vor adj. oder adv.)* 10, 49 u. ö.; — 3. *konj. in zusammensetzungen*: t. com *soviel als* 223; t. que *so sehr daß, so lange bis* 93.
teile (tela) *f. linnen* 210.
tel (talem) *adj.-pron. so beschaffen, solch* 66, 169 u. ö.; t. mil *etwa tausend* 66.
tendre (tendere) *sw.* III II *ausbreiten, ausdehnen.* — *part.* tendut *schlaff* 194.
tenir (*tenire *f.* tenere) *st.* III I (*par. s.* 302) *halten, haben, besitzen* 48, 180 u. ö.; t. a. a fol *jem. für töricht halten* 45.
terre (terra) *f. land* 69 u. ö.
teste (testa) *f. kopf* 16 u. ö.
tierz (tertium) *zw. dritt* 173.
tor (turrem) *f. turm* 36.
torner (tornare, *zu* tornus) *sw.* I *wenden,* t. s'en *fortgehn* 90, *umkehren* 75.
tort (tortum *von* torquere) *m.* II *unrecht* 813.
tost (tostum *von* torrere) *adv. rasch, alsbald* 19, 197; *vgl.* tantost.
tot (*tōttum) *adj. pron. ganz, jeder, pl. alle* 21, 48, 116 u. ö.; *adv.* tot tout *völlig, ganz* 852.
traire (tragere *f.* trahere) *st.* II *ziehen, abziehen* 146.
traverser (*abl. von* transversum) *sw.* I *durchqueren, durchziehen* 101.
tref (*g.* trap) *m.* II *zelt* 85.
treis (tres) *zw. drei* 71.
trembler (tremulare) *sw.* I *zittern* 130.
trenchier (*truncare ?) *sw.* I *schneiden, abschneiden* 25, 79.
tres (trans) *adv. sehr (vor adj., adv., part.)*; tres parmi *gerade durch* 102. — tresque(s) *präp. bis* 48, *konj. bis dass, bis* 57, 75, 236.
tresor (thesaurum ← ϑησαυρός) *m.* II *schatz* 222, 839.
tresque *s.* tres.
tressaillir (trans + salire) *sw.* II *zittern, beben* 183.
trestot (trans + tōttum) *pron. adj. ganz, pl. alle* 48, 209, 803; *völlig, vollständig* 839.
trezime (tredecim + -ime) *zw. dreizehnt* 117 u. ö.
trop (*fränk.* þrop) *adv. sehr, zu sehr* 13.
trosser (*abl. von altfrz.* tros *stumpf* ← *tursus) *sw.* I *beladen* 73, 220, 240.
trover (*tropare-turbare 40) *sw.* I *finden, auffinden* 40, 75 u. ö.
Turpin *npr. T., erzbischof v. Reims, pair* 64, 87, 202, 228, *s.* 261.
Turs (*sg.* Turc) *Türken* 105.

U.

un (unum) *zw. u. unbest. artikel ein, irgend ein* 1, 7, 14 u. ö.

V.

vaissel (vascellum) *m.* II *gefäss* 84.
veeir (videre) *st.* I (*par. s.* 301) *sehen, erblicken, bemerken* 9, 30 u. ö.
veer (vetare) *sw.* I *verbieten, wehren* 845.

venaison (venationem) *f. wildbret* 834.

vendre (vendere) *sw.* III II *verkaufen* 210.

venir (venire) *st.* I III (*par. s.* 301) *kommen, gelangen* 93, 110 u. ö.

vertut (virtutem) *f. kraft, macht* 56, u. ö. *wunderkraft* 186 faire vertuz *wunder verrichten* 255.

viëler (*abl. von* vitula) *sw.* I *fiedeln, geigen* 837.

vile ville (villa) *f. stadt* 204, 209.

vin (vinum) *m.* II *wein* 836.

virgene (virginem) *f. jungfrau* 125.

vis (vīsum) *m. indekl. aussehen, antlitz* 128.

vis (vivus) *s.* vif.

visage (vīsaticum) *m.* II *antlitz* 131.

visiter (vīsitare) *sw.* I *besuchen* 141.

voleir (volere *f.* velle) *st.* III (*par. s.* 302) *wollen* 31, 70 *u. sonst.*

volentiers (voluntarie + s) *gern* 178 u. ö.

volte (*volvita *v.* volvere) *f. wölbung, gewölbe* 113.

volucre (volucrem) *m* II *vogel* 127.

Sachregister.

Die zahlen bezeichnen die seiten, beigefügter stern (*) bibliographischen zusatz.

FSC
www.fsc.org
MIX
Papier | Fördert
gute Waldnutzung
FSC® C083411

Kolibri 360 GmbH
Ferdinand-Jühlke-Straße 7
99095 Erfurt, Deutschland
produktsicherheit@kolibri360.de